"十二五"普通高等教育本科国家级规划教材

新编大学化学实验(二)
——基本操作

第二版

刁国旺　总主编

扬州大学　盐城师范学院　唐山师范学院　盐城工学院

江苏科技大学　江苏理工学院　淮海工学院　泰州学院　　合　编

朱霞石　本册主编

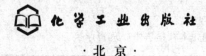

化学工业出版社

·北京·

"十二五"普通高等教育本科国家级规划教材《新编大学化学实验》共包括四个分册：基础知识与仪器、基本操作、仪器与参数测量、综合与探究。

　　第二分册为基本操作，共5章116个实验，以基本操作实验、常数测定实验、含量测定实验、物质性质实验、制备与纯化实验的方式循序渐进，可使学生既掌握基本操作，又可将理论知识与实验技术相结合。实验项目选取注重与生产实际相结合，有利于强化学生对化学的认识和具体感知。

　　《新编大学化学实验（二）——基本操作》内容广泛、实用、系统，适用于化学、化工、环境、生物、制药、材料等专业的本科生，也可供从事化学实验和科研的相关人员参考。

图书在版编目（CIP）数据

新编大学化学实验（二）——基本操作/朱霞石本册主编. —2版.
北京：化学工业出版社，2016.8（2024.2重印）
"十二五"普通高等教育本科国家级规划教材/刁国旺总主编
ISBN 978-7-122-27420-5

Ⅰ.①新…　Ⅱ.①朱…　Ⅲ.①化学实验-高等学校-教材
Ⅳ.①O6-3

中国版本图书馆 CIP 数据核字（2016）第 141258 号

责任编辑：宋林青　李　琰　　　　　　　　装帧设计：史利平
责任校对：边　涛

出版发行：化学工业出版社（北京市东城区青年湖南街 13 号　邮政编码 100011）
印　　装：三河市双峰印刷装订有限公司
787mm×1092mm　1/16　印张 19¾　彩插 1　字数 509 千字　2024 年 2 月北京第 2 版第 7 次印刷

购书咨询：010-64518888　　　　　售后服务：010-64518899
网　址：http://www.cip.com.cn
凡购买本书，如有缺损质量问题，本社销售中心负责调换。

定　　价：32.00 元

编写说明

2010 年《新编大学化学实验》第一版出版，本系列教材吸收了多所院校的实验教学改革经验，并结合教育部关于加强大学生实践能力与创新能力培养的教学改革精神，在满足教育部化学专业教学指导委员会关于化学及近化学类专业化学基础实验的基本要求的前提下，对整个大学化学实验的内容和体系进行了全方位的更新，得到同行专家的首肯。2014 年该教材先被评为江苏省重点教材，后入选"十二五"普通高等教育本科国家级规划教材。该系列教材出版以来，扬州大学、盐城师范学院、江苏师范大学、徐州工程学院和唐山师范学院等院校先后选择该书为本校相关本科专业基础化学实验教材，受到了广大师生的普遍好评。

经过近六年的教学实践验证，本套教材比较符合本科化学及近化学类专业基础化学实验的基本要求，因此在第二版中基本保留了原书的框架结构，只是对部分内容进行了删改或增加。修订时遵循的基本原则：一是尽量吸收近年来实验教学改革的最新成果，将现代科学发展的前沿技术融入基础化学实验教学中，为提升学生的创新能力、拓宽学生的知识视野提供了保证；二是对参编院校进行了调整，他们提供了许多优秀的实验教学方案，使本书教学内容更加丰富。编者相信，通过本次修订，本书的普适性会更强。

由于编者水平有限，书中难免会出现不足及疏漏之处，恳请广大师生及读者批评指正。

本书在修订时，得到了江苏省重点教材项目、省教改基金（重点）、扬州大学出版基金和教改项目的资助。特此感谢！

编者

2016 年 2 月

前　言

　　《新编大学化学实验（二）——基本操作》是在 2010 年第一版基础上经修订而成的。本册教材第一版经多所高等院校历时五年的使用，得到了广大师生的广泛认可，并在使用过程中提出了许多建设性的意见。本次在修订时，基本保留了第一版教材的架构和风格，同时注意吸收近几年各高校实验教学改革的经验，尤其是唐山师范学院、江苏科技大学和江苏理工学院的加盟，使本册教材内容更丰富。本次修订时，编者精心选择了 116 个实验，仍然按基本操作实验、常数测定实验、含量测定实验、物质性质实验及制备与纯化实验进行分类。

　　本册由朱霞石教授任主编，李宗伟、高玉华、关明云、仇立干任副主编。参加本书编写的人员如下：李宗伟编写实验 1.1、2.6、3.2-1、3.10-1、3.19、4.8～4.10、4.13、4.14、4.16～4.18、5.2、5.6、5.10、5.14、5.15；李增光编写实验 1.4～1.10、4.19～4.25、5.19～5.22、5.28、5.29；刘文龙编写实验 2.11～2.15；王赪胤编写实验 3.1-1、3.4、3.5-1、3.8；张扣林编写实验 1.3、2.1～2.5；花蓓编写实验 4.1、5.1、5.7、5.8；刘燕编写实验 1.2、2.7、2.10、4.2～4.4；张永才编写实验 5.3～5.5、5.9、5.16、5.17；嵇正平编写实验 3.7-1、3.18；王佩玉编写实验 3.16-1、3.17；仇立干编写实验 3.6、4.5～4.7、4.12、5.11～5.13；严新编写实验 3.13、3.14、5.18；杨锦明编写实验 5.23～5.27、5.34～5.37；蔡照胜编写实验 5.30～5.33；黄红缨编写实验 4.11、4.15；张国华编写实验 3.5-2；朱霞石编写实验 3.3-1、3.9；江苏科技大学高玉华、汪芳明、朱佳、张俊豪编写实验 2.8、2.9、3.1-2、3.2-2、3.3-2、3.7-2、3.10-2、3.10-3、3.11、3.12、3.15、3.16-2。

　　由于编者水平有限，时间仓促，书中疏漏和不足之处在所难免，敬请有关专家和广大读者批评指正。

编者

2015 年 12 月

第一版序

关于化学实验的重要性和化学实验教学在培养创新人才中的作用，我国老一辈化学家从他们的创新实践中提出了非常精辟的论述。傅鹰教授提出："化学是实验的学科，只有实验才是最高法庭。"黄子卿教授指出："在科研工作中，实验在前，理论在后，实验是最基本的。"戴安邦教授对化学实验教学的作用给予了高度的评价："为贯彻全面的化学教育，既要由化学教学传授化学知识和技术，更须通过实验训练科学方法和思维，还应培养科学精神和品德。而化学实验课是实施全面的化学教育的一种最有效的教学形式。"老一辈化学家的论述为近几十年来化学实验的改革指明了方向，并取得了丰硕的成果。

什么是创新人才？创新人才应具备的品质是：对科学的批判精神，能发现和提出重大科学问题；对科学实验有锲而不舍的忘我精神；对学科的浓厚兴趣。而学生对化学实验持三种不同态度：一类是实验的被动者，这类学生不适合从事化学方面的研究工作；一类是对实验及研究充满激情，他们可以放弃节假日，埋头于实验室工作，他们的才智在实验室中得以充分体现，他们是"创新人才"的苗子；一类是对实验既无热情也不排斥，只是把实验当成取得学分的手段，这类学生也许能成为合格的化学人才，但决不能成为创新人才。因此，对待实验室工作的态度是创新人才的"试金石"，有远见的化学教育工作者应创造机会让优秀学生脱颖而出。

近三十年来，各高校对实验教学的重视程度有所提高，并取得了系统性的认识和成果，但目前的实际情况尚不尽如人意，在人们的思想中，参加实验教学总是排在科学研究、理论教学工作之后，更不愿把精力放在教学实验的研究工作上。但是，以扬州大学刁国旺教授为首的教学集体以培养创新人才为己任，长期投入、潜心钻研、追求创新，研究出一批新实验，形成了富有特色的化学实验教学新体系，编写了新的实验教材，受到了同行的高度好评，成为江苏省人才培养模式创新实验示范区、大学化学实验课程被评为江苏省精品课程，刁国旺教授荣获江苏省教学名师，这种精神是难能可贵的。《新编大学化学实验》就是他们的最新研究成果，全书特色鲜明：（1）全：全书收集了教学实验214个，囊括了基础综合探究性各类实验，可能是目前国内收编教学实验最多的化学实验教科书之一，是实验教学改革成果的结晶。（2）新：收集的实验除了经典的基本实验外，相当多的实验是新编的，有的就是作者的科研成果转化而来，使实验训练接近最新的科学前沿。本教材也以全新的模式展现给读者。（3）细：从实验教学出发，教材在编写时细致周到，既为学生提供了必要的提示，也为教师在安排实验教学上提供了很大的自由度。

期望《新编大学化学实验》的出版能给我国化学实验教学带来新活力、增添新气象、开创新局面，培养出更多的创新人才。

高盘良

2010 年 5 月 16 日

第一版编写说明

众所周知，化学是一门以实验为基础的学科，许多化学理论和定律是根据大量实验进行分析、概括、综合和总结而形成的，同时实验又为理论的完善和发展提供了依据。化学实验作为化学教学中的独立课程，作用不仅是传授化学知识，更重要的是培养学生的综合能力和科学素质。化学实验课的目的在于：使学生掌握物质变化的感性知识，掌握重要化合物的制备、分离和表征方法，加深对基本原理和基本知识的理解掌握，培养用实验方法获取新知识的能力；掌握化学实验技能，培养独立工作和独立思考的能力，培养细致观察和记录实验现象、正确处理实验数据以及准确表达实验结果、培养分析实验结果的能力和一定的组织实验、科学研究和创新的能力；培养实事求是的科学态度，准确、细致、整洁等良好的科学习惯和科学的思维方法，培养敬业、一丝不苟和团队协作的工作精神和勇于开拓的创新意识。为此，教育部化学与化工学科教学指导委员会制定了化学教学的基本内容，并对化学实验教学提出了具体要求。江苏省教育厅也要求各教学实验中心应逐渐加大综合性与设计性实验的比例，加强对学生动手能力的培养。扬州大学化学教学实验中心作为省级化学教学实验示范中心，始终注重实验教学质量，于1999年起尝试实验教学改革，于2001年在探索和实践中建立一套独特的实验教学体系，并编写了《大学化学实验讲义》（以下简称《讲义》），该《讲义》按照实验技能及技术的难易程度和实验教学的认知规律分类，分别设立基础实验、综合实验和探究实验。其中基础实验又分成基础实验一和基础实验二，分别在大学一、二年级开设，主要训练学生大学本科阶段必须掌握的基本实验技能技巧、物质的分离与提纯、常用仪器的性能及操作方法、常规物理量测量及数据处理等，了解化学实验的基本要求。在完成基础实验训练后，学生于三年级开设综合性实验。该类实验以有机合成、无机合成为主线，辅之以各种分析测量手段，一方面学生可学到新的合成技术，同时又可以利用在一、二年级掌握的基本实验技术，对合成的产品进行分离提纯、分析检测，并研究相关性质等。综合性实验一方面可帮助学生复习、强化前面已学过的知识，进一步规范实验操作技能和技巧；另一方面也可培养学生综合应用基础知识和提高解决实际问题的能力。在此基础上，开设探究性与设计性实验，该实验内容主要来自最新的实验教学改革成果，也有部分为最新的科研成果。按照设计要求，该类实验，教科书只给出实验目的与要求，学生必须通过查阅参考文献，撰写实验方案，经指导老师审查通过后独立开展实验，对于实验过程中发现的问题尽可能自行解决。该类实验完全摒弃了以往实验教学中常用的保姆式教育，放手让学生去设计、思考，独立自主地解决实际问题，使学生动手能力得到了显著提高。经过4年的教学实践证明，采用这一课程体系，综合性与设计性实验的课时数占总实验课时数可以达到40%左右。师生普遍反映该课程体系设计科学、合理，学生在基础知识、基础理论和实践技能培训方面得到全面、系统训练的同时，综合解决实际问题的能力得到进一步加强。《讲义》经4年的试用，不断完善，并于2006年与徐州师范大学联合编写了《大学化学实验》系列教材，由南京大学出版社正式出版发行。两校从2006年夏起，以本套丛书作为本校化学及近化学各专业基础化学实验的主要教材，至2010年，先后在化学、应用化学、化学工程与工艺、制药工程及高分子材料与工程等专业近4000名学生中使用，师生普遍反映良好，该教材也被评为普通高等教育"十一五"国家级规划教材和江苏省精品教材。但在实际使用过程中，也发现原教材存在诸多不足。为此，扬州大学、徐州师范大学以及盐城师范学院、盐城工学院、徐州工程学院、淮海工学院和淮阴工学院一起于 2008 年春在扬州召开了实验教学改革经验交流会及实验教材建设会议，在充分肯定《大学化学实验》教材取得成功经验的基础上，也提出了许多建设性的建议，并决定成立《新编大学化学实验》编写委员会，对《大学化学实验》教材进行改编。会议决定，《新编大学化学实验》仍沿用《大学化学实验》的编写体系，即全套共由四个分册组成，第一分册介绍实验基础知识、基本理论和基本操作以及常规仪器的使用方法等，刘魏任主编；第二分册为化学实验基本操作实验，朱霞石任主编；第三分册为仪器及参数测量类实验，丁元华任主编；第四分册为综合与探究实验，颜朝国任主编。全书由刁国旺任总主编，薛怀国、沐来龙、许兴友、张根成、邵荣、杜锡华和马卫兴等任副总主编，刁国旺、薛怀国负责全套教材的统稿工作。

本次改编时，在保留原教材编写体系的同时，根据实际教学需要，又作了以下几点调整：

(1) 为反映实验教学的发展历史，同时也为适应不同学校的教学需求，适当增加了部分基础实验内容，安排了部分利用自动化程度相对较低的仪器进行测量的实验，有利于加深学生对实验测量基本原理的认识。

(2) 为强化实验的可操作性，注意从科研和生产实践中选择实验内容。

(3) 考虑到现代分析技术发展迅速，在仪器介绍部分，增加了现代分析技术经常使用的较先进仪器的介绍，以适应不同教学之需要，也可供相关专业人员参考。

(4) 部分实验提供了多种实验方案，一方面可拓宽学生的知识视野，同时也便于不同院校根据自身的实验条件选择适合自己的教学方案。

(5) 吸收了近几年实验教学改革的最新研究成果。

全套教材共收编教学实验 214 个，涉及基础化学实验教学各个分支的教学内容，各校可根据具体教学需求，自主选择相关的教学内容。

希望本套教材的出版，能为我国高等教育化学实验教学的改革添砖加瓦。

本套教材是参编院校从事基础化学实验教学工作者多年来教学经验的总结，编写过程中得到扬州大学郭荣教授、胡效亚教授等的关心和支持；北京大学高盘良教授担任本套教材的审稿工作，提出了许多建设性的意见，并欣然为本书作序，在此一并表示谢意！

本套教材由扬州大学出版基金资助。

由于编者水平有限，加之时间仓促，不足之处在所难免，恳请广大读者提出宝贵意见和建议，以便再版时修改。

编委会
2010 年 5 月

第一版前言

本书是《新编大学化学实验》丛书的第二分册，融合了原无机化学、分析化学、有机化学等实验中的基本内容，突破了原有的实验体系，在总结多年实验教学改革经验的基础上，编者从已有的实验内容及近年开发的实验中，精心选择了102个实验。全书由基本操作实验、常数测定实验、含量测定实验、物质性质实验及纯化与制备实验五个部分组成。每个实验均包括实验目的、实验原理、仪器及试剂、实验步骤、结果与讨论、注意事项、思考题、参考文献八个部分。

本册由朱霞石主编，李增光、仇立干、沙鸥任副主编。参加本书编写的人员还有堵锡华、刘文龙、王赪胤等。其中李宗伟编写实验1.1、2.6、4.8～4.12、4.14～4.16、5.2、5.6、5.10、5.14、5.15；李增光编写实验1.4～1.9、4.17～4.25、5.19～5.22、5.28、5.29；堵锡华编写实验3.11、3.12；刘文龙编写实验2.11～2.15；王赪胤编写实验3.1、3.4、3.5、3.8；张扣林编写实验1.3、2.1～2.5；花蓓编写实验4.1、5.1、5.7、5.8；刘燕编写实验1.2、2.7、2.10、4.2、4.3、4.13；张永才编写实验5.3～5.5、5.9、5.16、5.17；嵇正平编写实验3.7、3.18、3.19；王佩玉编写实验3.16、3.17；仇立干编写实验3.6、4.4～4.7、5.11～5.13；严新编写3.13～3.15、5.18；吴宏编写实验3.2、3.10；杨锦明编写实验5.23～5.27；蔡照胜编写实验5.30～5.33；陈艳编写实验1.10；李靖编写实验2.8；蔡可迎编写实验2.9；朱霞石编写实验3.3、3.9。

本书可用作综合性大学和高等师范院校化学、化工、生化、环境、食品、轻工、医学等专业学生的大学化学实验教材，亦可供其他大专院校从事化学实验工作的有关人员参考。

由于编者水平有限，时间仓促，疏漏之处在所难免，敬请有关专家和广大读者批评指正。

编者
2010 年 5 月

目　录

第1章 基本操作实验

实验 1.1 玻璃加工技术

【实验目的】

1. 了解煤气灯的构造并掌握正确的使用方法及正常火焰部分的温度。

2. 掌握玻璃管的切割、弯曲、拉制、熔烧等技术，掌握制作弯管、滴管、玻璃棒等基本操作技术。

【仪器及试剂】

煤气灯，酒精灯，石棉网，锉刀，大烧杯。

玻璃管，玻璃棒，橡皮塞，乳胶头。

【实验步骤】

1. 玻璃管（棒）的切割与圆口

将玻璃管（棒）平放在垫有隔板的桌面上，左手握紧并按住要切割的地方，右手用锉刀的棱边在要切割的部位用力向前或向后锉出一道与玻璃管（棒）垂直的凹痕，然后双手持玻璃管，大拇指在凹痕后面向外推，同时其他手指向里拉，轻轻向后一折，即将玻璃管（棒）折断成两段。

2. 弯曲两支 90°的玻璃管

先在切割好的玻璃管的一头套一乳胶头，然后将玻璃管放在煤气灯上并用小火预热一下，同时双手持玻璃管，之后把要弯曲的部分放入煤气灯的氧化焰加热，两手缓慢而均匀地转动玻璃管。待玻璃管充分软化后，将其从火焰中取出，两手弯曲玻璃管并用嘴吹气至所需角度为止。

3. 拉制 4 支滴管

拉玻璃管时，加热玻璃管的方法与弯玻璃管基本一样，不过要烧至更软一些才从火焰中取出。在同一平面来回转动玻璃管并逐渐向两旁拉至所需的细度，一手持玻璃管使它垂直片刻，然后放在石棉网上，冷却后截取所需长度。在火焰上将玻璃管入口的一端熔烧一下使其光滑；熔烧滴管大口一端时，要完全烧软并垂直向台面上轻轻地压一下使其翻口，冷却后装上乳胶滴头，即成滴管。

4. 拉制 2 支玻璃棒

拉玻璃棒时，加热玻璃棒的方法与弯玻璃管基本上一样。在同一平面来回转动玻璃棒并逐渐向两旁拉至所需的细度，一手持玻璃棒使它垂直片刻，放在石棉网上冷却后，用锉刀截取所需长度。

5. 熔光 4 根玻璃棒

在一手转动的情况下将玻璃棒的一端放入煤气灯的氧化焰中熔烧至椭圆形为止。然后接着熔烧玻璃棒的另一端，之后将玻璃棒放于石棉网上冷却。

【注意事项】

1. 本实验危险性较大，应注意防火、防割伤、防烫伤。

2. 用锉刀锉玻璃棒或玻璃管时,由里向外锉时只能锉一下,不准来回锉,同时要防止划破手。

3. 灼热过的玻璃管、玻璃棒,要按先后顺序放在石棉网上冷却,切不可直接放在实验台面上,防止烧焦台面;未冷却之前,切不可用手去摸,防止烫伤。

4. 实验完毕,由教师检查产品后清扫桌面。

【思考题】

1. 使用煤气灯有哪些注意事项?为何在操作煤气灯的过程中会发生爆鸣现象?

2. 在切割玻璃管(棒)中,如何防止割伤和刺伤皮肤?

3. 为什么要对玻璃棒(管)的切割断面进行焙烧?刚灼烧过的玻璃制品应放在哪里?

4. 怎样拉制玻璃管?

5. 为什么被加热的物体总是放在氧化焰处?

【参考文献】

1. 北京轻工业学院等著. 基础化学实验. 北京:中国标准出版社,1999.

2. 北京师范大学编. 无机化学实验. 第3版. 北京:高等教育出版社,2001.

3. 徐丽英主编. 无机及分析化学实验. 上海:上海交通大学出版社,2004.

4. 罗士平等主编. 基础化学实验(上). 北京:化学工业出版社,2005.

实验 1.2　常用玻璃仪器的洗涤和干燥与溶液的粗略配制

【实验目的】

1. 学习根据污染物及污染程度选择适当的洗涤玻璃仪器的方法。

2. 练习玻璃仪器的快速干燥方法。

3. 掌握溶液粗略配制过程与方法及有关浓度的计算。

4. 熟悉溶液粗略配制中器皿、量具的选择,练习台秤、量筒的使用及试剂的取用方法。

【实验原理】

1. 仪器的洗涤与干燥

化学实验中使用的玻璃仪器一定要清洁干净。实验工作中应根据污染物及器皿本身的化学或物理性质,有针对性地选用洗涤方法。实验室常用的洗涤方法有:①水洗;②用去污粉或合成洗涤剂刷洗;③用铬酸洗液洗;④特殊污染物的去除;⑤超声波清洗。

用上述各种方法洗涤后的仪器,经自来水多次、反复冲洗后,再用去离子水冲洗两到三次,并遵循"少量多次"的洗涤原则,每次用水量一般为总容量的 5%~20%。已洗净仪器的器壁可以被水润湿,可留下一层既薄又均匀的水膜,无水珠附着。

有些化学实验需要在无水条件下进行,仪器常常需要干燥后才能使用。常用的干燥方法有晾干、烘干、烤干、吹干及有机溶剂快速干燥。

2. 溶液的粗配

根据所配溶液的用途以及溶质的特性,溶液的配制可分为粗配和精配。

如果实验对溶液浓度的准确度要求不高,利用台秤、量筒、烧杯等低准确度的仪器配制就能满足需要,即粗配,浓度的有效数字为 1~2 位。例如作为溶解样品、调节溶液 pH 值、分离或掩蔽离子、显色等使用的溶液就属于这种类型。

有些溶液无法确定其准确浓度。例如固体 NaOH 易吸收空气中的 CO_2 和水分、浓

H_2SO_4 具有吸水性、浓 HCl 中的氯化氢很容易挥发、$KMnO_4$ 不易提纯等，因此这类溶液的配制一般也是先粗配。

溶液的浓度有多种表示方法，如质量分数 $\left(\dfrac{m}{m}\times100\%\right)$、体积分数 $\left(\dfrac{V}{V}\times100\%\right)$、质量体积浓度 (m/V)、体积比浓度、物质的量浓度 (n/V) 等。在工厂生产的控制分析和例行分析中，还常常用相对密度 (d)、波美度（°Bé）和滴定度等表示溶液的浓度。

溶液粗配的步骤：计算→选择合适器皿与量具→称量（用台秤）或量取（量筒）→溶解→定容（量筒、量杯、带刻度烧杯均可）→玻璃棒搅拌均匀溶液→试剂瓶→贴上标签并注明溶液的名称、浓度和日期。

【仪器及试剂】

台秤，角匙，玻璃棒，量筒（10mL、50mL），烧杯，表面皿，酒精灯或电炉，石棉网，试剂瓶，洗瓶。

浓硫酸（相对密度 $1.84g\cdot cm^{-3}$、质量分数 98%），$CuSO_4$（化学纯，s），NaOH（化学纯，s），$K_2Cr_2O_7$（工业品，s），乙醇，标签纸，胶水。除特别注明，所有试剂均为分析纯。

【实验步骤】

1. 仪器洗涤与干燥

（1）洗净实验柜中部分仪器。

（2）在酒精灯上烘干两支洗净的试管。

（3）用有机溶剂快速干燥法，干燥一只 100mL 烧杯。

2. 溶液的粗配

（1）以质量体积浓度表示的溶液 (m/V) 的配制　配制 $10g\cdot L^{-1}$ 硫酸铜溶液 50mL，在台秤上用 100mL 烧杯称取 0.5g 固体硫酸铜并溶于水，稀释至 50mL，转入试剂瓶。贴上标签，用黑笔注明溶液名称、浓度和日期。

（2）以物质的量浓度表示的溶液 (n/V) 的配制　配制 $0.1mol\cdot L^{-1}$ 氢氧化钠溶液 100mL，用表面皿在台秤上称取 0.4g NaOH 固体并放入 250mL 烧杯中，加入少量蒸馏水搅动使固体完全溶解后，用蒸馏水稀释至 100mL，搅匀并转入试剂瓶。贴上标签，用黑笔注明溶液名称、浓度和日期。

（3）以体积分数表示的溶液的配制　配制 2% 硫酸溶液 100mL：用 10mL 量筒量取 2.0mL 浓 H_2SO_4，在不断搅拌下慢慢沿烧杯壁倾入盛有 50mL 蒸馏水的烧杯中，冷却后用蒸馏水稀释到 100mL，转入试剂瓶。贴上标签，用黑笔注明溶液名称、浓度和日期。

（4）配制 25mL 铬酸洗液　取 $1.25g\ K_2Cr_2O_7$（工业品即可），先用 3.5mL 的蒸馏水加热溶解，稍冷后，将 25.0mL 浓 H_2SO_4 沿容器壁慢慢加入 $K_2Cr_2O_7$ 溶液中（千万不能将水或溶液加入 H_2SO_4 中），边倒边用玻璃棒搅拌，并注意不要溅出，混合均匀，冷却后，转入洗液瓶备用。

【注意事项】

1. 仪器的洗涤和干燥方法详见本实验教材第一分册的相关内容。

2. 凡是已洗净的仪器内壁，绝不能再用布或纸去擦拭，否则，布或纸的纤维将会留在仪器壁上反而沾污了仪器。玻璃棒洗净后，应放入清洁的烧杯中，绝不允许放在实验台上。

3. 一般带有刻度的计量仪器，如移液管、容量瓶、滴定管等不能用加热的方法干燥，以免受热变形而影响仪器的精密度。

4. 新配制的铬酸洗液为红褐色，氧化能力很强。当洗液用久后变为黑绿色，即说明洗液无氧化洗涤力，再加入高锰酸钾可使洗液再生。

5. 废液必须先倒入废液桶中，后注水洗涤。实验用水应做到少量多次。

【思考题】

1. 如何判断玻璃仪器是否洗涤干净？
2. 铬酸洗液的去污原理是什么？如何使用？如何判断其是否失效？如何使其再生？
3. 什么是"少量多次"洗涤原则？为什么要实行"少量多次"的洗涤原则？

【参考文献】

1. 北京师范大学编. 无机化学实验. 第3版. 北京：高等教育出版社，2001.
2. 徐丽英主编. 无机及分析化学实验. 上海：上海交通大学出版社，2004.
3. 罗士平等主编. 基础化学实验（上）. 北京：化学工业出版社，2005.

实验1.3　溶液的精确配制与标定

【实验目的】

1. 掌握精确配制溶液的方法及器皿、量具的选择。
2. 练习电子天平的使用，学习正确的精确称量方法。
3. 学习刻度移液管、容量瓶及碱式滴定管的操作技术。

【实验原理】

1. 溶液的精配

定量分析实验中，往往需要配制准确浓度的溶液，就必须使用比较准确的仪器（如移液管、电子天平、容量瓶等）来配制，即精配，浓度要求准确到4位有效数字。已知准确浓度的溶液称为标准溶液。

配制准确浓度溶液的试剂必须是其组成与化学式完全符合的高纯物质，并在保存和称量时，组成及质量稳定不变，而且是相对分子质量较大的物质，即通常所说的基准物质。

2. 溶液浓度的标定

测定溶液浓度的方法多种多样。用滴定法和波美计来测量就是其中的两种。

溶液的相对密度是随溶液的质量分数而变化的，对一个未知浓度的溶液，测出其相对密度后，便可从相关化学手册上查到相应的质量分数。一般溶液的相对密度值在1～2之间，差值很小，用密度计测量，读数差也很小，误差较大。为了克服这一缺点，生产上常使用波美计，用波美计测得的溶液的相对密度称为波美度。波美计有轻表和重表两种，重表用来测定比水重的液体，其度数越大，相对密度越大。轻表用来测定比水轻的液体，其度数越大，相对密度越小。

对于很多不符合基准物质条件的物质，不能直接配制标准溶液。一般是先将这些物质配成近似所需浓度的溶液，再用基准物质通过酸碱滴定法、配合滴定法、氧化还原滴定法或沉淀滴定法等精确测定其浓度，这一过程称为标定。

【仪器及试剂】

台秤，电子天平，角匙，玻璃棒，量筒（10mL、50mL），烧杯，表面皿，试剂瓶，容量瓶，称量瓶，移液管（10mL、25mL），洗耳球，碱式滴定管，波美计，锥形瓶，滴定管夹，铁架台，洗瓶。

浓硫酸（相对密度 1.84g·cm^{-3}、质量分数 98%），NaOH（分析纯，s），$H_2C_2O_4$·$2H_2O$（分析纯，s），Na_2CO_3（分析纯，s），邻苯二甲酸氢钾（分析纯，s），酚酞（0.2%），胶水，标签纸。

【实验步骤】

1. 溶液的精确配制

（1）用递减称量法配制 0.05mol·L^{-1} Na_2CO_3 溶液 250mL　在一洁净干燥的称量瓶中装入约 2g 无水固体 Na_2CO_3，在台秤上粗称后，再在电子天平上准确称取 1.0～1.6g 于 100mL 洁净烧杯中，用少量水溶解并转入 250mL 容量瓶中，用洗瓶以少量水洗烧杯 3 次，转入容量瓶中，容量瓶内的水达 2/3 容积时平摇几下，再加蒸馏水至标线后将容量瓶的盖子盖好，颠倒摇动 15 次以上。根据实际称得无水 Na_2CO_3 的质量计算其浓度，保留四位有效数字。

（2）0.05mol·L^{-1} Na_2CO_3 溶液的定量稀释　用移液管移取 25.00mL 0.05mol·L^{-1} Na_2CO_3 溶液于 100mL 容量瓶中，加水至 2/3 后初步混合，接着再加水稀释至刻度，摇匀。计算所得溶液的准确浓度。

（3）用固定质量称量法准确配制 0.0500mol·L^{-1} $H_2C_2O_4$ 溶液 100mL　在台秤上粗称一洁净干燥的称量瓶后装入约 1g $H_2C_2O_4$·$2H_2O$ 固体。在电子天平上准确称量一洁净干燥的小烧杯，向烧杯中敲入 $H_2C_2O_4$·$2H_2O$ 直至电子天平读数正好增加了 0.6304g 为止。加适量水溶解，然后转到 100mL 容量瓶中，用洗瓶以少量水洗烧杯 3 次，瓶内的水达 2/3 容积时平摇几下，再加蒸馏水至标线后将容量瓶的盖子盖好，颠倒摇动 15 次以上。

（4）配制 0.1mol·L^{-1} NaOH 溶液 200mL　事先计算出应称取固体 NaOH 多少克，按步骤（3）配制。

2. 溶液浓度的标定

（1）硫酸溶液质量分数的测定　将体积分数 2% 硫酸溶液注入一洁净的 250mL 量筒中，然后将清洁干燥的波美计慢慢放入液体中。为了避免波美计在液体中上下沉浮和左右摇动与量筒壁接触以致打破，所以在浸入时，应该用手轻轻扶住波美计的上端，并让它浮在液面上，待波美计不再摇动且不与器壁相碰时读数，读数时视线要与凹液面最低处相切。用完波美计后要洗净并放回盒内。由波美度换算为相对密度，查表 1.3-1 就可得到被测溶液的质量分数。

表 1.3-1　硫酸的相对密度与质量分数对照表（20℃）

相对密度 d	1.0051	1.0118	1.0184	1.0250	1.0317	1.0385	1.0453	1.0522	…
质量分数 w/%	1	2	3	4	5	6	7	8	…

（2）0.1mol·L^{-1} 氢氧化钠溶液浓度的标定　准确称取 0.4～0.6g 邻苯二甲酸氢钾（KHC$_8$H$_4$O$_4$）试剂 2～3 份，分别置于 250mL 锥形瓶中，加 20～30mL 水溶解后，加入 1～2 滴 0.2% 酚酞指示剂，用 NaOH 溶液滴定至溶液呈微红色，0.5min 不褪色，即为终点❶。计算 NaOH 溶液的准确浓度及相对平均偏差。

（3）用 NaOH 滴定 H_2SO_4，测定 H_2SO_4 的物质的量浓度　用刻度移液管吸取 2% 硫酸溶液 4.00mL 2～3 份于锥形瓶中，加 20.0mL 蒸馏水，摇匀后加入 1～2 滴 0.2% 酚酞指示剂，用 NaOH 溶液滴定至溶液呈微红色，0.5min 不褪色，即为终点。计算 H_2SO_4 的物质

---

❶　标定 NaOH 溶液时，用酚酞作为指示剂，终点为微红色，0.5min 不褪色。若较长时间微红色慢慢褪去，是由于溶液吸收了空气中的 CO_2 所致。

的量浓度及相对平均偏差。

【结果与讨论】

计算出所配溶液的浓度,注意有效数字。

【注意事项】

1. 台秤、电子天平、移液管、容量瓶、滴定管的使用等基本操作见本系列教材第一分册的相关内容。

2. 注意精配实验中正确使用相关实验仪器。

3. 在使用电子天平时,根据所称量物质性质不同正确选择相应仪器。

【思考题】

1. 某同学在粗配草酸溶液时,用电子天平称取 $H_2C_2O_4 \cdot 2H_2O$ 固体,用量筒取水配成溶液,该操作对否?为什么?

2. 从滴定管中流出半滴溶液的操作要领是什么?

3. 在滴定分析中,为什么需要用操作溶液润洗滴定管及移液管几次?滴定中使用的锥形瓶或烧杯,是否也要用操作溶液润洗?

4. 滴定时为什么每次都应从零刻度以下附近处开始?

5. 如何正确使用容量瓶及移液管?

实验 1.4　熔点的测定

【实验目的】

1. 了解有机化合物熔点的基本原理。

2. 掌握用毛细管测定熔点操作方法。

【实验原理】

通常当结晶物质加热到一定的温度时,即从固态变为液态,此时的温度可视为该物质的熔点。大部分纯粹的固体有机化合物一般都有固定的熔点,即在一定压力下,固-液两态之间的变化是非常敏锐的,熔程(初熔至全熔的温度差值)不超过 $0.5\sim1℃$。如该物质含有杂质,则熔点往往较纯物质为低,且熔程也较长。根据熔点和熔程的长短又可定性地看出是否为已知化合物和该化合物的纯度,对于鉴定纯的固体有机化合物来讲具有很大价值。值得注意的是液晶类化合物具有较宽的熔程,甚至高达几十摄氏度。物质的温度与蒸气压曲线见图 1.4-1。

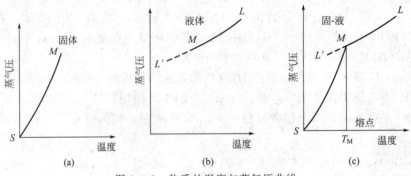

图 1.4-1　物质的温度与蒸气压曲线

反过来，在某些情况下熔程很小时也不一定是纯的有机化合物，如 α-萘酚和萘混合物，当萘的摩尔分数为 0.605，α-萘酚的摩尔分数为 0.395 时，能像纯物质一样在一定的温度时熔化。熔点为 61℃，同样具有较短的熔程。但这不是纯的有机化合物，而是最低共熔混合物，这个温度为最低共熔点。

同样两个同一熔点的化合物不见得是同一化合物，但可以用混合熔点法进行测定，为了防止形成新的化合物或固溶体，至少测定三种比例（即 1∶9，1∶1 和 9∶1）的熔点，若和单独测定的熔点相同，一般说来是同一化合物。如果不相同则肯定不是同一化合物。

【仪器及试剂】

b 形管，熔点管，温度计，表面皿，玻管（0.6cm，约 50cm），酒精灯。

浓硫酸，萘，苯甲酸，水杨酸。

【实验步骤】

1. 熔点管制备

取一根清洁干燥的直径 1cm、壁厚 1mm 左右的玻璃管，两手同时握住玻管向相同方向旋转，放在灯焰上加热。火焰由小到大，受热区间约 5cm，不断旋转玻管，当烧至发黄变软时从火中取出，在做左右手反方向来回旋转的同时水平地向两边拉开。先慢后快地将其拉长，使之成为内径 1mm 左右的毛细管。截取 8cm 左右的小段，一端在酒精灯上用小火封闭（封闭时将毛细管呈 45°角度在小火的边缘处一边转动，一边加热至小球状出现）。冷却后放置在试管内备用。

内径 0.5mm 和 1mm 左右的熔点管都有商品出售，可以直接使用。

2. 样品填装

放少许待测熔点的干燥样品（约 0.1g）于洗净并晾干的表面皿上，用玻璃棒或不锈钢刮刀将它研成粉末并集成一堆。将熔点管开口端向下插入粉末中，反复插入数次，然后把熔点管开口端向上，在另一表面皿上轻轻地敲击，以使粉末落入和填紧管底。然后取一支长约 50cm 的干净玻管，垂直于一干净的表面皿上，将熔点管从玻管上端自由落下，让样品充分打实。为了使管内装入高约 2～3mm 紧密结实的样品，一般需如此重复数次。一次不宜装入太多，否则不易夯实。样品装好后必须拭去沾在管外的粉末，以免沾污加热浴液。要测得准确的熔点，样品一定要研得极细，装得结实，使热量的传导迅速均匀。对于蜡状样品，为了解决研细及装管的困难，只得选用较粗口径（2mm 左右）的熔点管。

3. 熔点测定装置

在实验室中最常用的熔点测定装置是 b 形管和熔点测定仪。

提勒（Thiele）管又称 b 形管，如图 1.4-2(a) 所示。管口装有开口木塞，温度计插入其中，刻度应面向木塞开口，温度计上套上一根由乳胶管剪成的尽可能细的橡皮圈（这个橡皮圈起到固定温度计的作用）。调整温度计水银球的中线位于 b 形管上下两叉管口之正中间，装好样品的熔点管，借少许浴液黏附于温度计下端，使样品部分置于水银球侧面中部 [见图 1.4-2(c)]。b 形管中装入加热液体（浴液），高度达上叉管处即可。

在图示的部位加热，受热的浴液沿管上升运动，从而促成了整个 b 形管内浴液呈对流循环，使得温度较为均匀。

在测定熔点时，凡是样品熔点在 220℃以下的，可采用浓硫酸作为浴液。因高温时，浓硫酸将分解放出三氧化硫及水。对环境污染较大，不利于操作（长期不用的熔点浴应先逐渐加热到 200℃去掉吸入的水分后再用，如加热过快，就有冲出的危险，当有机物和其他杂质触及硫酸时，会使硫酸变黑，有碍熔点的观察，此时可加入少许硝酸钾晶体共热后使

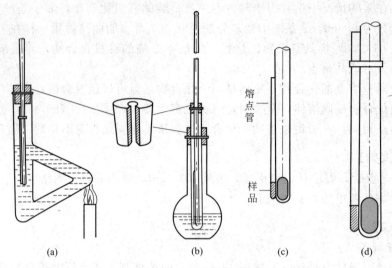

图 1.4-2　测熔点的装置

之脱色)。

除浓硫酸以外，亦可采用磷酸(可用于300℃以下)、石蜡油或有机硅油等。如果测定熔点大于200℃的样品，可用由7份(质量)浓硫酸和3份硫酸钾或5.5份浓硫酸和4.5份硫酸钾在通风橱中一起加热，直至固体熔解，形成的混合物作为加热介质。这样的加热介质可应用320℃的范围。若以6份浓硫酸和4份硫酸钾混合，则可使用至365℃。但此类加热液体不适用于测定低熔点的化合物，因为它们在室温下呈半固态或固态。

4. 熔点测定

(1) 毛细管熔点测定法　将提勒管垂直夹于铁架上，加入适量的作为加热液体的浓硫酸，调整温度计的位置，用温度计水银球蘸取少许硫酸滴于熔点管上端外壁上，即可使之粘着(如果用其他溶液则剪取一小段橡皮管，将此橡皮圈套在温度计和熔点管的上部[图1.4-2(d)])。将粘附有熔点管的温度计缓缓地伸入浴液中，勿使样品管的试样部分和温度计水银球分离。以小火在图示部位缓缓加热。开始时升温速度可以比较快，到距离熔点10～15℃时，调整火焰使每分钟上升约1～2℃。愈接近熔点，升温速度应愈慢(掌握升温速度是准确测定熔点的关键)。一是要保证有足够的传热时间，保证提勒管中最小的温差，熔点管内外的温度一致，温度计能够确切表示体系内的温度。同时保证观察者有足够的时间观察温度计所示度数和样品的变化情况。切记：只有缓慢加热，才能使此项误差减小，保证重现性。记下样品开始塌落并有液相(俗称出汗)产生时(初熔点)和固体完全消失时(全熔点)的温度计读数，即为该化合物的熔点。要注意，在初熔前是否有萎缩或软化、放出气体以及其他分解现象。例如一物质在120℃时开始萎缩，在121℃时有液滴出现，在122℃时全部液化，应记录如下：熔点121～122℃，120℃时萎缩。

熔点测定至少要两次重复的数据。每一次测定都必须用新的熔点管另装样品，不得将已测过熔点的熔点管冷却，使其中的样品固化后再作第二次测定。因为很多有机化合物在熔点以上会产生部分分解，有些会转变成具有不同熔点的其他结晶形式，酸性气体的进入也带来杂质。测定易升华物质的熔点时，应在装入样品后，将熔点管的开口端也封闭(即两端封闭的毛细管)，以免升华。

如果要测定未知物的熔点，应先对样品粗测一次。加热速度可以稍快，知道大致的熔点范围后，待浴温冷却至熔点以下约30℃左右，再取另一根装样的熔点管作精密的测定。

如果不是用标准温度计，则要在熔点测定好后，温度计的读数须对照温度计校正图进行校正。

一定要待熔点管在空气中充分冷却后，方可将浓硫酸倒回瓶中。温度计冷却后，小心用多层废纸擦去残留的硫酸，方可用水冲洗，否则温度计极易炸裂。

（2）使用熔点测定仪测定熔点　熔点测定仪有多种形式，采用不同的仪器设计和测定方法。加热介质有液体（一般为硅油）或金属铝。样品可以用毛细管封装，也可以用载玻片。一般熔点测定仪（图 1.4-3）主要由调压器、电加热系统、温度计和显微镜组成。使用时请参考仪器的使用说明。测定熔点时，样品放在两片洁净的载片玻璃之间，置于加热的金属铝块上，盖上保温用的耐高温光学玻璃片。

图 1.4-3　熔点测定仪

调节显微镜高度，观察被测物质的晶形。先拧开调压旋钮，加热，开始时温度快升，到温度低于熔点 10～15℃时，换开微调旋钮，减慢升温速度，使每分钟上升 1～2℃。其他事项与提勒管测定法相同。

当要重复测定时，可将金属冷却圆板置于热浴上。热交换后的圆板，用冷水冷却（有的冷却圆板可以盛放冷却水）。如此重复数次，使温度很快降下来。

5. 样品熔点测定

每个样品测定两次。

（1）测定萘的熔点（文献值 80.55℃）

（2）测定苯甲酸的熔点（文献值 122.4℃）。

（3）测定水杨酸的熔点（文献值 159℃）。

（4）由教师提供未知物样品，测定熔点并鉴定之。

本实验约需 4h。

【结果与讨论】

记录各个样品的熔程（初熔至全熔的温度），与样品文献值比较。讨论熔点偏差的原因，或进行温度计的校正。

【注意事项】

1. 用以上方法测定熔点时，温度计上的熔点读数与真实熔点之间常有一定的偏差，引起误差的原因如下。

（1）由温度计的质量所引起。例如普通温度计中的毛细管孔径不可能是很均匀的，而刻度是等间隔的，所以不很精确。

（2）温度计有全浸式和半浸式两种。全浸式温度计的刻度是在温度计的汞线全部均匀受热的情况下刻出来的，而在测熔点时仅有部分汞线受热，因而露出的汞线温度当然较全部受热时为低。

（3）经长期使用的温度计，玻璃为无定形，受热再冷却后不能恢复原状，从而发生体积变形而使刻度不准。

因此，若要精确测定物质的熔点，就须校正温度计。为了校正温度计，可选用一标准温度计与之比较。通常也可采用纯粹有机化合物的熔点作为校正的标准。通过此法校正的温度计，上述误差可一并除去。

2. 校正时只要选择数种已知熔点敏锐的纯粹化合物作为标准，测定它们的熔点，以观察到的熔点作纵坐标，测得熔点与应有熔点的差作横坐标，画成曲线。在任一温度时的校正值可直接从曲线中读出。

用熔点方法校正温度计的标准样品如下，校正时可以具体选择。

α-萘胺	50℃	苯甲酸	122.4℃
对二氯苯	53.1℃	尿素	132.7℃
苯甲酸苄酯	71℃	二苯基羟基乙酸	151℃
萘	80.55℃	水杨酸	159℃
间二硝基苯	90.02℃	3,5-二硝基苯甲酸	205℃
乙酰苯胺	114.3℃		

【思考题】

1. 三个瓶子中分别装有 A、B、C 三种白色结晶的有机固体，熔点都是 149～150℃。A 与 B(50∶50) 的混合物在 130～139℃熔化。A 与 C(50∶50) 的混合物在 149～150℃熔化。B 与 C(50∶50) 的混合物在什么样的温度范围内熔化呢？能说明 A、B、C 是同一种物质吗？

2. 测定熔点时，若遇下列情况，将产生什么结果？
(1) 熔点管壁太厚。
(2) 熔点管底部未完全密封，尚有一细孔。
(3) 熔点管内壁不洁净，含有有机物。
(4) 样品未完全干燥或含有杂质。
(5) 样品研得不细或装得不紧密。
(6) 温度上升太快。

【参考文献】

1. 王清廉，沈凤嘉. 有机化学实验. 北京：高等教育出版社，1994.
2. 王世润，吴法伦，郭艳玲，刘雁红，程绍玲. 基础化学实验. 有机及物理化学部分. 天津：南开大学出版社，2002.

实验 1.5　蒸馏及沸点的测定

【实验目的】
1. 了解蒸馏及沸点测定的基本原理和测定方法。
2. 掌握常压蒸馏及沸点测定的实验方法。

【实验原理】

蒸馏是提纯液体物质和分离混合物的一种常用方法。通过蒸馏还可以测定化合物的沸点和沸程，所以它对鉴定纯粹的液体有机化合物也具有一定的意义。

由于分子运动，液体的分子有从表面逸出的倾向，这种倾向随温度的升高而增大。如果把液体置于密闭的真空体系中，液体分子连续不断地逸出而形成蒸气，同时气态的分子也可以凝聚成液体。在时间足够时，这种运动达到平衡，即分子由液体逸出的速度与分子由蒸气中回到液体中的速度相等，此时其蒸气保持一定的压力，液面上的蒸气达到饱和，称为饱和蒸气。它对液面所施加的压力称为饱和蒸气压。实验证明，液体的蒸气压只与温度有关，即液体在一定温度下具有一定的蒸气压。饱和蒸气压指液体与它的蒸气平衡时的压力，与体系中存在的液体和蒸气的绝对量无关。

当液体受热时，它的蒸气压就随温度的升高而增大，当液体的蒸气压增大到与外界施于液面的总压力（通常是大气压力）相等时，所对应的温度为液体的沸点。此时有大量气体从液体内部逸出（即液体沸腾），显然沸点与所受外界压力的大小有关。通常所说的沸点是在 0.1MPa 压力下液体的沸腾温度。例如水的沸点为 100℃，即是指在 0.1MPa 压力下，水在 100℃ 时沸腾。在其他压力下的沸点应注明压力。例如 1,4-丁二醇的沸点 228℃（常压），171℃（13.3kPa），120℃（1.33kPa），86℃（0.133kPa）。

　　将液体加热至沸腾，使液体变为蒸气，然后使蒸气冷却再凝结成液体，这两个过程的联合操作称为蒸馏。显然，蒸馏可以将挥发性差别较大的物质分离开来，即将沸点不同的液体甚至是低熔点的固体混合物分离开来。蒸馏操作只能在液体混合物各组分的沸点相差很大时（至少 30℃ 以上）才能够得到较好的分离效果。在常压下进行蒸馏时，由于大气压往往不是恰好为 0.1MPa，因而严格说来，应对观察到的沸点加上校正值，但由于偏差一般都很小，即使大气压相差 2.7kPa，这项校正值也不过 ±1℃ 左右，因此可以忽略不计。

　　例如将盛有液体的烧瓶放在电热套中加热，在液体和受热的玻璃接触面上就有蒸气的气泡形成。溶解在液体内部的空气或以薄膜形式吸附在瓶壁上的空气有助于这种气泡的形成。玻璃的粗糙面也起促进作用。这样的小气泡（称为气化中心）即可作为大的蒸气气泡的核心。在沸点时，液体释放大量蒸气至小气泡中。待气泡中的总压力增加到超过大气压，达到液柱所产生的压力和大气压力之和时，蒸气的气泡就上升而逸出液面。当液体中有许多小空气泡或其他的气化中心时，液体就可平稳地沸腾。如果在液体中几乎不存在空气，瓶壁又非常洁净和光滑，形成气泡就非常困难。这样在加热时，因为没有气化中心，液体的温度可能上升到超过沸点很多而不沸腾，这种现象称为"过热"；在过热情况下，一旦有一个气泡形成，由于液体在此温度时的蒸气压已远远超过大气压和液柱压力之和，因此上升的气泡增大得非常快，通常会将液体冲溢出瓶外，这种不正常沸腾，称为"暴沸"。因而在加热前加入助沸物——沸石，以期引入气化中心，保证沸腾平稳。助沸物一般是表面疏松多孔、吸附有空气的物质如素瓷片、敲碎的废电炉芯或玻璃沸石等。另外也可用几根一端封闭的毛细管以引入气化中心（注意毛细管有足够的长度，使其上端可搁在蒸馏瓶的颈部；开口的一端朝下）。在任何情况下，切忌将助沸物加至已受热接近沸腾的液体中，否则会突然放出大量蒸气而将大量液体从蒸馏瓶口喷出而造成危险。如果加热前忘了加入助沸物，补加时必须先移去热源，待加热液体冷至沸点以下后方可加入。如果沸腾中途停止过，因为起初加入的助沸物在加热时逐出了部分空气，在冷却时吸附了液体，已经失效，所以在重新加热前应加入新的助沸物。另外如果采用浴液间接加热，保持浴温不超过蒸馏液沸点 20℃，这种加热方式不但可大大减少瓶内蒸馏液中各部分之间的温差，而且可以使产生的气泡不单单从烧瓶的底部上升，也可沿着液体的边沿上升，因而也可大大减小过热的可能。如果在搅拌下加热，则很难产生过热现象，搅拌产生的气泡也形成了气化中心，所以不需要加入沸石。

　　纯液体有机化合物在一定压力下具有一定的沸点，但是相当多的有机化合物能和其他组分形成二元或三元共沸混合物，它们也有一定的沸点，所以具有固定沸点的液体不一定是纯粹的化合物。不纯物质的沸点则要取决于杂质的物理性质以及它和纯物质间的相互作用。假如杂质是不挥发的，则液体的沸点比纯物质的沸点略有提高（应该注意的是，在蒸馏时温度计处于气相中，所以实际上测到的结果并不是溶液的沸点，而是逸出蒸气与其冷凝液平衡时的温度，即是此时此刻馏出液的沸点）。若杂质是挥发性的，则蒸馏时液体的沸点会逐渐上升（除非由于两种或多种物质组成了共沸混合物，在蒸馏过程中温度可保持不变，停留在某一范围内）。

【仪器及试剂】

　　圆底烧瓶，蒸馏头，螺帽接头，温度计，直型冷凝管，单尾摘引管和接收器，电热套，

b形管,沸点管,酒精灯。

浓硫酸,工业乙醇。

【实验步骤】

1. 蒸馏装置及安装

图 1.5-1 为常用的蒸馏装置,由圆底烧瓶、蒸馏头、螺帽接头、温度计、冷凝管、单尾摘引管和接收瓶组成。蒸馏瓶与蒸馏头之间有时需借助于大小接头连接。磨口温度计可直接插入蒸馏头,普通温度计通常借助螺帽接头固定在蒸馏头的上口处。温度计水银球的上限应和蒸馏头侧管的下限在同一水平线上。冷凝水应从冷凝管的下口流入、上口流出,以保证冷凝管的套管中始终充满水。用不带支管的接液管时,接液管与接收瓶之间不可用塞子连接,以免造成封闭体系,使体系压力过大而发生爆炸。所用的仪器必须清洁干燥,规格合适。

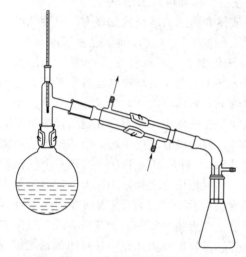

图 1.5-1 常用的蒸馏装置

安装仪器之前,首先要根据蒸馏物的量,选择大小合适的蒸馏瓶。蒸馏物液体的体积,一般不要超过蒸馏瓶容积的 2/3,也不要少于 1/3。仪器的安装顺序一般是先从热源开始,先在架设仪器的铁台上放好电热套,然后安装圆底烧瓶,圆底烧瓶最好不要紧贴电热套,留 2～5mm 的空间。如用水浴或油浴时,瓶应距水浴(或油浴)锅底 1～2cm。圆底烧瓶用烧瓶夹夹好。安装冷凝管时,应先装好和水网连接的橡皮管,用冷凝管夹的静夹片托住冷凝管,并调整它的位置使与安装好的蒸馏瓶高度相适应并与蒸馏头的侧管同轴,当冷凝管的铁夹松开时冷凝管应该可灵活旋转。然后稍稍夹紧冷凝管夹。以夹住后稍用力尚能转动为宜(完好的冷凝管夹内通常垫以橡皮等软性物质,以免夹破仪器)。在冷凝管尾部通过接液管连接接收瓶(用锥形瓶或圆底烧瓶)。正式接收馏液的接收瓶应事先称重并做记录。

安装仪器顺序一般都是自下而上,从左到右(或从右到左)。要准确端正,横平竖直。从侧面观察,全套仪器装置的轴线都要在同一平面内。铁架应整齐地置于仪器的背面。也可将安装仪器概括为四个字,即"稳、妥、端、正"。稳,即稳固牢靠;妥,即妥善安装,消除一切不安全因素;端,即端正好看,同时给人以美的享受;正,即正确地使用和选用仪器。

2. 蒸馏操作

(1) 加料 将待蒸馏的溶液通过玻璃漏斗(漏斗颈必须低于蒸馏头的支管)小心倒入蒸馏瓶中(最好是在装配装置前直接加入到圆底烧瓶中),要注意不使液体从支管流出。加入几粒助沸物,塞好带温度计的螺帽接头。再一次检查仪器的各部分连接是否紧密和妥善。

(2) 冷却 用水冷凝管时,先由冷凝管下口缓缓通入冷水,自上口流出并引入水槽中。

(3) 加热 将电热套接通电源开始加热,加热时可以看见蒸馏瓶中液体逐渐沸腾,蒸气逐渐上升。这时应适当调电热套的电压,使加热速度略为减慢,蒸气顶端停留在原处,使瓶颈上部和温度计受热,让水银球上液滴和蒸气温度达到平衡。然后再稍稍加大电压,进行蒸馏。控制加热温度,调节蒸馏速度,通常以每秒1～2滴馏出物为宜。在整个蒸馏过程中,应使温度计水银球上常有被冷凝的液滴,此时的温度即为液体与蒸气平衡时的温度,温度计的读数就是液体（馏出液）的沸点。蒸馏时加热的电压不能太大，否则会再产生过热现象，这样由温度计读得的沸点会偏高；当然蒸馏速度也不能太慢。电压太低时温度计的水银球不能为馏出液蒸气充分浸润而使温度计上所读得的沸点偏低或不规则。

（4）观察沸点及收集馏液　进行蒸馏前，至少要准备两个接收瓶，因为在达到预期物质的沸点之前，常有沸点较低的液体先蒸出，这部分馏液称为"前馏分"或"馏头"。前馏分蒸完，温度趋于稳定后，蒸出的就是较纯的物质，这时应更换另一个洁净的接收瓶接收，记下这部分液体开始馏出时和最后一滴时温度计的读数，即是该馏分的沸程（沸点范围）。一般液体中或多或少地含有一些高沸点杂质，在所需要的馏分蒸出后，若再继续升高加热温度，温度计的读数会显著升高；若维持原来的加热温度，就不会再有馏液蒸出，温度会突然下降。这时就应停止蒸馏。即使杂质含量极少，也不能蒸干，以免烧瓶破裂及发生其他意外事故。

（5）拆除仪器　蒸馏完毕，应先降低电压至零，撤去电源，当烧瓶中不沸腾时关闭水阀，停止通水，拆下仪器。拆除仪器的顺序和装配的顺序相反，先取下接收器，然后拆下接液管、冷凝管、温度计、蒸馏头和烧瓶等。

液体的沸程可代表它的纯度。纯粹的液体沸程一般不超过 1～2℃，对于合成实验的产品，因大部分是从混合物中采用蒸馏法提纯，由于蒸馏方法的分离能力有限，故在普通有机合成实验中收集的沸程较宽。

3. 工业乙醇的蒸馏

在 100mL 圆底烧瓶中加入 60mL 浅黄色混浊的工业乙醇、放入 1 粒沸石，按上述方法（图 1.5-1）装配蒸馏装置。通入冷凝水，然后通电加热。开始时电压可稍大些，并注意观察蒸馏瓶中的现象和温度计读数的变化。当瓶内液体开始沸腾时，蒸气前沿逐渐上升，待到达温度计时，温度计读数急剧上升。这时应适当调整电压，使温度略为下降，让水银球上的液滴和蒸气达到平衡，然后再稍微加大电压进行蒸馏。调节火焰，控制流出的液滴，以每秒 1～2 滴为宜。当温度计读数上升至 77℃ 时，换一个已称量过的干燥的锥形瓶作接收器。收集 77～79℃ 的馏分。当瓶内只剩下少量（约 0.5～1mL）液体时，若维持原来的加热速度，温度计的读数会突然下降，即可停止蒸馏。不应将瓶内的液体完全蒸干。称量所收集馏分的质量或量其体积，并计算回收率。

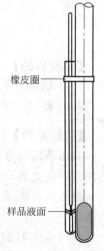

橡皮圈

样品液面

图 1.5-2　微量法测定沸点装置

4. 微量法测定沸点

微量法测定沸点可用图 1.5-2 的装置。取 1～2 滴 95% 乙醇样品于沸点管（制作见熔点管的制备）的外管中，液柱高约 1cm。再放入内管，然后将沸点管用小橡皮圈附于温度计旁，放入热浴中进行加热。加热时，由于气体膨胀，内管中会有小气泡缓缓逸出，在到达该液体的沸点时，将有一连串的小气泡快速地逸出。此时可停止加热，使浴温自行下降，气泡逸出的速度渐渐减慢。在气泡不再冒出而液体刚要进入内管的瞬间（即最后一个气泡刚欲缩回至内管中时）对应的温度即为该液体的沸点。因为此时毛细管内的蒸气压与外界压力相等。为校正起见，待温度降下几摄氏度后，再非常缓慢地加热，记下刚出现大量气泡时的温度。两次温度相差应该不超过 1℃。

本实验约需 4h。

【结果与讨论】

记录测得的数据，并与常量法作比较。95% 乙醇的沸点为 78.2℃。

【注意事项】

1. 96％(质量分数) 的乙醇为一共沸混合物，而非纯物质，它具有一定的沸点和组成，不能用普通蒸馏法进行分离。

2. 冷却水的流速以能保证蒸气充分冷凝为宜，通常只需保持缓慢的水流即可。

3. 蒸馏有机溶剂均应用小口接收器，如锥形瓶等。

【思考题】

1. 什么叫沸点？液体的沸点和大气压有什么关系？文献上记载的某物质的沸点温度是否即为你们那里的沸点温度？

2. 蒸馏时为什么蒸馏瓶所盛液体的量不应超过容积的 2/3 也不应少于 1/3？

3. 蒸馏时加入沸石的作用是什么？如果蒸馏前忘加沸石，能否立即将沸石加至将近沸腾的液体中？当重新进行蒸馏时，用过的沸石能否继续使用？

4. 为什么蒸馏时最好控制馏出液的速度为 1～2 滴每秒为宜？

5. 用蒸馏方法（即常量法）和微量法测定液体的沸点，得到的数据相同吗？为什么？

6. 如果液体具有恒定的沸点，那么能否认为它是单纯物质？

【参考文献】

1. 王清廉，沈凤嘉. 有机化学实验. 北京：高等教育出版社，1994.

2. 王世润，吴法伦，郭艳玲，刘雁红，程绍玲. 基础化学实验：有机及物理化学部分. 天津：南开大学出版社，2002.

实验 1.6　减压蒸馏

【实验目的】

1. 了解减压蒸馏分离和提纯有机化合物的基本原理。

2. 掌握减压蒸馏的实验方法和操作步骤。

【实验原理】

减压蒸馏是分离和提纯有机化合物的一种重要方法。它特别适用于那些在常压蒸馏时未达沸点即已受热分解、氧化或聚合的物质。

液体的沸腾温度随外界压力的降低而降低，在较低压力下进行的蒸馏操作称为减压蒸馏。

减压蒸馏时物质的沸点与压力有关。若在文献中查不到与减压蒸馏选择的压力相应的沸点，则可根据下面的一个经验曲线（图 1.6-1），找出该物质在此压力下的沸点近似值，如二乙基丙二酸二乙酯常压下沸点为 218～220℃，欲减压至 2.67kPa(20mmHg)，它的沸点应为多少摄氏度？可以先在图 1.6-1 中间的直线上找出相当于 218～220℃的点，将此点与右边的直线上 2.67kPa(20mmHg) 处的点连成一直线，延长此直线与左边的直线相交，交点所示的温度就是 2.67kPa(20mmHg) 时二乙基丙二酸二乙酯的沸点，约为 105～110℃。

在给定压力下的沸点还可以近似地从下列公式求出

$$\lg p = A + B/T$$

式中，p 为蒸气压；T 为沸点（热力学温度），A、B 为常数。如以 $\lg p$ 为纵坐标，$1/T$ 为横坐标作图，可以近似地得到一直线。因此可从两组已知的压力和温度算出 A 和 B 的数值。再将所选择的压力代入上式算出液体的沸点。

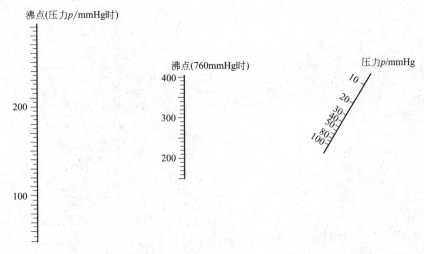

图 1.6-1　液体在常压下的沸点与减压下的沸点的近似关系图

（按国家标准，压力的单位为 Pa，1mmHg=0.133kPa）

表 1.6-1 列出了一些有机化合物在不同压力下的沸点。从表中可以看出，当压力降低到 2.67kPa（20mmHg）时，大多数有机物的沸点比常压 0.1MPa（760mmHg）的沸点低 100～120℃左右；当减压蒸馏在 1.33～3.33kPa（10～25mmHg）之间进行时，大体上压力每相差 0.133kPa（1mmHg），沸点约相差 1℃。当要进行减压蒸馏时，预先粗略地估计出相应的沸点，对具体操作和选择合适的温度计与热浴都有一定的参考价值。

表 1.6-1　某些有机化合物在不同压力下的沸点　　　　　　　　单位:℃

压力/mmHg	水	氯苯	苯甲醛	水杨酸乙酯	甘油	蒽
760	100	132	179	234	290	354
50	38	54	95	139	204	225
30	30	43	84	127	192	207
25	26	39	79	124	188	201
20	22	34.5	75	119	182	194
15	17.5	29	69	113	175	186
10	11	22	62	105	167	175
5	1	10	50	95	156	159

【仪器及试剂】

圆底烧瓶，克氏蒸馏头，温度计、螺帽接头，直型冷凝管，真空接引管，接收器，电热套，循环水真空泵，油泵车，压力计。

水杨酸甲酯。

【实验步骤】

1. 减压蒸馏的装置

图 1.6-2 是常用的减压蒸馏系统。整个系统由蒸馏、抽气（减压）以及在它们之间的保护和测压装置三部分组成。

（1）蒸馏部分　A 是圆底烧瓶、B 称为克氏（Claisen）蒸馏头（在半微量有机制备仪中 A 和 B 是一体化的，称为克氏烧瓶），和普通蒸馏头不一样，克氏蒸馏头有两个口，其中之一用于插入一根毛细管 C，其目的是提供产生汽化中心的小气泡，使蒸馏平稳进行（注意：减压蒸馏时沸石不能起到助沸作用，如有沸石就将其取出）。毛细管的长度恰好使其下端距

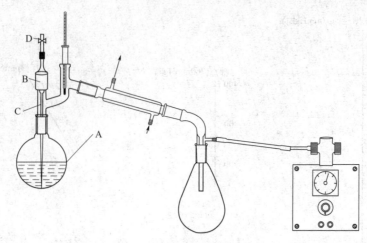

图 1.6-2　常用的减压蒸馏系统

瓶底 1～2mm，毛细管上端可以连有一段带螺旋夹 D 的橡皮管，螺旋夹用以调节进入空气的量，使有极少量的空气进入液体，呈间断的微小气泡冒出。克氏蒸馏头的另一口中插入温度计，水银球的位置和蒸馏装置同。弯曲的颈部用来避免减压蒸馏瓶内液体由于剧烈的沸腾而冲入冷凝管中；使用圆底烧瓶为接收器（不得使用平底烧瓶或锥形瓶）。蒸馏时若要收集不同的馏分而又不能中断蒸馏时，则可用两尾或多尾接液管，转动多尾接液管，就可使不同的馏分进入指定的接收器中（见图 1.6-3）。

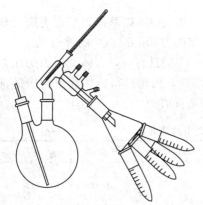

图 1.6-3　多尾接引的减压蒸馏装置

　　根据蒸出液体的沸点不同，选用合适的热浴（不得使用电炉、酒精灯和煤气灯直接加热）和冷凝管。如果蒸馏的液体量不多且沸点甚高，或是低熔点的固体，也可不用冷凝管，而将克氏蒸馏头的支管通过接引管直接插入接收的圆底烧瓶中。蒸馏沸点较高的物质时，最好用玻璃布包裹烧瓶至冷凝管，以减少散热。控制热浴的温度，使它比液体的沸点高 20～30℃。

　　(2) 抽气部分　实验室通常用水泵或油泵进行减压。

　　① 水泵　用玻璃或金属制成，其效能与其构造、水压及水温有关。水泵所能达到的最低压力为当时室温下水的蒸气压。例如在水温为 6～8℃时，水蒸气压为 0.93～1.07kPa；在夏天，若水温为 30℃，则水蒸气压为 4.2kPa 左右。

　　目前一般使用循环水泵代替简单的水泵，有利于水资源的节约利用。但是在长时间使用时要注意换水，因为水温会随使用时间的延长而升高，使真空度下降。水泵可以减压蒸馏或除去较低沸点的有机化合物，但也应注意换水。否则除水温升高导致真空度下降外，还会将有机物蒸发到环境中。

　　② 油泵　油泵（图 1.6-4）的效能取决于油泵的机械结构以及真空泵油的好坏（油的蒸气压

图 1.6-4　油泵

必须很低）。好的油泵能抽至真空度为 13.3Pa。油泵结构较精密，工作条件要求较严。蒸馏时，如果有挥发性的有机溶剂、水和酸的蒸气，都会损坏油泵。因为挥发性的有机溶剂蒸气被油吸收后，就会增加油的蒸气压，影响其真空效能，而酸性蒸气会腐蚀油泵的机件。水蒸气凝结后与油形成浓稠的乳浊液，降低真空度，腐蚀油泵。破坏了油泵的正常工作，因而使用时必须十分注意油泵的保护。在使用油泵减压蒸馏前，必须用水泵先行减压蒸馏，除去低沸点的有机化合物。一般使用油泵时，系统的压力常控制在 0.67~1.33kPa 之间，因为在沸腾液体表面上要获得 0.67kPa 以下的压力比较困难。这是由于蒸气从瓶内的蒸发面逸出而经过瓶颈和支管（内径为 4~5mm）时，需要有 0.13~1.07kPa 的压力差，如果要获得较低的压力，可选用短颈和支管粗的克氏蒸馏瓶。

（3）保护及测压装置部分　当用油泵进行减压时，为了防止剩余的极少量的易挥发的有机溶剂、酸性物质和水汽进入油泵，必须在馏液接收器与油泵之间顺序安装冷却阱和几种吸收塔，以免污染油泵用油，腐蚀机件致使真空度降低。冷却阱为一指形冷凝管，构造如图 1.6-5 所示，将它置于盛有冷却剂的广口保温瓶中，冷却剂的选择随需要而定，例如可用冰-水、冰-盐、干冰-丙酮甚至将其插入盛有液氮的保温杯中。

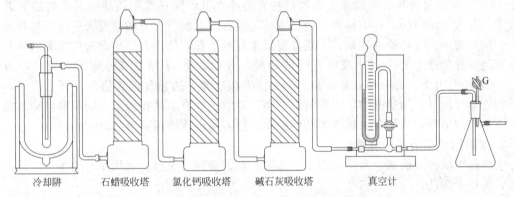

图 1.6-5　减压蒸馏的保护及测压装置部分

冷却阱　　石蜡吸收塔　　氯化钙吸收塔　　碱石灰吸收塔　　　真空计

吸收塔（又称干燥塔）（见图 1.6-5），通常有两个，前一个装无水氯化钙（或硅胶），后一个装粒状氢氧化钠（或碱石灰）。有时为了吸收有机杂质，可再加一个装有石蜡片的吸收塔。

实验室通常采用水银压力计来测量减压系统的压力。可以用一装有 0.5m 高度水银的总高度超过 1m 的 U 形管制成的开口式水银压力计，两臂汞柱高度之差，即为大气压力与系统中压力之差。因此蒸馏系统内的实际压力（真空度）应是大气压力减去这一压力差。也可用封闭式水银压力计（图 1.6-5），两臂液面高度之差即为蒸馏系统中的真空度。测定压力时，可将管后木座上的滑动标尺的零点调整到右臂的汞柱顶端线上，这时左臂的汞柱顶端线所指示的刻度即为系统的真空度。封闭式的比较轻巧，读数方便，但常常因为有残留空气以致不够准确，需要开口式来校正。开口式压力计较笨重，读数方式也较麻烦，但读数比较正确。使用时应避免水或其他污染物进入压力计内，影响水银的纯度。否则将严重影响其准确度。无论是封闭式水银压力计还是开口式压力计，在使用时都应避免压力突然变化。否则前者水银将冲破压力计流出。后者水银则直接流出而带来危险。也可以用表盘式真空表来测量压力，其使用方便。

在泵前还应接上一个安全瓶，瓶上的两通活塞 G 供调节系统压力及放气之用。减压蒸馏的整个系统必须保持密封不漏气，各标准塞用少量生料带缠绕后旋紧。真空系统中所有橡皮管应为厚壁的真空橡皮管。

在普通有机实验室里，可设计一小推车来安放油泵、保护及测压设备。车中有两层，底层放置泵和马达，上层放置其他设备。这样既能缩小安装面积又便于移动。

2. 减压蒸馏操作

当被蒸馏物中含有低沸点的物质时，应先进行普通蒸馏，然后用水泵减压蒸去低沸点物质，最后再用油泵减压蒸馏。

在烧瓶或克氏烧瓶中，放置待蒸馏的液体（不超过容积的 1/2）。按图 1.6-2 装好仪器，旋紧毛细管上的螺旋夹，打开安全瓶上的二通活塞，然后开泵抽气（如用水泵，这时应开至最大流量）。逐渐关闭 G，从压力计上观察系统所能达到的真空度。如果真空度远低于系统断开时的真空度，说明系统漏气。应检查各个标准口连接处的连接是否紧密等。调节螺旋夹，使液体中有连续平稳的小气泡通过（如无气泡可能因为毛细管已阻塞，应予更换）。如果超过所需的真空度，可小心地旋转安全瓶上的二通活塞，使慢慢地引进少量空气，以调节至所需的真空度。开启冷凝水，选用合适的热浴加热蒸馏。加热时，克氏瓶中被加热的液体应浸入浴液下 5～10mm。在浴中放一温度计，控制浴温比待蒸馏液体的沸点约高 20～30℃，蒸馏速度以每秒馏出 1～2 滴为宜。在整个蒸馏过程中，都要密切注意瓶颈上的温度计和压力的读数。经常注意蒸馏情况和记录压力、沸点等数据。纯物质的沸点范围一般不超过 1～2℃，假如起始蒸出的馏液比要收集物质的沸点低，则在蒸至预期的温度时需要调换接收器。此时关闭热源，取下热浴，待稍冷后，再打开毛细管上方的螺旋夹后渐渐打开二通活塞，使系统与大气相通（注意：一定要慢慢地旋开活塞，使压力计中的汞柱缓缓地恢复原状。否则汞柱急速上升，有冲破压力计的危险。为此，将 G 的上端拉成毛细管，即可避免）。关闭油泵电源，卸下接收瓶，装上另一洁净接收瓶，再重复前述操作：开泵通气，调节毛细管空气流量，加热蒸馏，收集所需产物。显然，如有多尾接液管，则只要转动其位置即可收集不同馏分，就可免去这些繁杂的操作。但容易串味而污染产品。

3. 水杨酸甲酯的减压蒸馏

水杨酸甲酯为溶剂和中间体，用于制造杀虫剂、香料、涂料、化妆品、油墨、纤维助染剂等，也用于医药。

在 50mL 蒸馏瓶中，加入 30mL 水杨酸甲酯，按减压蒸馏装置装好仪器，通过减压蒸馏进行纯化。收集（105±2）℃/14mmHg 的馏分。

【结果与讨论】

在蒸馏之前，应先从手册上查出它们在不同压力下的沸点，供减压蒸馏时参考。记录压力和沸点范围及回收率。

【注意事项】

1. 蒸馏完毕时和中途需要停止蒸馏时，首先打开毛细管上方的螺旋夹，以免液体吸入其中。灭去火源，撤去热浴，待稍冷后然后慢慢地旋开活塞，使压力计中的汞柱缓缓地恢复原状。否则汞柱急速上升，有冲破压力计的危险。也可将缓冲瓶活塞上端拉成毛细管。当系统内外压力平衡后，方可关闭油泵。否则，由于系统中的压力较低，油泵中的油就有吸入干燥塔的可能。

2. 如果真空泵的电机是三相电机，要特别注意真空泵的转动方向，如果真空泵接线相序搞错，会使泵反向转动，导致水银冲出压力计，污染实验室。

3. 一般应采用油浴加热，油浴温度控制在高于被蒸馏物沸点约 15～20℃（在浴中插入温度计便于控制）。当瓶内液体沸腾后，调节浴温，保持馏出速度约为 1～2 滴每秒。

【思考题】

1. 具有什么性质的化合物需用减压蒸馏进行提纯？

2. 使用水泵减压蒸馏时，应采取什么预防措施？

3. 进行减压蒸馏时，为什么不能用电炉和酒精灯直接加热？为什么必须先抽真空后加热？

4. 使用油泵减压时，要有哪些吸收和保护装置？其作用是什么？

5. 当减压蒸完所要的化合物后，应如何停止减压蒸馏？为什么？

【参考文献】

1. 王清廉，沈凤嘉. 有机化学实验. 北京：高等教育出版社，1994.

2. 王世润，吴法伦，郭艳玲，刘雁红，程绍玲. 基础化学实验. 有机及物理化学部分. 天津：南开大学出版社，2002.

实验 1.7　水蒸气蒸馏

【实验目的】

1. 了解水蒸气蒸馏提纯有机化合物的基本原理和适用范围。

2. 掌握水蒸气蒸馏的实验方法和操作步骤。

【实验原理】

当与水不相混溶的物质与水一起存在时，整个体系的蒸气压力，根据道尔顿（Dalton）分压定律，应为各组分蒸气压之和，即：

$$p = p_A + p_B + \cdots$$

式中，p 为总的蒸气压；p_A 为水的蒸气压；p_B 为与水不相混溶的物质的蒸气压。

当混合物中各组分蒸气压总和等于外界大气压时，体系即处于沸腾状态，这时的温度即为它们的沸点。此体系的沸点必定较任一单一组分的沸点都低。这样，在常压下应用水蒸气蒸馏，就能在低于 100℃ 的情况下将沸点远高于 100℃ 的组分与水一起蒸出来。水蒸气蒸馏特别适用于天然植物中分离得到香精油（如工业上就是用这种方法将薄荷油从薄荷秸秆中分离出来），从不挥发物的固液混合物中或黏稠状物质中分离出所需的组分。也适用于分离那些在其沸点附近易分解的物质。蒸馏时混合物的沸点基本保持不变。直至其中一组分几乎完全移去（因总的蒸气压与混合物中二者间的相对量无关），温度才上升至水的沸点。

用 n_A、n_B 表示馏出物的物质的量，这两个量之比应该等于此两物质在蒸气的气相中的物质的量的比。即等于蒸气中各个气体分压 p_A、p_B 之比。即：

$$n_A / n_B = p_A / p_B$$

而 $n_A = m_A/M_A$，$n_B = m_B/M_B$。其中 m_A、m_B 为各物质在一定容积中蒸气的质量；M_A、M_B 为物质 A 和 B 的摩尔质量。因此：

$$m_A / m_B = \frac{M_A n_A}{M_B n_B} = \frac{M_A p_A}{M_B p_B}$$

可见，这两种物质在馏液中的相对质量（就是它们在蒸气中的相对质量）与它们的蒸气压和分子量成正比。即分子量越大、蒸气压越高的成分，在馏出物中含量越多。

水蒸气蒸馏是分离和纯化有机物的常用方法之一，尤其是在反应产物中有大量树脂状杂质的情况下，效果较一般蒸馏或重结晶为好。利用水蒸气蒸馏来分离和纯化有机物时，被提纯物质应该具备下列条件：①不溶（或几乎不溶）于水；②长时间在 100℃ 下既不会分解也不与水起化学反应；③在 100℃ 左右时必须具有一定的蒸气压（一般不小于 1.33kPa）。

为了防止过热蒸汽冷凝，可在盛物的瓶下以油浴保持和蒸汽相同的温度。应用过热水蒸气还具有使水蒸气冷凝少的优点，这样可以省去在盛蒸馏物的容器下加热等操作。

【仪器及试剂】

三口烧瓶，蒸馏头，温度计，直型冷凝管，真空接收器，电热套，电炉，三通管，水蒸气发生器。

邻硝基苯酚，对硝基苯酚。

【实验步骤】

1. 水蒸气蒸馏实验装置

常用水蒸气蒸馏的简单装置如图 1.7-1 所示。A 为一三口烧瓶充当水蒸气发生器，通常盛水量以其容积的 3/4 为宜。如果太满，沸腾时水将冲出烧瓶。安全玻璃管 B 几乎插到圆底烧瓶 A 的底部。当烧瓶内汽压太大时，水柱沿着玻璃管上升，以释放内压。安全玻璃管 B 起到安全和警示作用。

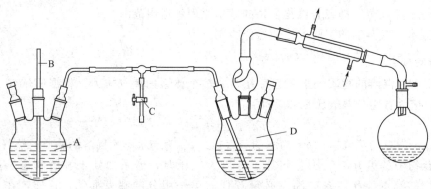

图 1.7-1　水蒸气蒸馏装置

水蒸气发生器与盛物的三口烧瓶之间应装上一个 T 形管。在 T 形管下端连一个弹簧夹，以便及时除去冷凝下来的水滴。应尽量缩短水蒸气发生器与盛物的圆底烧瓶之间距离，以减少水汽的冷凝。为了防止瓶中液体因跳溅而冲入冷凝管，故在蒸馏头和烧瓶间安装一缓冲球。如有缓冲蒸馏头则更好。烧瓶所盛放液体不宜超过其容积的 1/3。蒸汽导入管应在有蒸汽流通时插入三口烧瓶瓶底中央，并伸到距瓶底约 5mm。

2. 水蒸气蒸馏操作步骤

进行水蒸气蒸馏时，先将溶液置于三口烧瓶 D 中，在水蒸气发生器中加入足够量的水（但不得超过容量的 3/4）和沸石 2 粒。加热水蒸气发生器，直至接近沸腾后才能将弹簧夹夹紧，使水蒸气均匀地进入圆底烧瓶。为了使水蒸气不致在三口烧瓶 D 中冷凝而积聚过多，必要时对三口烧瓶用低电压加热。并控制加热速度，保证三口烧瓶 D 中的液位基本不变，控制水汽发生量使蒸汽能全部在冷凝管中冷凝下来。

在水蒸气蒸馏需要中断或水汽蒸馏完毕后，一定要先打开弹簧夹通大气，然后方可停止加热，以防止三口烧瓶 D 中的液体倒吸到水蒸气发生器 A 中。在蒸馏过程中，如果水柱上升过高或水位迅速上升，就打开弹簧夹 C，检查插入烧瓶 D 中的导管是否被阻塞。待排除了堵塞后继续进行水蒸气蒸馏。

水蒸气蒸馏可以用来将挥发性较大的低熔点固体从其混合物中分离出来，但在冷凝后易于析出固体，应该小心调整冷凝水的流速，使它冷凝后仍然保持液态。若已有固体析出，可暂时停止冷凝水的流通，甚至放去冷凝水，以使物质熔融后随水流入接收器中。然后小心而缓慢地接通冷凝水，以免冷凝管因骤冷而破裂。万一冷凝管已被阻塞（安全管中液位迅速上升），应立即停止蒸馏，并设法疏通（如用三角漏斗通过接通冷凝水的橡皮管往冷凝管夹套中灌以热水使之熔化流出或在拆卸仪器后用玻璃棒将阻塞的晶体捅出）。

3. 水蒸气蒸馏分离对硝基苯酚和邻硝基苯酚

在三口烧瓶中，加入 15mL 水，5g 对硝基苯酚和 5g 邻硝基苯酚，进行水蒸气蒸馏。当邻硝基苯酚蒸出后。冷却馏出液，抽滤收集邻硝基苯酚。冷却三口烧瓶，抽滤收集对硝基苯酚。

【结果与讨论】

将得到的对硝基苯酚和邻硝基苯酚通过薄板层析检验其纯度。评价用水蒸气蒸馏分离对硝基苯酚和邻硝基苯酚的原理和效果。

【注意事项】

1. 要随时注意水蒸气发生器和安全管中的水位变化。若水蒸气发生器中的水蒸发将尽，应暂停蒸馏。

2. 在蒸馏需要中断或蒸馏完毕后，一定要先打开活塞通大气，然后方可停止加热，否则烧瓶中的液体将会倒吸到水蒸气发生器中。

【思考题】

1. 被提纯物应该具备什么条件才可使用水蒸气蒸馏？
2. 采用水蒸气蒸馏法精制所得产物比理论产量要少？为什么？
3. 水蒸气蒸馏和普通蒸馏有什么区别和联系？
4. 过热水蒸气蒸馏主要在什么条件下使用？
5. 试简述安全管的作用。

【参考文献】

1．王清廉，沈凤嘉. 有机化学实验. 北京：高等教育出版社，1994.
2．王世润，吴法伦，郭艳玲，刘雁红，程绍玲. 基础化学实验. 有机及物理化学部分. 天津：南开大学出版社，2002.

实验 1.8　简单分馏

【实验目的】

1. 了解分馏提纯有机化合物的基本原理。
2. 掌握分馏的实验方法和操作步骤。

【实验原理】

利用分馏柱将几种沸点相近的混合物进行分离的方法称为分馏。

蒸馏作为分离液态有机化合物的常用方法，要求其各组分的沸点差至少为 30℃，实际上只有当组分的沸点差达 110℃ 以上时，才能用蒸馏法充分分离。

分馏的基本原理与蒸馏类似，不同处是在装置上多一分馏柱，在这根分馏柱中完成多次液体汽化、冷凝的过程。简单地说，分馏就是在分馏柱中完成多次蒸馏。分馏的方法在工业和实验室中被广泛应用。最精密的分馏设备已能将沸点相差 1~2℃ 的混合物分开。

实验室常用的分馏柱是一根柱身有一定形状或内部装有填料的玻璃管，其目的是要增大液相和气相接触的面积，提供汽化和冷凝的场所，从而提高分离效率。当混合物蒸气进入分馏柱时,因为其沸点较高的组分含量较大,沸点较高。被分馏柱上方流下的液体冷凝,同时上方流下的液体被加热为蒸气,新产生的蒸气的沸点较低,其中低沸点的成分就相对地增多。新产生的蒸气沿分馏柱上升,又会遇到上方往下流动的液体,再次完成热量传递,产生沸点更低含低沸点物更多的蒸气。如此经多次的液相与气相的热交换,使得下降的液体中高沸点的成分增多,高沸点的物质则不断流回加热的容器中;上升的蒸气中低沸点的物质含量不断提高,最后被蒸馏出来,从而将沸点不同的物质分离。所以,在分馏时柱内不同高度的各段其组分是不同的;相距越远,组分的差别就越大,也就是说,在柱的动态平衡情况下,沿着分馏柱存在着组分梯度。同样也存在温度梯度。

简单分馏所用分馏柱的种类较多,普通有机化学实验中常用的有填充式分馏柱和刺形分馏柱(又称韦氏分馏柱),见图1.8-1。填充式分馏柱是在柱内填上各种惰性材料,以增加表面积。填料有玻璃珠、玻璃管、陶瓷管,或玻璃弹簧和各种形状的不锈钢片或不锈钢丝;其中实验室中以玻璃弹簧式填料为好,其不仅有较高的分离效率,耐腐蚀性也好,适合于分离一些沸点差距较小的化合物。韦氏分馏柱结构简单,且较填充式黏附的液体少,缺点是较同样长度的填充柱分馏效率低,适合于分离少量且沸点差距较大的液体。

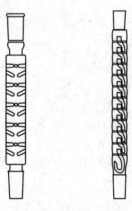

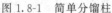

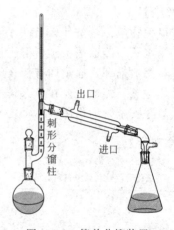

图1.8-1　简单分馏柱　　　　　　图1.8-2　简单分馏装置

若欲分离沸点相距很近的液体化合物,则必须使用精密分馏装置。精密分馏和简单分馏的最大差别是前者为了保证平衡,将部分最后的蒸气冷凝后返回到体系中,而不像后者完全提出。

实验室中简单的分馏装置由热源、蒸馏器、分馏柱、冷凝管和接收器等部分组成(如图1.8-2)。安装时要注意使分馏柱保持垂直。整个装置重心较高,一定要保证各部分的稳定,先夹住圆底烧瓶,再装上分馏柱和蒸馏头。用夹子固定分馏柱使其垂直,装上冷凝管并在其中部夹好夹子,同样不宜夹得太紧,以免应力过大造成仪器破损。接收瓶用垫上石棉网的铁圈支撑,或用升降台固定好。

简单分馏操作和蒸馏大致相同,仪器装置如图1.8-2。将待分馏的混合物放入圆底烧瓶中,加入沸石。柱的外面可用玻璃布包裹,这样可减少热量的散发,减少风和室温的影响。沸点较高时,需要用特殊的保温分馏柱。选用合适的加热方式,液体沸腾后要注意调节加热速度,使蒸气慢慢升入分馏柱,约10~15min后蒸气已达蒸馏头。在有馏出液滴出后,调节加热速率使蒸出液体的速率控制在2~3滴每秒,这样可以得到比较好的分馏效果,待低沸点组分蒸完后,再渐渐升高温度。当第二个组分蒸出时温度计的读数将迅速上升。其余和蒸馏相似。如果分馏效果不好则不会出现上述情况。

【仪器及试剂】

圆底烧瓶，蒸馏头，温度计，直型冷凝管，接收器，填充式分馏柱，聚四氟乙烯填料，电热套。

甲醇。

【实验步骤】

甲醇和水的分馏，本实验约需 4h。

在 100mL 圆底烧瓶中，加入 25mL 甲醇和 25mL 水的混合物，加入 1 粒沸石，按图 1.8-2 装好分馏装置。用一根填有聚四氟乙烯填料的空气冷凝管作为分馏柱。用电热套慢慢加热，开始沸腾后，蒸气慢慢进入分馏柱中，此时要仔细控制加热速度，使温度计液圈慢慢上升（因为甲醇的沸点较低，所以不要包裹，以更好地观察实验现象）以保持分馏柱中有一个均匀的温度梯度。当冷凝管中有蒸馏液流出时，迅速记录温度计所示的温度。控制加热电压，使馏出液慢慢地均匀地以每分钟 2mL（约 60 滴）的速度流出。当柱顶温度维持在 65℃ 时，约收集 10mL 馏出液（A）。随着温度上升，分别收集 65～70℃（B）、70～80℃（C）、80～90℃（D）、90～95℃（E）的馏分。瓶内所剩为残留液。

【结果与讨论】

将不同馏分分别量出体积，以馏出液体积为横坐标，温度为纵坐标，绘制分馏曲线。可以采用气相色谱法分析各馏分的纯度。

【注意事项】

1. 分馏一定要缓慢进行，要控制好恒定的馏出速度。
2. 要使相当量的液体自柱流回烧瓶中。
3. 必须尽量减少分馏柱的热量散失和波动。

【思考题】

1. 若加热太快，馏出液每秒钟的滴数超过要求量，用分馏法分离两种液体的能力会显著下降，为什么？
2. 用分馏法提纯液体时，为了取得较好的分离效果，为什么分馏柱必须保持回流液？
3. 在分离两种沸点相近的液体时，为什么装有填料的比不装填料的分馏柱效率高？
4. 什么是共沸混合物？为什么不能用分馏法分离共沸混合物？
5. 在分馏时通常用水浴或油浴加热，它比直接火加热有什么优点？
6. 根据甲醇-水混合物的蒸馏和分馏曲线，哪一种方法分离混合物各组分的效率较高？

【参考文献】

1. 王清廉，沈凤嘉. 有机化学实验. 北京：高等教育出版社，1994.
2. 王世润，吴法伦，郭艳玲，刘雁红，程绍玲. 基础化学实验. 有机及物理化学部分. 天津：南开大学出版社，2002.

实验 1.9　升　　华

【实验目的】

1. 了解固体升华的基本原理。
2. 掌握升华提纯有机化合物的实验方法。

【实验原理】

升华是物质自固体不经过液态直接转变成蒸气的现象。凝华是物质从气态不经过液态而直接变成固态的现象。有机化学实验中升华是指包含升华和凝华这两个过程的分离操作过程。

一般来说,具有对称结构的非极性固体化合物,因其电子云密度分布比较均匀,偶极矩较小,晶体内部静电引力小,都具有较高蒸气压。图 1.9-1 所示为物质的三相平衡图。图中的三条曲线将图分为三个区域,每个区域代表物质的一相。由曲线上的点可读出两相平衡时的蒸气压。S 为三线的交点,SG 表示固相与液相平衡时的蒸气压曲线;SV 表示固相与液相平衡时的温度与压力关系曲线;SY 表示液相与气相平衡时液体的蒸气压曲线。S 点为物质的三相平衡点,在此状态下物质的气、液、固三相的蒸气压相同,气、液、固三相共存。

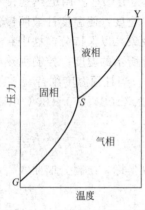

图 1.9-1 物质的三相平衡图

从图中可以看出,在三相点以下,物质处于气、固两相的状态。因此,理论上升华应该在三相点温度以下进行,即在固体的熔点以下进行(固体的熔点可以近似地看作是物质的三相点)。然而在有机化学实验中却不论蒸气来自于固态还是液态,只要蒸气不经过液态而直接转变成固态的过程都称为升华。

升华是固体化合物提纯的又一种手段。由于不是所有固体都具有升华性质,因此,它只适用于以下情况:①被提纯的固体化合物具有较高的蒸气压,升华温度下可以产生足够的蒸气,从而逸出固体凝结在另一个洁净的表面上达到分离的目的;②固体化合物中杂质的蒸气压较低,而且在升华温度下不产生分解从而有利于分离。

升华的操作比重结晶简便,纯化后产品的纯度较高。但是产品损失较大,时间较长,不适合大量产品的提纯。

当对易升华的固体物质加热时,其相应的蒸气压将随温度的升高而升高,当该物质的蒸气压与外压相等时的温度,称为该物质的升华点。在升华点时,不但在晶体表面,而且在其内部也发生了升华,作用很剧烈,易将杂质带入升华产物中。为了使升华只发生在固体表面,通常总是在低于升华点的温度下进行。然而较常见的是在熔点附近也不具有和大气压相当的蒸气压。所以升华常在减压的情况下进行。或者通往惰性气体带出常压下不易升华的物质。

1. 常压升华

常用的常压升华装置如图 1.9-2 所示。图 1.9-2(a) 是实验室常用的常压升华装置。将被升华的固体化合物烘干,放入有柄蒸发皿中,铺匀。取直径略小于有柄蒸发皿的三角漏斗,将颈口处用少量棉花堵住,以免蒸气外逸,造成产品损失。选一张略大于漏斗底口的滤纸,将滤纸用剪刀由下而上扎一些小孔后盖在蒸发皿上,用漏斗盖住。将蒸发皿放在砂浴上,用电炉或煤气灯加热,在加热过程中应注意控制温度在熔点以下,慢慢升华。当蒸气开始通过滤纸上升至漏斗中时,可以看到滤纸和漏斗壁上有晶体出现。必要时在漏斗外面用湿的纸巾。

当升华量较大时,可用装置图 1.9-2(b) 在烧杯中分批进行升华。烧杯上面放置一个通冷却水的外壁洁净的圆底烧瓶,使蒸气在烧瓶底部凝结成晶体并附着在瓶底。

当需要通入空气或惰性气体进行升华时,可用装置图 1.9-2(c),取两口烧瓶,在其中一个口上装配玻管导气管以导入空气或惰性气体;另一口装配弯管和真空接液管,真空接液管的另一端伸入圆底烧瓶内,圆底烧瓶的外壁用冷水喷淋,当物质开始升华时,通入空气或惰性气体,带出的升华物质遇到冷水冷却的烧瓶壁就凝结在其上。

2. 减压升华

减压升华装置如图 1.9-3 所示。将样品放入吸滤瓶中,在吸滤瓶上插入指形冷凝管,利

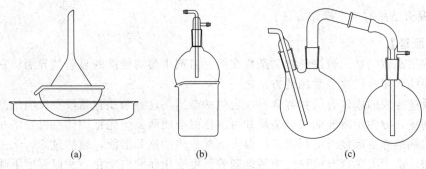

图 1.9-2　常压升华装置

用水泵或油泵进行抽气，接通冷凝水，将此装置放入电热套或水浴中加热，使固体在一定压力下升华。冷凝后的固体将凝聚在指形冷凝管的外部。

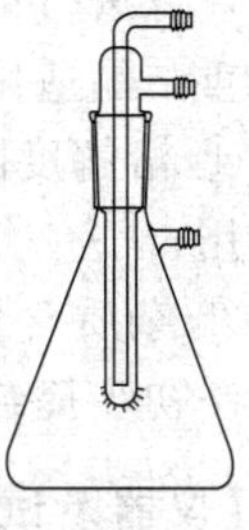

【仪器及试剂】

蒸发皿，三角漏斗，砂浴，电炉。

樟脑（工业品）。

【实验步骤】

樟脑的升华提纯。采用常压升华装置，将 0.5g 粗樟脑放入有柄蒸发皿中，铺匀，按图 1.9-2(a) 装配仪器，进行升华操作，缓慢加热 1h，冷却。用刮刀将滤纸上和漏斗内壁的白色固体刮下，得到纯的樟脑，收集称重。

图 1.9-3　减压升华装置

【结果与讨论】

比较升华前后樟脑样品的颜色和状态。也可以测定熔点，检验纯度。

【注意事项】

1. 升华温度一定要控制在固体化合物熔点以下。

2. 被升华的固体化合物一定不得含有易挥发物质，如有溶剂将会影响升华后固体的凝结。

3. 滤纸上的孔尽量大一些，呈倒刺状，以便蒸气上升时顺利通过滤纸，在滤纸的上面和漏斗中结晶，否则将会影响晶体的析出。

4. 减压升华停止抽滤时，一定要先打开安全瓶上的放空阀，待真空度明显降低时再关泵，否则循环泵内的水会倒吸进入滤管中，造成实验失败。

【思考题】

1. 哪些类型的有机化合物可以用常压升华方法提纯？

2. 比较升华和重结晶这两种纯化方法的优点和缺点？

【参考文献】

1. 王清廉，沈凤嘉. 有机化学实验. 北京：高等教育出版社，1994.

2. 王世润，吴法伦，郭艳玲，刘雁红，程绍玲. 基础化学实验. 有机及物理化学部分. 天津：南开大学出版社，2002.

实验 1.10　重结晶提纯法

【实验目的】

1. 了解重结晶提纯固体有机物的基本原理。

2. 掌握重结晶的基本操作方法。

【实验原理】

所谓重结晶就是利用被提纯物和杂质在同一溶剂中溶解性能的显著差异而将它们分离的操作，是提纯固体有机物最常用的方法之一。

通常反应生成的固体有机物都含有一定量的杂质，这些杂质包括没有反应的原料、副产物、催化剂等，分为不溶性的机械杂质和可溶性的杂质两类。先把固体有机物溶在一定的溶剂中，在溶剂的沸点或接近溶剂沸点的温度下配成热的饱和溶液，趁热过滤，除去不溶性的杂质，冷却。由于大多数有机物的溶解度随着温度变化而同向变化，所以温度下降后，溶解度下降，被提纯物从过饱和溶液中结晶析出，而对于可溶性杂质来说，远未达到饱和状态，仍全部或大部分留在母液中，从而达到分离、提纯的目的。如果一次结晶达不到纯化的目的，可以进行第二次重结晶，有时甚至需要进行多次结晶操作才能得到纯净的化合物。

重结晶适用于：

① 溶解度随温度上升而增大的有机物的提纯，对于溶解度受温度影响很小的有机物则不适用；

② 杂质含量低于 5% 的有机物的提纯，杂质含量高，会增加重结晶的次数，可以采取其他方法初步提纯，然后再重结晶提纯。

【仪器及试剂】

布氏漏斗，热水漏斗，吸滤瓶，水泵，酒精灯。

苯甲酸（粗品），活性炭。

【实验步骤】

1. 重结晶的一般实验步骤

选择溶剂→溶解固体（制成热饱和溶液）→脱色（活性炭，有色时使用）→热过滤（或热抽滤）→结晶析出→结晶滤集和洗涤→干燥，称重，测熔点。

（1）溶剂的选择　　溶剂的选择是重结晶操作的关键。

重结晶用的溶剂应具备下列条件。

① 不与被提纯的有机物起化学反应。

② 被提纯物与杂质在该溶剂的溶解度有显著的不同。杂质在溶剂中的溶解度或者很小，趁热过滤时除去；或者很大，留在母液中被除去。

③ 重结晶物质在溶剂中的溶解度应随温度变化而变化，即高温时溶解度大，而低温时溶解度小。

④ 具有适中的沸点，若沸点过低，温度改变不大，则溶解度改变不大，影响分离效果；若沸点较高，溶剂附着于晶体表面不容易除去。

⑤ 溶剂本身的优点为低毒，价廉，易回收，不易燃烧，溶剂容易和晶体分离。

溶剂选择的具体方法：以"相似相溶原理"作为依据，根据被提纯有机物的结构特点，通过查阅化学手册（手册提供某有机物在各种溶剂中不同温度下的溶解度），找出合适的溶剂或可供选择的溶剂的大致范围，溶剂的最终确定通过实验的方法。

取几支小试管，各放入 0.1g 待重结晶的样品，分别加入 0.5～1mL 通过查阅化学手册筛选可能适用的溶剂，加入至全溶，冷却后析出晶体最多的溶剂是最合适的。

下列情况下该溶剂不适用：

① 在 1mL 冷的或温热的溶剂中就已全溶；

② 在 3mL 热溶剂中样品仍不能全溶；

③ 在 3mL 热溶剂中虽然样品溶解了，但冷却后无晶体析出，采用冷水冷却或用玻璃棒摩擦试管壁，仍无结晶析出。

如果用上述方法选择不到合适的溶剂，可以采用混合溶剂，混合溶剂一般由两种能以任意比互溶的溶剂组成，其中一种对被提纯物质的溶解度较大，而另一种对被提纯物质的溶解度较小。一般常用的混合溶剂有乙醇-水，乙醚-甲醇，乙醇-丙酮，乙醚-石油醚，丙酮-水，苯-石油醚等。

（2）固体物质的溶解　固体物质的溶解就是将粗产品溶于适量的热溶剂中制成饱和溶液。

将待提纯的粗产品放入锥形瓶或圆底烧瓶中，加入较需要量（根据手册查得的溶解度数据计算得到）稍少的适宜溶剂，加热至微沸并不断摇动，若未完全溶解，可分次逐渐添加溶剂，再加热到微沸，直到固体刚好完全溶解。如果加入溶剂加热后，仍不见固体减少，这固体可能是不溶性杂质，这时就不必再加入溶剂了。

在重结晶中若要得到较纯的产品和较高的收率，所加溶剂的用量十分关键。溶剂量的多少，应同时考虑两个因素，溶剂少则收率高，但可能给热过滤带来麻烦，并可能造成更大的损失；溶剂多，显然会影响收率，故两者应综合考虑。一般来说，如果无不溶性固体，不需要热过滤，则可以将样品制成热饱和溶液；若需要热过滤，则溶剂的用量比前者多 20%～50% 左右。

若溶液中含有有色杂质，可用活性炭脱色，活性炭的用量以完全除去颜色为度，一般为样品量的 1%～5%。

（3）热过滤　当溶液中有不溶性固体（包括粗产品中的不溶性杂质或活性炭）的时候，要进行过滤，为了防止温度下降晶体在滤纸中结晶，要趁热过滤，且在过滤过程中尽量保持滤液的温度使过滤操作尽快完成。

热过滤装置由短颈粗径玻璃漏斗、菊花形滤纸和热水漏斗组成（如图 1.10-1 所示）。

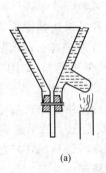
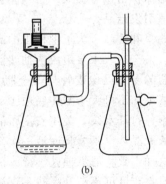

(a)　　　　　　　　　　(b)

图 1.10-1　热滤及抽滤装置

① 选择颈短且管粗的玻璃漏斗（以避免晶体在玻璃漏斗颈部析出而造成阻塞），在低温烘箱或电热套中预热。趁热过滤时使用。

② 折叠好菊花形滤纸（此种滤纸面积较大，可以加速过滤，减少在过滤时析出晶体的机会），折法见图 1.10-2。使用时菊花形滤纸向外凸出的棱角紧贴于漏斗壁上。

③ 把玻璃漏斗放在热水漏斗中，用铁架台把热水漏斗固定好，预先将夹套内的水烧热，如果用水做溶剂，可以一边过滤，一边加热漏斗的侧管，如果是易燃有机溶剂，过滤时一定避免明火加热！若滤纸上有少量晶体析出，可用少量热溶剂洗下；若析出的晶体较多时，必须刮回原瓶，加少量溶剂重新热溶后再过滤。

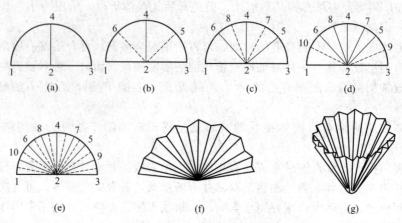

图 1.10-2　菊花形滤纸的折叠方法

菊花形滤纸的折叠方法：选定一圆形普通滤纸，先对折成半圆，再对折成四分之一圆，展开后，3 对 4 折出 5，1 对 4 折出 6，如图 1.10-2(b)，4 对 5 折出 7，4 对 6 折出 8，如图 1.10-2(c)，3 对 5 折出 9，1 对 6 折出 10，此时半圆被分成 8 等份，如图 1.10-2(d)，最后在 8 等份的每个小格中间以相反的方向对折成 16 等份，如同折扇一样，再在 1-2、2-3 处各自向内折一小折面，展开后即得菊花形滤纸。

(4) 晶体的析出　将热滤液静置，使其在室温下自然冷却，即有结晶析出，避免急冷和剧烈搅拌（以免晶体颗粒太小，表面积大而吸附的杂质多），自然冷却容易产生较大的晶体（晶体过大，易包藏母液和杂质，使纯度下降，也给干燥带来困难），当看到有大晶体析出时，可轻轻地摇动，使之形成均匀的晶体。自然冷却一段时间后，可在冷水或冰水中继续冷却，使结晶更为完全。

如果冷时无结晶析出，可加入一小颗晶种（原来固体的结晶）或用玻璃棒在液面附近的玻壁上稍用力摩擦引发结晶。

(5) 晶体的滤集和洗涤　为了把析出的晶体和母液分开，采用抽滤装置。抽滤装置由布氏漏斗、抽滤瓶、安全瓶、水泵组成。抽滤前先将抽滤装置连接好（布氏漏斗以橡皮塞与抽滤瓶相连，抽滤瓶的支管以橡皮管与安全瓶相连，再与水泵相连），如图 1.10-1(b)。将剪好的滤纸放入，滤纸切不可大于漏斗底边缘（避免滤液从折边处流过造成损失），过滤前先用溶剂把滤纸润湿，打开水泵，关闭安全瓶活塞，抽气，使滤纸紧贴在漏斗底部。开始过滤时先倒入部分滤液和晶体（不要将滤液一次倒入），通过安全瓶上的活塞调节真空度，开始真空度可低些，这样不致将滤纸抽破，待滤饼（滤得的固体习惯称滤饼）已结一层后，再将余下的倒入，此时真空度可逐渐升高些，直至漏斗颈口无液滴为止。

布氏漏斗中的滤饼要用溶剂洗涤，以除去晶体表面的母液。洗涤方法：用少量溶剂均匀地洒在滤饼上，以全部结晶刚好被溶剂润湿为宜，用玻璃棒小心搅动（注意不要把滤纸松动或捅破），打开水泵，关闭安全瓶活塞，把溶剂抽走，抽气的同时可用一洁净的真空玻璃塞倒置在滤饼表面用力挤压。重复洗涤 1~2 次。

(6) 晶体的干燥　在计算回收率和测定熔点前须对晶体进行干燥，常用的方法：从漏斗中取出晶体，移到表面皿上，在室温下自然晾干（为了避免被灰尘沾污，可再用一张滤纸覆盖在上面）。自然晾干的时间很长，一般要几天才能彻底干燥。

要想缩短干燥的时间，一些对热稳定的化合物，可在接近溶剂沸点的温度下进行干燥，实验室常用红外灯或烘箱等，在干燥时必须十分注意控制温度并经常翻动固体，避免固体的熔化。

2. 苯甲酸的重结晶

将 2g 粗苯甲酸（纯净的苯甲酸为无色针状晶体，熔点 122.4℃。水中的溶解度 20℃时为 $0.29g \cdot mL^{-1}$，100℃时为 $5.9g \cdot mL^{-1}$）放入锥形瓶中，加入 40mL 蒸馏水，在石棉网上加热至沸，并用玻璃棒不断搅动，若有未溶固体，可再加少量热水，直至苯甲酸全部溶解为止，再加约 10mL 热蒸馏水，加热至沸。移去热源，稍冷后加入少许活性炭（1%～5%），稍搅拌，继续加热至微沸数分钟。在加热溶解粗苯甲酸的同时，把热过滤装置准备好，并用少量热水润湿菊花形滤纸。这时将上述热溶液尽快地沿玻璃棒倒入漏斗中。滤毕，用少量热蒸馏水洗涤锥形瓶和滤纸。静置自然冷却一会儿后，再用冷水冷却以使结晶完全，然后用布氏漏斗吸滤，并用少量冷的溶剂洗涤 2 次，抽干。从漏斗中取出晶体，用适当的方法干燥。

【结果与讨论】

测定干燥后精制产物的熔点，和样品文献值进行比较，如果出现偏差或熔程超过 1℃，说明得到的产物纯度不够，需要再次进行重结晶。

【注意事项】

1. 溶解粗产品时，为了避免溶剂的挥发及可燃溶剂着火或有毒溶剂中毒，应在锥形瓶或圆底烧瓶上装回流冷凝装置，溶剂由冷凝管的上端管口加入。根据溶剂的沸点和易燃情况选择适当的热浴加热。

2. 不能向正在沸腾的溶剂中加入活性炭。

3. 抽滤结束关闭水泵时，要先打开安全瓶上的活塞再停泵，避免水倒吸。

4. 抽滤洗涤完毕从漏斗中取出晶体时，不要立刻用刮刀把晶体刮下，这样很容易使滤纸纤维附在晶体上。通常滤纸和晶体一起取出，待干燥后，用玻璃棒轻敲滤纸，晶体即可全部掉下来。

5. 如果母液和洗液中含有较大量的有机溶剂，一定要蒸馏或减压蒸馏回收溶剂，以免浪费。

【思考题】

1. 活性炭为什么要在固体物质全溶后加入？为什么不能在溶液沸腾时加入？

2. 进行重结晶时，选择溶剂是关键。那么，适宜的溶剂应符合哪些条件？

3. 重结晶时，溶剂用量为什么不能过量太多，也不能太少？正确的用量应该是多少？

4. 重结晶时，析出的晶体过大或过小有什么不好？应如何处理才能得到均匀的晶体？

5. 重结晶时，有时滤液中析不出晶体，这是什么原因？可采取什么方法使晶体析出？

【参考文献】

1．兰州大学等校编. 有机化学实验. 第 2 版. 北京：高等教育出版社，1994.
2．曾昭琼主编. 有机化学实验. 第 3 版. 北京：高等教育出版社，2000.
3．谷享杰主编. 有机化学实验. 第 2 版. 北京：高等教育出版社，2002.

第2章 常数测定实验

实验 2.1 阿伏加德罗常数的测定

【实验目的】

1. 学习并掌握用电解法测定阿伏加德罗常数的原理和方法。
2. 掌握有关电解的基本操作。

【实验原理】

阿伏加德罗常数（N_A）是一个物理常数，其含义为 1mol 任何物质所包含的微粒单元数目。测定阿伏加德罗常数的方法很多，本实验采用电解法进行测定。

电解法测定阿伏加德罗常数是用两块已知质量的铜片为阴、阳电极，电解硫酸铜溶液。在阴极上 Cu^{2+} 获得电子析出金属铜，从而阴极上的铜片增重。在阳极上金属铜失去电子后溶解生成 Cu^{2+} 进入溶液中，因此阳极上的铜片失重。

阳极反应： $\qquad\qquad\qquad Cu - 2e^- \rightleftharpoons Cu^{2+}$

阴极反应： $\qquad\qquad\qquad Cu^{2+} + 2e^- \rightleftharpoons Cu$

电解时，当电流强度为 $I(A)$，则在时间 $t(s)$ 内，通过的总电量为 $Q(C)$：

$$Q = It \qquad\qquad (2.1\text{-}1)$$

在阴极，铜片的增重为 $m_1(g)$，则铜片增加单位质量所需的电量为 $It/m_1(C\cdot g^{-1})$。因为铜的摩尔质量为 $63.5g\cdot mol^{-1}$，所以电解得到 1mol Cu 所需的电量为：

$$Q = \frac{63.5It}{m_1}(C\cdot mol^{-1}) \qquad\qquad (2.1\text{-}2)$$

已知 1 个一价离子所带的电量与 1 个电子所带的电量（即电子电荷 Q_e）相当，为 1.60×10^{-19} C，1 个二价 Cu^{2+} 所带电量为 $2\times1.60\times10^{-19}$ C，所以 1mol 铜所含的原子数目 N_A 为：

$$N_A = \frac{63.5It}{2\times1.60\times10^{-19}m_1}(\text{个}\cdot mol^{-1}) \qquad\qquad (2.1\text{-}3)$$

同理，如果阳极上铜片失重为 $m_2(g)$，则消耗去一单位质量所需的电量为 It/m_2 $(C\cdot g^{-1})$。同样可以导出 1mol Cu 所含的原子个数为：

$$N_A = \frac{63.5It}{2\times1.60\times10^{-19}m_2}(\text{个}\cdot mol^{-1}) \qquad\qquad (2.1\text{-}4)$$

理论上可知阴极上 Cu^{2+} 得到的电子数与阳极上 Cu 原子失去的电子数相等，所以在无副反应的情况下，阴极的铜片增重与阳极的铜片失重相等。电解结束后分别准确称量阴极铜片增重质量和阳极铜片失重质量，由铜片增重质量算出的阿伏加德罗常数（N_A）与铜片失重质量算出的阿伏加德罗常数（N_A）应该是一致的。

【仪器及试剂】

烧杯（100mL、250mL），电子天平，毫安表，变阻箱，直流稳压电源，秒表，0 号细砂纸，棉花，导线，滤纸等。

$CuSO_4$ 溶液（1L 含 125.0g $CuSO_4$ 和 25.0mL 浓 H_2SO_4），无水乙醇，纯紫铜片（3cm×5cm）等。

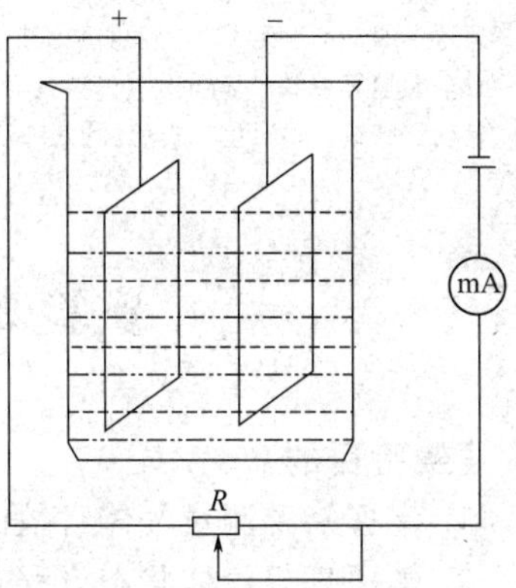

【实验步骤】

取两块 3cm×5cm 的薄纯紫铜片，分别用 0 号细砂纸除去表面氧化物，再依次用水洗，用蘸有无水乙醇的棉花擦净。待完全风干后，在电子天平上准确称量铜片（精确称至 0.0001g）。称重后做好记号，记录其质量。一块铜片作阴极，另一块铜片作阳极（切忌弄错）。

在 100mL 烧杯中加入 80.0mL $CuSO_4$ 溶液。将每块铜片高度的 2/3 左右浸入 $CuSO_4$ 溶液中。两极之间的距离保持 1.5cm，然后按图 2.1-1 的方式连接仪器。

图 2.1-1　测阿伏加德罗常数实验装置

电解前再仔细检查电解槽两极及毫安表的正负极是否接得正确，控制直流电压为 12V。实验开始时，变阻箱控制电阻为 60～70Ω 左右。接通电源并迅速调节电阻使电流计指针在 100mA 处，同时开始记时。通电 60min 后，立即断电，停止电解。注意在电解过程中可调节变阻箱以保持电流尽可能不变。

取下两极的铜片，先在水中漂洗几次，再用滤纸轻轻吸干水分，待干后在电子天平上准确称量质量，计算阿伏加德罗常数值。

【结果与讨论】

实验数据记录与结果处理见表 2.1-1。

表 2.1-1　实验数据记录与结果处理

项　目	数　据			
电极精确称量	电解后		电解前	
	电解前		电解后	
质量变化	$\Delta m_1 =$		$\Delta m_2 =$	
电流强度 I/A				
电解时间 t/s				
$N_A = \dfrac{63.5It}{2 \times 1.60 \times 10^{-19} \Delta m}$				
N_A 平均				
N_A 文献值				
相对误差				

【仪器及试剂】

1. 本实验必须使电流强度始终保持在 100mA 处，如有变动立即调整。
2. 通电前电阻箱的电阻值不能放在零处，防止短路而损坏仪器。
3. 阿伏加德罗常数的每次实验测定值，其百分误差±5％为合格，否则为不合格。

【思考题】

1. 要使阿伏加德罗常数测得较准确，应注意哪些问题？
2. 在本实验中，阳极减少的质量与阴极增加的质量是否完全相等？为什么实验计算中要以阴极为准？
3. 电解过程中，如果电流不能维持恒定，对实验结果将有什么影响？

【参考文献】
1．吴泳主编．大学化学新体系实验．北京：科学出版社，1998.
2．山东大学等校编．基础化学实验（Ⅰ）．北京：化学工业出版社，1992.
3．王秋长等编．基础化学实验．北京：科学出版社，2003.

实验 2.2　摩尔气体常数 R 的测定

【实验目的】
1. 掌握一种测量气体常数的方法及其操作。
2. 学习理想气体状态方程式及气体分压定律的应用。
3. 练习测量气体体积的操作及气压计的使用。

【实验原理】
理想气体状态方程 $pV=nRT$ 中，气体摩尔常数只能通过实验确定。

本实验通过金属 Mg 和稀硫酸反应产生 H_2 来测定气体摩尔常数 R。

反应式为：

$$Mg + H_2SO_4 = MgSO_4 + H_2\uparrow$$

在电子天平上准确称取一定量的 $Mg(m_{Mg})$ 与过量稀硫酸反应，测定在一定温度和压力下置换出来的 H_2 体积，并根据 Mg 的质量求得 H_2 的物质的量：

$$n_{H_2}=\frac{m_{H_2}}{M_{H_2}}=\frac{m_{Mg}}{M_{Mg}} \tag{2.2-1}$$

由于氢气是在水面上收集的，所以氢气中必然混有该温度下的饱和水蒸气。从表 2.2-2 中查出不同温度下水的饱和蒸气压。

根据分压定律：氢气的分压 p_{H_2} 应该是混合气体的总压力（等于大气压力）与水蒸气分压 p_{H_2O} 之差。

$$p_{大气压}=p_{H_2O}+p_{H_2}$$
$$p_{H_2}=p_{大气压}-p_{H_2O}$$

将相关数据代入理想气体状态方程式中即可求出 R 值，即：

$$R=\frac{p_{H_2}V_{H_2}}{n_{H_2}T}=\frac{(p_{大气压}-p_{H_2O})V_{H_2}}{m_{Mg}T}M_{Mg} \tag{2.2-2}$$

式中，p_{H_2}、V_{H_2} 为氢气的分压力、体积；p_{H_2O} 为水的饱和蒸气压；M_{Mg} 为镁的摩尔质量；m_{Mg} 为镁条的质量。

利用此法也可测定一定温度下气体的摩尔体积和金属的摩尔质量等。

【仪器及试剂】
试管，电子天平，量气管（或 50mL 碱式滴定管），滴定管夹，水准瓶，量筒，长颈漏斗，橡皮管，铁圈，铁架台，气压计，温度计。

$H_2SO_4(3mol\cdot L^{-1})$，砂纸，金属镁条。

【实验步骤】
1. 仪器的安装与检查

用电子天平精确称取 2～3 份已擦去表面氧化膜的镁条，每份质量在 0.0300～0.0350g 之间。

按图 2.2-1 装置仪器，打开试管的塞子，由水准瓶往量气管内注水至略低于刻度"0.00"的位置，上下移动水准瓶以赶尽附着在胶管和量气管内壁的小气泡，再移动水准瓶使量气管中的水面略低于零刻度的位置，接着固定水准瓶。

检查装置是否漏气的方法：塞紧试管上的胶塞。将水准瓶向下移至量气管的 30 刻度左右，此时可见量气管的液面下降，但下降一小段就不再下降，再固定水准瓶，3～5min 后维持恒定，说明该装置不漏气，可以继续进行下面的操作（若量气管内液面继续下降，甚至降到水准瓶的高度，说明实验装置漏气，此时应仔细检查各连接处，直至不漏气方能继续下面操作）。

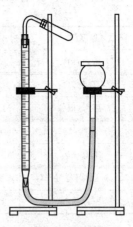

图 2.2-1　测摩尔气体常数仪器装置

2. 金属与稀酸反应前的准备

用长颈漏斗加入 3.0mL 3mol·L^{-1} 硫酸到试管的底部。将称好的镁条蘸少许蒸馏水紧贴在试管上部管壁，然后将试管固定并塞紧橡皮塞，再次检漏。

3. H$_2$ 的发生、收集和体积的测量

调整水准瓶液面与量气管液面在同一水平面上，准确读出量气管内液面的刻度 V_1，然后倾斜试管，使镁条落入硫酸溶液中。再将试管放回原处，此时反应立即发生，量气管内水面开始下降。为了不使量气管内压力增加而造成漏气，在水面下降的同时，应慢慢向下移动水准瓶，使水准瓶内的水面随量气管内水面一起下降。反应结束后，将水准瓶固定，待反应试管冷却到室温后，再次移动水准瓶，使水准瓶液面和量气管内的液面保持在同一水平面上，读出量气管内液面读数 V_2。2～3min 后再读取液面体积，若两次读数相等，表明试管内的温度与环境温度相同。

洗净小试管内壁，再重复一次实验。从气压计中读出大气压力，记录室温，从表 2.2-2 中查出该温度下水的饱和蒸气压。

【结果与讨论】

将数据填入表 2.2-1 中。

表 2.2-1　数据记录及结果处理

项　目		1	2
m_{Mg}/g			
气体体积	反应后读数 V_2/mL		
	起始读数 V_1/mL		
生成 H$_2$ 的体积 V_{H_2}/mL			
温度 T/K			
大气压 p/Pa			
室温时水的饱和蒸气压 p_{H_2O}/Pa			
$p_{H_2} = p - p_{H_2O}$/Pa			
$R = \dfrac{p_{H_2}V_{H_2}}{n_{H_2}T} = \dfrac{(p-p_{H_2O})V_{H_2}}{m_{Mg}T}M_{Mg}$	R 值(J·mol^{-1}·K^{-1})　测量值		
	平均值		
	文献值		
相对百分误差/%			

表 2.2-2　不同温度下水的饱和蒸气压

温度/℃	5.0	6.0	7.0	8.0	9.0	10.0	11.0
压力/kPa	0.872	0.934	1.001	1.073	1.148	1.228	1.312
温度/℃	12.0	13.0	14.0	15.0	16.0	17.0	18.0
压力/kPa	1.402	1.497	1.598	1.705	1.817	1.937	2.063
温度/℃	19.0	20.0	21.0	22.0	23.0	24.0	25.0
压力/kPa	2.197	2.338	2.486	2.643	2.809	2.984	3.167
温度/℃	26.0	27.0	28.0	29.0	30.0	31.0	32.0
压力/kPa	3.361	3.565	3.779	4.005	4.242	4.492	4.754

【注意事项】

1. 先用砂纸擦去镁条表面的氧化膜并剪成一定长度，称量后分片包好并写上质量，保存于干燥器中。

2. 量气管可用碱式滴定管代替，要洗涤清洁，管壁切忌不能挂水珠，否则影响体积测量。

3. 整个装置不能漏气，装好稀 H_2SO_4 溶液和镁条后一定要再仔细检查一次。

4. 实验结果要求：气体常数测定误差＜1％的为好，误差在 1％～3％的为一般，误差在 3％～5％的为差，误差＞5％的为不合格（注意：测定的误差有正误差和负误差之分）。

【思考题】

1. 如何检测本实验体系是否漏气？其根据是什么？实验中曾两次检查实验装置是否漏气，哪次相对更重要？

2. 镁条表面的氧化膜为何要除干净？如不除净对实验结果有何影响？

3. 为什么镁条质量取 0.030～0.035g？

4. 读取量气管内气体体积时，为何要使量气管和水准瓶中的液面保持同一水平？

【参考文献】

1．侯振雨主编. 无机及分析化学实验. 北京：化学工业出版社，2004.

2．中山大学等校编. 无机化学实验. 第 3 版. 北京：高等教育出版社，1992.

3．罗士平等主编. 基础化学实验（上）. 北京：化学工业出版社，2005.

4．徐丽英主编. 无机及分析化学实验. 上海：上海交通大学出版社，2004.

实验 2.3　二氯化铅溶度积的测定

【实验目的】

1. 掌握离子交换法测定难溶电解质溶度积的原理和方法。

2. 学习并练习离子交换树脂的一般使用方法。

3. 巩固练习酸碱滴定、过滤等基本操作。

【实验原理】

氯化铅为难溶电解质。在过量 $PbCl_2$ 存在的饱和溶液中，存在如下的溶解平衡。

$$PbCl_2(s) \Longrightarrow Pb^{2+}(aq) + 2Cl^-(aq)$$

$$K_{sp} = [Pb^{2+}][Cl^-]^2 \tag{2.3-1}$$

本实验利用离子交换树脂与饱和的 $PbCl_2$ 溶液进行离子交换，来测定室温下 $PbCl_2$ 溶液中 Pb^{2+} 的浓度，进而求出其溶度积 K_{sp} ❶常数。

常用的离子交换树脂是人工合成的不溶性的固态高分子化合物（常称为高聚物），它含有活性基团，能与周围溶液中的一些离子进行选择性的离子交换反应。含有酸性活性基团（如磺酸基—SO_3H、羧基—$COOH$ 等）能与阳离子进行离子交换的树脂称为阳离子交换树脂；含有碱性基团（如季铵基—NR_2OH、叔胺基—NR_2、仲胺基—NRH、［伯］胺基—NH_2 等，R 表示烷基）能与阴离子进行离子交换的树脂称为阴离子交换树脂。

常用的阳离子交换树脂的活性基团是强酸性的，称为强酸型阳离子交换树脂，例如聚苯乙烯磺酸型树脂，其化学结构可简单表示如下：

$$\begin{array}{cc} -CH-CH_2-CH-CH_2 \\ | \quad\quad\quad | \\ \bigcirc \quad\quad \bigcirc \\ | \quad\quad\quad | \\ SO_3H \quad\quad SO_3H \end{array}$$

也可用 $R—SO_3H$ 表示：R 表示除酸性基团以外的高聚物母体，H 为活性基团—SO_3H 中可供交换的氢原子。

强酸型阳离子交换树脂可与饱和 $PbCl_2$ 溶液中的 Pb^{2+} 进行离子交换，当溶液流经装有上述树脂的离子交换柱时，进行如下反应：

$$2R—SO_3H(s) + Pb^{2+}(aq) \longrightarrow (R—SO_3)_2Pb(s) + 2H^+(aq)$$

进而可用已知浓度的 NaOH 溶液滴定全部酸性流出液（盐酸溶液）至滴定终点。

$$OH^-(aq) + H^+(aq) \longrightarrow H_2O(l)$$

饱和 $PbCl_2$ 溶液中 Pb^{2+} 的浓度 $c(Pb^{2+})$ 如下所示：

$$c_{Pb^{2+}}V_{Pb^{2+}} : c_{H^+}V_{H^+} : c_{NaOH}V_{NaOH} = 1 : 2 : 2$$
$$2c_{Pb^{2+}}V_{Pb^{2+}} = c_{NaOH}V_{NaOH}$$
$$c_{Pb^{2+}} = \frac{c_{NaOH}V_{NaOH}}{2V_{Pb^{2+}}} \tag{2.3-2}$$

式中，c_{H^+} 为流出液中 $H^+(aq)$ 的浓度，$mol \cdot L^{-1}$；V_{H^+} 为含 $H^+(aq)$ 流出液的体积，即流出液的总体积，mL；c_{NaOH} 为 NaOH 标准溶液的浓度，$mol \cdot L^{-1}$；V_{NaOH} 为滴定时所消耗的 NaOH 标准溶液的体积，mL；$V_{Pb^{2+}}$ 为饱和 $PbCl_2$ 溶液的体积，mL。

将式(2.3-2)所得的饱和 $PbCl_2$ 溶液中 Pb^{2+} 的浓度代入式(2.3-1)，可求得 $PbCl_2$ 的溶度积。当离子交换足够完全时，可视作 $c_{Pb^{2+}} = [Pb^{2+}]$，$c_{Cl^-} = [Cl^-] = 2[Pb^{2+}]$，式(2.3-1)可改写为

$$K_{sp} = [Pb^{2+}][Cl^-]^2 = 4[Pb^{2+}]^3 \tag{2.3-3}$$

市售的阳离子交换树脂往往是钠型的，可用 $R—SO_3Na$ 表示。使用时需用稀酸使钠型转化为酸型（又称为氢型，用 $R—SO_3H$ 表示），这一过程称为转型。而已被 Pb^{2+} 交换过的离子交换树脂也可用稀酸进行处理，使树脂重新转化为酸型，这一过程称为再生。

【仪器及试剂】

台秤，烧杯，铁架台，螺旋夹，锥形瓶，量筒，洗耳球，碱式滴定管，移液管，滴定管

---

❶　由于室温下 $PbCl_2$ 的溶解度较大，并随温度的增高而增大（288K 时为 $3.26 \times 10^{-2} mol \cdot L^{-1}$，298K 时为 $3.74 \times 10^{-2} mol \cdot L^{-1}$），同时还存在着 Pb^{2+} 与水的作用，本实验所得的溶度积数据是近似的，且与温度有关。

夹，玻璃棒，白瓷板，漏斗，漏斗架（或铁圈），滤纸，玻璃纤维，温度计。

HCl($1mol \cdot L^{-1}$)，HNO_3($0.1mol \cdot L^{-1}$)，NaOH 标准溶液（$0.0500mol \cdot L^{-1}$），PbCl_2（s，分析纯），溴百里酚蓝（0.1%）❶，强酸型阳离子交换树脂，pH 试纸。

【实验步骤】

1. 配制饱和 PbCl_2 溶液

根据室温时 PbCl_2 的溶解度❷，在台秤上称取过量的 PbCl_2 固体于烧杯中，用已经煮沸除去 CO_2（为什么?）的去离子水溶解之，该过程注意水的用量，加热使 PbCl_2 充分溶解。放置冷却至室温后，用漏斗过滤（漏斗、承接烧杯和滤纸均应干燥），滤液即为饱和 PbCl_2 溶液。

2. 离子交换树脂的转型

称取适量强酸型阳离子交换树脂❸，每次实验用量约为 15g，用适量 $1mol \cdot L^{-1}$ HCl 溶液，以使溶液漫过树脂为度，浸泡一昼夜。

3. 装柱

取出碱式滴定管的玻璃珠，换上螺旋夹，在滴定管底部塞入少量玻璃纤维，作为离子交换柱，固定于滴定管夹和铁架台上。拧紧螺旋夹，向交换柱中加入去离子水约至 1/3 高度。

取已转型（或已再生）的离子交换树脂置于烧杯中，尽可能地倾出多余的酸液，加入去离子水调匀成"糊状"，并将它逐步转移至交换柱内，使树脂层的高度约为 20cm 即可。为使离子交换顺利进行，树脂层内不能出现气泡。因此在装柱时，应让树脂带水转移并沉入已装有去离子水的滴定管中，这样可以使树脂充填紧实。如果水过满，可拧松螺旋夹，使水流出，同时应注意，不能使水面低于树脂层，否则会出现气泡。如果出现这种情况，应重新装柱（或者用长玻璃棒将柱内树脂搅松将气泡排除，然后树脂再沉积致密）。调节螺旋夹，以使溶液逐滴流出，同时从滴定管上方不断加入去离子水洗涤离子交换树脂，直至流出液呈中性，用 pH 试纸检验。弃去全部流出液。在洗涤离子交换树脂的整个过程中，都应使树脂处于湿润状态，所以，至中性后保持树脂柱上 1cm 去离子水。

4. 交换和洗涤

用移液管移取 25.00mL 饱和 PbCl_2 溶液注入离子交换柱内，调节螺旋夹，使溶液以每分钟 20~25 滴的流速通过离子交换柱（流速不宜过快，否则将影响树脂的交换效果），用锥形瓶承接流出液。再用去离子水分几次洗涤离子交换树脂，直到流出液呈中性。

在整个交换和洗涤操作过程中，不应让离子交换树脂层中出现气泡，即离子交换树脂上方始终有足够的溶液或去离子水。并且这些流出液都应当用同一只锥形瓶承接，且不应使流出液有所损失。

5. 滴定

向流出液中加入 1~2 滴溴百里酚蓝指示剂，用 NaOH 标准溶液滴定至终点，终点时溶液由黄色转为蓝色。在滴定过程中，若溶液出现浑浊，必须弃去溶液，必要时还应弃去已交换过的离子交换树脂，重做实验。

---

❶ 0.1g 溴百里酚蓝溶于 100mL 20%乙醇中。酸碱指示剂溴百里酚蓝 pH<6.0 显黄色，pH>7.6 显蓝色。

❷ PbCl_2 在水中的溶解度可参考下表。

温度 t/K	273	288	298	308
溶解度 s/mol·L⁻¹	2.42×10^{-2}	3.26×10^{-2}	3.74×10^{-2}	4.73×10^{-2}

❸ 可用型号为 001×7 的聚苯乙烯磺酸型阳离子交换树脂。

6. 再生

将交换柱中的离子交换树脂倒出，尽可能地倾去多余的去离子水，用 $0.1mol \cdot L^{-1}$ HNO_3 溶液（注意不能用 HCl 溶液，为什么?）浸泡离子交换树脂一昼夜。

【结果与讨论】

记录室温，并根据所用 NaOH 标准溶液的浓度和体积，计算该室温下 $PbCl_2$ 的溶度积，填入表 2.3-1 中。

表 2.3-1　实验数据记录与结果处理

项　　目		1	2
实验时温度 T/K			
饱和 $PbCl_2$ 溶液体积/mL			
NaOH 标准溶液浓度/mol·L^{-1}			
NaOH 标准溶液体积/mL	终读数		
	初读数		
	净读数		
饱和 $PbCl_2$ 溶液中 Pb^{2+} 的浓度/mol·L^{-1}			
$PbCl_2$ 的溶度积 $K_{sp}(PbCl_2)$			
$PbCl_2$ 溶度积的平均值			
$PbCl_2$ 的溶度积 $K_{sp}(PbCl_2)$（文献值）			
相对百分误差/%			
相对平均偏差/%			

【注意事项】

1. 洗涤、交换和淋洗等离子交换过程都要按要求控制流速，不能太快。

2. 在树脂装柱时可先在柱中加入 8~10mL 去离子水，再将约 15g 树脂放在小烧杯中加入少量去离子水，边搅拌边连水带树脂一起倒入柱中，使树脂在水中自由下沉，但必须始终使液面高出树脂层以避免树脂间留有气泡。

【思考题】

1. 本实验所用的玻璃仪器中，哪些需要用干燥的，哪些不需要用干燥的? 为什么?

2. 本实验中测定 $PbCl_2$ 溶度积的原理是什么?

3. 为什么转型可用盐酸，而再生时只能用 HNO_3，而不能用 H_2SO_4 或 HCl 溶液?

4. 进行离子交换的操作过程中，为什么流出液要控制一定的流速? 交换柱中树脂层内为什么不允许出现气泡? 应如何避免?

【参考文献】

1．吴泳主编. 大学化学新体系实验. 北京：科学出版社，1998.

2．中山大学等校编. 无机化学实验. 第 3 版. 北京：高等教育出版社，1992.

实验 2.4　CO_2 相对分子质量的测定

【实验目的】

1. 掌握气体密度法测定 CO_2 相对分子质量的原理和方法并加深理解理想气体状态方程。

2. 练习气体的制备、干燥、收集、净化等基本操作。

3. 掌握误差的概念，学习实验结果误差的分析。

【实验原理】

根据阿伏加德罗定律，$pV = nRT$，同温、同压、同体积的气体含有相同的分子数。因此，只要在同温、同压下，比较同体积的两种气体（其中已知一种物质的相对分子质量，本实验是把同体积的 CO_2 的气体与空气的相对分子质量为 29.0 相比），即可测定气态物质的相对分子质量，称为相对密度法。

因为 n 相同，而且 $n = \dfrac{m}{M}$，因此 $\dfrac{m_1}{M_1} = \dfrac{m_2}{M_2}$

$$M_{CO_2} = \frac{m_{CO_2}}{m_{空气}} M_{空气} = \frac{m_{CO_2}}{m_{空气}} \times 29.0 \tag{2.4-1}$$

式中，m_{CO_2} 和 $m_{空气}$ 分别是 CO_2 和空气的质量。因此只要在实验中测出一定体积的 CO_2 的质量，并根据实验时的大气压和温度，计算出同体积的空气的质量，即可求出 CO_2 对空气的相对密度，从而求出 CO_2 的相对分子质量。

测定某气体对任一相对分子质量已知气体的相对密度，即可求得该气体的相对分子质量。通常用最轻的气体 H_2（$M_{氢气} = 2.016$）或最常见的空气（$M_{空气平均} = 29.0$）作为测定相对密度的标准。

【仪器及试剂】

电子天平，台秤，启普发生器，铁架台，冷凝管夹，量筒，具嘴试管，干燥管，锥形瓶，气压计，温度计，导气管，橡皮塞，橡皮管，自由夹，打孔器，剪刀，玻璃纤维。

HCl(6mol·L^{-1})，H_2SO_4（浓），$CuSO_4$(1mol·L^{-1})，石灰石。

【实验步骤】

按图 2.4-1 方式装配启普发生器及相关仪器。由于石灰石中含有硫化物等少量杂质，因此在气体发生过程中有 H_2S、酸雾、水汽等产生。可通过 $CuSO_4$、浓 H_2SO_4 除去 H_2S、酸雾和水汽等，再经导气管收集 CO_2 气体。

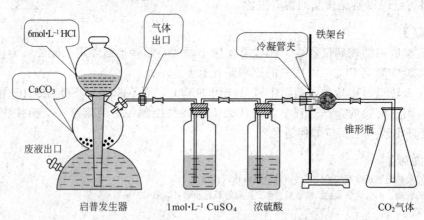

图 2.4-1　制备 CO_2 气体装置

先在台秤上粗称一洁净干燥的锥形瓶和塞子，再在电子天平上准确称量它们的质量。

先在启普发生器的连接处涂抹凡士林并使之透明，于启普发生器内加一定量的石灰石，然后于球形漏斗中加 50.0mL 6mol·L^{-1} HCl 溶液，打开自由夹并检漏：用手压住导气管出口，当 HCl 回到球形漏斗中，表示不漏气，否则为漏气，将出气管口引入锥形瓶底部中央，收集。约 5min 后轻轻取出导管，夹紧自由夹，并用塞子塞住（注意：在塞子上需做一记号，以保证塞子每次都塞进相同的位置），在电子天平上精确称量；重复收集和称量，直到任两次称量结果相差在 2mg 以内为止。

接着在锥形瓶中装满自来水，塞好塞子（注意塞子的位置），在台秤上称量并准确至 0.1g；记录室温和大气压。

【结果与讨论】

将所有数据填入表 2.4-1 中。

表 2.4-1　数据记录与结果处理

项　　目		数　　据
实验时的气压 p/Pa		
实验时的室温 t/℃		
充满空气的锥形瓶＋塞子的质量 m_1/g		
充满 CO_2 的锥形瓶＋塞子的质量	第一次 m_2/g	
	第二次 m_3/g	
	第三次 m_4/g	
	平均值 m_5/g	
水＋锥形瓶＋塞子的质量 m_6/g		
锥形瓶的容积(mL)＝$(m_6-m_1)\div 1.00$		
瓶内空气的质量 $m_{空气}(g)=pVM_{空气}/RT$		
CO_2 气体的质量 $m_{CO_2}(g)=m_5-m_1+m_{空气}$		
CO_2 的相对分子质量 $M_{CO_2}=(m_{CO_2}\div m_{空气})\times 29.0$		
M_{CO_2}（文献值）		
相对误差/%		

本实验的相对误差范围应为±5%，若超过该范围，必须重做。

【注意事项】

1. 必须在同一台电子天平上称量锥形瓶，结果必须记录在实验书或预习本上，电子天平使用后须登记。

2. 使用启普发生器应注意的事项：

① 启普发生器不能加热；

② 所用固体必须颗粒较大或是块状的；

③ 移动或拿取启普发生器时，应用手握住葫芦状容器半球体上部凹进部位（即所谓"蜂腰"部位），绝不可用手提（握）球形漏斗，以免脱落打碎葫芦状容器，造成伤害事故。

3. 塞子钻孔及连接玻璃管时，必须小心操作。

【思考题】

1. 气体相对密度法测定 CO_2 相对分子质量的原理和方法是什么？

2. 为什么在计算锥形瓶的容积时不考虑空气的质量，而在计算 CO_2 气体的质量时却要考虑空气的质量？

3. 启普发生器出来的 CO_2 气体依次通过了哪两个洗瓶？目的是什么？能否将这两个瓶倒过来装置？为什么？

4. 为什么充满 CO_2 的锥形瓶和塞子的质量要在电子天平上称量，而充满水的锥形瓶和塞子的质量可在台秤上称量，两者的要求有什么不同？

5. 试分析本实验中误差的来源。

【参考文献】

1. 徐莉英主编. 无机及分析化学实验. 上海：上海交通大学出版社，2004.

2．北京师范大学编．无机化学实验．第 3 版．北京：高等教育出版社，2001.
3．山东大学等校编．基础化学实验（Ⅰ）．北京：化学工业出版社，2003.

实验 2.5　硝酸钾溶解度的测定和溶解度曲线的绘制

【实验目的】
1. 学习并掌握测定盐类溶解度的方法，了解溶解度与温度的关系。
2. 练习溶解度曲线的绘制，掌握简单的作图方法。

【实验原理】
盐类在水中的溶解度是指在一定温度下它们在饱和水溶液中的浓度，一般以每 100g 水中含盐的质量（g）来表示。盐类的溶解度都受温度的影响，绝大多数随温度上升而增大。

为了观察硝酸钾在水中溶解度与温度的关系，本实验将不同质量的硝酸钾分别溶解在一定量的水中，加热使其全部溶解，得到一系列温度较高时的浓溶液。当冷却到一定温度开始有晶体析出时，溶液已达饱和，此时的浓度就是该温度下硝酸钾的溶解度。绘制溶解度曲线，即可得出溶解度与温度的关系。

【仪器及试剂】
台秤，电子天平，称量瓶，漏斗，玻璃棒，试管，烧杯，温度计，酒精灯，铁架台，铁圈，冷凝管夹，石棉网，橡皮塞，吸量管（1.00mL），打孔器。

KNO₃（分析纯，s）。

【实验步骤】

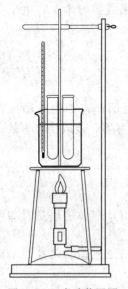

图 2.5-1　实验装置图

烘干四支洁净的试管并编号。用电子天平准确称取 1.9～2.0g、1.5～1.6g、1.1～1.2g 和 0.7～0.8g 四份硝酸钾并分别小心地沿漏斗壁将它们敲入四支试管中。

如图 2.5-1，取一支长玻璃棒，将其一端插入橡皮塞内，用冷凝管夹固定在铁架上。用吸量管分别向每一支试管内注入 1.00mL 蒸馏水，注意：使试管内液面都要低于小烧杯的水面，并各放入一支玻璃棒。再用橡皮圈将装有固体硝酸钾的四支试管紧缚在长玻璃棒的下部。这样就可将小试管全部垂直地悬在盛有 250mL 水的烧杯内。另外将悬挂在铁架上的温度计也紧贴试管插入水中，其水银球要全部浸入水面以下，并使其末端与试管底部处于同一水平位置。

加热盛水的烧杯，同时搅拌每个试管中的固体 KNO₃，直到全部溶解为止。停止加热，使水温逐渐下降，首先不断搅拌 1 号试管内的溶液，并同时仔细观察溶液中有无小晶体或浑浊出现。当观察到刚刚有晶体或浑浊出现时，立即记下此时温度计的读数（注意：有晶体出现时，接着试管内应立即有更多的晶体析出，否则就表示观察得不够准确）。

记下 1 号试管内开始析出晶体的温度后，迅速按同样的方法依次观测 2、3、4 号试管中晶体开始析出的温度。若某一份溶液观察得不够准确，可将水浴加热至晶体刚完全溶解，再重复操作，仔细观察并记录温度于表 2.5-1 中。

实验结束后，将硝酸钾放入回收瓶中。

【结果与讨论】

表 2.5-1　实验数据的记录与结果处理

编　号	1	2	3	4
KNO$_3$ 晶体质量/g				
水的质量/g		1.00		
溶液中刚开始析出晶体时的温度/℃				
KNO$_3$ 晶体在水中溶解度/g·(100g H$_2$O)$^{-1}$				

根据以上实验数据，以温度为横坐标，以溶解度 [100g 水中溶解的质量（g）] 为纵坐标绘出硝酸钾的溶解度曲线。

再从手册中查出不同温度下硝酸钾的溶解度❶，用同样的方法在同一坐标纸上用虚线绘出溶解度曲线，与实验所测得的曲线相比较。

【注意事项】

1. 质量称量一定要准确。

2. 必须严格控制加入的水量。

3. 4 支玻璃棒不准混用。

4. 温度计读数，必须读取刚刚开始析出晶体的温度，以免增大测量误差。

【思考题】

1. 为什么试管要悬在盛有 250mL 水的烧杯内？为什么温度计要紧贴试管且水银球要全部浸入水面以下？

2. 能否用量筒取 1ml 蒸馏水？为什么？

3. 本实验中，如果冷却过程太快将产生什么结果？

【参考文献】

1．吴泳主编. 大学化学新体系实验. 北京：科学出版社，1998.

2．中山大学等校编. 无机化学实验. 第 3 版. 北京：高等教育出版社，1992.

3．罗士平等主编. 基础化学实验（上）. 北京：化学工业出版社，2005.

4．王秋长等编. 基础化学实验. 北京：科学出版社，2003.

实验 2.6　化学反应焓变的测定

【实验目的】

1. 了解测定化学反应热效应的一般原理和方法，学会测定锌与硫酸铜反应的热效应。

2. 掌握利用外推法校正温度改变值的作图方法。

---

❶ 硝酸钾溶解度与温度的关系

温度/℃	0	10	20	30	40	50	60	70	80	90	100
KNO$_3$ 溶解度/g·(100g H$_2$O)$^{-1}$	13.1	20.9	31.6	45.8	63.9	83.5	110.0	138.0	169.0	202.0	246.0

【实验原理】

恒温下一个化学反应所放出或吸收的热量称为该反应的热效应，通常情况下将恒温、恒压条件下进行的反应热效应称为恒压反应热（Q_p）。化学热力学中通常用反应体系的焓变（ΔH）来表示，恒压反应热（Q_p）在数值上等于反应的焓变（ΔH），即 $\Delta H = Q_p$。因此利用量热计测量出等压反应热，即测量出反应的焓变。$\Delta H < 0$ 为放热反应，$\Delta H > 0$ 为吸热反应。

化学热力学中规定：气体的标准态是指压力为 101.325kPa 下状态，而溶液中溶质的标准态是处于标准压力下溶质的浓度为 1mol·L^{-1} 时的状态，液体和固体的标准态均是处于标准压力下的纯净物质。若温度为 t，反应中各物质均处于标准态时，化学反应的焓变称为标准焓变，用 $\Delta_r H_m^{\ominus}$ 表示。某些化合物的标准摩尔生成焓，可通过测量有关反应的摩尔焓变而间接求得。例如在 10^5Pa 和 293.15K 条件下，置换出 Cu 的物质的量为 1mol 时，反应方程式如下

$$Zn(s) + CuSO_4(aq) \longrightarrow ZnSO_4(aq) + Cu(s) \qquad \Delta_r H_m^{\ominus} = -218.7 kJ·mol^{-1}$$

该反应是一个自发进行的放热反应，而且反应速率较快并进行得相当完全。若使用过量 Zn 粉，$CuSO_4$ 溶液中的 Cu^{2+} 可认为完全转化为 Cu。实验过程如果知道溶液的比热容、密度，又能测出反应前后溶液的温度变化，即可求出焓变（ΔH）。

测定时，先在一个绝热良好的量热器中放入稍过量的锌粉及已知准确浓度和体积的硫酸铜溶液，随着反应的进行，不时地记录溶液温度的变化。当温度不再升高且开始下降时，说明反应完毕。然后根据下面的计算公式，求出该反应的热效应（标准摩尔焓变）。

由于 $CuSO_4$ 已配成一定摩尔浓度的溶液，故在该溶液中 $CuSO_4$ 的物质的量（n）可用溶液的摩尔浓度乘以溶液的体积代之。进行一系列简化得：

$$\Delta_r H_m^{\ominus} = -\frac{\Delta T C V \rho}{1000 n} \qquad (2.6\text{-}1)$$

式中，$\Delta_r H_m^{\ominus}$ 为反应的标准摩尔焓变，kJ·mol^{-1}；V 为反应体系中溶液的体积，mL；ρ 为溶液的密度，g·cm^{-3}，近似为水的密度 1.03g·cm^{-3}；C 为溶液的比热容，J·g^{-1}·K^{-1}，近似为水的比热容 4.18J·g^{-1}·K^{-1}；ΔT 为反应前后温度的变化（$t_后 - t_前$），K；n 为 $CuSO_4$ 物质的量，mol。

从式（2.6-1）可知：在测定温度升高值以求得焓变（ΔH）时，只要知道 $CuSO_4$ 的准确物质的量和反应体系的体积就可以了。

严格地说，由于该测量系统（简易量热装置）并非严格的绝热系统，因此在测量温度变化过程中会遇到一些问题：当冷水温度上升时，体系和环境不可避免地发生了热量交换，使得实验中不能观测到最大的温度变化。在反应液温度升高的同时，量热计的温度也相应提高，而计算时又忽略此项内容，故会造成温度差的偏差。因此在处理数据时可采用外推作图法，根据实验所测得的数据，以温度（T）对时间（t）作图，并将所得曲线进行外推至体系上升的最高温度（图 2.6-1）。这样比较客观地反映出由反应热效应引起的真

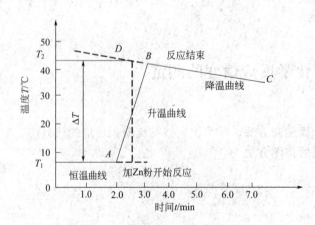

图 2.6-1　反应时间与温度变化的关系

实温度变化值 ΔT。

【仪器及试剂】

台秤，温度计（0～50℃），量筒，保温杯，秒表，试管，骨勺。

Zn 粉，$CuSO_4$（0.2000mol·L^{-1}），Na_2S（0.1mol·L^{-1}）。

【实验步骤】

1. 用台秤称取 3.0g 锌粉，备用。

2. 用量筒量取 20.0mL 0.2000mol·L^{-1} $CuSO_4$ 于洁净的简易量热器（保温杯）中并插入温度计（图 2.6-2）。

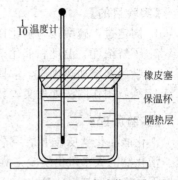

图 2.6-2　实验装置图

3. 轻轻摇动保温杯，每隔 30s 记录一次温度，直至溶液与量热器达到平衡，此时温度保持恒定（约 2min）。

4. 迅速向溶液中加入称量的锌粉并立即盖严，轻轻摇动保温杯中的溶液使之充分反应，每隔 20s 记录一次温度，当温度上升到最高值后再继续测量 3min。数据记入表 2.6-1 中。

5. 实验结束后，小心打开量热器的塞子，取少量反应后的清液于一试管中，观察溶液的颜色，之后滴加 2 滴 0.1mol·L^{-1} Na_2S 溶液，估计会产生什么现象和生成什么物质？试说明 Zn 与 $CuSO_4$ 溶液反应进行的程度。

【结果与讨论】

表 2.6-1　化学反应焓变的测量

阶　　段	加 Zn 粉前（反应前）				加 Zn 粉后（反应过程中及反应后）						
时间 t/min											
温度 t/℃											

1. 按图 2.6-1 所示，以温度（T）对时间（t）作图，求溶液的温升 ΔT。

2. 根据实验数据，计算 ΔH，并与理论计算值相比求相对误差。计算时保温杯的热容量忽略不计。

【注意事项】

1. 分工明确，密切配合，在规定时间内准确读取温度并记录数据。

2. 加入 Zn 粉时动作要迅速，并立即盖紧保温杯的塞子，同时记录时间和温度。

3. 本实验是一个固-液反应，因此反应过程中要充分且轻轻摇动保温杯，同时温度计要插入溶液中。

【思考题】

1. 为什么要不断摇动保温杯中的溶液及注意温度的变化？

2. 实验中 Zn 粉为什么可用台秤称取，而 $CuSO_4·5H_2O$ 要用电子天平称取？

3. 在本实验中，为什么反应前后温度改变值（ΔT）不能用温度计所示最高温度和起始温度之差，而要从实验数据作图并外推的方法求得？如何作图并进而得到温度的改变值？

4. 若称量或量取操作不准确，对热效应测定有何影响？

【参考文献】

1．于涛主编. 微型无机化学实验. 北京：北京理工大学出版社，2004.

2．周仕学等主编．普通化学实验．北京：化学工业出版社，2003．

实验 2.7　化学反应速率与化学平衡

【实验目的】
1．测定过二硫酸铵与碘化钾反应的反应速率，计算反应级数、反应速率常数和活化能。
2．了解浓度、温度和催化剂对反应速率的影响。
3．学习水浴加热操作，掌握水浴锅、温度计和秒表的正确使用方法。
4．练习用作图法处理实验数据。

【实验原理】
　　活化能在化学反应中是一个重要的参数，可根据活化能的大小判断化学反应进行的快慢。活化能的大小可由实验来测定，不同的化学反应有不同的活化能。活化能越大，在一定温度下反应速率越慢；反之，活化能越小，反应速率就越快。例如

$$Zn + 2HCl \longrightarrow ZnCl_2 + H_2 \uparrow \tag{2.7-1}$$

该反应活化能为 $17.56kJ\cdot mol^{-1}$，反应速率较快，而

$$N_2 + 3H_2 \longrightarrow 2NH_3 \tag{2.7-2}$$

该反应活化能为 $175.56kJ\cdot mol^{-1}$，反应速率慢。
　　化学反应速率通常用单位时间内反应物浓度的减小或生成物浓度的增加来表示。例如：过二硫酸铵溶液与碘化钾溶液反应的离子方程式：

$$S_2O_8^{2-} + 3I^- \longrightarrow 2SO_4^{2-} + I_3^- \tag{2.7-3}$$

其反应速率表示为：

$$v = -\frac{\Delta c_{S_2O_8^{2-}}}{\Delta t} \tag{2.7-4}$$

　　式中，$\Delta c_{S_2O_8^{2-}}$ 为 $S_2O_8^{2-}$ 浓度的改变值；Δt 为反应所用的时间。
　　实验表明：在其他条件不变的情况下，化学反应速率与各反应物浓度幂次方的乘积成正比。对于上述反应，由实验测得其反应速率：

$$v \propto (c_{S_2O_8^{2-}})^m (c_{I^-})^n \qquad \text{或} \quad v = k[c_{S_2O_8^{2-}}]^m [c_{I^-}]^n \tag{2.7-5}$$

　　式中，$c_{S_2O_8^{2-}}$、c_{I^-} 分别表示过二硫酸铵和碘化钾的初始浓度，时间的单位用 s 或 min 表示，反应速率的单位则可用 $mol\cdot L^{-1}\cdot s^{-1}$ 或 $mol\cdot L^{-1}\cdot min^{-1}$ 表示。
　　k 为反应速率常数，当 $c_{S_2O_8^{2-}} = 1.0mol\cdot L^{-1}$、$c_{I^-} = 1.0mol\cdot L^{-1}$ 时，反应速率 $v = k$，所以反应速率常数 k 的物理意义为：反应物为单位浓度时的反应速率。k 越大，表明在给定条件下，反应速率越快。同一反应在同一温度时，k 不随浓度而改变。k 是温度的函数，它由反应的性质和温度而定，不同温度下测得的 k 值不同。
　　为了能够测出在一定时间（Δt）内过二硫酸铵和碘化钾浓度的改变量，在混合 $(NH_4)_2S_2O_8$ 和 KI 溶液时，同时加入一定体积的已知浓度的 $Na_2S_2O_3$ 溶液，该溶液中还含有淀粉（指示剂），这样在反应进行的同时，也进行着如下反应：

$$2S_2O_3^{2-} + I_3^- \longrightarrow S_4O_6^{2-} + 3I^- \tag{2.7-6}$$

$S_2O_3^{2-}$ 和 I_3^- 的反应式(2.7-6)进行得非常之快，几乎瞬间完成，而 $S_2O_8^{2-}$ 和 $3I^-$ 的反应式(2.7-3)却慢得多。由反应式(2.7-3)生成的 I_3^- 立即与 $S_2O_3^{2-}$ 作用生成了无色的 $S_4O_6^{2-}$ 和 I^-。因此在开始一段时间内，看不到碘与淀粉作用显示出来的特有蓝色。一旦 $Na_2S_2O_3$ 耗尽，由反应式(2.7-3)继续生成的微量碘很快与淀粉作用，使溶液显出蓝色。

从反应式(2.7-3)和式(2.7-6)的关系可以看出，$S_2O_8^{2-}$ 浓度减少的量等于 $S_2O_3^{2-}$ 的一半：

$$\Delta c_{S_2O_8^{2-}} = \frac{\Delta c_{S_2O_3^{2-}}}{2} = -\frac{(c_{S_2O_3^{2-}})_{起始}}{2} \tag{2.7-7}$$

由于在 Δt 时间内，$S_2O_3^{2-}$ 全部耗尽，浓度为零，所以 $\Delta c_{S_2O_8^{2-}}$ 实际上就是反应开始时 $Na_2S_2O_3$ 浓度的负值，这样记下从反应开始到溶液出现蓝色所需要的时间 Δt，就能由下式求出反应速率 v。

$$v = -\frac{\Delta c_{S_2O_8^{2-}}}{\Delta t} = -\frac{\Delta c_{S_2O_3^{2-}}}{2\Delta t} \tag{2.7-8}$$

设反应的速率方程是：$\qquad v = k(c_{S_2O_8^{2-}})^m (c_{I^-})^n$

在温度不变的情况下，保持 $S_2O_8^{2-}$ 起始浓度不变，改变 I^- 起始浓度，分别测得反应速率，并代入式(2.7-8)，可求得 I^- 的反应级数 n；而保持 I^- 起始浓度不变，改变 $S_2O_8^{2-}$ 起始浓度，又可求得 $S_2O_8^{2-}$ 的反应级数 m。而某一温度下的 k 值可用下式求出：

$$k = \frac{\Delta c_{S_2O_3^{2-}}}{2 \times \Delta t \times (c_{S_2O_8^{2-}})^m (c_{I^-})^n} \tag{2.7-9}$$

本实验要求用实验数据作图的方法求反应的活化能，并了解温度对反应速率的影响。实验表明，温度对化学反应速率的影响特别显著。大多数化学反应都随着温度的升高，反应速率增大。

根据实验数据计算出 k，用作图法可求得反应的活化能。

速率常数 k 与反应温度 T，一般有如下关系：

$$\lg k = \frac{-E_a}{2.303RT} + c \tag{2.7-10}$$

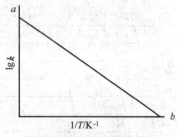

式中，E_a 为反应的活化能；R 为摩尔气体常数，$8.314 J \cdot mol^{-1} \cdot K^{-1}$；$T$ 为热力学温度；c 为常数（对同一反应，c 值不变）。根据实验数据计算出不同温度时的 k，以 $\lg k$ 对 $1/T$ 作图，可得一直线，如图2.7-1。由此求出反应的活化能 E_a。

图 2.7-1　反应速率常数与温度的关系曲线

$$E_a = \frac{a}{b} \cdot 2.303R \tag{2.7-11}$$

催化剂可大大加快反应速率，催化剂与反应系统处于同相（如液体），称为均相催化。如在 $(NH_4)_2S_2O_8$ 与 KI 的混合溶液中加入 $Cu(NO_3)_2$ 溶液可加快反应速率。若催化剂与反应系统不为同一相，则称为多相催化。例如常温下 H_2O_2 的分解速率非常慢，若加入固体 MnO_2 催化剂时，则 H_2O_2 分解速率明显加快。

可逆反应中的正、逆反应速率相等时即达到化学平衡。改变平衡系统的外界条件（如浓度、温度等）时，会使化学平衡发生移动。根据吕·查德里原理，当改变反应条件时，化学平衡就向着减弱这个改变的方向移动。

【仪器及试剂】

烧杯，量筒，玻璃棒，温度计，水槽，秒表，酒精灯，试管，试管夹，水浴锅，磁力搅拌器。

KI($0.20 mol \cdot L^{-1}$)，$Na_2S_2O_3$($0.01 mol \cdot L^{-1}$)，$(NH_4)_2S_2O_8$($0.20 mol \cdot L^{-1}$)，淀粉(0.2%)，KNO_3($0.20 mol \cdot L^{-1}$)，$(NH_4)_2SO_4$($0.20 mol \cdot L^{-1}$)，$Cu(NO_3)_2$($0.02 mol \cdot L^{-1}$)，$CuSO_4$($1 mol \cdot L^{-1}$)，$FeCl_3$($0.1 mol \cdot L^{-1}$)，KSCN($0.1 mol \cdot L^{-1}$)，KBr($1 mol \cdot L^{-1}$)，HCl(浓)，冰。

【实验步骤】

1. 浓度对反应速率的影响——求反应级数

在室温下，用3只量筒（每种试剂所用量筒都贴上标签，以免混乱）分别量取 20.0mL

0.20mol·L^{-1} KI 溶液,6.0mL 0.01mol·L^{-1} Na$_2$S$_2$O$_3$ 溶液和4.0mL 0.2%淀粉溶液,倒入100mL 烧杯中并混合均匀。再用另一量筒量取 20.0mL 0.20mol·L^{-1} (NH$_4$)$_2$S$_2$O$_8$ 溶液,迅速倒入烧杯中,同时按动秒表并不断搅拌,仔细观察。当溶液刚出现蓝色时,立即停表,将反应时间和室温记入表 2.7-1 中。

用上述方法参照表 2.7-1 的用量进行编号为 2~5 号实验,为了使每次实验中溶液的离子强度和总体积保持不变,所减少的 KI 或 (NH$_4$)$_2$S$_2$O$_8$ 溶液的用量可分别用 0.20mol·L^{-1} KNO$_3$ 和 0.20mol·L^{-1} (NH$_4$)$_2$SO$_4$ 来调整。

表 2.7-1　浓度对反应速率的影响

	实验序号	1	2	3	4	5
试剂用量 /mL	0.01mol·L^{-1} Na$_2$S$_2$O$_3$	6.0	6.0	6.0	6.0	6.0
	0.2%淀粉溶液	4.0	4.0	4.0	4.0	4.0
	0.20mol·L^{-1}KI	20.0	10.0	5.0	20.0	20.0
	0.20mol·L^{-1}(NH$_4$)$_2$S$_2$O$_8$	20.0	20.0	20.0	10.0	5.0
	0.20mol·L^{-1} KNO$_3$	—	10.0	15.0	—	—
	0.20mol·L^{-1}(NH$_4$)$_2$SO$_4$	—	—	—	10.0	15.0
反应物的起始浓度 /mol·L^{-1}	(NH$_4$)$_2$S$_2$O$_8$ 溶液[S$_2$O$_8^{2-}$]					
	KI 溶液[I$^-$]					
	Na$_2$S$_2$O$_3$ 溶液[S$_2$O$_3^{2-}$]					
反应时间 Δt/s						
S$_2$O$_3^{2-}$ 的浓度变化 Δ[S$_2$O$_3^{2-}$]/mol·L^{-1}						
反应速率 $v=\Delta$[S$_2$O$_3^{2-}$]$/2\Delta t$/(mol·L^{-1}·s^{-1})						
lg$v$						
lg[S$_2$O$_8^{2-}$]						
lg[I$^-$]						
反应级数(由作图法求得)	m					
	n					
反应速率常数 $k=v/$[S$_2$O$_8^{2-}$]^m[I$^-$]^n						
反应速率常数的平均值 $\bar k$						

2. 温度对反应速率的影响和活化能测定

按表 2.7-1 中编号 2 的用量,将 KI、Na$_2$S$_2$O$_3$、KNO$_3$ 和淀粉溶液分别加到 100mL 烧杯中,再将 (NH$_4$)$_2$S$_2$O$_8$ 溶液加在另一 100mL 烧杯中。将两只烧杯放入含冰浴的水槽中恒温并用试管夹固定,用温度计测量烧杯中溶液的温度,待它们的温度在 0℃ 时,迅速将 (NH$_4$)$_2$S$_2$O$_8$ 溶液注入混合液中,立即计时并搅拌溶液,同时测量反应溶液的温度。当溶液刚出现蓝色时迅速停止计时,记录时间和温度。

用同样方法将反应物加热到高于室温10℃和20℃,按上述方法测定反应所需的时间和温度,将所得数据填入表 2.7-2 中并计算 k、lg$k$ 和 $1/T$。

表 2.7-2　温度对反应速率的影响

实验序号	6	2	7	8
温度/K				
反应时间/s				
反应速率常数 k				
lg k				
$1/T$				
活化能 E_a/kJ·mol^{-1}				

3. 催化剂对化学反应速率的影响

Cu^{2+} 可以加速 $(NH_4)_2S_2O_8$ 氧化 KI 的反应速率，而且 Cu^{2+} 的用量不同，加快的速率也不同。

按表 2.7-1 编号 2 中的用量，将 KI、$Na_2S_2O_3$、KNO_3 和淀粉溶液分别加到 100mL 烧杯中，滴加 1 滴 $0.02mol\cdot L^{-1}$ $Cu(NO_3)_2$ 溶液，搅匀，之后迅速将 $(NH_4)_2S_2O_8$ 溶液加入混合溶液中，计时并搅拌，将反应数据填入表 2.7-3 中。

按上述同样方法加 3 滴 $0.02mol\cdot L^{-1}$ $Cu(NO_3)_2$ 溶液，将实验结果记录于表2.7-3中。

表 2.7-3　催化剂对化学反应速率的影响

实验序号	2	9	10
$0.02mol\cdot L^{-1}Cu(NO_3)_2$ 的滴数	0	1	3
反应时间 t/s			

4. 浓度和温度对化学平衡的影响

（1）加 10.0mL 蒸馏水于一小烧杯中，然后分别加入 2 滴 $0.1mol\cdot L^{-1}$ 的 $FeCl_3$ 和 0.1 $mol\cdot L^{-1}$ KSCN 溶液，观察现象。试管中的反应为

$$Fe^{3+} + nSCN^- \rightleftharpoons [Fe(NCS)_n]^{3-n} \quad (n=1\sim6)$$

将所得溶液均分为 3 份，向第 1 支试管中滴加 $0.1mol\cdot L^{-1}$ $FeCl_3$ 溶液，向第 2 支试管中滴加 $0.1mol\cdot L^{-1}$ KSCN 溶液，观察所加试剂的试管中颜色的变化并与第 3 支试管中的颜色进行比较，说明浓度对化学平衡的影响。

（2）在 1 试管中加入 1.0mL $1.0mol\cdot L^{-1}$ $CuSO_4$ 溶液，滴加浓 HCl 至溶液呈黄绿色，然后缓慢滴加蒸馏水稀释，观察颜色变化并解释之。之后再加热，观察现象。

（3）在一试管中加入 1.0mL $2.0mol\cdot L^{-1}$ KBr 溶液，再滴加 5～6 滴 $1mol\cdot L^{-1}$ $CuSO_4$ 溶液，摇匀后在酒精灯上加热至 70～80℃，观察溶液的颜色。稍冷后用自来水冲洗试管外壁，观察溶液颜色的变化。

【结果与讨论】

1. 公式法求反应级数和反应速率常数

把表 2.7-1 中试验 1 号和 3 号的结果代入下式：

$$v = k(c_{S_2O_8^{2-}})^m(c_{I^-})^n \tag{2.7-12}$$

$$\frac{v_1}{v_3} = \frac{\{c_{(S_2O_8^{2-})_1}\}^m\{c_{(I^-)_1}\}^n}{\{c_{(S_2O_8^{2-})_3}\}^m\{c_{(I^-)_3}\}^n} \tag{2.7-13}$$

由于

$$\{c_{(S_2O_8^{2-})_1}\}^m = \{c_{(S_2O_8^{2-})_3}\}^m \tag{2.7-14}$$

所以

$$\frac{v_1}{v_3} = \frac{\{c_{(I^-)_1}\}^n}{\{c_{(I^-)_3}\}^n} \tag{2.7-15}$$

因为 $c_{(I^-)_1}$、$c_{(I^-)_3}$ 为已知数值，故 n 可以求出。同理，用表 2.7-1 中试验 1 号和 5 号的结果，可以求得 m。

用表 2.7-1 中任意一组数据，结合 m、n，代入 $v=k(c_{S_2O_8^{2-}})^m(c_{I^-})^n$，可以求出速率常数 k，进而写出速率方程。

2. 用作图法求反应的反应级数与活化能

（1）反应级数　将速率方程式 $v=k(c_{S_2O_8^{2-}})^m(c_{I^-})^n$ 两边取对数得：

$$\lg v = \lg k + m\lg c_{S_2O_8^{2-}} + n\lg c_{I^-} \tag{2.7-16}$$

当 c_{I^-} 不变时，用 $\lg v$ 对 $\lg c_{S_2O_8^{2-}}$ 作图，可得一直线，其斜率即为 m；

同理当 $c_{S_2O_8^{2-}}$ 固定，以 $\lg v$ 对 $\lg c_{I^-}$ 作图可得 n。

求得 v、m、n 之后，利用速率方程则叫求得速率常数 k。

$$k = -\frac{\Delta c_{S_2O_8^{2-}}}{\Delta t (c_{S_2O_8^{2-}})^m (c_{I^-})^n} \tag{2.7-17}$$

（2）作图法求活化能的步骤

① 根据表 2.7-2 结合上面求出的速率方程，求出不同温度下的速率常数 k，完成表 2.7-2。

② 由表 2.7-2 中的实验数据，在坐标纸上用 $\lg k$ 和 $1/T$ 作图。

③ 由图求出直线的斜率。

④ 由公式 $E_a = \frac{a}{b} \cdot 2.303R$，计算反应的活化能。

【注意事项】

1. 每一种试剂必须准备专用的烧杯、量筒和洁净的滴管，量取试剂所用的量筒必须分开专用并贴标签。

2. 实验用的烧杯不需烘干，但洗净后要将烧杯甩干，以免影响试剂浓度。

3. 必须通过作图计算反应级数和活化能。

【思考题】

1. 本实验测得的是平均速率还是瞬时速率？

2. 实验中加入 $Na_2S_2O_3$ 的目的是什么？加得过多或过少，对实验结果有何影响？实验中向 KI、$Na_2S_2O_3$、淀粉混合溶液中加入 $(NH_4)_2S_2O_8$ 时为什么要快？

3. 若不用 $S_2O_8^{2-}$ 而用 I^- 的浓度变化来表示反应速率，则反应速率常数 k 是否一样？k 的单位是什么？

4. 为什么可以由反应液出现蓝色的时间长短来计算反应速率？反应液出现蓝色后，反应是否就终止了？

【参考文献】
1. 中山大学等校编. 无机化学实验. 第3版. 北京：高等教育出版社，1992.
2. 北京师范大学编. 无机化学实验. 第3版. 北京：高等教育出版社，2001.
3. 徐丽英主编. 无机及分析化学实验. 上海：上海交通大学出版社，2004.
4. 罗士平等主编. 基础化学实验（上）. 北京：化学工业出版社，2005.
5. 魏庆莉等编. 基础化学实验. 北京：科学出版社，2008.

实验 2.8　光度法测定配合物的组成及稳定常数

【实验目的】

1. 掌握摩尔比法和等摩尔连续变化法测定配合物组成及稳定常数的基本原理和实验方法。

2. 掌握分光光度计使用的相关知识。

【实验原理】

分光光度法是研究配合物组成和测定配合物稳定常数的一种十分有效的方法。如果金属离子 M 和配体 L 形成配合物，配合反应为：

$$M + nL \rightleftharpoons ML_n$$

式中，n 为配合物的配位数，可用摩尔比法或等摩尔连续变化法测定。

1. 摩尔比法

配制一系列溶液，维持各溶液的金属离子浓度、酸度、离子强度、温度不变，只改变配位体的浓度，在配合物的最大吸收波长处测定各溶液的吸光度 A，以吸光度 A 对摩尔比 R（$R = c_L/c_M$，c_L 为配位体浓度，c_M 为金属离子浓度）作图得到图 2.8-1 所示的曲线。由图可见，当 $R < n$ 时，配位体 L 全部转变为 ML_n，吸光度 A 随 L 浓度增大而增高，并与 R 呈线性关系。当 $R > n$ 时，金属离子 M 全部转变为 ML_n，继续增加 L，吸光度不再增加。将曲线的线性部分延长，相交于一点，该点所对应的 R 即为配合物的配位数 n。

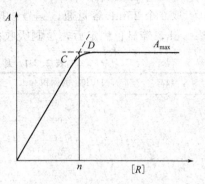

图 2.8-1　摩尔比法图示

摩尔比法要求在选定的波长下，除配合物外，配体无明显的吸收，而且只能生成一种配合物。摩尔比法虽然简单、快速，但仅适用于离解度小的配合物。如果曲线的转折点很不明显，就难以确定配合物的组成。

2. 等摩尔连续变化法

配制一系列溶液，在实验条件相同的情况下，保持溶液的总浓度不变，即 c_M 和 c_L 之和为常数，只改变溶液中 c_M 和 c_L 的比值。在选定的波长下，测定溶液的吸光度 A，将 A 对 $c_M/(c_M + c_L)$ 作图，如图 2.8-2 所示。当体系中只生成一种配合物时，曲线有一最高点，对应于该点的 c_L/c_M 即为该配合物的配位数 n。如果配合物的稳定性好，曲线的最高点很明显。如果配合物部分离解，曲线的最高点附近比较圆滑，可将曲线的线性部分延长，找出其交点。图中 BB' 点相当于配合物完全不离解时应有的吸光度，用 A' 表示。由于配合物部分离解，其离解度 α 为

$$\alpha = \frac{A' - A}{A'} \tag{2.8-1}$$

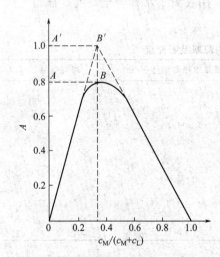

图 2.8-2　等摩尔连续变化法图示

由 α 可以计算配合物的稳定常数 K：

$$K = \frac{1 - \alpha}{[ML_n]\alpha^2} \tag{2.8-2}$$

【仪器及试剂】

紫外-可见分光光度计，容量瓶（25mL 9 个，100mL 2 个），移液管（5mL 2 支，10mL 1 支）。

Fe^{3+} 溶液（1.00×10^{-2} mol·L^{-1}）：称取 0.4822g 分析纯 $NH_4Fe(SO_4)_2 \cdot 12H_2O$，用 0.25mol·$L^{-1}$ $HClO_4$ 溶解后，移至 100mL 容量瓶，再用 0.25mol·L^{-1} $HClO_4$ 稀释至刻度。

磺基水杨酸溶液（1.00×10^{-2} mol·L^{-1}）：称取 0.2542g 磺基水杨酸 [分子式为 $C_6H_3(OH)(COOH)SO_3H \cdot 2H_2O$]，用 0.025mol·$L^{-1}$ $HClO_4$ 溶解后，移至 100mL 容量瓶，再用 0.025mol·L^{-1} $HClO_4$ 稀释至刻度。

HClO$_4$ 溶液 (0.025mol·L^{-1})：移取 2.2mL 70% HClO$_4$ 溶液，稀释至 1000mL（统一配制）。

【实验步骤】

本实验是测定铁（Ⅲ）-磺基水杨酸配合物的组成及其稳定常数。实验在 pH 为 2～2.5 的 HClO$_4$ 溶液中进行，Fe^{3+} 与磺基水杨酸生成紫红色配合物的最大吸收波长约为 500nm。

1. 摩尔比法实验

取 9 个 25mL 容量瓶，编号。按表 2.8-1 配制溶液，用去离子水稀释至刻度，摇匀。放置 0.5h，等显色稳定后，绘制吸收曲线，测定最大吸收波长下的吸光度。

表 2.8-1 摩尔比法中溶液的配制及吸光度的测定

瓶号	HClO$_4$ 的体积/mL	Fe^{3+} 的体积/mL	磺基水杨酸的体积/mL	吸光度 A
1	7.50	2.00	0.50	
2	7.00	2.00	1.00	
3	6.50	2.00	1.50	
4	6.00	2.00	2.00	
5	5.50	2.00	2.50	
6	5.00	2.00	3.00	
7	4.50	2.00	3.50	
8	4.00	2.00	4.00	
9	3.50	2.00	4.50	

2. 等摩尔连续变化法实验

取 9 个 25mL 容量瓶，编号。按表 2.8-2 配制溶液，用去离子水稀释至刻度，摇匀。放置 0.5h 后，测定最大波长下的吸光度。

表 2.8-2 等摩尔连续变化法中溶液的配制及吸光度

瓶号	HClO$_4$ 的体积/mL	Fe^{3+} 的体积/mL	磺基水杨酸的体积/mL	吸光度 A
1	5.00	5.00	0	
2	5.00	4.50	0.50	
3	5.00	3.70	1.30	
4	5.00	3.00	2.00	
5	5.00	2.50	2.50	
6	5.00	2.00	3.00	
7	5.00	1.30	3.70	
8	5.00	0.50	4.50	
9	5.00	0	5.00	

【结果与讨论】

1. 用摩尔比法确定配合物组成：用表 2.8-1 中的数据，作吸光度 A 与 R 的关系图，将曲线的两直线部分延长相交于一点，确定配位数 n。

2. 用等摩尔连续变化法确定配合物组成：根据表 2.8-2 中的数据，作吸光度 A 对 $c_M/(c_M+c_L)$ 的关系图。将两侧的直线部分延长，交于一点，由交点确定配位数 n。比较两种方法所得的 n 值。

3. 按式 (2.8-2) 计算配合物的稳定常数。

【注意事项】

1. 测量时必须按从稀至浓的顺序测量。

2. 测量时保持待测溶液浓度在朗伯-比尔定律规定的线性范围内, 即浓度不宜过高。

【思考题】

1. 在何种情况下, 可以使用摩尔比法、等摩尔连续变化法测定配合物的组成?

2. 酸度对测定配合物的组成有何影响? 如何确定适宜的酸度条件?

3. 如果选用的总物质的量浓度增加 1 倍或稀释 1 倍, 实验得到的曲线会有什么变化? 对计算配合物的组成及稳定常数有何影响?

实验 2.9　醋酸电离度和电离常数的测定

【实验目的】

1. 了解用 pH 法测定醋酸电离常数的原理和方法, 加深对弱电解质电离平衡的理解。

2. 学习 pH 计的使用方法。

3. 掌握移液管和容量瓶的正确使用方法。

【实验原理】

醋酸是一元弱酸, 在水溶液中存在着电离平衡:

$$HAc \rightleftharpoons H^+ + Ac^-$$

开始浓度 (mol·L^{-1})　　　　　c　　　　0　　0

平衡浓度 (mol·L^{-1})　　　$c-c\alpha$　　$c\alpha$　　$c\alpha$

其电离常数或离解常数为:

$$K_{HAc} = \frac{c_{H^+}c_{Ac}}{c_{HAc}} = \frac{c\alpha \cdot c\alpha}{c-c\alpha} = \frac{c\alpha^2}{1-\alpha}$$

式中, α 为醋酸的电离度, $\alpha = \dfrac{c_{H^+}}{c} \times 100\%$。

在一定温度时, 用雷磁 pH 计测定一系列已知浓度的醋酸 pH 值; 再按 pH $= -\lg c_{H^+}$, 求算 c_{H^+}, 根据 $c_{H^+} = c\alpha$ 即可求得一系列对应 HAc 的 α 和 $\dfrac{c\alpha^2}{1-\alpha}$, 取其平均值即为在该温度下 HAc 的电离常数。

【仪器和药品】

pHS-25 型 pH 计, 碱式滴定管, 锥形瓶, 移液管, 容量瓶 (100mL), 烧杯 (100mL)。 NaOH(s), 邻苯二甲酸氢钾 (s), HAc (约 0.2mol·L^{-1}), 酚酞 (0.2%), 标准缓冲溶液 (pH=4.00, pH=6.86)。

【实验内容】

1. NaOH 溶液的标定参见实验 1.3, 其结果记录于表 2.9-1 中。

2. 配制不同浓度的醋酸溶液

将已知浓度的 HAc 溶液装到烧杯中, 用移液管分别取 25.00mL、10.00mL、5.00mL 的 HAc 溶液于 3 个 100mL 的容量瓶中, 用蒸馏水稀释至刻度, 摇匀, 制得不同浓度的 HAc 溶液。计算各份 HAc 溶液的浓度。

3. HAc 溶液 pH 值、电离度和电离常数的测定

用 pH 计按由稀到浓的顺序测定上述各份 HAc 溶液及原始溶液的 pH 值, 记录各份溶

液的 pH 值于表 2.9-2 中及测定的室温，并计算 α 及电离常数 K_{HAc}。

【结果与讨论】

1. 实验数据记录与处理

表 2.9-1　NaOH 溶液浓度的标定与 HAc 溶液浓度的测定

滴定序号		1	2	3
邻苯二甲酸氢钾/g				
NaOH 溶液的体积	终读数/mL			
	初读数/mL			
	净体积/mL			
NaOH 的浓度/mol·L^{-1}				
NaOH 的平均浓度/mol·L^{-1}				
相对平均偏差/%				
HAc 溶液的体积/mL			25.00	
标准 NaOH 溶液的体积/mL	终读数/mL			
	初读数/mL			
	净体积/mL			
HAc 溶液的浓度/mol·L^{-1}	测定值			
	平均值			
相对平均偏差/%				

表 2.9-2　用 pH 计测定 HAc 溶液的 pH 值

编号	c/mol·L^{-1}	pH	c_{H^+}	电离度	K_{HAc}	
					测定值	平均值
1						
2						
3						
4						

2. 由 pH 值计算 c_{H^+}，由 $K_{HAc} = \dfrac{c_{H^+} \cdot c_{Ac}}{c_{HAc}}$ 计算电离常数。

【注意事项】

1. 测量时应注意保护电极膜，测量完毕应将电极置于盛有 KCl 的溶液中。
2. 测量 pH 值时应从稀到浓。

【思考题】

1. 若改变醋酸溶液的浓度和温度，其电离度和电离常数有无变化？
2. 测定不同浓度 HAc 溶液 pH 值时为何要按由稀到浓顺序？
3. 酸度计的使用应注意什么？
4. 将计算值与文献值 $K_{HAc} = 1.75 \times 10^{-5}$ 作比较，求相对误差并分析误差产生的原因。

【参考文献】

北京师范大学无机化学教研室. 无机化学实验. 第 3 版. 北京：高等教育出版社，2001.

实验 2.10　离子交换法测定三草酸合铁(Ⅲ)配离子的电荷

【实验目的】

1. 了解用离子交换法测定配合物电荷的方法。
2. 学习阴离子树脂的处理方法，练习装柱操作。
3. 练习滴定操作。
4. 准确测出三草酸合铁(Ⅲ)配离子的电荷数。

【实验原理】

本实验用离子交换法测定配阴离子的电荷数，所用的是氯型阴离子交换树脂(以 RN^+ Cl^- 表示)。将一定量的三草酸合铁(Ⅲ)酸钾晶体溶于水，使溶液通过氯型阴离子交换树脂，使三草酸合铁(Ⅲ)酸钾中的配阴离子 X^{z-} 与阴离子树脂上的 Cl^- 进行交换：

$$zRN^+Cl^- + X^{z-} \longrightarrow (RN^+)_zX + zCl^-$$

用标准硝酸银溶液滴定，求出所交换出来的 Cl^- 的量，便可求出三草酸合铁(Ⅲ)配离子的电荷数 z：

$$z = \frac{Cl^- \text{物质的量}}{\text{配合物的物质的量}} \tag{2.10-1}$$

本实验采用沉淀滴定法测定 Cl^-，这种用标准硝酸银溶液来滴定氯离子含量的方法又称法杨司法。其原理是生成微溶性盐的沉淀，此胶体银盐沉淀有吸附作用，若体系中 Cl^- 过量，则 $AgCl$ 沉淀表面吸附 Cl^-，使胶粒带负电荷；若 Ag^+ 过量，胶粒吸附 Ag^+ 带正电荷。荧光素(HFL)是一种有机弱酸，在溶液中可电离为荧光素阴离子 FL^-，呈黄绿色。用荧光素作此体系的指示剂时，在等当点之前，溶液中 Cl^- 过量，$AgCl$ 胶粒带负电荷，FL^- 不被吸附；当达到等当点后，过量 1 滴 $AgNO_3$，即可使 $AgCl$ 胶粒带正电荷，强烈吸附 FL^-，在 $AgCl$ 表面形成了荧光素银化合物，表面呈淡红色，指示终点。

本实验亦可用 K_2CrO_4 作指示剂，生成 Ag_2CrO_4 砖红色沉淀作为滴定终点。

【仪器及试剂】

离子交换柱，电子天平，量筒(10mL)，滴定管(微型)，小烧杯(100mL)，锥形瓶(微型)，移液管(5mL)，容量瓶(100mL)，螺旋夹。

阴离子交换树脂，$NaCl(1mol \cdot L^{-1})$，三草酸合铁(Ⅲ)酸钾(分析纯，s)，K_2CrO_4($0.2mol \cdot L^{-1}$)，$AgNO_3$($0.1000mol \cdot L^{-1}$)，$HClO_4$($3mol \cdot L^{-1}$)，HCl($3mol \cdot L^{-1}$)。

【实验步骤】

1. 树脂的处理

将市售的阴离子交换树脂用水多洗几次以除去其中的可溶性杂质，再用蒸馏水浸泡 24h 使其充分膨胀，然后用 5 倍于树脂体积的 $1mol \cdot L^{-1}$ 氯化钠溶液反复浸泡处理，最后再用蒸馏水洗涤至洗涤液中用 $AgNO_3$ 检验不到 Cl^- 或只产生轻微的浑浊，即得 Cl^- 型阴离子交换树脂。

2. 装柱

在离子交换柱的底部垫上一些玻璃棉(或脱脂棉)，加一些蒸馏水于柱中，开启螺旋夹让柱中的水慢慢往下滴，同时将上述处理好的树脂和蒸馏水一起慢慢地装入柱中，树脂柱高 15～20cm。在树脂中间不要有气泡和空隙，以免影响交换效率。水面高出树脂面 1～2cm。用蒸馏水淋洗树脂柱至用硝酸银检查流出液时，只出现轻微浑浊(留作比较)，即可以认为已淋洗干净，柱的下端用螺旋夹夹紧。

3. 交换

用小烧杯准确称取 0.1g 左右（准确至 0.1mg）三草酸合铁（Ⅲ）酸钾配合物，量取 5.0mL 蒸馏水将其溶解，小心将全部溶液转移至交换柱内，松开螺旋夹让交换液以每分钟 3mL 的速度流经交换柱，收集在 100mL 容量瓶中。待溶液接近树脂表面时，再继续用 2～3mL 洗过小烧杯的蒸馏水洗柱。重复 2～3 次后用硝酸银溶液检查流出液，当仅出现轻微浑浊（与最初的蒸馏水淋洗液空白相比较）即停止淋洗，再用蒸馏水将容量瓶内的收集液稀释至刻度，摇匀。

4. 滴定

准确吸取 5.00mL 淋洗液于锥形瓶内，加 1 滴 0.2mol·L^{-1} 的 K_2CrO_4 溶液，用 0.1000mol·L^{-1} $AgNO_3$ 标准溶液滴定至出现砖红色沉淀为止。平行测定三次。计算所交换出来的氯离子的总物质的量，并算出配阴离子的电荷数（取最接近的整数）。

5. 树脂的再生

实验结束后，可用 1mol·L^{-1} 氯化钠溶液淋洗树脂柱，直到流出液酸化后检不出 Fe^{3+} 为止。然后再用 3mol·L^{-1} 高氯酸（$HClO_4$）溶液淋洗，将树脂吸附的阴离子洗脱下来，最后再用 30.0mL 3mol·L^{-1} 盐酸溶液淋洗，使树脂转为 Cl^- 型，以便使树脂继续使用。

【结果与讨论】

实验数据记录于表 2.10-1 中。

表 2.10-1　实验数据

配合物的质量/g	配合物的物质的量/mol	消耗 AgNO₃ 标液的体积/mL				定容后 Cl⁻ 浓度/mol·L⁻¹	交换下来的 Cl⁻ 的物质的量/mol	配合物的电荷数
		1	2	3	平均			

【注意事项】

1. 在整个交换操作过程中，保持树脂不露出液面。
2. 判定滴定终点需准确。
3. 转型、交换和再生等离子交换过程都要按要求控制流速，不能太快。

【思考题】

1. 本实验中影响配离子电荷数的因素有哪些？
2. 本实验中仪器的干燥与否对实验的结果将产生什么影响？

【参考文献】

1．北京轻工业学院等著.基础化学实验.北京：中国标准出版社,1999.
2．魏庆莉等编.基础化学实验.北京：科学出版社,2008.
3．罗士平主编.基础化学实验（上）.北京：化学工业出版社,2005.

实验 2.11　化学反应平衡常数的测定

【实验目的】

1. 测定 $I_3^- \rightleftharpoons I^- + I_2$ 反应体系的平衡常数，加深对化学平衡和平衡常数的理解。

2. 进一步巩固滴定操作。

【实验原理】

碘溶于碘化钾溶液中形成 I_3^-，并建立如下平衡：

$$I_3^- \rightleftharpoons I^- + I_2$$

在一定温度下，其平衡常数：

$$K = \frac{a_{I^-} a_{I_2}}{a_{I_3^-}} = \frac{\gamma_{I^-} \gamma_{I_2}}{\gamma_{I_3^-}} \times \frac{[I^-][I_2]}{[I_3^-]} \tag{2.11-1}$$

式中，a 为活度；γ 为活度系数；$[I^-]$，$[I_2]$，$[I_3^-]$ 为平衡时的浓度。

在离子强度不大的溶液中

$$\frac{\gamma_{I^-} \gamma_{I_2}}{\gamma_{I_3^-}} \approx 1$$

所以
$$K = \frac{[I^-][I_2]}{[I_3^-]} \tag{2.11-2}$$

为了测定各组分的平衡浓度，可用过量的固体碘和已知浓度的 KI 溶液一起摇荡。达平衡后，取上层清液，用标准的 $Na_2S_2O_3$ 溶液进行滴定。

$$2Na_2S_2O_3 + I_2 \rightleftharpoons 2NaI + Na_2S_4O_6$$

由于溶液中存在 $I_3^- \rightleftharpoons I^- + I_2$ 的平衡，所以用硫代硫酸钠溶液滴定最终测到的是平衡时的 I_2 和 I_3^- 的总浓度。碘的总浓度，用 c 表示，则

$$c = [I_3^-]_{平} + [I_2]_{平} \tag{2.11-3}$$

对于 $[I_2]_{平}$ 可通过测定相同温度下，过量固体碘与水处于平衡时溶液中碘的浓度来代替。实践证明，这样做对本实验的结果影响不大。为此，用过量的碘与蒸馏水一起摇荡，平衡后用标准 $Na_2S_2O_3$ 溶液滴定，就可以确定 $[I_2]_{平}$，同时也确定了 $[I_3^-]_{平}$。

$$[I_3^-]_{平} = c - [I_2]_{平} \tag{2.11-4}$$

形成一个 I_3^- 必定消耗一个 I^-。所以，平衡时 I^- 的浓度为：

$$[I^-]_{平} = [I^-]_0 - [I_3^-]_{平} \tag{2.11-5}$$

式中，$[I^-]_0$ 为 KI 溶液的起始浓度。

将 $[I^-]_{平}$、$[I_2]_{平}$、$[I_3^-]_{平}$ 带入式(2.11-2)，即可求得在该温度下平衡体系的平衡常数 K。

【仪器及试剂】

碘量瓶（250mL），锥形瓶，碱式滴定管（50mL），移液管（5mL、25mL），量筒，台秤，洗耳球。

碘（固），KI 标准溶液（$0.0100mol \cdot L^{-1}$、$0.0200mol \cdot L^{-1}$），$Na_2S_2O_3$ 标准溶液（$0.00200mol \cdot L^{-1}$），淀粉溶液（0.2%）。

【实验步骤】

1. 取两只干燥的 150mL 碘量瓶和一只 250mL 的碘量瓶，依次标上 1、2、3 号，用量筒取 40.0mL $0.0100mol \cdot L^{-1}$ 的 KI 溶液注入 1 号瓶中，40.0mL $0.0200mol \cdot L^{-1}$ KI 溶液注入 2 号瓶，100.0mL 蒸馏水注入 3 号瓶（所用量筒对所取溶液专用）。然后各瓶放入 0.10g 研细的碘，立即盖好瓶塞。

2. 将三只碘量瓶在室温下激烈摇荡（不得有液体溢出瓶外）30min，静置 10min，待过量固体碘完全沉于瓶底。

3. 吸取 5.00mL 1 号瓶上清液,注入锥形瓶中,再加入 45.0mL 蒸馏水,用 $Na_2S_2O_3$ 标准溶液滴定,滴至呈淡黄色后,加入 1.0mL 0.2%的淀粉溶液,溶液呈蓝色。继续滴定至蓝色刚好消失。记下消耗的 $Na_2S_2O_3$ 溶液体积。再平行滴定二份。

照上法滴定 2 号样上清液三份。

4. 移取 25.00mL 3 号瓶上清液于锥形瓶中,再加入 25.0mL 蒸馏水,用 $Na_2S_2O_3$ 标准溶液滴定,方法同上,滴定三份。

5. 滴定完毕,将 1、2、3 号瓶中残液以倾析法倒入指定溶液回收瓶。瓶底固体碘以湿棉球蘸出,涮入 I_2 的回收烧杯中(杯中盛有清水)。

【结果与讨论】

用标准 $Na_2S_2O_3$ 溶液滴定碘时,发生如下反应:

$$2Na_2S_2O_3 + I_2 \longrightarrow Na_2S_4O_6 + 2NaI$$

相应碘浓度计算方法如下:

1 号,2 号瓶
$$c_{I_2} = \frac{\frac{1}{2}c_{Na_2S_2O_3}V_{Na_2S_2O_3}}{V_{KI\text{-}I_2}} \tag{2.11-6}$$

3 号瓶
$$c_{I_2} = \frac{\frac{1}{2}c_{Na_2S_2O_3}V_{Na_2S_2O_3}}{V_{H_2O\text{-}I_2}} \tag{2.11-7}$$

式中,$c_{Na_2S_2O_3}$ 为 $Na_2S_2O_3$ 标准溶液浓度,$mol \cdot L^{-1}$;$V_{Na_2S_2O_3}$ 为消耗的 $Na_2S_2O_3$ 溶液体积,mL;$V_{KI\text{-}I_2}$ 为吸取 1 号或 2 号瓶上清液体积,mL;$V_{H_2O\text{-}I_2}$ 为吸取 3 号瓶上清液体积,mL。实验数据记录与结果处理见表 2.11-1。

表 2.11-1 实验数据记录与结果处理

室温_____℃

瓶号				
取样体积/mL				
$Na_2S_2O_3$ 溶液用量体积/mL	1			
	2			
	3			
	平均			
$Na_2S_2O_3$ 溶液浓度/$mol \cdot L^{-1}$				
$[I_2]+[I_3^-]$/$mol \cdot L^{-1}$				
$[I_2]_平$/$mol \cdot L^{-1}$				
取样体积/mL				
$[I_3^-]_平$/$mol \cdot L^{-1}$				
$[I^-]_平 = [I^-]_0 - [I_3^-]_平$/$mol \cdot L^{-1}$				
K				
$K_{平均}$				

【注意事项】

1. 本实验成败的关键:

(1) 3 个碘量瓶应同样用力摇荡 30min;

（2）振荡样液不得溢出瓶外；

（3）由于溶液中的碘易挥发，滴定时消耗时间尽可能短；

（4）滴定时不宜激烈摇荡。

2. 碘的回收

实验完毕，倾去固体碘回收烧杯中的清水，以滤纸吸去水分，即得固体碘。

【思考题】

1. 为什么说用 $Na_2S_2O_3$ 标准溶液滴定 $I_3^- \rightleftharpoons I^- + I_2$ 平衡体系中的碘，得到的是 I_2 和 I_3^- 的总浓度。

2. 实验中移取溶液，有的用量筒，有的用移液管，为什么？

【参考文献】

1. 周怀宁主编. 微型无机化学实验. 北京：科学出版社，2000.

2. 吕仁江，梁玉珍，尹泳一. $I_3^- \rightleftharpoons I^- + I_2$ 平衡常数测定的微型实验研究. 高师理科学刊，1998（18），4：86-88.

实验 2.12　pH 法测定铜氨配合物的逐级稳定常数

【实验目的】

1. 了解 pH 法在特定条件下测定铜氨配合物的逐级稳定常数的原理及计算方法。

2. 熟悉掌握 pH 计的使用。

3. 进一步练习滴定操作。

【实验原理】

在含 Cu^{2+} 的溶液中逐步加入氨水，则形成一系列铜氨配合物。

$$Cu^{2+} + NH_3 \rightleftharpoons [Cu(NH_3)]^{2+}$$
$$[Cu(NH_3)]^{2+} + NH_3 \rightleftharpoons [Cu(NH_3)_2]^{2+}$$
$$[Cu(NH_3)_2]^{2+} + NH_3 \rightleftharpoons [Cu(NH_3)_3]^{2+}$$
$$[Cu(NH_3)_3]^{2+} + NH_3 \rightleftharpoons [Cu(NH_3)_4]^{2+}$$
$$\vdots \qquad \vdots \qquad \vdots$$

其相应的逐级稳定常数为 K_1、K_2、K_3、K_4…。随着配合反应的进行溶液的 pH 值亦将发生变化，因而可以用 pH 法测定上述逐级稳定常数。

铜氨配合物的逐级稳定常数可用生成函数 $\bar{n}$ 来求得，$\bar{n}$ 定义为每个金属离子配位的平均数。问题的关键是如何测定平衡时 NH_3 的浓度。若向铜溶液和氨水溶液中加入足够的 NH_4^+（可用加入一定浓度的 NH_4NO_3 来达到）并使混合溶液中 Cu^{2+} 和 NH_3 的浓度相对于 NH_4^+ 浓度来说低得多，这样足够的 NH_4^+ 使溶液中的离子强度维持为一恒定值，并使溶液的 pH<7，降低了 OH^- 与 Cu^{2+} 的配位作用，因此，由 NH_4^+ 的电离常数 K_a 表示式：

$$K_a = \frac{[NH_3][H^+]}{[NH_4^+]} \tag{2.12-1}$$

当 $[NH_4^+]$ 在整个实验进程中保持不变，可得到如下关系：

$$[NH_3]_0[H^+]_0 = [NH_3]_x[H^+]_x \tag{2.12-2}$$

其中注脚"0"表示起始 NH_3 溶液的浓度和 pH 值，注脚"x"指 Cu^{2+}-NH_3 混合液平

衡时 NH_3 的浓度和溶液的 pH 值。因此在向 Cu^{2+} 溶液滴入 NH_3 的进程中，测定溶液的 pH 值，即可知 $[H^+]_x$，按式(2.12-2)，即可计算出配位的 NH_3 浓度 $[NH_3]_x$，这时每个铜离子所配位的平均 NH_3 物质的量即 $\bar{n}$ 按下式计算：

$$\bar{n}=\frac{\text{配位的 } NH_3 \text{ 的物质的量}}{\text{总的 } Cu^{2+} \text{ 的物质的量}}=\frac{[NH_3]_0-[NH_3]_x}{c_M} \tag{2.12-3}$$

式中，c_M 为溶液中 Cu^{2+} 总摩尔浓度。

以 $\bar{n}$ 对 $-\lg[NH_3]_x$ 作图，在 $\bar{n}=0.5,1.5,2.5,3.5$ 时相对应的 $-\lg[NH_3]_x$ 分别为 $\lg K_1$、$\lg K_2$、$\lg K_3$、$\lg K_4$。

【仪器及试剂】

pHS-3C 型酸度计，磁力搅拌器，洗耳球，称量瓶，量筒，电子天平，滴定管夹，铁架台，移液管，电炉，石棉网，容量瓶，锥形瓶（250mL），烧杯，滴定管（50mL 酸式、碱式）各一支。

$Cu(NO_3)_2 \cdot 3H_2O$，锌粉，氨水，盐酸（$0.2mol \cdot L^{-1}$，$6mol \cdot L^{-1}$），EDTA 二钠盐，NH_4NO_3，六亚甲基四胺，HAc-NaAc 缓冲溶液（pH 为 $4.5\sim5.0$），$Na_2CO_3(s)$，以上试剂均为分析纯，改良甲基橙指示剂，二甲酚橙指示剂及 PAN 指示剂。

【实验步骤】

1. 氨水的浓度标定

（1）盐酸溶液浓度的标定　准确称取预先烘干的无水 Na_2CO_3 $0.3\sim0.4$g 三份，分别置于 250mL 锥形瓶中，加 25.0mL 蒸馏水溶解之，加入 2 滴改良甲基橙指示剂，用待标定的盐酸溶液（约 $0.20mol \cdot L^{-1}$）滴定至溶液由绿色刚变为紫红色为止，计算 HCl 溶液的浓度。

（2）氨水浓度的标定（内含 $2mol \cdot L^{-1}$ NH_4NO_3）　用移液管吸取 $0.20mol \cdot L^{-1}$ 的氨水 25.00mL，置于 250mL 锥形瓶中加入 2 滴改良甲基橙指示剂，用已标定的 HCl 滴定至溶液由绿色变为紫红色为止，计算氨水的浓度。

2. Cu^{2+} 溶液浓度的标定

（1）锌标准溶液的配制　准确称取纯锌 $0.30\sim0.35$g（称准至 0.1mg）。置于 250mL 烧杯中，加入 $6mol \cdot L^{-1}$ 盐酸 $3\sim5$mL 溶解，必要时加热以加速溶解，然后小心移至 250mL 容量瓶中，用水稀释至刻度，摇匀即得锌的标准溶液浓度为：

$$c_{Zn}=\frac{m_{Zn}}{250\times\frac{65.37}{1000}} \tag{2.12-4}$$

（2）EDTA 溶液浓度的标定　取分析纯 EDTA 二钠盐约 7.4g 溶于 $300\sim400$mL 温水中冷却后用水稀释至 1000mL，此时 EDTA 浓度约为 $0.02mol \cdot L^{-1}$，贮于聚乙烯瓶中可长期保存。

吸取标准 Zn^{2+} 溶液 25.00mL，置于 250mL 锥形瓶中加入约 20mL 水，加入 0.5%二甲酚橙 $2\sim3$ 滴，然后滴加 20%六亚甲基四胺溶液至呈稳定的紫红色，用上述约 $0.02mol \cdot L^{-1}$ EDTA 滴定至溶液由紫红色刚转变为亮黄色即为终点，按 $(cV)_{EDTA}=(cV)_{Zn}$ 计算 EDTA 的摩尔浓度。

（3）Cu^{2+} 溶液的标定（内含 $2mol \cdot L^{-1}$ NH_4NO_3）　用移液管吸取 10.00mL EDTA 标准液置于 250mL 锥形瓶中，加醋酸盐缓冲溶液（pH 为 $4.5\sim5.0$）10.0mL 加热至 80℃（有气泡逸出）加入 PAN 指示剂 2 滴，用待标定的 $Cu(NO_3)_2$ 溶液滴定使溶液刚由蓝色转变为紫色为止，计算 Cu^{2+} 浓度（该实验使 Cu^{2+} 约为 $0.03mol \cdot L^{-1}$）。

3. 铜氨配合物逐级稳定常数的测定

取 50.00mL 标准铜溶液于 150mL 烧杯中，在搅拌下从滴定管逐步加入标准氨溶液，每加入一次标准氨溶液后，记录加入氨溶液的体积，并同时测定溶液的 pH 值，直至加入的 NH_3 量为 Cu^{2+} 含量六倍为止，停止滴定，整个实验过程中溶液的温度波动不超过 1℃，同时记录测定液温度和测定标准氨溶液的 pH 值。

【结果与讨论】

1. 将实验数据和根据有关公式计算的结果记录如表 2.12-1。

标准氨溶液的 pH 值：　　　　　　　　　　　标准氨溶液浓度/mol·L^{-1}：
标准铜溶液的浓度/mol·L^{-1}：　　　　　实验测定温度范围/℃：

表 2.12-1　数据记录和结果处理

加入 $NH_3 \cdot H_2O$ 体积/mL	溶液总体积/mL	加入 NH_3 的物质的量/mmol	pH 值	$[NH_3]_x$ /mol·L^{-1}	$-\lg[NH_3]_x$	自由 NH_3 的物质的量/mmol	配位氨物质的量/mmol	$\bar{n}$

2. 以 $\bar{n}$ 为纵坐标，$-\lg[NH_3]_x$ 为横坐标作图，求出 K_1、K_2、K_3、K_4 的值。

【注意事项】

实验过程中各溶液浓度、体积必须准确测量。

【思考题】

1. 实验中除仪器精密度因素外，可能产生误差的原因是哪些？若 $\bar{n}$ 在 $-\lg[NH_3]_x$ 数值较小时出现平坦，甚至 $\bar{n}$ 随 $-\lg[NH_3]_x$ 的减少而下降原因何在？

2. 试拟定测定 Ni^{2+}-甘氨酸体系逐级稳定常数的简要步骤及数据处理方法。

【参考文献】

1. 王伯康，钱文浙等编. 中级无机化学实验. 北京：高等教育出版社，1984.
2. Guenther W B. J Chem Educ, 1967, 44：46.

实验 2.13　光度法测定过氧化氢合钛(Ⅳ)配合物的组成和稳定常数

【实验目的】

1. 掌握分光光度法测定配合物浓度的方法和原理。
2. 掌握等摩尔系列法测定配合物的组成和稳定常数的原理和方法。
3. 熟悉并掌握分光光度计的使用。

【实验原理】

配合物的组成和稳定常数的测定对于了解配合物的性质、推断配合物的结构有着重要的作用。同时，在很多实际应用方面，如离子交换、溶剂萃取和配合滴定等，都是以配合物在溶液中的稳定性作为基础的。因此，前人对配合物的组成和稳定常数的测定方法进行了广泛的研究，目前已经建立了各种测定配合物的组成和稳定常数的方法。

分光光度法是最常用的测定方法之一。其原理是根据中心离子和配体所形成的配合物在某一波长时对光有特征的吸收，测定不同组分溶液的吸光度，由不同组分-吸光度关系图而确定配合物的组成和稳定常数。分光光度法测定的优点是迅速简单,特别适合于低浓度溶液,溶剂选择的范围也比较大,但对于复杂体系则存在一定困难。由于配合物在溶液中能以各种不同的形式存在,因此在处理的方法上也是多种多样的。

本实验是用等摩尔系列法来测定配合物的组成和稳定常数。等摩尔系列法又称为Job's法,它是在一定体积溶液内金属离子 M 和配体 L 的总物质的量保持固定不变,而改变 M 与 L 的摩尔比,随着这个摩尔比的不同,它所形成的配合物 ML_n 的量也就不同。以不同摩尔比 $n(M)/n(L)$ 组成一系列溶液,测出其吸光度,画出溶液摩尔比-吸光度曲线。若生成的配合物很稳定,则曲线有明显的极大值(如图 2.13-1 所示),若生成的配合物不很稳定而有一定的离解度,则曲线极大值就不明显(如图 2.13-2 所示),这时可通过横坐标的两个端点向曲线作切线,由切线交点可以确定曲线的极大值,再由其极大值可以求得配合物的组成。

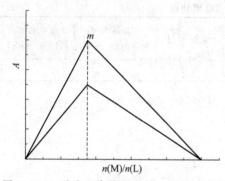

图 2.13-1　稳定配合物的摩尔比-吸光度曲线

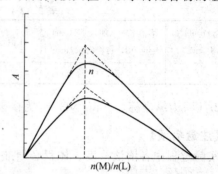

图 2.13-2　不稳定配合物的摩尔比-吸光度曲线

体系中的配合反应为:

$$M + nL \rightleftharpoons ML_n$$

设

$$[M] + [L] = c$$

式中,$[M]$、$[L]$ 分别为体系内金属离子、配体的起始浓度;c 为常数。L 的摩尔分数为 x,平衡时,金属离子的浓度 c_M、配体的浓度 c_L、配合物的浓度 y 就分别为:

$$c_M = c(1-x) - y \tag{2.13-1}$$

$$c_L = cx - ny \tag{2.13-2}$$

$$y = \beta c_M c_L^n \tag{2.13-3}$$

式中,β 为配合物的稳定常数。

微分上述各式得:

$$\frac{dc_M}{dx} = -c - \frac{dy}{dx} \tag{2.13-4}$$

$$\frac{dc_L}{dx} = c - n\frac{dy}{dx} \tag{2.13-5}$$

$$\frac{dy}{dx} = \beta c_L \frac{dc_M}{dx} + n\beta c_M c_L^{n-1}\frac{dc_L}{dx} \tag{2.13-6}$$

当配合物 ML_n 浓度极大时,$\frac{dy}{dx} = 0$

则式(2.13-6)为:

$$c_L \frac{dc_M}{dx} + nc_M \frac{dc_L}{dx} = 0 \tag{2.13-7}$$

将式(2.13-4)、式(2.13-5)中的 $\frac{dc_M}{dx}$、$\frac{dc_L}{dx}$ 代入式(2.13-7),整理得:

$$c_L = nc_M$$

再以 c_L 代入式（2.13-2）得：

$$nc_M = cx - ny \tag{2.13-8}$$

式（2.13-1）乘以 n 得：

$$nc_M = nc - ncx - ny \tag{2.13-9}$$

式（2.13-8）减式（2.13-9）整理得：$n = \dfrac{cx}{c(1-x)} = \dfrac{x}{1-x}$

所以，通过测定配合物 ML_n 的吸光度极大值就能求得 x，由此可以确定配合物的组成。

如果在不同的浓度范围内不生成其他配合物，则极大值的位置不变。浓度越小，配合物离解越明显，曲线越平。若配体和金属离子在同一波长也有吸收，则应从总吸光度中减去配体和金属离子的吸光度。这个方法不但可以求得配合物的组成，还可以计算配合物的稳定常数。

由配合反应式知道配合物的稳定常数为：

$$\beta = \frac{[ML_n]}{[c_M][c_L]^n} \tag{2.13-10}$$

如果两个组成不同的溶液具有相同的吸光度，则该两个溶液中配合物的量必然相等。设这时配合物的浓度为 c_x，则

$$\beta = \frac{c_x}{[M_a - c_x][L_a - nc_x]^n} = \frac{c_x}{[M_b - c_x][L_b - nc_x]^n} \tag{2.13-11}$$

若配合物的组成为 ML 时，就不能直接从一条摩尔比-吸光度曲线上任取相同吸光度的两点来计算 β，应从不同的摩尔比-吸光度曲线上找出相同吸光度的两点来计算 β 值（如图 2.13-3 中的 a 和 a' 或 b 和 b'）。

这个方法简单、迅速，结果也较可靠。但对于配合物稳定常数太大或太小、配位数太高的体系均不能得到正确的结果。

本实验用等摩尔系列法测定 Ti^{4+}-H_2O_2 配合物的组成和稳定常数。

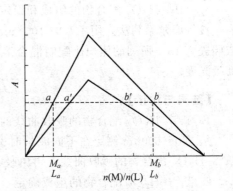

图 2.13-3　摩尔比-吸光度曲线

【仪器及试剂】

723 型分光光度计，容量瓶（25mL，100mL），烧杯（100mL），刻度移液管（10mL），锥形瓶（250mL），酸式滴定管（50mL），电炉，铁架台，滴定管夹。

草酸钛钾 $[K_2TiO(C_2O_4)_2 \cdot 2H_2O]$，$MnSO_4$（$1.0\,mol \cdot L^{-1}$），过氧化氢（30%），草酸（$H_2C_2O_4 \cdot 2H_2O$），$H_2SO_4$（$2\,mol \cdot L^{-1}$、1:1），高锰酸钾（s），以上试剂均为分析纯。

【实验步骤】

1. 钛溶液的配制

精确称取草酸钛钾 0.3542g，用 20.0mL 1:1 H_2SO_4 加热溶解，冷却后用水稀释到 100mL，即得 Ti^{4+} 浓度为 $1.00 \times 10^{-2}\,mol \cdot L^{-1}$ 的溶液。

2. 过氧化氢溶液的配制和标定

用移液管吸取 1.00mL 30% H_2O_2 于 100mL 容量瓶中，用 $2\,mol \cdot L^{-1}$ H_2SO_4 溶液稀释到 100mL。

吸取上述溶液 H_2O_2 10.00mL 于锥形瓶中，用蒸馏水稀释到约为 20mL，加入 2～3 滴 1mol·L^{-1} $MnSO_4$ 溶液，用高锰酸钾标准溶液来标定。

吸取一定量上述已知浓度 H_2O_2 的溶液，用 2mol·L^{-1} H_2SO_4 溶液稀释到 100mL 使 H_2O_2 浓度为 $1.00×10^{-2}$ mol·L^{-1}。

3. 高锰酸钾溶液的配制和标定

称取 1.70g 高锰酸钾晶体于 250mL 烧杯中，用 200mL 沸水进行溶解，将上层清液倒入棕色瓶中，再注入 300m 蒸馏水，摇匀，静止两天后用虹吸管将上层清液吸到 600mL 烧杯中，瓶内剩余物弃掉，把棕色瓶洗净后，倒入高锰酸钾溶液，保存在暗处，浓度待标定。

精确称取草酸两份，每份约 0.15g，分别置于两只锥形瓶中，每份加入 25.0mL 蒸馏水和 5.0mL 2mol·L^{-1} H_2SO_4 溶液，加热到约 80～90℃，但不要沸腾，趁热用高锰酸钾溶液滴定，滴定时速度不能太快，滴定到终点时应充分摇匀，以防止终点过头，最后一滴高锰酸钾溶液在摇匀 1min 内仍不褪色，表明已达终点。记下高锰酸钾溶液滴定体积。由滴定体积计算高锰酸钾溶液的浓度。

$$2MnO_4^- + 5C_2O_4^{2-} + 16H^+ \longrightarrow 2Mn^{2+} + 10CO_2 + 8H_2O \qquad (2.13\text{-}12)$$

4. Ti^{4+}-H_2O_2 配合物的测定波长的选择

钛的硫酸溶液和过氧化氢溶液在可见光区没有吸收，可以选择 Ti^{4+}-H_2O_2 配合物最大吸收时的波长为测定波长。用移液管吸取 2.50mL $1.00×10^{-2}$ mol·L^{-1} Ti^{4+} 溶液、2.50mL $1.00×10^{-2}$ mol·L^{-1} H_2O_2 溶液于 25mL 容量瓶中，用 2mol·L^{-1} H_2SO_4 溶液稀释到刻度，并以 2mol·L^{-1} H_2SO_4 溶液为参比液。用 0.5cm 比色皿在 360～600nm 波长范围内测定其吸光度，以所测的吸光度为纵坐标，波长为横坐标，绘制吸收曲线，由曲线选择合适的测定波长。

5. Ti^{4+}-H_2O_2 配合物的组成和稳定常数的测定

按等摩尔系列法，用 $1.00×10^{-2}$ mol·L^{-1} Ti^{4+} 溶液和 $1.00×10^{-2}$ mol·L^{-1} H_2O_2 溶液依照表 2.13-1 所列的体积比配制混合溶液，然后用 2mol·L^{-1} H_2SO_4 稀释到 25mL，测定其吸光度。

【结果与讨论】

1. Ti^{4+}-H_2O_2 配合物的吸收曲线的绘制

从 360～600nm 测定在不同波长时配合物的吸光度，以吸光度 A 对波长 λ 作图，得出 Ti^{4+}-H_2O_2 配合物的吸收曲线，再由吸收曲线确定配合物的测定波长。

2. Ti^{4+}-H_2O_2 配合物的组成确定

测定不同摩尔比时的吸光度记录于表 2.13-1。

表 2.13-1　不同摩尔比时各溶液的吸光度

溶液编号	1	2	3	4	5	6	7	8	9
Ti^{4+} 溶液体积/mL	1.00	2.00	3.00	4.00	5.00	6.00	7.00	8.00	9.00
H_2O_2 溶液体积/mL	9.00	8.00	7.00	6.00	5.00	4.00	3.00	2.00	1.00
吸光度 A									

以 A 为纵坐标，Ti^{4+}/H_2O_2 摩尔比为横坐标作图得出摩尔比-吸光度曲线，由曲线的极大值位置确定配合物的组成。

3. Ti^{4+}-H_2O_2 配合物的稳定常数 β 的计算

在摩尔比-吸光度曲线上找出任一相同吸光度的两点所对应的溶液组成。由式(2.13-11) 可以求出配合物的浓度，由此可以计算配合物的稳定常数 β。

【注意事项】

1. 过氧化氢溶液现配现用。

2. 所有盛过钛盐的容器，实验后应洗净。

【思考题】

1. 说明等摩尔系列法测定配合物稳定常数的适用范围。

2. 为何 ML 型配合物不能在同一摩尔比-吸光度曲线上任取吸光度相等的两点来计算稳定常数 β?

【参考文献】

1. 王伯康，钱文浙等编. 中级无机化学实验. 北京：高等教育出版社，1984.

2. 南京大学配位化学研究所. 配位化学（无机化学丛书第十二卷）. 北京：科学出版社，1984.

实验 2.14 配合物分光化学序测定

【实验目的】

1. 了解不同配体对配合物中心金属离子 d 轨道能级分裂的影响。

2. 测定铬配合物某些配体的分光化学序。

3. 进一步巩固分光光度计使用和吸收光谱测量方法。

【实验原理】

在过渡金属配合物中，由于配体场的影响，使中心离子原来能量相同的 d 轨道分裂为能量不同的两组或两组以上的不同轨道。配体的对称性不同，d 轨道的分裂形式和分裂轨道间的能量差也不同，如图 2.14-1 所示。

电子在分裂的 d 轨道间跃迁称为 d-d 跃迁。这种 d-d 跃迁的能量，相当于可见光区的能量范围，这就是过渡金属配合物呈现颜色的原因。

分裂的最高能量的 d 轨道和最低能量的 d 轨道之间的能量差，被称为分裂能，常用 Δ 来表示。Δ 值的大小取决于配体的强弱。从大量光谱数据得出，具有正常价态的金属离子的配合物的 Δ 值，随配体改变而增加的次序如下：

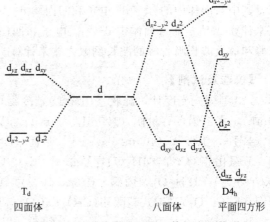

图 2.14-1 d 轨道在不同配体场中的分裂

$I^- < Br^- < Cl^- < SCN^- \sim N_3^- < (C_2H_5O)_2PS_2^- < F^- < (C_2H_5)_2NCS_2^- < (NH_2)_2Co < OH^- < (COO)_2^{2-} \sim H_2O < NCS^- < NH_2CH_2COO^- < NCSHg^+ \sim NH_3 \sim C_5H_5N < NH_2CH_2CH_2NH_2 \sim SO_3^{2-} < NH_2OH < NO_2^- < H^- \sim CH_3^- < CN^-$。

上述给出的是按照分裂能 Δ 值增大的次序，也就是按配体场增强增加的次序而排列的配体顺序，称为光谱化学序或分光化学序。在该序列中配体的次序与配合物中心离子无关。

分光化学序对研究配合物的性质有着重要意义，利用它可以判断和比较配合物中配体场的强弱。配合物的分光化学序可以通过测定它的电子光谱，计算 Δ 值来得到。不同配体的

Δ 值各不相同,可通过测定配合物的电子光谱,由一定的吸收峰位置所对应的波长,按下式计算而求得。

$$\Delta = \frac{1}{\lambda} \times 10^7 (\text{cm}^{-1}) \tag{2.14-1}$$

式中,λ 为波长,nm。

不同 d 电子配合物的电子吸收光谱中吸收峰的数目是不同的,因此不同 d 电子配合物中的计算方法也不相同。

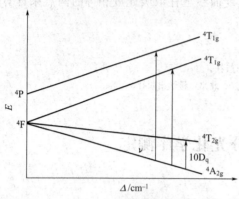

图 2.14-2　Cr^{3+} 的简化能级图

本实验是测定八面体铬配合物中某些配体的"分光化学序",由 Cr^{3+}(d^3) 的电子能级图(图 2.14-2)可知,Cr^{3+} 的 d 电子的允许跃迁有 $^4A_{2g} \rightarrow {}^4T_{2g}$、$^4A_{2g} \rightarrow {}^4T_{1g}$(F)、$^4A_{2g} \rightarrow {}^4T_{1g}$(P),与这三种跃迁相对应的电子光谱应有三个吸收峰。在实验测定的电子光谱中,往往只出现两个明显的吸收峰,因为第三个吸收峰被强的电荷迁移吸收峰所覆盖。其中 $^4A_{2g} \rightarrow {}^4T_{2g}$ 跃迁的能量为 10Dq,则这两个能级之间的能量差即为八面体配合物中的分裂能 Δ,故 Δ 值可从电子光谱中与 $^4A_{2g} \rightarrow {}^4T_{2g}$ 跃迁相对应的最大波长的吸收峰位置求得。当测得不同配体的 Δ 值后按其大小排列即可得到分光化学序。

不同 d 电子和不同构型的配合物的电子光谱是不同的。因此,计算分裂能 Δ 值的方法也各不相同。在八面体和四面体中 d^1、d^4、d^6、d^9 电子的电子光谱只有一个简单的吸收峰,其 Δ 值直接由吸收峰位置的波长计算。对 d^2、d^3、d^7、d^8 电子的电子光谱都应有三个吸收峰,其中八面体中的 d^3、d^8 电子和四面体 d^2、d^7 中的电子,由最大波长的吸收峰位置的波长来计算 Δ 值;而八面体中 d^2、d^7 电子和四面体中的 d^3、d^8 电子,其 Δ 值由最小波长吸收峰和最大波长吸收峰的波长倒数之差来计算。

【仪器及试剂】

723 型分光光度计,烧瓶(100mL),冷凝管(20cm),烧杯(250mL、100mL、25mL、10mL),水浴锅,容量瓶(100mL、50mL),吸滤瓶(250mL),布氏漏斗(5cm),砂芯漏斗(4 号),锥形瓶(100mL),研钵,量筒(50mL),烘箱,真空水泵,表面皿。

三氯化铬(CrCl$_3 \cdot 6H_2O$),草酸钾(K$_2C_2O_4 \cdot H_2O$),硫氰酸钾(KSCN),硫酸铬钾 [KCr(SO$_4$)$_2 \cdot 12H_2O$],丙酮,乙醇,10% 过氧化氢溶液,乙二胺四乙酸(EDTA),重铬酸钾(K$_2Cr_2O_7$),碱式碳酸铬(CrO$_3 \cdot xCO_2 \cdot yH_2O$),草酸(H$_2C_2O_4 \cdot 2H_2O$),甲醇,无水乙二胺(en),乙酰丙酮(acac),苯,锌粉,以上试剂均为分析纯,pH 试纸,冰。

【实验步骤】

1. 配合物的合成

(1) [Cr(en)$_3$]Cl$_3$ 的合成　称取 13.5g 三氯化铬溶于 25mL 的甲醇中,再加入 0.5g 锌粉,把此混合液转入到 100mL 烧瓶中并装上回流冷凝管,在水浴中回流,同时缓慢加入 20mL 乙二胺,加完后继续回流 1h。冷却过滤并用 10% 的乙二胺-甲醇溶液洗涤黄色沉淀,最后再用 10mL 乙醇洗涤得粉末状的黄色产物。产物[Cr(en)$_3$]Cl$_3$ 应储藏在棕色瓶内。

(2) K$_3$[Cr(C$_2$O$_4$)$_3$]·3H$_2$O 的合成　在 100mL 水中溶解 3.0g 草酸钾和 7.0g 草酸,再慢慢加入 2.5g 磨细的重铬酸钾并不断搅拌,待反应完毕后蒸发溶液近干使晶体析出。冷却后过滤并用丙酮洗涤，得深绿色晶体 $K_3[Cr(C_2O_4)_3] \cdot 3H_2O$，在 110℃烘干。

（3）$K_3[Cr(NCS)_6] \cdot 4H_2O$ 的合成　在 100mL 水中溶解 6g 硫氰酸钾和 5g 硫酸铬钾，加热溶液至近沸约 1h，然后注入 50mL 乙醇，稍冷却即有硫酸钾晶体析出，过滤除去，滤液进一步蒸发浓缩至有少量暗红色晶体开始析出，冷却过滤后并在乙醇中重结晶提纯，得紫红色晶体 $K_3[Cr(NCS)_6] \cdot 4H_2O$。产物在空气中干燥。

（4）[Cr-EDTA] 的合成　称取 0.5g EDTA 溶于 50mL 水中，加热使其全部溶解，调节溶液的 pH 值在 3～5 范围内，然后加入 0.5g 三氯化铬，稍加热得紫色的 [Cr-EDTA] 配合物溶液。

（5）$K[Cr(H_2O)_6](SO_4)_2$ 的合成　称取 0.5g 硫酸铬钾溶于 100mL 水中，即得紫蓝色的 $K[Cr(H_2O)_6](SO_4)_2$ 溶液。

（6）$Cr(acac)_3$ 的合成　称取 2.5g 碱式碳酸铬放入 100mL 锥形瓶中，然后注入 20.0mL 乙酰丙酮。将锥形瓶放入 85℃的水浴中加热，同时缓慢滴加 10% 的 H_2O_2 溶液 30.0mL，此时溶液呈紫红色，当反应结束（起泡停止）后，将锥形瓶置于冰盐水中冷却，析出的沉淀过滤并用冷乙醇洗涤，得紫红色 $Cr(acac)_3$ 晶体，在 110℃干燥。

2. 配合物电子光谱的测定

称取上述配合物各 0.15g，分别溶于少量蒸馏水中，然后转移到 100mL 容量瓶中，并稀释到刻度。对制得的 [Cr-EDTA] 配合物溶液则取其总体积的 1/3～1/4 左右转移到 100mL 容量瓶中，并稀释到刻度。三乙酰丙酮和铬配合物不溶于水，故称取 0.08g 溶于苯中，转移到 50mL 容量瓶中并稀释到刻度。

以蒸馏水为空白用 1cm 比色皿，严格按照分光光度计的操作步骤，在波长 360～700nm 之间，分别测定以上各配合物溶液的吸收光谱。

【结果与讨论】

1. 以波长 λ(nm) 为横坐标，吸光度 A 为纵坐标作图，即得各配合物的电子光谱。

2. 由电子光谱确定各配合物最大波长的吸收峰位置，并按下式计算不同配体的分裂能 Δ(cm^{-1})。

$$\Delta = \frac{1}{\lambda} \times 10^7 \qquad\qquad (2.14\text{-}2)$$

3. 由计算所得到的 Δ 值的相对大小，排列出配体的分光化学序。

【思考题】

1. 如何解释配体场强度对分裂能 Δ 的影响？

2. 为何不同 d 电子的配合物要以不同的吸收峰来计算它的 Δ 值？

3. 测定配合物电子光谱时所配溶液的浓度是否要十分正确？为什么？

【参考文献】

1．王伯康，钱文渐等编. 中级无机化学实验. 北京：高等教育出版社，1984.

2．南开大学中级无机化学实验编写组编. 中级无机化学实验. 天津：南开大学出版社，1995.

实验 2.15　分光光度法测定 [Fe(SCN)]²⁺的稳定常数

【实验目的】

1. 了解用平衡移动法测定溶液中配合物稳定常数的原理。

2. 进一步巩固并掌握分光光度计的使用。

【实验原理】

平衡移动法是研究配合物的一种方法,其适用范围比较广。

在形成配合物时,改变一种组分的浓度,使配位平衡移动,根据溶液吸光度的变化情况,用对数法作图,求得配位比和稳定常数。

假设配位平衡为: $M + nL \rightleftharpoons ML_n$ (电荷省略)

$$K_稳 = \frac{[ML_n]}{[M][L]^n} \qquad 取对数 \lg K_稳 = \lg \frac{[ML_n]}{[M][L]^n}$$

$$\lg \frac{[ML_n]}{[M]} = \lg K_稳 + n\lg[L] \qquad (2.15\text{-}1)$$

从式(2.15-1)可知,如用 $\lg \dfrac{[ML_n]}{[M]}$ 作纵坐标, $\lg[L]$ 作横坐标,作图应得一条直线,直线的斜率为 n , $1:n$ 就是配位比,当横坐标等于 0 时,即 $n\lg[K]=0$,此时纵坐标读数等于 $\lg K_稳$,同样,当纵坐标等于零时,直线在横坐标上的截距乘以 $-n$ 也等于 $\lg K_稳$ 。

用一定摩尔浓度的金属离子 M 溶液加配位剂 L 的溶液,使 L 达到不同摩尔浓度,测定它们的吸光度 A ,得到图 2.15-1(a) 中的曲线,就可用平衡移动法进行处理,图中吸光度达到最高点时,M 全部被配位,其浓度 $[ML_n]$ 与 $A_{最大}$ 相当,如果 M 只有一部分被配位成 ML_n ,则吸光度低于 $A_{最大}$,其浓度 $[ML_n]$ 与 A 相当,剩余未被配位的 $[M]$ 与 $(A_{最大}-A)$ 相当,这样 $\dfrac{[ML_n]}{[M]} = \dfrac{A}{A_{最大}-A}$, $[L]$ 是溶液中试剂总浓度减去形成配合物时消耗的试剂浓度,由于后者很小一般可忽略不计。

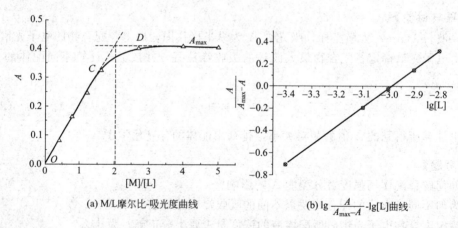

(a) M/L摩尔比-吸光度曲线   (b) $\lg \dfrac{A}{A_{max}-A}$ -lg[L]曲线

图 2.15-1 测定配合物稳定常数的曲线

应注意到图 2.15-1(a) CD 一段是曲线,此时配合物离解度较大,用上述计算方法来算时,误差就很大,实际计算时,只能使用 OC 段。

本实验测定条件是保持 SCN^- 的浓度为一定值,改变 Fe^{3+} 的浓度,并使 $[Fe^{3+}] \gg [SCN^-]$,保证使生成的配离子的组成是 1:1,即生成 $[Fe(SCN)]^{2+}$ 配离子,溶液存在以下平衡:

$$Fe^{3+} + SCN^- \rightleftharpoons Fe(SCN)^{2+}$$

$$\frac{[Fe(SCN)^{2+}]}{[Fe^{3+}][SCN^-]} = K_稳 \qquad \lg \frac{[Fe(SCN)^{2+}]}{[SCN^-]} = \lg K_稳 + \lg[Fe^{3+}]$$

$\lg \dfrac{[\text{Fe}(\text{SCN})^{2+}]}{[\text{SCN}^-]}$ 相当于 $\lg \dfrac{A}{A_{最大}-A}$，用 $\lg \dfrac{A}{A_{最大}-A}$ 对 $\lg[\text{Fe}^{3+}]$ 作图，即能求得 $K_稳$。

【仪器及试剂】

723 型分光光度计，烧杯（25mL、50mL），移液管（10mL、25mL）。NaSCN（$0.0200\text{mol}\cdot\text{L}^{-1}$），$\text{Fe}(\text{NO}_3)_3$（$0.2000\text{mol}\cdot\text{L}^{-1}$）。

【实验步骤】

1. 用 $0.0200\text{mol}\cdot\text{L}^{-1}$ NaSCN 溶液配制 100mL $2.00\times10^{-4}\text{mol}\cdot\text{L}^{-1}$ 的 NaSCN 溶液。

2. 按表 2.15-1 的量混合 NaSCN 溶液和 $\text{Fe}(\text{NO}_3)_3$ 溶液，混合液放在编号为 1～6 的六只 25mL 烧杯内并假设第一个烧杯内的 SCN^- 全部配位成 $[\text{Fe}(\text{SCN})]^{2+}$。

3. 配制 $0.0800\text{mol}\cdot\text{L}^{-1}$、$0.0320\text{mol}\cdot\text{L}^{-1}$、$0.0128\text{mol}\cdot\text{L}^{-1}$、$0.00512\text{mol}\cdot\text{L}^{-1}$、$0.00205\text{mol}\cdot\text{L}^{-1}$ $\text{Fe}(\text{NO}_3)_3$ 溶液的方法如下。

取 10.00mL $0.200\text{mol}\cdot\text{L}^{-1}$ 的 $\text{Fe}(\text{NO}_3)_3$ 溶液放入 50mL 烧杯中，加入 15.00mL 蒸馏水，混合均匀，此溶液的浓度是 $0.0800\text{mol}\cdot\text{L}^{-1}$，取出此液 5.00mL 放入 2 号烧杯中，再弃去此液 10.00mL，在余下的 10.00mL $0.0800\text{mol}\cdot\text{L}^{-1}$ 溶液中再加入 15.00mL 蒸馏水，混合均匀，此时溶液的浓度变为 $0.0320\text{mol}\cdot\text{L}^{-1}$，同样，取出 5.00mL 放入 3 号烧杯中，然后弃去 10.00mL 此液，再在此液中加入 15.00mL 蒸馏水，此时溶液浓度变为 $0.0128\text{mol}\cdot\text{L}^{-1}$，重复上述各步骤，依次再配制 $0.00512\text{mol}\cdot\text{L}^{-1}$ 和 $0.00205\text{mol}\cdot\text{L}^{-1}$ 的 $\text{Fe}(\text{NO}_3)_3$ 溶液。

表 2.15-1 NaSCN 溶液和 $\text{Fe}(\text{NO}_3)_3$ 溶液加入量和相应的浓度

项　　目	1	2	3	4	5	6
c_{SCN^-} /$10^{-4}\text{mol}\cdot\text{L}^{-1}$	2.00	2.00	2.00	2.00	2.00	2.00
V_{SCN^-} /mL	5.00	5.00	5.00	5.00	5.00	5.00
$c_{\text{Fe}^{3+}}$ /$\text{mol}\cdot\text{L}^{-1}$	0.200	0.0800	0.0320	0.0128	0.00512	0.00205
$V_{\text{Fe}^{3+}}$ /mL	5.00	5.00	5.00	5.00	5.00	5.00

【结果与讨论】

1. 数据记录

在波长等于 480nm 的条件下，将上述六份混合液用 723 型分光光度计测定吸光度，将数据记在表 2.15-2 中。

表 2.15-2 数据记录和结果处理

表 2.15-1 中的编号	1	2	3	4	5	6
混合后 $c_{\text{Fe}^{3+}}$ /$\text{mol}\cdot\text{L}^{-1}$						
吸光度						
$\lg \dfrac{A}{A_{最大}-A}$						
$\lg[\text{Fe}^{3+}]$						

2. 以 $\lg \dfrac{A}{A_{最大}-A}$ 为纵坐标，$\lg[\text{Fe}^{3+}]$ 为横坐标作图。

3. 计算 $[\text{Fe}(\text{SCN})]^{2+}$ 的 $K_稳$。

【注意事项】

1. 溶液吸光度测量从稀到浓进行测定。

2. 实验中 NaSCN 和 $Fe(NO_3)_3$ 溶液的浓度均应按实际标定浓度计算。

【思考题】

1. Fe^{3+} 和 SCN^- 可以形成几种配合物？要形成组成为 1：1 即 $[Fe(SCN)]^{2+}$ 配离子的条件是什么？

2. 怎样计算此溶液中 $[Fe(SCN)]^{2+}$ 的浓度？

【参考文献】

1．周怀宁主编. 微型无机化学实验. 北京：科学出版社，2000.

2．南京大学大学化学实验教学组编. 大学化学实验. 北京：高等教育出版社，1999.

第3章 含量测定实验

实验 3.1-1 有机酸含量分析

【实验目的】

1. 学习强碱标准溶液的配制及其标定方法，掌握强碱滴定弱酸的原理和分析实验操作方法。
2. 进一步巩固碱式滴定管的使用方法。
3. 巩固容量瓶、移液管的使用技法。

【实验原理】

许多有机酸为固体弱酸，如乳酸、草酸、酒石酸、乙酰水杨酸、苯甲酸、苹果酸或柠檬酸等。这类化工产品的纯度通常采用酸碱滴定的方法进行测定。如果该有机酸易溶于水，且符合弱酸的准确滴定条件（$cK_a \geqslant 10^{-8}$），则可在水溶液中用标准碱溶液进行滴定，测得其含量，获得其纯度。

如有机酸和 NaOH 的滴定反应如下：

$$x \, NaOH + H_x A(有机酸) \longrightarrow Na_x A + x \, H_2O$$

由于反应产物 $Na_x A$ 为弱酸的共轭碱，为强碱弱酸盐。所以化学计量点时，溶液为弱碱性，滴定突跃也在弱碱性范围内，常选用酚酞作指示剂。通常测定时，x 值须已知。

以 $H_2C_2O_4$ 为例，其 $K_{a1} = 5.9 \times 10^{-2}$，$K_{a2} = 6.4 \times 10^{-5}$。常量组分分析时 $cK_{a1} > 10^{-8}$，$cK_{a2} > 10^{-8}$，$K_{a1}/K_{a2} < 10^5$，可在水溶液中一次性滴定其两步离解的 H^+：

$$H_2C_2O_4 + 2NaOH \longrightarrow Na_2C_2O_4 + 2H_2O$$

该滴定的化学计量点在 pH 值 8.4 左右，用酚酞作指示剂。

NaOH 标准溶液采用间接配制法配制，以邻苯二甲酸氢钾标定：

此反应计量点 pH 值 9.1 左右，用酚酞作指示剂。

以乙酰水杨酸为例：乙酰水杨酸结构中有一个羧基，呈酸性。在 25℃ 时 $K_a = 3.27 \times 10^{-4}$，可用 NaOH 标准溶液在乙醇溶液中直接滴定测其含量。化学计量点时，溶液呈弱碱性，选用酚酞作指示剂。

乙酰水杨酸微溶于水，需要加中性乙醇溶解。因为市售的乙醇含有微量的酸，若不处理直接作为溶剂使用，滴定时必然对结果造成误差。中性乙醇的制备方法如下：8 滴酚酞指示剂加入至 40.0mL 95% 乙醇中，水浴中煮沸 30s，然后用 0.1mol·L⁻¹ NaOH 溶液滴定，至粉红色出现并持续 30s 不褪色为止。中性乙醇需贮存于磨口塞试剂瓶中。因为中性乙醇配制时已加入酚酞指示剂，所以该滴定时不需再加指示剂。

【仪器及试剂】

台秤，电子天平，称量瓶，烧杯，容量瓶，移液管（25mL），洗耳球，锥形瓶，碱式滴定管，铁架台，滴定管夹。

NaOH(s)，酚酞指示剂（0.2％乙醇溶液），有机酸试样（如乳酸、草酸、酒石酸、乙酰水杨酸、苯甲酸、苹果酸或柠檬酸等，纯度不限），除特别注明，所有试剂均为分析纯。

【实验步骤】

1. NaOH 标准溶液配制与标定

参见实验 1.3 溶液的精确配制与标定。

2. 样品测定

在电子天平上准确称取有机酸试样三份（如草酸 0.2～0.3g 左右），分别置于 250mL 锥形瓶中（三个锥形瓶应编号，以免混淆），加适量蒸馏水溶解（有的有机酸需要适当加热溶解），加酚酞指示剂 1～2 滴，用 NaOH 标准溶液滴定至溶液呈微红色（0.5min 内不褪色）即为终点，记下滴定体积读数。该实验要求平行测定 3 次，计算有机酸的纯度（质量分数），并计算测定结果的相对平均偏差（要求其绝对值不大于 0.2％）。

【结果与讨论】

1. 实验数据记录与处理

实验数据记录于表 3.1-1-1 中。

表 3.1-1-1　实验数据记录

项　目	平行测定次数		
	第一次	第二次	第三次
称量瓶＋试样的质量 m_1/g			
称量瓶＋试样的质量 m_2/g			
称取的有机酸的质量 m_3/g			
NaOH 溶液初读数 V_1/mL			
NaOH 溶液终读数 V_2/mL			
滴定消耗 NaOH 溶液体积 V/mL			
NaOH 标准溶液的浓度 c/mol·L^{-1}			
有机酸的质量分数 w/%			
有机酸的质量分数平均值 $\overline{w}$/%			
相对平均偏差/%			

2. 按式（3.1-1-1）计算有机酸 H_xA 的质量分数 w：

$$w_{H_xA}=\frac{cVM_{H_xA}}{1000m_s}\times100\%$$ (3.1-1-1)

式中，c 为 NaOH 溶液浓度，mol·L^{-1}；V 为滴定消耗的 NaOH 溶液体积，mL；M_{H_xA} 为 H_xA 的相对分子质量，g·mol^{-1}；m_s 为称取的试样质量，g。

【注意事项】

1. 固体氢氧化钠极易吸潮，并且具有较强的腐蚀性，应放在表面皿上或小烧杯中称量，不能在称量纸上称量。

2. 用电子天平以差减法准确称取有机酸。

3. 先用台秤粗称称量瓶中有机酸。粗称量应尽量控制在应称量的±10%以内，这样既节省试剂，又加快速度。

4. 滴定前，应检查滴定管的橡皮管内和管尖处是否有气泡，如有气泡应排除。

5. 滴定速度可稍决，注意摇瓶，防止局部过浓。

6. 本实验要求学生对 NaOH 溶液的标定结果，用误差理论进行处理，以加深对课堂教学内容的理解。

【思考题】

1. 用 NaOH 标准溶液滴定草酸时，为什么使用甲基橙指示剂不合适？

2. 已标定好的 NaOH 标准溶液，该如何保存？

3. 草酸、柠檬酸、酒石酸等多元有机酸能否用 NaOH 溶液分步滴定？请设计一测定柠檬酸含量的方案。

4. 酒石酸可以用 NaOH 滴定液直接滴定，那么酒石酸钠是否可用 HCl 滴定液直接测定？

5. 本实验中溶解有机酸试样时，加入水的体积是否要求准确？为什么？

【参考文献】

1. 刁国旺主编. 大学化学实验（基础化学实验一）. 南京：南京大学出版社，2006.

2. 谢庆娟主编. 分析化学实验. 北京：人民卫生出版社，2003.

3. 华中师范大学，东北师范大学，陕西师范大学编. 分析化学实验. 第 2 版. 北京：高等教育出版社，1994.

4. 武汉大学主编. 分析化学实验. 第 3 版. 北京：高等教育出版社，1994.

实验 3.1-2　乙酰水杨酸含量的测定

【实验目的】

1. 学习药品乙酰水杨酸含量的测定方法。

2. 了解该药的纯品（即原料药）与片剂分析方法的差异。

【实验原理】

乙酰水杨酸（阿司匹林）是最常用的药物之一。它是有机弱酸（$K_a=1.0\times10^{-3}$），摩尔质量为 180.16g·mol^{-1}，微溶于水，易溶于乙醇。在 NaOH 或 Na$_2$CO$_3$ 等强碱性溶液中溶解并分解为水杨酸（即邻羟基苯甲酸）和乙酸盐。

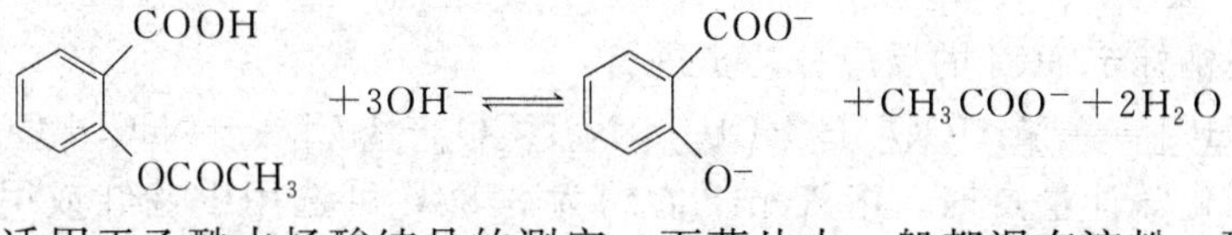

直接滴定法适用于乙酰水杨酸纯品的测定，而药片中一般都混有淀粉、硬脂酸镁等不溶物，在冷乙醇中不易溶解完全，不宜直接滴定，可采用返滴定法进行测定。将药片研磨成粉状后加入过量的 NaOH 标准溶液，加热一段时间使乙酰基水解完全，再用 HCl 标准溶液回滴过量的 NaOH，滴定至溶液由红色变为接近无色即为终点。

【仪器及试剂】

电子天平，酸式滴定管，锥形瓶，电炉，瓷研钵（直径 75mm，洗净晾干，配备药勺），烧杯。

$H_2C_2O_4 \cdot 2H_2O$（s，分析纯），HCl（6mol·L^{-1}，0.1mol·L^{-1}），酚酞（0.2%乙醇溶液）。

【实验内容】

1. 取 6 粒药片，称量其质量（称准至 0.0001g），在瓷研钵中将药片充分研细并混匀，转入称量瓶中。准确称取 0.4g±0.05g 药粉置于锥形瓶中，加入 40.00mL NaOH 标准溶液，盖上表面皿，轻轻摇动手放在水浴上用蒸汽加热 15min±2min，其间摇动两次并冲洗瓶壁一次。迅速用自来水冷却，然后加入 3 滴酚酞溶液，立即用 0.1mol·L^{-1} 的 HCl 溶液滴定至红色刚刚消失为终点（盐酸的标定参见实验 3.2-1）。

2. NaOH 标准溶液与 HCl 溶液体积比的测定　在锥形瓶中加入 20.00mL NaOH 标准溶液和 20.0mL 水，与测定药粉相同的实验条件测所用 HCl 溶液体积。

【结果处理】

分别计算药粉中乙酰水杨酸的含量（%）和每片药中乙酰水杨酸的含量（g·片$^{-1}$）。

【思考题】

1. 在测定药片的实验中，为什么 1mol 乙酰水杨酸消耗 2mol NaOH，而不是 3mol NaOH？回滴后的溶液中，水解产物的存在形式是什么？

2. 乙酰水杨酸的含量测定还有其他什么方法？

3. 列出计算药粉中乙酰水杨酸含量的关系式。

实验 3.2-1　混合碱含量的分析

【实验目的】

1. 掌握强酸滴定弱碱（双指示剂法）的原理和方法。

2. 学习酸式滴定管的操作技术，学习容量瓶和刻度移液管的操作技术。

【实验原理】

1. HCl 标准溶液的配制与标定

酸碱滴定中常用 HCl 和 NaOH 溶液作为标准溶液，但由于浓 HCl 易挥发，NaOH 易吸收空气中的水分和 CO_2，因此只能用间接法配制 HCl 和 NaOH 溶液，即先配制近似浓度的溶液，然后用基准物质标定其准确浓度；也可用一已知准确浓度的 HCl(NaOH) 溶液标定 NaOH(HCl) 溶液，然后经计算求 NaOH(HCl) 溶液的浓度。标定酸的基准物质常用无水碳酸钠和硼砂。

用无水碳酸钠标定 HCl 的反应分两步进行：

$Na_2CO_3 + HCl =\!=\!= NaHCO_3 + NaCl$　　　$NaHCO_3 + HCl =\!=\!= NaCl + CO_2 \uparrow + H_2O$

当反应达到化学计量点时，溶液 pH 值约为 3.89，可选用甲基红或甲基橙作指示剂。标定时应注意 CO_2 的影响，为减小 CO_2 的影响，临近终点时应将溶液剧烈摇动或加热，用甲基橙作指示剂时，最好进行指示剂校正。

无水碳酸钠作基准物质的优点是容易提纯，价格便宜。缺点是碳酸钠的摩尔质量较小，具有吸湿性。因此 Na_2CO_3 固体需先在 270～300℃高温炉中灼烧至恒重，然后置于干燥器中冷却后备用。

2. 双指示剂法

混合碱是 Na_2CO_3 与 NaOH 或 $NaHCO_3$ 与 Na_2CO_3 的混合物。欲测定同一份试样中各组份的含量，可用 HCl 标准溶液滴定。根据滴定过程中 pH 值的变化情况，选用两种不同的指示剂（酚酞和甲基橙）分别指示第一、第二化学计量点的到达，分别根据各终点时所消耗的酸标准溶液的体积，计算各成分的含量的方法，即常称为"双指示剂法"。此法简便、快速，在生产实际中应用广泛。

因为 CO_3^{2-} 的 $K_{b1}^{\ominus}=1.8\times10^{-4}$，$K_{b2}^{\ominus}=2.4\times10^{-8}$；$K_{b1}^{\ominus}/K_{b2}^{\ominus}\approx10^4$。故可用 HCl 分步滴定 Na_2CO_3，第一计量点终点产物为 $NaHCO_3$，pH＝8.31；第二计量点终点的产物为 H_2CO_3，pH＝3.88。所以在混合碱溶液中用 HCl 溶液滴定时，首先 Na_2CO_3 与 HCl 反应，只有当 CO_3^{2-} 完全转变为 HCO_3^- 后，HCl 才能进一步跟 $NaHCO_3$ 反应。因此测定到第一计量点时，用 HCl 滴定使 CO_3^{2-} 完全变为 HCO_3^-，此时溶液 pH＝8.3，所以选酚酞作指示剂，达到终点时，溶液由红色变为淡红色；测第二计量点时，加入甲基橙为指示剂，继续滴定至溶液中全部的 HCO_3^- 完全变为 CO_3^{2-}，溶液由黄色变为橙红色，即到达终点，此时溶液 pH＝3.88。

在混合碱试液中加入酚酞指示剂，此时呈现红色。用盐酸标准溶液滴定时，滴定溶液由红色恰变为微红色，则试液中所含 NaOH 完全被中和，所含 Na_2CO_3 则被中和一半，反应式如下：

$$NaOH+HCl \longrightarrow NaCl+H_2O$$
$$Na_2CO_3+HCl \longrightarrow NaCl+NaHCO_3$$

设滴定体积为 V_1(mL)。再加入甲基橙指示剂（变色 pH 范围为 3.1～4.4），继续用盐酸标准溶液滴定，当溶液由黄色转变为橙色即为终点。设此时所消耗盐酸溶液的体积为 V_2(mL)，反应式为：

$$NaHCO_3+HCl \longrightarrow NaCl+CO_2\uparrow+H_2O$$

滴定的方法原理如图 3.2-1-1 所示。

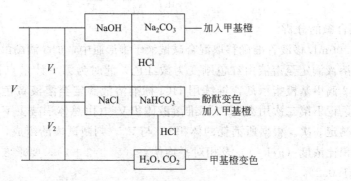

图 3.2-1-1　滴定的方法原理

由反应式可知：$V_1>V_2$，且 Na_2CO_3 消耗标准酸溶液的体积为 $2V_2$(mL)；NaOH 消耗标准酸的体积为 (V_1-V_2)(mL)。于是混合碱中 Na_2CO_3 和 NaOH 的含量可由下式计算：

$$\rho_{NaOH}(g\cdot L^{-1})=\frac{c_{HCl}(V_1-V_2)M_{NaOH}}{V_{试样}} \qquad \rho_{Na_2CO_3}(g\cdot L^{-1})=\frac{c_{HCl}V_2M_{Na_2CO_3}}{V_{试样}}$$

若混合碱系 Na_2CO_3 与 $NaHCO_3$ 的混合物，以上述同样方法进行滴定，则 $V_1<V_2$，且 Na_2CO_3 消耗标准酸的体积为 $2V_1$，$NaHCO_3$ 消耗标准酸的体积为 V_2-V_1。于是混合碱中 Na_2CO_3 和 $NaHCO_3$ 的含量可由下式计算：

$$\rho_{NaHCO_3}(g\cdot L^{-1})=\frac{c_{HCl}(V_2-V_1)M_{NaHCO_3}}{V_{试样}} \qquad \rho_{Na_2CO_3}(g\cdot L^{-1})=\frac{c_{HCl}V_1M_{Na_2CO_3}}{V_{试样}}$$

由以上讨论可知，若混合碱是未知组成的试样，则可根据 V_1 与 V_2 的数据，确定试样由何种碱所组成,算出试样中各组分的含量。

混合碱的组成: $V_1=0$, $V_2\neq0$ 时,试样组成为: $NaHCO_3$; $V_1\neq0$, $V_2=0$ 时,试样组成为: $NaOH$; $V_1>V_2$ 时,试样组成为 Na_2CO_3+NaOH; $V_1<V_2$ 时,试样组成为: $NaHCO_3+Na_2CO_3$; $V_1=V_2$ 时,试样组成为: Na_2CO_3。

【仪器及试剂】

台秤,电子天平,称量瓶,烧杯,锥形瓶,移液管 (25mL),洗耳球,酸式滴定管,滴定管夹,铁架台。

HCl (浓),无水碳酸钠 (s,270~300℃干燥,于干燥器中冷却备用),酚酞 (0.2%),甲基橙 (0.2%),混合碱试液。

【实验步骤】

1. $0.1mol \cdot L^{-1}$ HCl 溶液的配制

在 400mL 烧杯中加 100mL 蒸馏水,取 2.8mL 浓盐酸,加水稀释至 300mL,搅匀后转入试剂瓶中保存。

2. HCl 溶液浓度的标定

在电子天平上准确称取 0.12~0.14g 的无水碳酸钠于三个已编号的 250mL 锥形瓶中,加 25.0mL 蒸馏水并摇动溶解后,加 2 滴 0.2% 甲基橙指示剂,分别用所配制的 $0.1mol \cdot L^{-1}$ HCl 溶液滴定至溶液由黄色变为橙色,即为终点。记下每次滴定时消耗 HCl 的体积。根据 Na_2CO_3 的质量,计算 HCl 标准溶液的准确浓度及相对平均偏差 (表 3.2-1-1)。要求 3 次测定结果的相对平均偏差不大于 0.2%。

$$c_{HCl}=\frac{2m_{Na_2CO_3}}{M_{Na_2CO_3}V}$$

3. 混合碱的分析

用 25.00mL 移液管准确移取混合碱试液于锥形瓶中,加 3 滴酚酞指示剂,用 $0.1mol \cdot L^{-1}$ HCl 标准溶液滴定至溶液由红色刚变为微红色,此时为第一计量点记下 HCl 溶液体积 V_1。然后加入 2 滴甲基橙指示剂,继续用 HCl 标准溶液滴定至溶液黄色刚变为橙色,此时为第二计量点,记下第二次用去 HCl 标准溶液体积 V_2 (由总体积减去 V_1)。

平行测定 3 次。根据所消耗的体积 V_1 与 V_2,判断试样的组成,计算各组分的百分含量或质量体积比浓度 (g·L^{-1}) 及相对平均偏差 (表 3.2-1-2),要求 3 次测定结果的相对平均偏差不大于 0.2%。

【结果与讨论】

1. $0.1mol \cdot L^{-1}$ HCl 溶液配制与浓度的标定

表 3.2-1-1　标定盐酸溶液浓度的实验数据表

项　目		1	2	3
称量瓶+碳酸钠的质量 m_1/g				
称量瓶+碳酸钠的质量 m_2/g				
碳酸钠的质量 m/g				
消耗的 HCl 标准溶液 V/mL	终读数			
	初读数			
	净体积			

续表

项　目	1	2	3
HCl 标准溶液的浓度/mol·L^{-1}			
HCl 标准溶液的平均浓度/mol·L^{-1}			
相对平均偏差/%			

2. 混合碱的分析

表 3.2-1-2　混合碱含量测定实验数据表

项　目		1	2	3
混合碱体积/mL				
HCl 体积 V/mL	滴定后 V_4/mL			
	滴定前 V_3/mL			
	$V_{组成1}=(V_4-V_3)$/mL			
	继续滴定消耗体积 V_5/mL			
	$V_{组成2}=(V_5-V_4)$/mL			
混合碱组成				

	组成 1		组成 2	
含量/g·L^{-1}				
平均值/g·L^{-1}				
相对平均偏差/%				

【注意事项】

1. 用无水碳酸钠标定 HCl 时，反应本身由于产生 H_2CO_3 会使滴定突跃不明显，致使指示剂颜色变化不够敏锐，因此在接近滴定终点之前，最好把溶液加热至近沸，摇动以赶走 CO_2，冷却后再滴定。

2. 到达第一计量点之前，不应有 CO_2 的损失，如果溶液中 HCl 局部浓度过大，将引起 $NaHCO_3$ 与 HCl 的提前反应，带来很大误差，因此滴定时滴定速度不要太快，摇动锥形瓶，使 HCl 分散均匀；但滴定速度也不能太慢，以免溶液吸收空气中的 CO_2。

【思考题】

1. 用双指示剂测定混合碱组成的方法原理是什么？

2. 若标定 HCl 的基准无水碳酸钠没有在 270～300℃ 干燥，会对 HCl 滴定溶液的浓度有什么影响？对本次测定又有何影响？

【参考文献】

1. 华中师范大学，东北师范大学，陕西师范大学. 分析化学实验. 第 2 版. 北京：高等教育出版社，1994.

2. 武汉大学. 分析化学实验. 第 3 版. 北京：高等教育出版社，1994.

3. 成都科学技术大学，浙江大学. 分析化学实验. 第 2 版. 北京：高等教育出版社，1997.

实验 3.2-2　工业碳酸钠总碱量的测定

【实验目的】

掌握 HCl 标准溶液的制备方法及工业碳酸钠总碱量的测定方法。在实验过程中分批进行操作考查，进一步纠正不规范的操作。

【实验原理】

用 Na_2CO_3 基准试剂标定 HCl 溶液以及用 HCl 标准溶液测定工业碳酸钠的总碱量，都是利用下列滴定反应：

$$CO_3^{2-} + 2H^+ \Longrightarrow H_2CO_3$$
$$H_2CO_3 \Longrightarrow CO_2 + H_2O$$

反应所生成的 H_2CO_3 过饱和部分不断分解逸出，其饱和溶液的 pH 值约为 3.9。以甲基橙为指示剂滴定至橙色（pH≈4.0）为终点，若选用甲基红或者甲基红-溴甲酚绿混合指示剂，则滴定至橙色或暗红色为终点。本实验采用甲基红-溴甲酚绿混合指示剂（目前工业碳酸钠产品标准中亦用这种指示剂），这种指示剂的变色域很窄，pH＝5.0 以下为暗红色，pH＝5.1 为灰绿色，pH＝5.2 以上为绿色。滴定至暗红色时已接近化学计量点，煮沸 2min 可赶走大部分 CO_2，溶液又变为绿色，冷却后继续滴定至暗红色为终点。

标定 HCl 溶液时亦采用同样指示剂。

工业碳酸钠的总碱量以 Na_2CO_3 计。

【仪器及试剂】

电子天平，酸式滴定管，锥形瓶，烧杯，量筒。

HCl（浓），Na_2CO_3（s，优级纯，在 270～300℃ 干燥 1h，于干燥器中冷却和保存，一周内有效；工业级），甲基红-溴甲酚绿混合指示剂（将 0.2%甲基红乙醇溶液于 0.1%溴甲酚绿乙醇溶液，按 1∶3 的体积比进行混合），甲基橙指示剂（0.1%），$H_2C_2O_4 \cdot 2H_2O$（s，优级纯）。

【实验步骤】

1. 粗配制 0.2mol·L^{-1} 的 HCl 溶液 300mL，并保存于试剂瓶中。

2. 标定 HCl 溶液　准确称取 0.2～0.3g Na_2CO_3 试剂于锥形瓶中，加约 30mL 水溶解，然后加入 4～6 滴混合指示剂，用 0.2mol·L^{-1} HCl 溶液滴定至由绿色变为暗红色。煮沸 2min，用自来水冷却后继续滴定至暗红色为终点，计算 HCl 标准溶液的浓度，结果记录于表 3.2-2-1。平行标定三次，标定结果的相对偏差若不超过 0.3%，则以其平均值为最后结果。如果偏差超过上述要求，应重新标定三次。

3. 试样总碱量的测定　领取一份工业碳酸钠试样，准确称取 0.3～0.4g 三份，分别置于锥形瓶中，按标定 HCl 溶液的操作方法进行测定，结果以 Na_2CO_3 的质量分数（%）表示。

4. 如果还有时间，可再称取 2 份 Na_2CO_3 试剂或工业碳酸钠试样，改用甲基橙指示剂，直接滴定到由黄变橙为终点。比较两种指示剂的终点颜色变化及测定结果的差异。

【结果与讨论】

实验数据记录与处理见表 3.2-2-1。

表 3.2-2-1　HCl 溶液浓度的标定与试样总碱量的测定

滴定序号		1	2	3
Na_2CO_3/g				
HCl 溶液的体积	终读数/mL			
	初读数/mL			
	净体积/mL			

续表

滴定序号		1	2	3
HCl 的浓度/mol·L^{-1}				
HCl 的平均浓度/mol·L^{-1}				
相对平均偏差/%				
工业 Na$_2$CO$_3$ 的质量/g				
HCl 溶液的体积	终读数/mL			
	初读数/mL			
	净体积/mL			
HCl 的浓度/mol·L^{-1}				
HCl 的平均浓度/mol·L^{-1}				
Na$_2$CO$_3$ 的质量分数/%				
Na$_2$CO$_3$ 质量分数的平均值/%				
相对平均偏差/%				

【注意事项】

在本实验进行过程中，教师组织同学分三批进行实验操作考查，每批用 1.5～2h。操作考查的内容和要求如下。

1. 下面的几个操作部分，每个学生抽签做一个，一般应在 10min 内完成。

（1）准确称取 0.6g H$_2$C$_2$O$_4$·2H$_2$O 试剂置于 100mL 烧杯中。

（2）用水将 H$_2$C$_2$O$_4$·2H$_2$O 溶解并定容于 100mL 容量瓶中。

（3）用 25mL 移液管取出三份草酸溶液，分别置于锥形瓶中。

（4）将酸式滴定管重新涂凡士林，然后注入自来水并夹在测定台上检漏。

（5）在碱式滴定管中加入 0.1mol·L^{-1} 的 NaOH 溶液，并调定零点。

（6）用 NaOH 溶液（再加入少许溶液重新调节零点）滴定草酸溶液。

2. 当一个同学操作时，其他同学要仔细观察并记录其操作中的不妥之处。

3. 每批同学操作完成后，师生一起评论各步实验操作的不妥之处，对存在的问题予以纠正。教师将根据本人操作的情况及对他人操作的观察、记录和评论的情况，为每个同学评定考查结果。

【思考题】

1. Na$_2$CO$_3$ 基准试剂使用前为什么要在 270～300℃进行干燥？温度过高或过低对标定 HCl 溶液有何影响？

2. 用两种做法标定 HCl 溶液：①称取一份基准试剂（又叫做称大样），配成标准溶液后，再取出一定体积溶液进行滴定；②分别称取几份基准试剂（又叫做称小样），溶解后直接进行滴定。这两种做法各有什么优点和缺点？

3. 以甲基橙为指示剂滴定 Na$_2$CO$_3$ 时，终点前应不应该煮沸？用混合指示剂时终点前不煮沸是否可以？

实验 3.3-1　工业用水总硬度的测定

【实验目的】

1. 掌握配位滴定法测定水总硬度的原理和方法。

2. 掌握 EDTA 标准溶液的配制和标定方法及铬黑 T 使用条件和终点变化。

【实验原理】

通常将含有钙、镁盐类的水叫硬水。水的总硬度包括暂时硬度和永久硬度（硬水和软水尚无明确的界限，硬度小于 $5\sim6$ 度的一般称为软水）。

水中以碳酸氢盐形式存在的钙、镁盐，加热能被分解，析出沉淀而除去，称这类盐所形成的硬度称为暂时硬度。例如：

$$Ca(HCO_3)_2 \xrightarrow{\text{加热}} CaCO_3（完全沉淀） + H_2O + CO_2\uparrow$$

$$Mg(HCO_3)_2 \xrightarrow{\text{加热}} MgCO_3（不完全沉淀） + H_2O + CO_2\uparrow$$
$$\xrightarrow{+H_2O} Mg(OH)_2 + CO_2\uparrow$$

钙、镁的硫酸盐、氯化物、硝酸盐等所形成的硬度称为永久硬度。它们在加热时亦不沉淀（在锅炉使用的温度下，溶解度小的可析出成为锅垢）。

测定水的硬度，一般采用配合滴定法，用 EDTA 标准溶液滴定水中的 Ca^{2+}、Mg^{2+} 总量然后换算为相应的硬度单位。

用 EDTA 滴定 Ca^{2+}、Mg^{2+} 总量时，一般是在 $pH=10.0$ 的氨性缓冲溶液中进行，用 EBT（铬黑 T）作指示剂。化学计量点前，Ca^{2+}、Mg^{2+} 和 EBT 生成紫红色配合物，当用 EDTA 溶液滴定至化学计量点时，游离出指示剂，溶液呈现纯蓝色。反应如下：

滴定前 $\qquad\qquad Me(Ca^{2+}、Mg^{2+}) + EBT \xrightarrow{pH=10} Me\text{-}EBT$
$$\qquad\qquad\qquad\qquad\qquad\qquad （蓝色）\qquad\qquad（紫红色）$$

滴定开始至化学计量点前 $\qquad\qquad H_2Y^{2-} + Ca^{2+} \longrightarrow CaY^{2-} + 2H^+$
$$\qquad\qquad\qquad\qquad\qquad H_2Y^{2-} + Mg^{2+} \longrightarrow MgY^{2-} + 2H^+$$

计量点时 $\qquad\qquad H_2Y^{2-} + Mg\text{-}EBT \longrightarrow MgY^{2-} + EBT + 2H^+$
$$\qquad\qquad\quad （紫蓝色）\qquad\qquad\qquad\qquad\qquad\qquad （纯蓝色）$$

由于 EBT 与 Mg^{2+} 显色灵敏度高，与 Ca^{2+} 显色灵敏度低，所以当水样中 Mg^{2+} 含量较低时，用 EBT 作指示剂往往得不到敏锐的终点。这时可在 EDTA 标准溶液中加入适量的 Mg^{2+}（标定前加入 Mg^{2+} 对终点没有影响）或者在缓冲溶液中加入一定量 Mg^{2+}-EDTA 盐，利用置换滴定法的原理提高终点变色的敏锐性，也可采用酸性铬蓝 K-萘酚绿 B 混合指示剂，此时终点颜色由紫红色变为蓝绿色。

滴定时，Fe^{3+}、Al^{3+} 等干扰离子，用三乙醇胺掩蔽；Cu^{2+}、Pb^{2+}、Zn^{2+} 等重金属离子则可用 KCN、Na_2S 或硫基乙酸等掩蔽。

水的硬度有多种表示方法，随各国的习惯而有所不同。有将水中的盐类都折算成 $CaCO_3$ 而以 $CaCO_3$ 的量作为硬度标准的。也有将盐类合算成 CaO 而以 CaO 的量来表示的。我国目前采用两种表示方法：一种是以度（°）计（德国度），即把 1L 水中含有 10mg CaO 定为 $1°$；另一种是以 $CaCO_3$ 的质量体积浓度来表示（$mg\cdot L^{-1}$）。用 EDTA 标准溶液滴定时，1.0mol EDTA 相当于 1.0mol CaO（或 1.0mol $CaCO_3$）故得：

$$m_{CaO}(mg) = c_{EDTA}V_{EDTA}M_{CaO} \qquad\qquad (3.3\text{-}1\text{-}1)$$

$$m_{CaCO_3}(mg) = c_{EDTA}V_{EDTA}M_{CaCO_3} \qquad\qquad (3.3\text{-}1\text{-}2)$$

式中，m_{CaO}，m_{CaCO_3} 分别为 CaO、$CaCO_3$ 的质量，mg；c_{EDTA} 为 EDTA 标准溶液的浓度，$mol\cdot L^{-1}$；V_{EDTA} 为滴定时用去的 EDTA 标准溶液的体积，mL；M_{CaO}，M_{CaCO_3} 分别为 CaO 和 $CaCO_3$ 的摩尔质量，$g\cdot mol^{-1}$。

本实验以 $CaCO_3$ 的质量体积浓度表示水的硬度。我国生活饮用水规定，总硬度以

CaCO₃ 计，不得超过 450ppm(mg·L⁻¹)。计算公式：

$$水的硬度(mg \cdot L^{-1}) = \frac{1000cV}{V_{H_2O}} \times 100.09 \qquad (3.3\text{-}3)$$

式中，c 为 EDTA 的浓度，$mol \cdot L^{-1}$；V 为 EDTA 的体积，mL；V_{H_2O} 为水样体积，mL；100.09 为 CaCO₃ 的摩尔质量，$g \cdot mol^{-1}$。

【仪器及试剂】

电炉，台秤，电子天平，称量瓶，烧杯，试剂瓶，表面皿，容量瓶，移液管（25mL、50mL），滴定管，洗耳球，锥形瓶，量筒。

三乙醇胺溶液（1∶1），盐酸（1∶1），氨水（1∶2），MgCl₂（1mol·L⁻¹），CaCO₃ 基准试剂（120℃干燥 2h），pH 试纸，水样。

氨性缓冲溶液（pH＝10.0）：称取 20g NH₄Cl 固体溶于水中，加 100mL 浓氨水，用水稀释至 1L。

铬黑 T(EBT) 溶液（5g·L⁻¹）：称取 0.5g 铬黑 T，加入 25mL 三乙醇胺和 75mL 乙醇。

【实验步骤】

1. 0.02mol·L⁻¹ EDTA 溶液配制

称取 2.4g Na₂H₂Y·2H₂O 置于 400mL 烧杯中，加 100mL 水，微热并搅拌使其溶解完全，冷却后加水稀释至 300mL。滴加氨性缓冲溶液，使 pH≈7，加 5 滴 MgCl₂ 溶液，移入试剂瓶中，摇匀❶。

2. CaCO₃ 标准溶液配制

准确称取 120℃ 干燥过的 CaCO₃ 0.4～0.6g 于 250mL 烧杯中，加几滴水润湿，盖上表面皿，慢慢滴加 1∶1HCl，使其溶解完全。加少量水将它稀释，定量地转移至 250mL 容量瓶中，用水稀释至刻度，摇匀，计算 CaCO₃ 溶液的浓度。

3. EDTA 溶液浓度标定

移取 25.00mL CaCO₃ 标准溶液于锥形瓶中，加入 10mL 氨性缓冲溶液和 2～3 滴 EBT 指示，用 0.02mol·L⁻¹ EDTA 溶液滴定至溶液由紫红色变为纯蓝色，即为终点。平行标定 3 次，以其平均体积计算 EDTA 溶液的浓度，并报告相对平均偏差的值。

4. 水样总硬度测定

用移液管量取水样 100.00mL 于锥形瓶中，加 5.0mL 氨性缓冲溶液，1∶1 三乙醇胺溶液 5.0mL，EBT 指示剂 2～3 滴，用 EDTA 标准溶液滴定至溶液由紫红色变为纯蓝色，即为终点❷。平行测定 3 次，以其平均体积计算水的总硬度，分别以 CaO 计和 CaCO₃ 计两种方法表示，并报告相对平均偏差的值。

【结果与讨论】

1. 数据记录与处理

数据记录于表 3.3-1-1 中。

---

❶　EDTA 溶液能使玻璃中的金属溶出，其浓度即降低。因此，如需长时间保存应贮存于密封的聚乙烯瓶中。为了防止发霉，应加入约 0.005% 的百里酚。

❷　滴定时，因反应速率较慢。在接近终点时标准溶液应慢慢加入，并充分摇动；在氨性溶液中，当 Ca(HCO₃)₂ 含量高时，可能慢慢析出 CaCO₃ 沉淀，使终点拖长，变色不敏锐。这时可于滴定前将溶液酸化，即加入 1～2 滴 1∶1HCl，煮沸溶液以除去 CO₂。但 HCl 不宜多加，否则影响滴定时溶液的 pH 值。

表 3.3-1-1　测定水样总硬度数据

m_{CaCO_3}/g				
c_{CaCO_3}/mol·L^{-1}				
项目	测定次数	1	2	3
EDTA 标定	V_{CaCO_3}/mL	25.00		
	终读数/mL			
	始读数/mL			
	用量/mL			
	EDTA 浓度/mol·L^{-1}			
	浓度平均值/mol·L^{-1}			
	相对平均偏差/%			
水硬度测定	$V_{水样}$/mL	100.00		
EDTA 标准溶液	终读数/mL			
	始读数/mL			
	用量/mL			
硬度计算	硬度/°			
	硬度平均值/°			
	相对平均偏差/%			
	硬度/mg·L^{-1}			
	硬度(mg·L^{-1})平均值			
	相对平均偏差/%			

2. 结果计算

【注意事项】

1. 如水样为自来水,因自来水杂质少,可省去掩蔽剂等步骤。

2. 开始滴定时滴定速度宜稍快,接近终点滴定速度宜慢,每加 1 滴 EDTA 溶液后,都要充分摇匀。

【思考题】

1. 配位滴定中为什么要加入缓冲溶液?

2. 标定 EDTA 溶液时,基准物质除了 CaCO$_3$ 还有金属 Zn 等,为什么测定水硬度时选用 CaCO$_3$ 更为合适?

3. 什么叫水的硬度?硬度有哪两种表示方法?

4. 水样中钙含量高时,为什么在滴定前标定 EDTA 时,在 EDTA 溶液中加入少量 Mg^{2+}?它对测定结果有没有影响?为什么?

【参考文献】

1. 华中师范大学,东北师范大学,陕西师范大学编.分析化学实验.第 2 版.北京:高等教育出版社,1994.

2. 武汉大学编.分析化学实验.武汉:武汉大学出版社,2004.

3. 彭秧锡.络合滴定测定水质总硬度的误差来源与消除.分析科学学报,2004,20(2):221-222.

4. 林树及.铬黑 T 指示剂与水中总硬度测定.中国卫生检验杂志,2003,13(4),508.

实验 3.3-2　石灰石中钙和镁的测定

【实验目的】

1. 掌握石灰石中钙镁的测定方法。
2. 进一步熟悉滴定分析的操作。

【实验原理】

测定 Ca^{2+}、Mg^{2+} 的方法很多，通常根据被测物质复杂程度的不同，采用不同的分析方法。因为石灰石的主要成分是碳酸钙，同时也含有一定量的碳酸镁、二氧化硅、铁离子、铝离子及其他重金属离子，如钛离子、锰离子等，通常用酸溶解后，可直接测定。若需系统的全分析，则需对酸不溶物进行分析。

试样经盐酸溶解后，调节溶液的 pH＝10，用 EDTA 滴定 Ca^{2+}、Mg^{2+} 的总量。滴定时以酸性铬蓝 K 为指示剂，在 pH＝10 的缓冲溶液中，指示剂与 Ca^{2+}、Mg^{2+} 生成酒红色配合物，当用 EDTA 滴定到等当点时，游离出指示剂，溶液显蓝色。为了使终点颜色变得更为敏锐，常将酸性铬蓝 K 和惰性染料萘酚绿 B 混合使用，简称 K·B 指示剂。此时滴定到溶液由紫红色变为蓝绿色即为终点。

另取一份试液，滴至溶液 pH≥12，此时生成沉淀，故可用 EDTA 单独滴定，用差减法算出钙和镁的含量。滴定时，试液中 Fe^{3+}、Al^{3+} 等干扰可用三乙醇胺掩蔽，Cu^{2+}、Zn^{2+} 等干扰可用 KSCN 掩蔽。如试样成分复杂，在溶解后，可在试液中加入六亚甲基四胺和铜试剂，过滤后即可按上述方法分别测定 Ca^{2+}、Mg^{2+} 总量和 Ca^{2+} 含量。

【仪器及试剂】

石灰石试样，HCl（1∶1），三乙醇胺（1∶1），NaOH（20％），NH_3-NH_4Cl（pH＝10 缓冲液），K·B 指示剂，EDTA（0.05mol·L^{-1}），钙指示剂。

【实验步骤】

1. 精确称取 0.5g 左右（精确到小数点后四位）石灰石试样于 250mL 烧杯中，加少量水润湿，盖上表面皿，慢慢加入 10.0mL 1∶1 HCl 溶液，加热微沸 2min，冷却后转入 250mL 容量瓶中，用水稀释至刻度。

2. 测 CaO　用移液管移取 25.00mL 试液两份于 250mL 锥形瓶中，各加约 75mL 水、5.0mL 三乙醇胺、10.0mL 20％ NaOH，钙指示剂少量，摇匀。用 EDTA 标准溶液滴定至溶液由酒红色变为纯蓝色。记录消耗 EDTA 标准溶液的体积（平行两份）。

3. CaO 及 MgO 含量　用 25.00mL 移液管移取试液两份于 250mL 锥形瓶中，各加水 75.0mL、1∶1 三乙醇胺 5.0mL，摇匀。再加 10.0mL pH＝10 缓冲液、少量 K·B 指示剂，用 EDTA 标准溶液滴定至溶液由紫红色变为纯蓝色即为终点，记录消耗 EDTA 体积。

【结果处理】

$$w_{CaO} = \frac{c_{EDTA} \times V_{EDTA} \times M_{CaO}}{m \times \frac{25}{250} \times 1000} \times 100\%$$

$$w_{MgO} = \frac{(V_2 - V_1) c_{EDTA} \times M_{MgO}}{m \times \frac{25}{250} \times 1000} \times 100\%$$

【注意事项】

石灰石及白云石中主要的杂质元素为硅、铝和铁等。在酸性条件下，加入三乙醇胺（TEA）来掩蔽试液中的 Fe^{3+}、Al^{3+} 等。

【思考题】

1. K·B 指示剂如何配制？
2. 如果镁含量很高时，如何测定钙含量？

实验 3.4 过氧化氢含量的测定

【实验目的】

1. 掌握高锰酸钾标准溶液的配制、标定方法和保存条件。
2. 熟悉用高锰酸钾法测定双氧水中 H_2O_2 含量的原理、方法和滴定条件的控制。
3. 了解自身氧化还原指示剂和自动催化作用的应用。

【实验原理】

过氧化氢（hydrogen peroxide）水溶液名称为双氧水。在不同的情况下可有氧化作用或还原作用。医用双氧水（3%左右或更低）是很好的消毒剂，常用来清洗创口和局部抗菌。工业用浓度为 10% 左右，用于漂白，或作强氧化剂、脱氯剂、燃料等。有时被不法商贩使用在一些需要增白的食品中，可通过与食品中的淀粉形成环氧化物而导致消化道癌症。

在稀 H_2SO_4 溶液中，H_2O_2 能被 $KMnO_4$ 定量氧化，生成氧气和水。其反应式如下：

$$5H_2O_2 + 2MnO_4^- + 6H^+ \longrightarrow 2Mn^{2+} + 5O_2\uparrow + 8H_2O$$

水溶液中 MnO_4^- 显紫红色（可被察觉的最低浓度约为 $2\times10^{-6}\,mol\cdot L^{-1}$），可作自身氧化还原指示剂指示终点。$Mn^{2+}$ 具有自催化作用，能加快反应速率。根据所取 H_2O_2 的体积，由 $KMnO_4$ 标准溶液的浓度和滴定过程中消耗的体积，计算试样中 H_2O_2 的含量。

因为 $KMnO_4$ 的强氧化性质，不稳定，市售的常含有少量杂质，而且 $KMnO_4$ 易与水中的还原性物质发生反应，光线和 $MnO(OH)_2$ 等都能促进 $KMnO_4$ 的分解，因此标准溶液需要由标定获得。首先配制 $KMnO_4$ 溶液时要保持微沸 1h 或在暗处放置数天，待 $KMnO_4$ 把还原性杂质充分氧化后，过滤除去杂质，保存于棕色瓶中，标定其准确浓度。

$Na_2C_2O_4$ 是标定 $KMnO_4$ 常用的基准物质，其反应如下：

$$2MnO_4^- + 5C_2O_4^{2-} + 16H^+ \longrightarrow 2Mn^{2+} + 10CO_2\uparrow + 8H_2O$$

【仪器及试剂】

台秤，电子天平，电炉，烧杯，量筒，锥形瓶，表面皿，短颈漏斗，棕色试剂瓶，称量瓶，酸式滴定管，移液管（1mL、25mL），洗耳球，容量瓶，玻璃棉少许。

$KMnO_4$(s)，$Na_2C_2O_4$(s)，H_2SO_4（$3\,mol\cdot L^{-1}$），$MnSO_4$（$1\,mol\cdot L^{-1}$），H_2O_2 样品（市售约为 30% H_2O_2 水溶液），除特别注明，所有试剂均为分析纯。

【实验步骤】

1. $0.02\,mol\cdot L^{-1}$ $KMnO_4$ 溶液配制

在台秤上粗称约 0.8g $KMnO_4$，置于 400mL 烧杯中，加入蒸馏水 300mL 使其溶解，烧杯盖上表面皿，加热至沸并保持微沸状态 1h，冷却后体积不得少于 250mL，暗处放置 1 周后，用漏斗衬玻璃棉（或微孔玻璃漏斗）过滤，滤液贮于具塞的棕色瓶中。

2. KMnO$_4$ 溶液浓度标定

在电子天平上准确称取 3 份 0.15～0.20g 基准试剂 Na$_2$C$_2$O$_4$，分别置于 250mL 锥形瓶中，加 40mL 水使其溶解，加入 10mL 3mol·L^{-1} H$_2$SO$_4$ 溶液，2～3 滴 1mol·L^{-1} 催化剂 MnSO$_4$，加热到 75～85℃（通常为开始冒蒸气时的温度），趁热用待标定的 KMnO$_4$ 溶液进行滴定至溶液呈微红色（0.5min 内不褪色）即为终点。根据每份滴定中 Na$_2$C$_2$O$_4$ 的质量和用去的 KMnO$_4$ 溶液的体积，计算出 KMnO$_4$ 溶液的浓度。该实验平行做 3 次，相对平均偏差不应大于 0.2%。

3. 过氧化氢含量的测定

用移液管准确移取 H$_2$O$_2$ 样品 1.00mL 于 250mL 容量瓶中，加水稀释至刻度，摇匀，从中用移液管准确移取 25.00mL 于另一 250mL 锥形瓶中，加入 5mL 3mol·L^{-1} H$_2$SO$_4$ 及 2～3 滴 1mol·L^{-1} MnSO$_4$ 溶液，然后用 0.02mol·L^{-1} KMnO$_4$ 标准溶液滴定至呈微红色（0.5min 内不褪色）即为终点，记下滴定过程中消耗的 KMnO$_4$ 标准溶液体积。该实验平行做 3 次，相对平均偏差不应大于 0.2%。

【结果与讨论】

1. 实验数据记录与处理

实验数据记录于表 3.4-1 中。

表 3.4-1　实验数据记录

项　　目	平行测定次数		
	1	2	3
基准试剂 Na$_2$C$_2$O$_4$ 的质量 m/g			
标定时消耗的 KMnO$_4$ 标准溶液体积 V_1/mL			
KMnO$_4$ 标准溶液的浓度 c/mol·L^{-1}			
KMnO$_4$ 标准溶液的平均浓度 $\bar{c}$/mol·L^{-1}			
相对平均偏差/%			
滴定 H$_2$O$_2$ 时消耗的 KMnO$_4$ 标准溶液体积 V/mL			
H$_2$O$_2$ 含量/%			
H$_2$O$_2$ 含量平均值/%			
相对平均偏差/%			

2. 高锰酸钾标准溶液浓度的计算公式：

$$c_{KMnO_4} = \frac{1000 m_{Na_2C_2O_4}}{134.00 V_{KMnO_4}} \times \frac{2}{5} \tag{3.4-1}$$

3. H$_2$O$_2$ 含量的计算方法

由 KMnO$_4$ 标准溶液的浓度和滴定过程中消耗的体积，按下式计算试样中 H$_2$O$_2$ 的质量体积浓度：

$$\rho_{H_2O_2} = \frac{c_{KMnO_4} V_{KMnO_4} \times \frac{5}{2} \times M_{H_2O_2}}{1.00 \times \frac{25}{250} \times 1000} \times 100\% \tag{3.4-2}$$

式中，c_{KMnO_4} 为 KMnO$_4$ 溶液的浓度，mol·L^{-1}；V_{KMnO_4} 为滴定 H$_2$O$_2$ 消耗的 KMnO$_4$ 标准溶液体积，mL；$M_{H_2O_2}$ 为 H$_2$O$_2$ 的摩尔质量，g·mol^{-1}。

【注意事项】

1. $KMnO_4$ 溶液必须经过一段时间热煮的原因是，平时实验所用的蒸馏水中常含有少量的还原性物质，能使 $KMnO_4$ 还原为黑褐色的 $MnO_2 \cdot nH_2O$ 沉淀。$MnO_2 \cdot nH_2O$ 又能加速 $KMnO_4$ 的分解，所以有必要将 $KMnO_4$ 溶液经过一段时间热煮，然后冷却，用过滤方法滤去 $MnO_2 \cdot nH_2O$ 沉淀。

2. 因为滤纸具有还原性，因此过滤溶液通常使用漏斗衬玻璃棉（或微孔玻璃漏斗）过滤。

3. $KMnO_4$ 溶液色深，在滴定管中液面弯月面不易看出，读数时应以液面的最高线为准。

4. 滴定的速度应该适宜。若滴定速度过快，部分 $KMnO_4$ 在热溶液中会发生分解反应：

$$4KMnO_4 + 2H_2SO_4 \!\!=\!\!\!=\!\! 4MnO_2 + 2K_2SO_4 + 2H_2O + 3O_2 \uparrow$$

将产生实验误差。若滴定速度过快，溶液可能会低于要求的滴定温度。在室温下，$KMnO_4$ 与 $C_2O_4^{2-}$ 之间反应速率缓慢，须将溶液加热，注意滴定结束时的温度不应低于 $60℃$。但温度不能太高，否则会引起 $H_2C_2O_4$ 发生以下分解反应而产生实验误差：

$$H_2C_2O_4 \!\!=\!\!\!=\!\! CO_2 \uparrow + CO \uparrow + H_2O$$

5. 由于空气中含有还原性气体及尘埃等杂质，能使 $KMnO_4$ 慢慢分解，而使滴定终点微红色消失，所以 $KMnO_4$ 滴定终点不太稳定。若经过 $0.5min$ 不褪即可以认为已到达终点。

6. Mn^{2+} 的自催化作用的观察：当 $KMnO_4$ 与 $C_2O_4^{2-}$ 之间进行反应时，滴入 $KMnO_4$ 第一滴，溶液褪色稍慢，待 Mn^{2+} 生成之后，由于 Mn^{2+} 的自催化作用，加快了反应速率，故滴定终点前溶液褪色迅速。为了加快实验速度，也可在滴定前加几滴 Mn^{2+}。

7. 若是工业产品 H_2O_2 样品，用高锰酸钾法测定不合适。因为工业产品 H_2O_2 中常加有少量乙酰苯胺等有机物作稳定剂，滴定时也要消耗 $KMnO_4$，将引入方法误差。如遇工业产品 H_2O_2 样品，应采用碘量法或铈量法进行测定。

【思考题】

1. 标定 $KMnO_4$ 溶液时，$KMnO_4$ 溶液为什么一定要装在具有玻璃活塞的滴定管中？

2. 用 $Na_2C_2O_4$ 为基准物质标定 $KMnO_4$ 溶液时，应考虑控制哪些反应条件？

3. 滴定前加 $MnSO_4$ 溶液的作用是什么？不加 $MnSO_4$ 行否？为什么？

4. $KMnO_4$ 法中，能否用 HNO_3 或 HCl 来控制溶液的酸度？

【参考文献】

1. 华中师范大学，东北师范大学，陕西师范大学编. 分析化学实验. 第2版. 北京：高等教育出版社，1994.

2. 刁国旺主编. 大学化学实验（基础化学实验一）. 南京：南京大学出版社，2006.

3. 武汉大学主编. 分析化学实验. 第3版. 北京：高等教育出版社，1994.

4. 成都科学技术大学，浙江大学主编. 分析化学实验. 第2版. 北京：高等教育出版社，1997.

5. 林素贞. 提高高锰酸钾法测定工业品过氧化氢的准确度. 中华纸业，1998，(5)：67.

实验 3.5-1　工业铁矿石中铁含量的测定（有汞法）

【实验目的】

1. 学习使用酸分解矿石样品的方法。

2. 掌握 $K_2Cr_2O_7$ 标准溶液的配制方法。

3. 掌握重铬酸钾法测定工业铁矿石中铁含量的原理和操作方法。

4. 了解二苯胺磺酸钠指示剂的作用、氧化还原滴定中预氧化还原的目的和方法。

【实验原理】

铁都是以化合物的状态存在于自然界中，尤其是以氧化铁的状态存在的量特别多。含铁矿物种类繁多，目前已发现的铁矿物和含铁矿物约 300 余种，其中常见的有 170 余种。理论上来说，凡是含有铁元素或铁化合物的矿石都可以叫做铁矿石；但是，从工业上或者商业上来说，铁矿石不但要含有铁，而且必须有利用的价值。在当前技术条件下，具有工业利用价值的主要是磁铁矿（Fe_3O_4）、赤铁矿（Fe_2O_3）、菱铁矿（$FeCO_3$）、磁赤铁矿（γ-Fe_2O_3）、钛铁矿（$FeTiO_3$）、褐铁矿 [$FeO(OH)$]、硫化铁矿（FeS_2）等。铁矿石中铁的化学分析方法测定通常采用 $K_2Cr_2O_7$ 氧化还原滴定分析法。以赤铁矿为例的分析步骤如下。

将铁矿物试样经过加热在 HCl 中溶解，反应式如下：

$$Fe_2O_3 + 6H^+ + 8Cl^- \longrightarrow 2FeCl_4^- + 3H_2O$$

然后在热浓 HCl 介质中，$FeCl_4^-$ 经过加入的 $SnCl_2$ 还原成 $FeCl_4^{2-}$，过量的 $SnCl_2$ 用汞盐 $HgCl_2$ 氧化除去。反应式如下：

$$2FeCl_4^- + SnCl_4^{2-} + 2Cl^- \longrightarrow 2FeCl_4^{2-} + SnCl_6^{2-}$$

$$SnCl_4^{2-} + 2HgCl_2 \longrightarrow SnCl_6^{2-} + Hg_2Cl_2 \downarrow（白）$$

然后在硫酸-磷酸混合酸介质中，加入二苯胺磺酸钠指示剂，用 $K_2Cr_2O_7$ 标准溶液进行滴定，溶液变紫色即为终点。反应式如下：

$$6Fe^{2+} + Cr_2O_7^{2-} + 14H^+ \longrightarrow 6Fe^{3+} + 2Cr^{3+} + 7H_2O$$

根据 $K_2Cr_2O_7$ 滴定的消耗量，可以计算铁矿石中铁的含量。

硫酸-磷酸混合酸的作用：在强酸性条件下，$K_2Cr_2O_7$ 氧化 Fe^{2+} 过程中，随着反应的进行，黄色的 Fe^{3+} 愈来愈多，则不利于终点的观察。这可借加入的 H_3PO_4 与 Fe^{3+} 生成无色的 $Fe(HPO_4)_2^-$ 配离子而消除影响。同时，由于 $Fe(HPO_4)_2^-$ 的生成，降低了 Fe^{3+}/Fe^{2+} 电对的电位，使滴定的化学计量点的电位突跃增大，避免二苯胺磺酸钠指示剂过早变色，因而提高了滴定的准确度。

【仪器及试剂】

电热板，台秤，电子天平，称量瓶，烧杯，容量瓶，锥形瓶，表面皿，量筒，酸式滴定管。

$K_2Cr_2O_7$（基准试剂，140～150℃下烘干 2h），浓 HCl，二苯胺磺酸钠指示剂（0.2%），铁矿石试样，除特别注明，所有试剂均为分析纯。

5% $SnCl_2$ 溶液的配制：称取 5g $SnCl_2 \cdot 2H_2O$ 溶于 50mL 浓 HCl 中，加热至澄清，然后加水稀释至 100mL，加入几颗金属 Sn 粒，以减缓空气中氧对 Sn^{2+} 的氧化。

5% $HgCl_2$ 溶液的配制：称取 5g $HgCl_2$ 溶于 95mL 水中。

硫酸-磷酸混合酸溶液的配制：将 150mL 浓 H_2SO_4 缓缓加入 700mL 水中，冷却后再加入 150mL 浓 H_3PO_4，混匀。

【实验步骤】

1. 0.02mol·L^{-1} $K_2Cr_2O_7$ 标准溶液的配制

在电子天平上准确称取 1.5g 左右的 $K_2Cr_2O_7$ 于 250mL 烧杯中，加适量水溶解，定量转入 250mL 容量瓶，用水稀释至刻度，摇匀。计算其准确浓度。

2. 铁矿石试样的溶解

在电子天平上准确称取 0.35g 左右的铁矿石（m_s）三份，分别置于三个 250mL 锥形瓶中，用少量水润湿，加入 10mL 浓 HCl，盖上表面皿，在电热板上用小火于沸腾以下温度加热（或在水浴上加热），至试样溶解完全。此时溶液呈橙黄色，用少量水吹洗表面皿和杯壁，加热近沸。

3. FeCl$_3$ 的还原

趁热用滴管小心滴加 SnCl$_2$ 溶液,边加边摇动,直到溶液浅黄色褪去(或呈微黄色)后,再多加 5～6 滴。

4. 过量 SnCl$_2$ 的除去

在上述溶液中加入 20mL 水,冷却后,随即一次性加入 5‰ HgCl$_2$ 溶液 10mL。静置 2～3min,使其反应完全。此时可观察到有白色丝状沉淀生成(若溶液有黑灰色沉淀生成或不生成沉淀,实验失败,须重做)。

5. 滴定分析

将上述处理过的试液加水稀释至 150mL,加入硫酸-磷酸混合酸 15mL,0.2‰二苯胺磺酸钠指示剂 5～6 滴,立即用 K$_2$Cr$_2$O$_7$ 标准溶液滴定至溶液呈稳定蓝紫色,即达滴定终点。记下体积读数。该步骤实验平行做 3 次,相对平均偏差不应大于 0.2‰。

【结果与讨论】

1. 实验数据记录与处理

实验数据记录于表 3.5-1-1。

表 3.5-1-1　实验数据

项　　　目	平行测定次数		
	1	2	3
K$_2$Cr$_2$O$_7$ 标准溶液的浓度 c/mol·L^{-1}			
铁矿石的质量 m/g			
滴定时消耗的 K$_2$Cr$_2$O$_7$ 标准溶液体积 V/mL			
铁矿石中铁的含量 w_{Fe}/%			
铁矿石中铁的含量平均值 $\overline{w}_{Fe}$/%			
相对平均偏差/%			

2. K$_2$Cr$_2$O$_7$ 标准溶液浓度 $c_{K_2Cr_2O_7}$ 的计算

$$c_{K_2Cr_2O_7} = \frac{m_{K_2Cr_2O_7}}{294.18 \times 0.250} \qquad (3.5\text{-}1\text{-}1)$$

式中,$m_{K_2Cr_2O_7}$ 为 K$_2$Cr$_2$O$_7$ 的称量质量。

3. 计算铁矿石中铁的含量 w_{Fe}

$$w_{Fe} = \frac{6c_{K_2Cr_2O_7}V_{K_2Cr_2O_7}M_{Fe}}{1000m_s} \times 100\% \qquad (3.5\text{-}1\text{-}2)$$

式中,$V_{K_2Cr_2O_7}$ 为 K$_2$Cr$_2$O$_7$ 的滴定体积,mL;M_{Fe} 为 Fe 的摩尔质量,g·mol^{-1};m_s 为铁矿石样品质量,g。

【注意事项】

1. 挥发的盐酸对身体有害,本实验中,实验室应该做好通风。铁矿石的溶解应该在通风橱中进行,且应防止浓盐酸在实验室挥发。

2. 铁矿石样品的溶解处理十分重要。大部分铁矿石样品溶解后,试液呈红棕色,即 FeCl$_3$ 浓度较高,这时若煮沸可能使部分 FeCl$_3$ 挥发。溶解铁矿所用的溶剂,随矿样组成不同而异。易分解的铁矿,可用浓 HCl 溶解;若为低铁高硅铁矿,则需加入 NaF 或 KF,以加快分解,或滴加 SnCl$_2$ 溶液助溶。

3. 还原 Fe^{3+} 时，$SnCl_2$ 用量不可太多，否则 Hg_2Cl_2 沉淀太多，可能会给分析结果带来不利影响。加 $HgCl_2$ 除去过量 $SnCl_2$ 时，溶液应冷却，否则 Hg^{2+} 可能氧化 Fe^{2+}；$HgCl_2$ 应一次加入，否则造成局部 Sn^{2+} 浓度过大（尤其 $SnCl_2$ 用量过多时），使生成的 Hg_2Cl_2 进一步被 Sn^{2+} 还原而析出 Hg，致使沉淀呈黑灰色：

$$SnCl_2 + Hg_2Cl_2 \longrightarrow SnCl_4 + 2Hg\downarrow$$

4. 试液在酸性溶液中，易被氧化，故加入硫酸-磷酸混合酸后，应立即滴定。

5. 二苯胺磺酸钠指示剂若配制过久，呈深绿色时，不能继续使用。

6. Cu^{2+}、$Mo(Ⅵ)$、V、W、$As(Ⅴ)$ 和 $Sb(Ⅴ)$ 等离子存在时，都可被 $SnCl_2$ 还原，同时又会被 $K_2Cr_2O_7$ 氧化，干扰铁的测定。

7. $K_2Cr_2O_7$ 和汞盐为毒品，使用时须注意安全。因为 $K_2Cr_2O_7$ 和汞盐的使用，对环境污染较大，已有使用钨酸钠或 $TiCl_3$ 代替汞盐的方法。除此以外，也有铈量法、高锰酸钾法测定铁矿石中铁含量的方法的报道。

【思考题】

1. 溶解铁矿样时为什么不能沸腾？如沸腾对结果有何影响？

2. 实验中加入硫酸-磷酸混酸的目的是什么？加入硫酸-磷酸混酸后为什么立即滴定？

3. 在预处理时为什么 $SnCl_2$ 溶液要趁热逐滴加入？加入 $HgCl_2$ 溶液时需冷却且要一次加入？如何控制好 $SnCl_2$ 不过量？

4. 试分析本实验可能引入的误差因素有哪些？

【参考文献】

1. 刁国旺主编. 大学化学实验（基础化学实验一）. 南京：南京大学出版社，2006.

2. 华中师范大学，东北师范大学，陕西师范大学编. 分析化学实验. 第 2 版. 北京：高等教育出版社，1994.

3. 武汉大学主编. 分析化学实验. 第 3 版. 北京：高等教育出版社，1994.

4. 凌昌都. 测定铁矿石中全铁含量方法的改进. 化工时刊，2000，(6)：35-36.

实验 3.5-2　$SnCl_2$-$TiCl_3$-$K_2Cr_2O_7$ 法测定铁矿石中铁含量（无汞法）

【实验目的】

1. 掌握无汞法测定铁矿石中铁含量的测定原理。

2. 学习矿石试样的酸溶法。

3. 了解测定前预处理的意义，掌握预还原操作。

4. 了解二苯胺磺酸钠指示剂的作用原理。

【实验原理】

$K_2Cr_2O_7$ 法测定铁矿石中铁含量的实验分为有汞法和无汞法。有汞法为经典方法，这种方法操作简便、结果准确，但由于实验所用的 $HgCl_2$ 是有毒物质，其反应产物 Hg_2Cl_2 和未反应的 $HgCl_2$ 对环境污染十分严重。因此有汞法已逐渐被无汞法所替代。

铁矿石的种类很多，具有炼铁价值的主要有磁铁矿、赤铁矿、菱铁矿等。铁矿石中的铁以氧化物的形式存在，可以用盐酸将矿样溶解，之后在热浓 HCl 溶液中用 $SnCl_2$ 溶液将大部分 Fe^{3+} 还原为 Fe^{2+}，加入钨酸钠指示剂，剩余的 Fe^{3+} 用 $TiCl_3$ 还原为 Fe^{2+}，稍过量的 $TiCl_3$ 使 Na_2WO_4 由无色还原为蓝色的 $W(Ⅴ)$，俗称钨蓝。然后用少量的稀 $K_2Cr_2O_7$ 溶液将过量的钨蓝氧化,使蓝色恰好消失,从而指示预还原的终点。定量还原 Fe^{3+} 时,不能单独用 $SnCl_2$,因 $SnCl_2$ 不能还原 Na_2WO_4 至 $W(V)$,无法指示预还原的终点,因此无法控制其准确量,而且过量的 $SnCl_2$ 无法采用适当的无汞法消除;也不能单独使用 $TiCl_3$ 还原 Fe^{3+},因在溶液中如果引入较多的钛盐,当用水稀释时,大量 $Ti(IV)$ 易水解而生成沉淀,影响测定,故只能采用 $SnCl_2$-$TiCl_3$ 联合预还原法。

预处理后,在硫-磷混酸介质中,以二苯胺磺酸钠为指示剂,用 $K_2Cr_2O_7$ 标准溶液滴定至溶液呈稳定的紫色,即为终点。反应式如下:

$$2Fe^{3+} + SnCl_4^{2-} + 2Cl^- \longrightarrow 2Fe^{2+} + SnCl_6^{2-}$$

$$Fe^{3+} + Ti^{3+} + H_2O \longrightarrow Fe^{2+} + TiO^{2+} + 2H^+$$

$$Cr_2O_7^{2-} + 6Fe^{2+} + 14H^+ \longrightarrow 2Cr^{3+} + 6Fe^{3+} + 7H_2O$$

【仪器及试剂】

台秤,电子天平,称量瓶,电热板,烧杯,容量瓶,锥形瓶,表面皿,量筒,酸式滴定管。

$K_2Cr_2O_7$(基准试剂,在 $150\sim180℃$烘干2h),HCl(浓),二苯胺磺酸钠指示剂(0.2%),$SnCl_2$($50g·L^{-1}$),$TiCl_3$($15g·L^{-1}$),硫-磷混酸(将150mL浓硫酸缓缓加入700mL水中,冷却后再加入150mL浓磷酸),铁矿石。

【实验步骤】

1. $0.02mol·L^{-1}$ $K_2Cr_2O_7$ 标准溶液的配制

准确称取放在干燥器中冷却至室温的1.5g $K_2Cr_2O_7$ 于250mL烧杯中,加入适量蒸馏水溶解后定量转入250mL容量瓶中,加水稀释到刻度,摇匀,计算其准确浓度。

2. 铁矿石试样的溶解

准确称取0.2g铁矿石3份,分别置于3个250mL锥形瓶中,用几滴水润湿,加入$5\sim10mL$浓盐酸,并加入$8\sim10$滴 $SnCl_2$ 溶液助溶。盖上表面皿,在近沸的水中加热至试样完全溶解即残渣变为白色,此时溶液呈橙黄色,用少量的水吹洗表面皿和锥形瓶内壁。

3. 预处理

将试液加热近沸,趁热用滴管小心滴加 $SnCl_2$ 溶液以还原 Fe^{3+},边滴边摇,直到溶液由棕黄色变为浅黄色,表明大部分 Fe^{3+} 已被还原,加入4滴 Na_2WO_4 和60.0mL水,加热。在摇动下逐滴加入 $TiCl_3$ 至溶液出现稳定的浅蓝色。冷却至室温。小心滴加稀释10倍的 $K_2Cr_2O_7$ 溶液,至蓝色刚好消失。

4. 滴定分析

将试液加水稀释至150mL,加入15.0mL硫-磷混酸,再加入6滴二苯胺磺酸钠指示剂。立即用重铬酸钾标准溶液滴定至呈稳定紫色即为终点。计算铁矿石中铁的含量和相对平均偏差。实验数据记录于表3.5-2-1中。

【结果与讨论】

1. 实验数据记录与处理

表3.5-2-1 实验数据记录与处理

项 目	平行测定次数		
	1	2	3
$K_2Cr_2O_7$ 的质量 m_s/g			
$K_2Cr_2O_7$ 标准溶液的浓度 c/mol·L^{-1}			
$m_{倾倒前}$/g			

续表

项 目	平行测定次数		
	1	2	3
$m_{\text{倾倒后}}/g$			
铁矿石的质量 m_s/g			
滴定管终读数/mL			
滴定管初读数/mL			
消耗的 $K_2Cr_2O_7$ 标准溶液的体积 V/mL			
铁矿石中铁含量 $w_{\text{Fe}}/\%$			
铁矿石中铁含量平均值 $\overline{w}_{\text{Fe}}/\%$			
相对平均偏差/%			

2. 计算 $K_2Cr_2O_7$ 标准溶液的浓度（$mol\cdot L^{-1}$）：

$$c_{K_2Cr_2O_7} = \frac{m_{K_2Cr_2O_7}/M_{K_2Cr_2O_7}}{V_{K_2Cr_2O_7}}$$

式中，$M_{K_2Cr_2O_7}$ 为重铬酸钾的摩尔质量，$294.18 g\cdot mol^{-1}$。

3. 计算铁矿石中铁的含量：

$$w_{\text{Fe}} = \frac{6(cV)_{K_2Cr_2O_7} M_{\text{Fe}}}{1000 m_s} \times 100\%$$

式中，M_{Fe} 为铁原子的摩尔质量，$55.85 g\cdot mol^{-1}$。

【注意事项】

1. 平行测定三份矿样，可以同时溶解，但不可以同时还原。

2. 用 $SnCl_2$ 还原 Fe^{3+} 时，小心滴加，同时溶液温度不能太低，否则反应速度慢，黄色褪去不易观察，易使 $SnCl_2$ 过量。若不慎过量，可滴加 2% 的高锰酸钾溶液至浅黄色。

3. 用 $TiCl_3$ 还原 Fe^{3+} 时，溶液温度也不能太低，否则反应速度慢，易使 $TiCl_3$ 过量。

4. 滴定时，由于二苯胺磺酸钠指示剂也要消耗一定量的 $K_2Cr_2O_7$ 标准溶液，故不能多加指示剂。

5. 在硫-磷混酸中，铁电对的电极电位极低，更易被氧化，故不能放置溶液而要立即滴定。

【思考题】

1. 在预处理时为什么 $SnCl_2$ 溶液要趁热逐滴加入？

2. 用 $SnCl_2$ 和 $TiCl_3$ 两种还原剂的目的是什么？只使用其中一种有什么缺点？

3. 在滴定分析试样时为什么要加入硫-磷混酸？加入后为什么要立即滴定？

4. 经典有汞法和无汞法在实验原理上有何不同？

【参考文献】

1. 华中师范大学，东北师范大学，陕西师范大学，北京师范大学．分析化学实验．第 3 版．北京：高等教育出版社，2006.

2. 武汉大学主编．分析化学实验．第 4 版．北京：高等教育出版社，2001.

3. 赵瑞兰，马铭，谢青季．改进的 $SnCl_2$-$TiCl_3$ 法测定铁含量．实验室研究与探索，2004，23（8）：28-29，38.

4. 乔凤霞，康永胜，王孟歌．无汞法测定铁矿石中铁含量的实验改进．保定学院学报，2008，12（4）：11-12.

实验 3.6　间接碘量法测定胆矾中铜的含量

【实验目的】

1. 学习硫代硫酸钠溶液的配制、标定原理和方法。
2. 掌握碘量法测定胆矾中铜含量的原理及方法。
3. 了解碘量法测定过程中误差的来源及减小的方法。

【实验原理】

胆矾（$CuSO_4 \cdot 5H_2O$）是重要的工业原料之一，广泛用于农药、印染以及镀铜等众多方面。胆矾中铜含量的测定常用间接碘量法，一般分为如下两个过程。

1. 硫代硫酸钠溶液的配制与标定

硫代硫酸钠能与水中的 O_2、CO_2 和微生物作用而变质，因此配制硫代硫酸钠溶液应用新煮沸的冷蒸馏水，且加少量碳酸钠以抑制其分解和微生物的生长。配制好的溶液应贮于棕色瓶中并置于暗处，经一段时间后再标定。长期使用应定期标定，若溶液变浑浊，有单质硫析出，应过滤后重新标定。

一般选重铬酸钾为基准物质，用间接碘量法标定硫代硫酸钠溶液，即在酸性介质中，$Cr_2O_7^{2-}$ 与 I^- 作用析出定量的 I_2 用 $Na_2S_2O_3$ 溶液滴定：

$$Cr_2O_7^{2-} + 6I^- + 14H^+ \longrightarrow 2Cr^{3+} + 3I_2 + 7H_2O$$

$$I_2 + 2S_2O_3^{2-} \longrightarrow S_4O_6^{2-} + 2I^-$$

为了防止 I^- 被空气中的 O_2 氧化以及硫代硫酸钠的分解，溶液的酸度不可过高，一般控制在 $0.2 \sim 0.4 mol \cdot L^{-1}$ 之间，且滴定前将反应液稀释以降低酸度。由于 $Cr_2O_7^{2-}$ 与 I^- 反应速率较慢，所以反应在碘量瓶中进行，并将其置于暗处一定时间，使反应进行完全。

2. 胆矾中铜含量的测定

在微酸性介质中，Cu^{2+} 与 I^- 反应生成 CuI 沉淀和 I_2，用 $Na_2S_2O_3$ 标准溶液滴定其中的 I_2：

$$2Cu^{2+} + 4I^-（过量）\Longleftrightarrow 2CuI \downarrow + I_2$$

该反应是可逆的，通过加过量的 KI 使反应完全。但过量的 I^- 可与 I_2 结合成 I_3^-，CuI 沉淀强烈吸附 I_3^-，使测定结果偏低。因此在滴定 I_2 接近终点时，加入 KSCN（或 NH_4SCN）使 CuI 沉淀转化为溶解度更小且不易吸附 I_3^- 的 CuSCN 沉淀：

$$CuI + SCN^- \longrightarrow CuSCN \downarrow + I^-$$

为了防止 Cu^{2+} 水解，溶液的酸度不可过高，一般控制 pH 在 $3 \sim 4$ 之间。如胆矾试样中含 Fe^{3+}，常用 NH_4HF_2 来调节溶液酸度，因 F^- 与 Fe^{3+} 反应生成稳定的 FeF_6^{3-} 配离子，而避免其对 Cu^{2+} 测定的干扰。如胆矾试样中不含 Fe^{3+}，可用 H_2SO_4 或 HAc 溶液进行酸化。

【仪器及试剂】

台秤，电子天平，碱式滴定管（50mL），移液管（25mL），容量瓶（250mL），碘量瓶（250mL），锥形瓶（250mL），烧杯，洗耳球，洗瓶，棕色试剂瓶，称量瓶，电炉。

碘，胆矾，$Na_2S_2O_3 \cdot 5H_2O$，重铬酸钾，碘化钾，碳酸钠，HCl（$6mol \cdot L^{-1}$），H_2SO_4（$6mol \cdot L^{-1}$）；KI（$100g \cdot L^{-1}$，使用前配制），KSCN（$100g \cdot L^{-1}$），氟氢化铵（20％，贮于塑料瓶中），淀粉指示剂（$5g \cdot L^{-1}$），滤纸。

【实验步骤】

1. 硫代硫酸钠溶液的配制与标定

(1) $0.1mol \cdot L^{-1} Na_2S_2O_3$ 溶液的配制　称取 8g $Na_2S_2O_3 \cdot 5H_2O$ 固体，用 300mL 新煮

沸的冷蒸馏水溶解。加入约 $0.1g$ Na_2CO_3 固体（约半角匙），搅匀，将溶液保存于棕色细口试剂瓶中，置于暗处一周后进行标定。

（2）$0.01mol \cdot L^{-1} K_2Cr_2O_7$ 溶液的配制　准确称取 $0.8g$ $K_2Cr_2O_7$ 基准物质放入 $100mL$ 烧杯中，加入 $50mL$ 蒸馏水溶解后转入 $250mL$ 容量瓶中，用蒸馏水冲洗烧杯内壁和玻璃棒 2～3 次，全部转入容量瓶中，再用蒸馏水定容至刻度，摇匀，计算其准确浓度。

（3）$0.1mol \cdot L^{-1} Na_2S_2O_3$ 溶液的标定　准确移取 $25.00mL$ $K_2Cr_2O_7$ 溶液于 $250mL$ 碘量瓶中，加入 $5mL$ $6mol \cdot L^{-1}$ HCl 和 $10mL$ $100g \cdot L^{-1}$ KI 溶液，充分混合后，盖紧塞子，塞子外加上适量水作密封，于暗处放置 $5min$ 后，慢慢打开塞子，让密封水沿瓶塞流入碘量瓶，再用水将瓶口及塞子上的碘液洗入瓶中。然后用 $100mL$ 水稀释，用 $Na_2S_2O_3$ 溶液滴定到溶液呈黄绿色时，加入 $2mL$ 淀粉指示剂（如过早加入淀粉指示剂，大量碘和淀粉结合，会妨碍 $Na_2S_2O_3$ 对 I_2 的还原作用，碘-淀粉的蓝色很难褪去，增加滴定误差），继续滴定至蓝色刚好消失，并变为绿色即为终点。平行滴定三次，计算 $Na_2S_2O_3$ 溶液的准确浓度。

2. 胆矾中铜含量的测定

准确称取 0.5～0.6g 胆矾试样于 $250mL$ 锥形瓶中，加入 $5mL$ $6mol \cdot L^{-1}$ H_2SO_4 和 $100mL$ 水使其溶解后，加入 $5mL$ NH_4HF_2（若试样中不含 Fe^{3+} 可不加）与 $10mL$ $100g \cdot L^{-1}$ KI 溶液，立即用 $Na_2S_2O_3$ 标准溶液滴定至浅土黄色。加入 $2mL$ 淀粉指示剂，继续滴定至浅米色中带蓝色。最后加入 $10mL$ $100g \cdot L^{-1}$ KSCN 溶液，溶液蓝色加深，再继续用 $Na_2S_2O_3$ 标准溶液滴定到蓝色刚好消失即为终点。此时，溶液为乳白色或乳黄色 CuSCN 悬浮液，记录所消耗的 $Na_2S_2O_3$ 的体积。平行测定三次，计算胆矾中铜的质量分数。

【结果与讨论】

1. 数据记录

（1）$0.1mol \cdot L^{-1} Na_2S_2O_3$ 溶液的标定　实验数据记录于表 3.6-1。

表 3.6-1　标定 $Na_2S_2O_3$ 溶液的实验数据

测定次数	1	2	3
$m_{K_2Cr_2O_7}/g$			
$c_{K_2Cr_2O_7}/mol \cdot L^{-1}$			
$V_{K_2Cr_2O_7}/mL$			
$V_{Na_2S_2O_3 终}/mL$			
$V_{Na_2S_2O_3 初}/mL$			
$\Delta V_{Na_2S_2O_3}/mL$			
$c_{Na_2S_2O_3}/mol \cdot L^{-1}$			
$c_{Na_2S_2O_3}$ 平均值 $/mol \cdot L^{-1}$			
平均相对偏差/%			

（2）胆矾中铜含量的测定　实验数据见表 3.6-2。

表 3.6-2　胆矾中铜含量测定实验数据

测定次数	1	2	3
$m_{CuSO_4 \cdot 5H_2O} + m_{称量瓶}$（倾出前）/g			
$m_{CuSO_4 \cdot 5H_2O} + m_{称量瓶}$（倾出后）/g			
$m_{CuSO_4 \cdot 5H_2O}/g$			

续表

测定次数	1	2	3
$V_{Na_2S_2O_3终}$/mL			
$V_{Na_2S_2O_3初}$/mL			
$\Delta V_{Na_2S_2O_3}$/mL			
w_{Cu}/%			
w_{Cu}平均值/%			
平均相对偏差/%			

2. 结果处理

(1) 计算 $Na_2S_2O_3$ 溶液的浓度（$mol\cdot L^{-1}$）

$$c_{Na_2S_2O_3}=\frac{6c_{K_2Cr_2O_7}V_{K_2Cr_2O_7}}{V_{Na_2S_2O_3}} \tag{3.6-1}$$

(2) 计算胆矾中铜的含量（%）

$$w_{Cu}=\frac{c_{Na_2S_2O_3}\times V_{Na_2S_2O_3}\times10^{-3}\times M_{Cu}}{m_s\times\frac{25.00}{250.0}}\times100\% \tag{3.6-2}$$

【注意事项】

1. $K_2Cr_2O_7$ 与 KI 反应较慢，故滴定前应先放置 5min，使反应进行完全。

2. KI 要过量，但浓度不能超过 2%~4%，因 I^- 浓度太大，淀粉指示剂颜色变化不灵敏。

3. 析出 I_2 后，要立即用 $Na_2S_2O_3$ 滴定，滴定要在避光、快速、勿剧烈摇动下进行。

4. 淀粉指示剂不能早加，因滴定反应中产生大量的 CuI 沉淀，若淀粉与 I_2 过早地生成蓝色配合物，大量的 I_3^- 被 CuI 吸附，终点呈较深的灰黑色，不易于终点观察。

5. 终点有回蓝现象。空气氧化造成的回蓝较慢，不影响结果，如果回蓝很快，说明反应不完全。

6. 加入 KSCN 不能过早，否则 I_2 能被 KSCN 还原，且加入后要剧烈摇动溶液，以利于沉淀转化和释放出被吸附的 I_3^-。

【思考题】

1. 如何配制和保存 $Na_2S_2O_3$ 溶液？

2. 实验中两次加入的 KI 的量是否要很准确？为什么？

3. 标定 $Na_2S_2O_3$ 溶液和铜含量测定中都要控制溶液的酸度，为什么？若酸度过低或过高，对测定结果有何影响？

4. 碘量法测定铜含量为什么要加 KSCN？若过早加入 KSCN 对测定结果有何影响？

【参考文献】

1. 华中师范大学，东北师范大学，陕西师范大学，北京师范大学编. 分析化学实验. 第3版. 北京：高等教育出版社，2001.

2. 王彤，赵清泉编. 分析化学. 北京：高等教育出版社，2003.

3. 刁国旺主编. 大学化学实验（基础化学实验一）. 南京：南京大学出版社，2006.

实验 3.7-1　氯化物中氯含量的测定（莫尔法）

【实验目的】

1. 掌握 $AgNO_3$ 标准溶液的配制和标定。

2. 理解莫尔法测定氯元素含量的方法和原理。

【实验原理】

可溶性氯化物中氯离子含量的测定常采用莫尔法，其滴定剂是 $AgNO_3$ 标准溶液。

莫尔法的指示剂为 K_2CrO_4 溶液。由于 AgCl 溶解度比 Ag_2CrO_4 小 $[K_{sp}(AgCl)=1.56\times10^{-10}$；$K_{sp}(Ag_2CrO_4)=9\times10^{-12}]$，因此在 Cl^- 和 CrO_4^{2-} 混合溶液中，滴加 Ag^+ 时首先析出 AgCl 沉淀。当 AgCl 定量沉淀后，则 Ag^+ 即与 CrO_4^{2-} 生成砖红色的 Ag_2CrO_4 沉淀而指示终点的到达。反应式如下：

$$Ag^+ + Cl^- \longrightarrow AgCl\downarrow（白色）$$
$$2Ag^+ + CrO_4^{2-} \longrightarrow Ag_2CrO_4\downarrow（砖红色）$$

为准确测定，必须控制 K_2CrO_4 指示剂的浓度。若 K_2CrO_4 浓度过高，终点将过早出现，且滴定过程中溶液颜色过深，影响终点的观察；若 K_2CrO_4 浓度过低，则终点出现过迟，也影响滴定准确度。一般 K_2CrO_4 应控制在 $0.005mol\cdot L^{-1}$ 为宜。

莫尔法的介质条件为中性或弱碱性。滴定最适宜介质条件是 pH＝6.5～10.5，如果有铵盐存在，溶液应控制在 pH＝6.5～7.2 之间。

能与 Ag^+ 生成难溶化合物或配合物的阴离子，都干扰测定，如 PO_4^{3-}、AsO_4^{3-}、AsO_3^{3-}、S^{2-}、CO_3^{2-}、$C_2O_4^{2-}$ 等离子。大量 Cu^{2+}、Ni^{2+}、Co^{2+} 等有色金属离子将影响终点观察。凡能与指示剂 CrO_4^{2-} 形成难溶化合物的阳离子也干扰测定，如 Ba^{2+} 和 Pb^{2+} 等（Ba^{2+} 的干扰可加入过量 Na_2SO_4 消除）。另外，Al^{3+}、Fe^{3+}、Bi^{3+} 和 Sn^{2+} 等在中性或弱碱性条件下易水解产生沉淀的离子，亦易干扰测定。

【仪器及试剂】

台秤，电子天平，酸式滴定管，滴定管夹，棕色试剂瓶，容量瓶，移液管，烧杯，锥形瓶。

$AgNO_3(s)$，NaCl 基准物（s），K_2CrO_4 溶液（5%）。

【实验步骤】

1. NaCl 标准溶液（$0.1mol\cdot L^{-1}$）的配制

准确称取若干克（同学自行计算）基准物 NaCl 于小烧杯中，用蒸馏水溶解后，转入 250mL 容量瓶中，稀释至刻度，摇匀，计算其准确浓度：

$$c_{NaCl}=\frac{m_{NaCl}}{VM_{NaCl}} \tag{3.7-1-1}$$

2. $AgNO_3$ 溶液（$0.1mol\cdot L^{-1}$）的配制

称取 8.5g $AgNO_3$ 溶解于 500mL 不含 Cl^- 的蒸馏水中，将溶液转入棕色瓶中，放置暗处保存，以防见光分解。

3. $AgNO_3$ 标准溶液的标定

准确移取 NaCl 标准溶液 25.00mL，置于 250mL 锥形瓶中，加入 25mL 蒸馏水，加 1mL K_2CrO_4 溶液，在不断摇动下，用 $AgNO_3$ 标准溶液滴定至刚刚出现淡橙色即为终点。

再测定两次，根据消耗的 $AgNO_3$ 溶液体积与 NaCl 标准溶液浓度，计算 $AgNO_3$ 标准溶液的浓度：

$$c_{AgNO_3} = \frac{c_{NaCl} V_{NaCl}}{V_{AgNO_3}} \tag{3.7-1-2}$$

4. 氯含量的测定

准确称取氯化物样品 0.15~0.20g（三份），置于 250mL 锥形瓶中，加入 30mL 蒸馏水溶解，再加入 1mL K_2CrO_4 指示剂，在不断摇动下，用 $AgNO_3$ 标准溶液滴定，刚刚出现淡橙色即为终点。平行实验三次。根据 $AgNO_3$ 标准溶液浓度及耗用体积，计算氯化物试样中的氯含量。

$$w_{Cl} = \frac{c_{AgNO_3} V_{AgNO_3} M_{NaCl}}{1000 m_s} \times 100\% \tag{3.7-1-3}$$

【结果与讨论】

1. 标定 $AgNO_3$ 标准溶液的浓度

实验数据见表 3.7-1-1。

表 3.7-1-1　标定 $AgNO_3$ 标准溶液浓度实验数据

项　　目		次　数		
		1	2	3
氯化钠基准物质量/g				
$AgNO_3$ 体积/mL	终读数			
	初读数			
	用量			
$AgNO_3$ 浓度/mol·L^{-1}				
$AgNO_3$ 平均浓度/mol·L^{-1}				
相对平均偏差				

2. 氯含量的测定　（$AgNO_3$ 的浓度为＿＿＿＿＿ mol·L^{-1}）

实验数据见表 3.7-1-2。

表 3.7-1-2　氯含量测定实验数据

项　　目		次　数		
		1	2	3
样品质量/g				
$AgNO_3$ 体积/mL	终读数			
	初读数			
	用量			
氯元素的质量分数/%				
氯元素的平均质量分数/%				
相对平均偏差				

【注意事项】

1. $AgNO_3$ 溶液能使皮肤变黑，勿使 $AgNO_3$ 与皮肤接触。

2. 实验结束后，盛装 $AgNO_3$ 的滴定管先用蒸馏水冲洗 2~3 次后，再用自来水冲洗。

3. 含银废液予以回收。

【思考题】

1. 用莫尔法测定氯的含量时，溶液 pH 值应控制在什么范围内？如果在强酸性或强碱性溶液中，有何后果？若有 NH_4^+ 存在，对 pH 范围的控制是否有更严格的要求，为什么？

2. 滴定过程中为什么要充分摇动溶液？

3. 根据 AgCl 及 Ag_2CrO_4 的溶度积，通过计算说明，滴定中先生成 AgCl 沉淀。

4. 能否用莫尔法，以 NaCl 标准溶液直接滴定 Ag^+ 溶液？

【参考文献】

华中师范大学，东北师范大学，陕西师范大学编．分析化学实验．第 2 版．北京：高等教育出版社，1994．

实验 3.7-2　废水中氯化物含量的测定

【实验目的】

1. 掌握硝酸银滴定法测定水中氯化物的原理和方法；

2. 了解水样的采集和保管方法。

【实验原理】

生活污水和工业废水中往往含有大量氯化物，废水中氯化物的测定一般可采用铬酸钾指示剂滴定法，含有大量氯化物的废水对金属水管和器件有腐蚀性，并对农作物有害。

废水中的氯离子与硝酸银反应，生成难溶的氯化银白色沉淀。因此可用铬酸钾为指示剂，以硝酸银滴定法测定水中可溶性氯化物，用硝酸银滴定时，因氯化银的溶解度比铬酸银小，所以首先生成氯化银白色沉淀，当废水样中可溶性氯化物被滴定完全后，稍过量的硝酸银立即与铬酸钾生成砖红色铬酸银沉淀，指示剂达到滴定终点。其反应如下：

$$Cl^- + Ag^+ \longrightarrow AgCl \downarrow （白色）$$

$$2Ag^+ + CrO_4^{2-} \longrightarrow Ag_2CrO_4 \downarrow （砖红色）$$

由于有稍过量的硝酸银与铬酸钾形成砖红色铬酸银沉淀，所以需要以蒸馏水作空白滴定，减小误差。

如水样带有颜色或含有硫化物、亚硫酸盐或硫代硫酸以及水样的高锰酸盐指数超过 $15\,mg \cdot L^{-1}$，则水样需经过预处理后进行测定，预处理方法见"注意事项"。如果水样的 pH 值在 6.5～10.5 范围内，可直接测定；超出此范围的水样应以酚酞作指示剂，用 $0.05\,mol \cdot L^{-1}$ 硫酸溶液或 0.2% NaOH 溶液调节至 pH 为 8.0 左右。

【仪器与试剂】

酸式滴定管（棕色），锥形瓶，移液管，容量瓶，漏斗，滤纸。

H_2SO_4（$0.05\,mol \cdot L^{-1}$），NaOH（0.2%）。

氯化物标准溶液：取氯化钠于坩埚中，加热到 500～600℃，冷却后，称取 2.0600g 氯化钠溶于水，转入 250mL 容量瓶，稀释至标线，摇匀。临用时，取上述溶液 1.00mL 用水定容至 100mL，此溶液的浓度是 $0.0141\,mol \cdot L^{-1}$。

铬酸钾指示液（5%）：称取 5.0g 铬酸钾溶于少量水中，滴加上述硝酸银至有砖红色沉淀生成，摇匀。静置 12h，然后过滤并将滤液稀释 100mL。

【实验步骤】

1. 硝酸银溶液的标定

硝酸银标准溶液浓度约等于 $0.0141\,mol \cdot L^{-1}$，称取 1.2g $AgNO_3$ 溶于蒸馏水，稀释到 500mL 储存于棕色瓶中，用氯化钠标准溶液标定其准确浓度。步骤如下：

吸取 25.00mL 氯化钠标准溶液置于 250mL 锥形瓶中，加水 25.0mL（用移液管加取），于另一锥形瓶内加水 50.0mL 做空白。各加入 1.0mL 5%铬酸钾指标液，在不断摇动下用硝酸银标准溶液滴定，至砖红色沉淀刚刚出现，记录体积。按下式计算硝酸银标准溶液浓度：

$$c_{AgNO_3} = (25.00 \times 0.0141)/V$$

式中，V 为硝酸银溶液体积，mL。

2. 废水样品的测定

取 50.00mL 水样或预处理的水样（若氯化物含量过高，可取适量水样用水稀释至 50mL）置于锥形瓶中，加入 1.0mL 铬酸钾指示液，用硝酸银标准溶液滴定砖红色沉淀刚刚出现即为终点。

同时另取一锥形瓶加入 50.00mL 水样作空白滴定。

【结果处理】

$$氯含量(Cl^-, mg \cdot L^{-1}) = [(V_2 - V_1)c \times 35.45 \times 1000]/V$$

式中，V_1 为蒸馏水消耗硝酸银标准溶液体积，mL；V_2 为水样消耗硝酸银标准溶液体积，mL；c 为硝酸银标准溶液浓度，$mol \cdot L^{-1}$；V 为水样的体积，mL；34.45 为氯的摩尔质量，$g \cdot mol^{-1}$。

【注意事项】

1. 如水样带有颜色，则取 50.0mL 水样，置于 250mL 锥形瓶中，加 20mL 氢氧化铝悬浮液，振荡过滤，弃去最初滤出的 20mL 溶液。

氢氧化铝悬浮液的制备：溶解 125.0g 硫酸铝钾或硫酸铝铵于 1000mL 水中，加热至 60℃，然后边搅拌边缓缓加入 55.0mL 氨水。放置约 1h 后，移至一个大瓶中，用倾泻法反复洗涤沉淀物，直到洗涤液不含氯离子为止，加水至悬浮液体积为 1000mL。

2. 如果水样中含有硫化物、亚硫酸盐或硫代硫酸盐，则加氢氧化钠溶液将水调至中性或弱碱性，加入 1.0mL 30% H_2O_2，摇匀。放置 1min 后，加热至 70~80℃，以除去过量的过氧化氢。

3. 如果水样的高锰酸钾指数超过 15mg·L^{-1}，可加入少量的高锰酸钾晶体，煮沸，加入数滴乙醇以除去多余的高锰酸钾，再进行过滤。

4. 对于矿化度很高的咸水或海水样品，可提高硝酸银标准溶液浓度至每毫升标准溶液可作用于 2~5mg 氯化物或者样品进行稀释。

【思考题】

1. 用硝酸银标准溶液滴定 Cl^- 溶液时为什么要不断摇动锥形瓶？为什么要做空白实验？

2. 用 K_2CrO_4 作指示剂时其浓度过高或过低对滴定有何影响？

实验 3.8　氯化钡中钡含量的测定

【实验目的】

1. 掌握重量分析中沉淀法的方法原理。

2. 了解可溶性钡盐中钡含量的测定原理和方法，并用化学因数计算其测定结果。

3. 掌握晶形沉淀的形成条件、制备、过滤、洗涤、陈化、灼烧及恒重等的基本操作方法。

【基本原理】

沉淀法是重量分析的重要方法，这种方法是利用试剂与待测组分生成溶解度很小的沉淀，经过过滤、洗涤、烘干或灼烧成为组成一定的物质，然后称其质量，再计算待测组分的含量。一般步骤：

(1) 试样的溶解；

(2) 沉淀的形成；

(3) 沉淀的过滤和洗涤；

(4) 沉淀的烘干和灼烧；

(5) 称量。

在稀硫酸溶液中，Ba^{2+} 可与 SO_4^{2-} 按照下列反应生成难溶的化合物 $BaSO_4$：

$$Ba^{2+} + SO_4^{2-} \longrightarrow BaSO_4 \downarrow$$

$BaSO_4$ 的溶解度很小（$K_{sp} = 1.1 \times 10^{-10}$），25℃ 时水中溶解度为 $0.25mg \cdot (100g)^{-1}$；100℃ 时水中溶解度也仅为 $0.4mg \cdot (100g)^{-1}$，性质稳定，符合重量分析对沉淀的要求。以此反应为基础，既可用 H_2SO_4 沉淀剂测定 Ba^{2+}，也可用 $BaCl_2$ 沉淀剂测定 SO_4^{2-} 的含量。

加入稀 HCl 酸化的目的是：使部分 SO_4^{2-} 成为 HSO_4^-，稍微增大沉淀的溶解度，而降低溶液的相对过饱和度，同时可防止胶溶作用。

恒重，试样连续两次干燥或灼烧后的质量差异在 $0.2 \sim 0.3mg$ 以下。干燥至恒重的第二次及以后各次称重均应在规定条件下继续干燥 40min 后进行；灼烧至恒重的第二次称重应在继续灼烧 20min 后进行。

【仪器及试剂】

台秤，电子天平，电炉，石棉网，称量瓶，烧杯，量筒，表面皿，长颈漏斗，漏斗架，泥三角，瓷坩埚，坩埚钳，干燥器，慢速定量滤纸，高温马弗炉，瓷坩埚架。

$BaCl_2 \cdot 2H_2O$ 固体试样，纯度不限，H_2SO_4（$1mol \cdot L^{-1}$），$AgNO_3$（$1mol \cdot L^{-1}$），HCl（$2mol \cdot L^{-1}$）。

【实验步骤】

1. 钡盐的称取与溶解

取一干燥洁净的称量瓶，用递减法准确称取钡盐试样 $0.4 \sim 0.6g$ 三份，分别置于 400mL 烧杯中（烧杯应该编号），各加入 100mL 蒸馏水，4.0mL $2mol \cdot L^{-1}$ HCl 溶液，搅拌溶解。

2. Ba^{2+} 的沉淀

分别于三个小烧杯中，各加入 $1mol \cdot L^{-1}$ H_2SO_4 溶液 4.0mL，再加蒸馏水 30.0mL，加热至近沸。在玻璃棒不断搅拌下，趁热用滴管将稀 H_2SO_4 溶液逐滴加入到试样溶液中，至大部分稀 H_2SO_4 滴加完毕。沉淀结束后，静置 5min，即可观察到白色沉淀下沉。于上层清液中滴加稀 H_2SO_4 $1 \sim 2$ 滴，观察是否还有新白色沉淀生成，以检验沉淀是否完全。当确认无沉淀继续生成后，在烧杯上盖上表面皿（防止灰尘进入），静置陈化 12h（为加快实验速度，也可将沉淀在水浴中加热 40min，然后放置冷却后过滤）。

3. 过滤和洗涤 $BaSO_4$ 沉淀

小心地把沉淀上面清液沿玻璃棒倾入漏斗（内垫慢速或中速定量滤纸）中，每次用 $20 \sim 30mL$ 稀 H_2SO_4 作为洗涤液（3.0mL $1mol \cdot L^{-1}$ H_2SO_4，以 200mL 蒸馏水稀释即成）采用倾泻法洗涤沉淀 $3 \sim 4$ 次（沉淀洗涤次数不宜过多，以免损失）。然后，以洗液洗涤滤纸上的沉淀，直到洗液不含 Cl^- 为止（检验方法：在表面皿中收集数滴滤液，加 1 滴稀 HNO_3，1

滴 $AgNO_3$ 溶液，观察有无白色沉淀生成)。

4. 沉淀的灼烧和恒重

将三个带盖陶瓷坩埚，清洗干净，放在马弗炉中进行灼烧至恒重(温度控制在 800～850℃)。灼烧 40min 后取出，放干燥器中冷却，然后准确称量。再继续在该温度下灼烧 20min，待冷却至室温后称量。应在高温炉内降温至 300℃ 左右时取出放干燥器中，待冷却至室温后称量，直至恒重。

将附有沉淀的滤纸小心折成小包，放入已恒重的坩埚中，在电炉上缓慢烘干、炭化、灰化后，放入高温炉中灼烧 1h (温度控制在 800～850℃)，取出置于干燥器内冷却，称量；第二次灼烧 20min，冷却，准确称量直至恒重。

【结果与讨论】

1. 实验数据记录与处理

实验数据记录于表 3.8-1 中。

表 3.8-1　实验数据

项　　　目	平行测定次数		
	1	2	3
试样的质量 m_s/g			
恒重前空坩埚的质量 m_0/g			
第一次灼烧后空坩埚的质量 m_1/g			
第二次灼烧后空坩埚的质量 m_2/g			
第一次灼烧后 $BaSO_4$ 沉淀与坩埚的质量 m_3/g			
第二次灼烧后 $BaSO_4$ 沉淀与坩埚的质量 m_4/g			
$BaSO_4$ 沉淀的质量 m/g			
钡盐样品中钡的含量/%			
钡盐样品中钡的平均含量/%			
相对平均偏差/%			

2. 样品中钡的含量 w_{Ba} 计算:

$$w_{Ba} = \frac{m\dfrac{M_{Ba}}{M_{BaSO_4}}}{m_s} \times 100\% \tag{3.8-1}$$

式中，m_s 为钡盐试样的质量，g；m 为称重的 $BaSO_4$ 的质量，g。

【注意事项】

1. $BaCl_2$ 为有毒化学品，使用时须注意安全。

2. 为防止 $BaSO_4$ 沉淀穿透滤纸，沉淀过滤时，可放在黑色实验台上(或在杯下垫一黑纸)，用洁净玻璃棒轻轻地单方向搅动滤液，再静置数分钟。如观察到杯底中央有白色沉淀，则有沉淀穿透滤纸，应重新过滤。

3. 注意马弗炉的使用方法及安全，防止高温灼伤事件的发生。

4. 马弗炉的温度不应该高于 1000℃，否则 $BaSO_4$ 可能分解：

$$BaSO_4 \Longrightarrow BaO + SO_3 \uparrow$$

5. 沉淀与滤纸灰化时，温度不可太高，且坩埚不可盖盖灰化。如果温度太高或坩埚内空气不充足，可能使部分 $BaSO_4$ 被滤纸中的碳还原为绿色的 BaS。其还原反应为：

$$BaSO_4 + 4\ C \Longrightarrow BaS + 4\ CO\uparrow$$

如此将使测定结果偏低。但在灼烧后，热空气也可能会慢慢地把 BaS 氧化成 $BaSO_4$。

【思考题】

1. 空的坩埚为什么要恒重？
2. 直接用蒸馏水洗涤 $BaSO_4$ 沉淀会对实验结果有何影响？
3. 沉淀 $BaSO_4$ 时为什么要在稀溶液中进行？不断搅拌的目的是什么？
4. 为什么沉淀 $BaSO_4$ 时要在热溶液中进行，在冷却后进行过滤？
5. 重量沉淀法中，沉淀剂的量是否需要控制？

【参考文献】

1．刁国旺主编．大学化学实验（基础化学实验一）．南京：南京大学出版社，2006.
2．华中师范大学，东北师范大学，陕西师范大学编．分析化学实验．第2版．北京：高等教育出版社，1994.
3．武汉大学主编．分析化学实验．第3版．北京：高等教育出版社，1994.
4．成都科学技术大学，浙江大学主编．分析化学实验．第2版．北京：高等教育出版社，1997.

实验 3.9　合金钢中镍的测定

【实验目的】

1. 掌握测定镍的一种重量分析方法。
2. 进一步熟悉重量分析方法过程。

【实验原理】

合金钢中镍可以增加钢的弹性、延展性、抗蚀性，使钢具有较高的机械性能。镍在钢中主要以固溶体和碳化物形式存在。

丁二酮肟分子式为 $C_4H_8O_2N_2$，相对分子质量为 116.2，是二元弱酸，以 H_2D 表示，在氨性溶液中以 HD^- 为主，与 Ni^{2+} 发生配合反应。

大多数含镍的合金钢都溶于酸，生成的 Ni^{2+} 在氨性溶液中与丁二酮肟生成鲜红色沉淀：

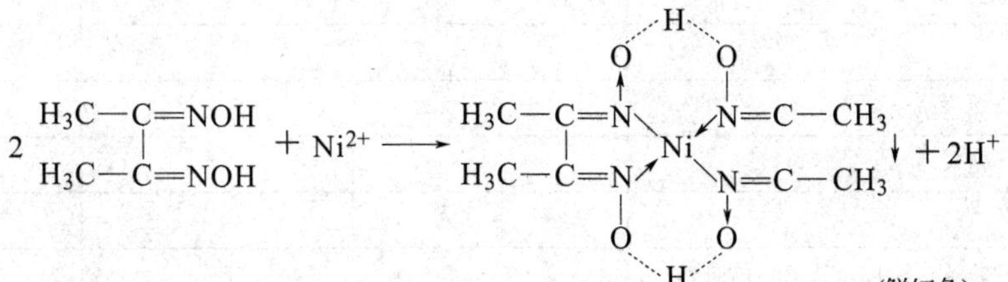

(鲜红色)

酸度大时，使沉淀溶解度增大；但氨的浓度不能太大，否则生成镍氨络合离子而增大沉淀的溶解度。

由于丁二酮肟在水中的溶解度小，但易溶于乙醇中。所以加入适量的乙醇，以免丁二酮肟本身的沉淀产生；但乙醇的浓度过大，丁二酮肟镍沉淀的溶解度也会增大。实践证明，乙醇浓度为溶液总体积的 33% 为宜。

Cu^{2+} 和 Co^{2+} 与丁二酮肟也生成可溶性络合物,不仅消耗沉淀剂而且共沉淀现象很严重。因此可多加入一些沉淀剂并将溶液冲稀,在热溶液中进行沉淀,以减少共沉淀。必要时可将沉淀过滤,洗涤之后,用酸溶解,再沉淀。

在氨性溶液中 Fe^{3+}、Al^{3+}、Cr^{3+}、Mn^{2+} 等,生成氢氧化物沉淀,干扰测定,可加入50%酒石酸掩蔽之。若有 Ca^{2+} 存在,应改用50%柠檬酸作掩蔽剂。加入酒石酸的体积,依试样量而定,一般每克试样加入10mL掩蔽剂。

【仪器及试剂】

电炉,电子天平,称量瓶,烧杯,量筒,漏斗,微孔玻璃坩埚,抽滤瓶,真空水泵,温度计,干燥器,烘箱。

混合酸($HCl:HNO_3:H_2O=3:1:2$),酒石酸(50%),柠檬酸(50%),丁二酮肟(1%乙醇溶液),乙醇,氨水(1:1),氨-氯化铵洗涤液(每100mL水加1mL氨水和1g氯化铵),$AgNO_3$($0.1mol \cdot L^{-1}$),HNO_3($2mol \cdot L^{-1}$),pH试纸。

【实验步骤】

1. 准确称取适量试样两份,分别置于400mL烧杯中,加入30.0mL混合酸,温热溶解,煮沸;各加入酒石酸溶液10.0mL²;滴加1:1氨水至呈碱性,溶液转变为蓝绿色;如有不溶物,应过滤除去,并用热的氨-氯化铵溶液洗涤数次,残渣弃去。

2. 滤液用1:1盐酸酸化,加热水稀释至约300mL,加热至70~80℃,加入适量的丁二酮肟沉淀剂(每毫升镍约需1mL沉淀剂,最后多加40~60mL),在不断搅拌下,滴加1:1氨水,使溶液pH=8~9;在70℃左右保温30~40min。

3. 稍冷后用已恒重的4号微孔玻璃坩埚过滤,用微氨性的50%的酒石酸溶液洗涤烧杯和沉淀8~10次,再用水洗涤至无 Cl^- 为止(HNO_3 酸化后,以 $AgNO_3$ 溶液检验)。

4. 抽干后,在110~120℃的烘箱中烘干1h,移入干燥器中冷却至室温准确称重,再烘干、冷却、称量,直至恒重。

【结果与讨论】

1. 实验数据记录与处理

实验数据记录于表3.9-1中。

表 3.9-1　实验数据

项　　　目	第一次	第二次	第三次
空微孔玻璃坩埚恒重 m_0/g			
试样重 m_s/g			
空微孔玻璃坩埚+沉淀 m_1/g			
空微孔玻璃坩埚+沉淀 m_2/g			
沉淀质量 m/g			
镍的质量分数 w/%			
镍质量分数平均值 $\overline{w}$/%			
实验相对平均偏差/%			

2. 按下式计算镍的含量(%)

$$w_{Ni}=\frac{0.2032m}{m_s}\times 100\%$$　　　　　　(3.9-1)

式中，0.2032 为丁二酮肟换算成镍的换算因数；m 为丁二酮肟镍的沉淀质量，g。

【注意事项】

1. 试样称取量，视含 Ni 量而定，如含 Ni 为 15%～20%，称样 0.2g；含 Ni 8%～15%，称取 0.5g，含 Ni 2%～4%，称样 2g。本法适用于含 Ni 0.1% 以上试样的测定。如含 Ni 量太低，则不易沉淀出来；称样量也不宜太大，否则沉淀体积庞大，不易操作。称取试样若大于 0.2g 时，必须增加沉淀剂和酒石酸的用量，每增加 0.1g 试样需多加 10mL 沉淀剂及 1g 酒石酸；如沉淀剂用量过多，则乙醇浓度也过大，将增加沉淀的溶解度。

2. 以玻璃砂芯坩埚抽滤时，如欲停止抽滤，应先拔掉橡皮管，再关水门，否则会引起自来水反吸入抽滤瓶中。

3. 实验完毕后，玻璃砂芯坩埚中的沉淀先用自来水冲洗掉，再用热的 1∶1 HCl 把红色沉淀全部溶解掉，再用蒸馏水抽滤洗涤 10 次左右。

4. 若残渣为 SiO_2，而且含 Si 量高于 1% 时，则应按下述手续处理：将残渣及滤纸移入铂坩埚中，灰化并灼烧后，冷却，加入高氯酸 5mL 及氢氟酸 0.5mL，蒸发至剩 2～3mL 溶液，稍冷，加水稀释后过滤，滤液并入原试样溶液中。

5. 沉淀时的温度保持 70～80℃，利于减少共沉淀。但是温度不宜太高，以免由于乙醇挥发过多，引起丁二酮肟沉淀，而且部分 Fe^{3+} 被酒石酸或柠檬酸还原成 Fe^{2+}，干扰测定。

【思考题】

1. 丁二酮肟镍重量法测定镍，应注意哪些沉淀条件？为什么？

2. 加入酒石酸或柠檬酸的作用是什么？加入过量沉淀剂并稀释的目的何在？

【参考文献】

1. 华中师范大学，东北师范大学，陕西师范大学编. 分析化学实验. 第 2 版. 北京：高等教育出版社，1994.

2. 武汉大学主编. 分析化学实验. 第 3 版. 北京：高等教育出版社，1994.

3. 马丽君，邵纯红. 重量法测定金属镍的改进. 化学工程师，2002，(2)：66～67.

实验 3.10-1　邻二氮菲分光光度法测定微量总铁含量

【实验目的】

1. 掌握用邻二氮菲分光光度法测定微量铁的方法原理。

2. 学习容量瓶、刻度移液管、电子天平及有关使用数据的计算与标准曲线的绘图方法。

3. 通过邻二氮菲分光光度法测定微量铁，掌握 723 型分光光度计的正确使用方法。

【实验原理】

1. 朗伯-比耳定律

物质在光的照射激发下，物质中的原子和分子所含能量以多种方法与光相互作用而产生对光的吸收效应，物质对光的吸收有选择性，各种不同物质都具有各自的吸收光谱。

可见光分光光度计是根据相对测量原理工作的，即选定某一参比溶液并设定它的透射比 τ（透光率 T）为 100.0%，而被测试样的透光率是相对于参比溶液得到的。透光率的变化和被测物质的浓度有一定关系，在一定范围内，符合 Lambert-Beer 定律。

$$T = I/I_0$$
$$A = -\lg T = \lg(I_0/I)$$

$$A = \varepsilon bc$$

式中，T 为透光率；A 为吸光度；I_0 为入射光强度；I 为透过光强度；ε 为摩尔吸光常数，$L \cdot mol^{-1} \cdot cm^{-1}$；$c$ 为配合物浓度，$mol \cdot L^{-1}$；b 为比色皿厚度，cm。

因是同种物质、同台仪器在同一波长下测定，ε 和 b 相同，因此在一定波长条件下，吸光度与浓度成正比。因此在分光光度计上测出吸光度 A，通过标准曲线法或标准对照法即可求出被测物质的含量。本实验采用标准曲线法，即在相同条件下配制一系列标准溶液，在最大吸收波长处，分别测定它们的吸光度 A。以吸光度 A 为纵坐标，溶液的浓度为横坐标作图，就可以得到一通过原点的直线，称为工作曲线或标准曲线。

2. 邻二氮菲法

测定微量铁的显色剂较多，常用的有邻二氮菲(也称为邻菲罗啉)、磺基水杨酸、硫氰酸盐等，其中邻二氮菲更常用。

邻二氮菲是测定微量铁的高灵敏度、高选择性试剂。在 pH=3~9 范围内 Fe^{2+} 与显色剂——邻二氮菲(o-Phen)生成稳定的橙(橘)红色配合物 $[Fe(Phen)_3]^{2+}$，其 $\lg K_{稳} = 21.3$，红色配合物的最大吸收峰在 510nm 波长处，其摩尔吸光系数 $\varepsilon = 1.1 \times 10^4 L \cdot mol^{-1} \cdot cm^{-1}$。

邻二氮菲(o-Phen)
又称邻菲罗啉

橘红色配合物 $[Fe(Phen)_3]^{2+}$

Fe^{3+} 与邻二氮菲作用也可生成 3:1 的淡蓝色配合物(最大吸收波长为 600nm)，稳定性较差($\lg K_{稳} = 14.1$)，因此为了提高光度法测定铁的灵敏度，在显色前常用盐酸羟胺或抗坏血酸将 Fe^{3+} 全部还原为 Fe^{2+}，然后加入邻二氮菲，并调节溶液酸度到适宜的显色酸度范围。

$$2Fe^{3+} + 2NH_2OH \cdot HCl = 2Fe^{2+} + N_2 \uparrow + 4H^+ + 2H_2O + 2Cl^-$$

本方法的选择性很高，铁含量在 $0.1 \sim 6 \mu g \cdot mL^{-1}$ 范围内遵守朗伯-比尔定律，适用于测定铁含量在 $10 \sim 100 \mu g \cdot mL^{-1}$ 范围内的试液。

邻二氮菲与 Fe^{2+} 的显色反应受多种因素影响：如显色剂的用量、溶液酸度、颜色到达稳定的时间、颜色稳定后维持的时间、反应温度、加入试剂顺序、离子氧化态、干扰物质等。

本法适用于测量微量金属离子浓度。

【仪器及试剂】

723 型分光光度计，电子天平，容量瓶(50mL、250mL)，移液管，称量瓶，烧杯，量筒。

$10^{-3} mol \cdot L^{-1}$ 铁标准溶液　准确称取 0.4822g $NH_4Fe(SO_4)_2 \cdot 12H_2O$ 置于烧杯中，加入 80mL 1:1 HCl 和少量蒸馏水，溶解后转入 1000mL 容量瓶中，用水稀释至刻度，摇匀。

$0.1 mg \cdot mL^{-1}$ 铁标准溶液　准确称取 0.8634g $NH_4Fe(SO_4)_2 \cdot 12H_2O$ 于烧杯中，加入 20mL 1:1 HCl 和少量蒸馏水。溶解后转入 1000mL 容量瓶中，以水稀释至刻度，摇匀。

H_2SO_4(6mol·L^{-1})，盐酸羟胺(10%、临用时配制)，邻二氮菲(0.15%、新鲜配制)，HAc-NaAc(1mol·L^{-1})，$(NH_4)_2Fe(SO_4)_2 \cdot 12H_2O$(自制样品)。

【实验步骤】

1. 邻二氮菲亚铁吸收曲线的制作

在一只 50mL 容量瓶中加入 2.00mL $10^{-3} mol \cdot L^{-1}$ 铁标准溶液，先加入 1.00mL 10%盐

酸羟胺，摇匀后稍停 1min，再分别加入 2.00mL 0.15％邻二氮菲溶液和 5.00mL 1mol·L^{-1} NaAc，每加一种试剂后均需摇匀，然后用蒸馏水稀释至刻度，摇匀后放置 10min。在 723 型分光光度计上，用 1cm 比色皿，以试剂空白溶液（不含铁的试剂溶液）为参比溶液，在波长为 440～560mm 间扫描，得一吸收曲线，从而选择邻二氮菲分光光度法测定铁的适宜波长（通常选择其最大吸收波长 λ_{max}）作为本实验的测量波长。

2. 标准（或工作）曲线的制作

在 6 只 50mL 容量瓶中，用 1.00mL 移液管分别加入 0.00、0.20mL、0.40mL、0.60mL、0.80mL、0.9mL 铁标准溶液（含铁 0.1mg·mL^{-1}），再分别加入 1.00mL 10％的盐酸羟胺溶液于各容量瓶中，摇匀后稍停 1min，再各加入 2.00mL 0.15％邻二氮菲溶液和 5.00mL 1mol·L^{-1} NaAc，每加一种试剂后均需摇匀，用蒸馏水稀释至刻度，摇匀后放置 10min，在所选定的最大吸收波长下，用 1cm 比色皿和试剂空白溶液为参比溶液，测量各溶液的吸光度。用 50mL 溶液中的铁含量为横坐标，相应的吸光度为纵坐标，绘制邻二氮菲亚铁的标准曲线。

3. 样品中铁含量的测定

准确称取 0.15～0.18g 自己合成的硫酸亚铁铵样品于 100mL 烧杯中，加 15.0mL 6mol·L^{-1} H$_2$SO$_4$ 和少量蒸馏水使之溶解，之后定量转入 250.00mL 容量瓶中，用水稀释至刻度，充分摇匀后取 1.00mL 试液于 50mL 容量瓶中，先加入 1.00mL 10％盐酸羟胺，摇匀后稍停 1min，再分别加入 2.00mL 0.15％邻二氮菲溶液和 5.00mL 1mol·L^{-1} NaAc，每加一种试剂后均需摇匀，用蒸馏水稀释至刻度，摇匀后放置 10min。在所选定的最大吸收波长下，用 1cm 比色皿测量其吸光度，填于表 3.10-1-1。根据绘制的标准曲线，查出相应的浓度，计算所合成样品中铁的百分含量及样品纯度。

【结果与讨论】

表 3.10-1-1　实验数据表

溶液	标准溶液(0.1mg·mL^{-1})						未知液
吸取的毫升数/mL	0.00	0.20	0.40	0.60	0.80	0.90	$m_{样品}$/g
Fe 的含量/mg							
10％盐酸羟胺/mL			1.00				
1mol·L^{-1}NaAc 体积 /mL			5.00				
0.15％邻二氮菲体积/mL			2.00				
吸光度 A							

【注意事项】

1. 测定时，控制溶液酸度在 pH 值为 5 左右较为适宜。酸度高时，反应进行较慢；酸度太低，Fe^{2+} 水解影响显色。

2. 实验过程中加入试剂的顺序不可能调换。

3. 操作仪器时，动作要轻缓，测量时从稀到浓。

【思考题】

1. Fe^{3+} 显色前加盐酸羟胺的目的是什么？如用配制已久的盐酸羟氨溶液，对分析结果有什么影响？

2. 在显色反应中为什么要加入 NaAc 溶液？

3. 在本实验中哪些试剂需准确配制和准确加入？哪些试剂不需准确配制，但要准确加入?

【参考文献】

1. 华中师范大学，东北师范大学，陕西师范大学. 分析化学实验. 第2版. 北京：高等教育出版社，1994.
2. 武汉大学主编. 分析化学实验. 第3版. 北京：高等教育出版社，1994.

实验 3.10-2　废水中可溶性正磷酸盐及总磷的测定

【实验目的】

1. 掌握废水的采集方法。
2. 熟悉氯化亚锡还原光度法测定总磷含量的方法。

【实验原理】

1. 方法原理

在酸性条件下，正磷酸盐与钼酸铵反应，生成磷钼多酸。当加入还原剂氯化亚锡后，则转变成蓝色配合物，通常即称为钼蓝，通过比色法测定。

2. 干扰及消除

氯离子含量达 0.15% 以上时，使显色减弱（其他卤素离子亦同）；SO_4^{2-} 含量在 1% 以上时，则使色度增加；Fe^{3+} 具有氧化作用，含量达 40mg·L^{-1} 时，可影响显色；Cu^{2+} 含量大于 1mg·L^{-1} 时，可出现负偏差，硅酸在此显色条件下不干扰，砷酸可与磷酸一样显色，其色度为磷酸的 1/20。

水中过锰酸盐、Cr^{6+} 等离子含量较高时，影响磷钼蓝显色，遇此情况，可加适量亚硫酸钠溶液使之还原，并再经煮沸以除去剩余的亚硫酸根离子。

3. 方法的适用范围

本方法最低检出浓度为 0.025mg·L^{-1}，测定上限为 0.6mg·L^{-1}。适用于地面水中正磷酸盐的测定。

【仪器及试剂】

分光光度计，移液管，容量瓶，比色管。

钼酸铵溶液：称取 8.25g 钼酸铵溶于约 75mL 水中，另量取 100mL 浓硫酸慢慢注入 300mL 水中。冷却后，将钼酸铵溶液在搅拌下注入硫酸溶液中，加水至 500mL，贮于聚乙烯瓶中，如浑浊或变色则应重配。

氯化亚锡溶液：称取 0.5g $SnCl_2·2H_2O$，加 2.5mL 浓盐酸使完全溶解，得透明溶液（必要时放置过夜或稍稍加温）后，加水稀释至 25mL，加一粒金属锡，置暗冷处，一周后必须重配。

磷酸盐标准溶液：称取 0.2195g KH_2PO_4（110℃干燥 2h），溶于水，移入 1000mL 容量瓶（此溶液磷浓度为 50.0μg·mL^{-1}）。

过硫酸钾（0.5%），H_2SO_4（0.5mol·L^{-1}，1：1），NaOH（1mol·L^{-1}），酚酞（0.2%）。

【实验步骤】

1. 样品的采集，加硫酸酸化至 pH≤1 保存。溶解性正磷酸盐的测定，不加任何试剂，于 2～3℃ 冷藏保存，在 24h 内进行分析。

2. $50.0\mu g \cdot mL^{-1}$ 磷酸盐标准使用液的配制

用移液管吸取 10.00mL $50.0\mu g$ $P \cdot mL^{-1}$ 磷酸盐标准溶液于 100mL 容量瓶中，用蒸馏水稀释至刻度。

3. 校准曲线的绘制

(1) 取数支 50mL 具塞比色管，分别加入 $50.0\mu g P \cdot mL^{-1}$ 磷酸盐标准使用液 0.00，1.00mL、2.00mL、3.00mL、5.00mL、7.00mL 加水至标线；

(2) 显色：向比色管中加入 5mL 钼酸铵溶液，摇匀。加入 0.25mL 氯化亚锡溶液充分混匀。

(3) 测量：室温（20℃）放置 15min 后，用 20mm 比色皿，于 700nm 波长处，以空白液为参比，测量吸光度。

4. 样品测定

(1) 正磷酸盐测定

分别取适量水样（使含磷不超过 $30\mu g$）于比色管中，用水稀释至标线。以下按绘制标准曲线的步骤进行显色、测量。减去空白试验的吸光度，并从校准曲线上查出磷含量。

计算：

$$正磷酸盐（P，mg \cdot L^{-1}）= \frac{m}{v}$$

式中，m 为由校准曲线查得的磷量，μg；v 为水样体积，mL。

(2) 总磷测定

分取适量混匀水样（含磷不超过 $30\mu g$）于锥形瓶中，加水至 50mL，加数粒玻璃珠，加 1mL 1∶1 H_2SO_4，5mL 5% 过硫酸钾溶液，置电热板上加热煮沸，调节温度使保持微沸 $30\sim40min$，至最后溶液体积为 10mL 为止，放冷，加 1 滴酚酞指示剂，滴加氢氧化钠溶液至呈微红色，再滴加 $0.5mol \cdot L^{-1}$ 硫酸使红色褪去，充分摇匀，如溶液不澄清，则用滤纸过滤于 50mL 比色管中，用水洗锥形瓶及滤纸，一并移入比色管中，加水至标线。

以下水样测量与标准曲线绘制的操作相同，以经消解的试剂空白为参比。

【注意事项】

1. 配制钼酸铵溶液时，应注意将钼酸铵水溶液徐徐加入硫酸溶液中。如相反操作，则可导致显色不充分。

2. 此法显色与显色溶液的酸度、钼酸铵浓度、还原剂用量、显色温度和时间等条件有关。因此，应控制试剂的加入量。温度每升高 1℃，色泽增加约 1%。因此水样和标准的显色温度应一致，如室温变动明显时，应重新制作校准曲线。显色温度亦影响最大显色所需时间。室温较低时，可适当缩短延长显色时间，水样和标准显色时间亦应一致。

3. 磷浓度低的水样，可制备较低浓度的校准曲线，并使用 50mm 比色皿。

【思考题】

1. 本方法操作步骤中，加入 $SnCl_2$ 的作用是什么？

2. 比色计使用应注意什么？

实验 3.10-3 紫外分光光度法测定水中的总酚量

【实验目的】

1. 了解水中总酚量测定的重要性。

2. 掌握用紫外分光光度法测定水中总酚量的原理与技术。

【实验原理】

酚在碱性溶液中（pH=10～12）在紫外光区有强吸收。利用其在 235nm 波长处的吸光度可定量测定总酚的含量。此法可用于水中总酚量的测定。

在测定波长 235nm 处有吸收的主要是芳香族化合物及其不饱合的有机化合物。为排除干扰，可采用二氯甲烷萃取废水中的有机物，然后利用酚类的弱酸性用 NaOH 溶液进行反萃取，调节 pH 值后，即可进行紫光测定。

本法的检测范围　0.05～5mg·L^{-1}。

【仪器和试剂】

紫外分光光度计，2cm 比色皿，容量瓶，移液管，比色管。

无酚水的制备　在离子水中加入适量的活性炭（每升水中加入经活化后的活性炭 0.2g），充分振摇后放置过夜。用双层滤纸过滤即可制得无酚水。本实验中配制溶液均无酚水。

酚贮备液　称取 10g 无色酚（A. R.）溶于无酚水中，定量移放 1000mL 容量瓶中，并稀释至刻度。用溴代滴定法准确标定浓度，置冰箱内保存。

酚标准溶液　吸取 10mL 酚贮备液，置于 100mL 容量瓶中，用水稀释至标线。使用时当天配制。

1mol·L^{-1}NaOH 溶液　称取 4.0g NaOH 固体（A. R.）置于无酚水中，并稀释至 100mL。

【实验步骤】

1. 标准曲线的绘制

分别吸取酚标准溶液 0.00、0.25mL、0.50mL、1.00mL、1.50mL、2.00mL、2.50mL 于 7 支 50mL 比色管中，分别加入 0.5mL 1mol·L^{-1}NaOH 溶液，加水至标线，混匀，调节溶液的 pH 值在 10～12 之间。以 0.01mol·L^{-1} 的 NaOH 溶液作参比，用 2cm 比色皿于波长 235nm 处分别测定其吸光度。由除空白样外的其他标准系列测得的吸光值减去空白样的吸光度值，以浓度为横坐标，吸光度为纵坐标，建立标准曲线。

2. 样品测定

取适量经过预处理的样品置于 50mL 容量瓶中，用盐酸或 NaOH 溶液调至中性，再加入 0.5mL 1mol·L^{-1}NaOH 溶液，用水稀释至 50mL，然后用与工作曲线相同的步骤测定其吸光度值，计算出样品浓度。

【计算】

$$总酚(mg/L) = \frac{测得总酚量(\mu g)}{水样体积(mL)}$$

【注意事项】

1. 苯酚水溶液在 211nm 和 270nm 处有最大吸收峰，而在碱性介质中，苯酚的最大吸收峰发生红移，分别移至 235nm 和 290nm 处，且吸收峰强度增加，在 235nm 处摩尔吸光系数 ε 达 9400，满足特征性强、灵敏度高的要求，故选定在碱性介质中 λ=235nm 处为测定波长；常见的苯酚衍生物，如甲酚、二甲酚等，在碱性介质中，λ=235nm 处均有强吸收，但其摩尔吸光系数均小于苯酚，故紫外分光光度测得的总酚量，是以苯酚为基准物，所测结果代表水中总酚量的最小浓度。

2. 试液的碱度对酚类紫外吸收带的吸光度值影响很大。利用氢氧化钠溶液调节酚溶液的碱度，在 235nm 处对一确定浓度的酚溶液进行吸光度值的测定，所得出的 A-pH 值曲线表明，pH 值小于 10 或大于 12 时，A 值随 pH 值改变。为了保证结果准确可靠，待测酚的 pH 值应控制在 $10\sim12$。

3. 用萃取的方法消除芳香族化合物及其他不饱和的有机化合物时，萃取比和萃取次数可根据水样的含酚量而定。对于无色、清晰的较清洁水样可直接测定。

4. 对于浑浊或有色废液，通过萃取、反萃取排除有机物干扰后，再进行预蒸馏处理。量取 250mL 水样于 500mL 全玻蒸馏器中，加入两滴甲基橙指示剂，用磷酸将水样调至红色，加入 5mL 硫酸铜溶液，再加入数粒玻璃珠，加热蒸馏，收集馏出液至 50mL。

5. 对于自来水、井水、地下水和清洁的地表水，酚的标准系列及待测水样（水样调至中性后）均可用 $0.01mol\cdot L^{-1}$ NaOH 溶液代替 $1mol\cdot L^{-1}$ NaOH 溶液调节 pH 值在 $10\sim12$。

【思考题】

1. 说明水中酚的来源及测定水中总酚量的重要意义。
2. 现在通用的水中酚的测定方法是什么？把它与本法从测定方法及测定范围上进行比较。
3. 怎样用溴代滴定法准确标定酚储备液浓度？

实验 3.11　碳钢中锰含量的测定——比色法

【实验目的】

1. 巩固电子天平的使用。
2. 学习 721 型分光光度计的使用方法。
3. 掌握数据处理方法。
4. 用光电比色法测定钢中锰的含量。

【实验原理】

1. 分光光度计的基本原理

基于物质对光的选择吸收而建立的分析方法称为吸光光度法，包括比色法、可见分光光度法及紫外分光光度法等。有色溶液的颜色深浅和被测物质的浓度存在着一定的关系。利用这种关系的分析方法称为比色法。通常看到的白光由红、橙、黄、绿、青、蓝、紫七种的光组成。当白光通过某一有色溶液时，一些波长的光被溶液吸收，另一些波长的光则透过。透射光（或反射光）刺激人眼而使人感觉色的存在。人眼能感觉到的光称为可见光。当白光通过滤光片后，就可以获得近似的单色光。如通过红色滤光片时，白光中红色光就容易通过。而其他颜色的光就大部分被吸收。实验证明某一颜色的滤光片最容易通过该颜色的光，利用光学仪器，可以从白光中分出任一波长的单色光。

把通过滤光片（滤光片的选择是根据溶液的颜色来选择的，即不同的物质都有各自的吸收光谱，选择滤光片可按表 3.11-1 进行）得到的单色光照射到有色溶液中，一部分光被有色溶液吸收，一部分光透过光线减弱的程度通过实验得到下列关系：

$$\lg \frac{I_0}{I_i} = kcl$$

式中，k 为比例常数（吸光系数）；l 为有色溶液的厚度即比色皿厚度；c 为有色溶液的浓度；I_0 为射光的强度；I_i 为通过溶液后光的强度；$\lg \dfrac{I_0}{I_i}$ 的含义：如果光线通过溶液后完全不被吸收，则 $I_0 = I_i$，$\lg \dfrac{I_0}{I_i} = 0$；当光线被吸收得越多时，则 $I_i \ll I_0$，$\lg \dfrac{I_0}{I_i}$ 的数值就越大。因此，$\lg \dfrac{I_0}{I_i}$ 是表示光线通过溶液时被吸收的程度，通常把它叫作吸光度并用符号 A 表示，即

$$A = \lg \frac{I_0}{I_i} = kcl$$

由此关系式得知，当入射光的波长、温度和比色皿一定，则吸光度 A 只与有色溶液的浓度 c 成正比。因此，测某一有色溶液的浓度时，主要是在一定条件下测某透射光的强度 I_i（准确测量 I_i 是利用分光光度计），将透射光转变为电流。I_i 越大产生的光电流也就越大，而有色溶液的吸收光度也就越小，被测物质的浓度也就越小。所以用精密的检流计测定光电流的大小，就可以比较有色溶液中被测物质的浓度大小，这种分析方法称为光电比色法。

做光电比色分析时，先用一系列已知浓度的有色溶液测定其吸光度，作出吸光度与浓度的光系曲线（即标准曲线），然后再测定未知浓度的有色溶液的吸光度（条件与标准曲线的测绘条件完全一致），于是可从标准曲线上查出未知溶液的浓度。

2. 光度计的基本部件

（1）光源

在吸光度的测量中，要求光源发出所需波长范围内的连续光谱具有足够的强度，并在一定时间内能保持稳定。

在可见光区测量时通常使用钨丝灯光源。钨丝加热白炽时，将发出波长约为 320nm 至 2500nm 的连续光谱，发光强度在各波段的分布随灯丝温度变化而变化，温度增高时，总强度增大，且在可见光区的强度分布增大，但温度增高，会影响灯的寿命。钨丝灯的温度决定于电源电压，电源电压的微小波动会引起钨灯强度的很大变化，因此，必须使用稳定电源才能使光源强度保持不变。

表 3.11-1 滤光片的选择

溶液的颜色	滤光片	
	颜色	波长/nm
青紫	绿带黄	540~560
蓝	黄	570~600
蓝带绿	橙红	600~630
绿带蓝	红	630~760
绿	紫	400~420
黄	蓝	430~440
橙红	蓝带绿	450~480
红	绿带蓝	490~530

在近紫外区测量时，常采用氢灯或氘灯产生 180~375nm 的连续光谱作为光源。

（2）单色器

将光源发出的连续光谱分解为单色光的装置称为单色器。单色器由棱镜或光栅等色散元件及狭缝和透镜等组成。此外，常用的滤光片也起单色器的作用。

（3）吸收池

吸光池也称比色皿，用于盛吸收液，能透过所需光谱范围内的光线。在可见光区测定，

可用无色透明、耐腐蚀的玻璃比色皿，大多数仪器都配有液层厚度为 0.5cm、1.0cm、2cm、3cm、5cm 等的一套长方形或圆柱形比色皿。同样厚度比色皿之间的透光率相差小于 0.5%。为了减小入射光的反射损失和造成光程差，应注意比色皿放置的位置，使其透光面垂直于光束方向。指纹、油腻或皿壁上其他沉积物都会影响其透射特性，因此，应注意保持比色皿的光洁。

（4）检测系统

测量吸光度时，并非直接测量透过吸收池的光强度，而是将光强度转换成电流进行测量，这种光电转换器件称为检测器。因此，要求检测器对测定波长范围内的光有快速、灵敏的响应，最重要的是产生的光电流应与照射于检测器上的光强度成正比。

① 光电池　常用的硒光电池。当光照射到光电池上时，半导体硒表面就有电子逸出，被收集于金属薄膜上（一般是金、银、铅等薄膜），因此带负电，成为光电池的负极。由于硒的半导体性质，电子只能单向移动，使铁片成为正极，通过电阻很小的外电路连接起来，可产生 $10\sim100\mu A$ 的光电流，能直接用检流计测量，电流的大小与照射光强度成正比。

光电池受强光照射，或长久连续使用时，会出现"疲劳"现象，即照射强度不变，但产生的光电流会逐渐下降，这时应暂停使用，将它放置暗处使其恢复原有灵敏度，严重时应更换新的硒光电池。

② 光电管

③ 检流计　通常使用悬镜式光点反射检流计测量产生的光电流，其灵敏度一般为 10^{-9} A·格$^{-1}$，在单速仪器中，检流计光点偏转刻度直接标为百分透光度 $\%T$ 和吸光度 A，测定时一般直接读出 A 的数值。检流计在使用中应防止振动和大电流通过。停止使用时，必须将检流计开关指向零位，使其短路。

3. 比色法测定锰含量的原理

应用比色法测定金属元素的含量，首先要把被测元素转变成有色化合物而后测定有色化合物的浓度大小就间接地测出了被测元素的含量。

将一定质量的钢样用 HNO_3 溶解，再用 $(NH_4)_2S_2O_8$ 作氧化剂将溶于酸中的锰氧化成具有特征颜色的高锰酸，为了加速反应的进行，常加入 $AgNO_3$ 作催化剂。

化学反应如下：

$$Fe+6HNO_3 =\!=\!= Fe(NO_3)_3+3NO_2\uparrow+3H_2O$$

$$Mn+4HNO_3 =\!=\!= Mn(NO_3)_2+2NO_2\uparrow+2H_2O$$

$$2Mn(NO_3)_2+5(NH_4)_2S_2O_8+8H_2O =\!=\!= 2HMnO_4+5(NH_4)_2SO_4+5H_2SO_4+4HNO_3$$

钢样溶解后产生的 $Fe(NO_3)_3$ 呈黄色会影响比色测定，可以加入少量的 H_3PO_4 掩蔽。

$$Fe(NO_3)_3+2H_3PO_4 =\!=\!= H_3[Fe(PO_4)_2]+3HNO_3$$

　　　　褐黄色　　　　　　　　　　　　　无色

【仪器及试剂】

721 型分光光度计，电子天平，电炉，容量瓶（50mL），量筒（5mL，20mL），烧杯（100mL）。

HNO_3（1:3），$(NH_4)_2S_2O_8$（25%），碳钢样品（含 Mn 量在 0.05%～1% 之间）。

定锰混合酸　将 20.0mL 浓 H_2SO_4 小心倾入 500mL 水中，加入 50mL 浓 H_3PO_4、30mL 浓 HNO_3、2.0g $AgNO_3$，用水稀释至 1000mL。

【实验内容】

1. 称样

在电子天平上准确称取待测钢样 0.1g ±0.5mg 放入小烧杯中。

2. 溶解

加入 10.0mL HNO$_3$（1∶3）在电炉上小心加热使钢样全部溶解，去除氮的氧化物。分别加入 5.0mL 定锰混合酸和 10.0mL（NH$_4$）$_2$S$_2$O$_8$，继续加热至沸，煮沸 1min 后，将烧杯取下，冷却（可用水冷却）至室温，

3. 稀释

将全部溶液装入 50mL 容量瓶中，用少量蒸馏水洗涤烧杯 2～3 次，并将此液全部装入容量瓶中，最后加蒸馏水至容量瓶的刻度线，摇匀。

4. 比色

取两只 1cm 的比色皿，一只用少量被测溶液冲洗几次，注入被测溶液，在另一个比色皿中注入适量的蒸馏水，选择波长 530nm，以水为参比，在 721 型分光度计上进行测量，记录吸光度。

5. 称五种不同质量的标准钢样（锰的含量是已经知道的），按样品的分析步骤进行。

【数据处理】

由五种不同的标准钢样测定的吸光度与钢样中锰的含量绘制标准曲线，然后，从绘制的标准曲线上找出与样品吸光度对应的锰的含量，即为样品中锰的含量。

【思考题】

1. 能否用自来水替代蒸馏水？
2. 溶解钢样时，为什么不采用盐酸或硫酸？

实验 3.12　　溶解氧的测定

【实验目的】

1. 巩固碘量法的测定原理和方法。
2. 掌握化学法测定水中溶解氧的原理和方法。

【实验原理】

用化学法测定水中溶解氧是根据碘量法中的氧化还原反应，向水样中加入硫酸锰和碱性碘化钾溶液生成三价锰的氢氧化物棕色沉淀，当水中溶解氧充足时，生成四价锰的氢氧化物棕色沉淀，强酸溶解高价锰的氢氧化物沉淀，在碘离子存在下即释放出与溶解量相当的游离碘，然后用硫代硫酸钠标准溶液滴定游离碘，换算出溶解氧含量，其反应如下：

$$Mn^{2+} + 2OH^- \longrightarrow Mn(OH)_2 \downarrow （白色沉淀）$$
$$2Mn(OH)_2 + O_2 + 2H_2O \longrightarrow 2Mn(OH)_4 \downarrow （棕色沉淀）$$

当溶解氧充足时，生成：

$$2Mn(OH)_2 + O_2 \longrightarrow 2MnO(OH)_2$$
$$MnO(OH)_2 + 2I^- + 4H^+ \longrightarrow Mn^{2+} + I_2 + 3H_2O$$
$$I_2 + 2S_2O_3^{2-} \longrightarrow 2I^- + S_4O_6^{2-}$$

【仪器及试剂】

250mL 小口试剂瓶代替溶解氧瓶，锥形瓶，酸式滴定管、定量吸管和移液管。

硫酸锰溶液：称取 480.0g（A.R.）MnSO$_4$·4H$_2$O 或 364.0g MnSO$_4$·H$_2$O 溶解于蒸馏水中，稀释至 1L。此溶液在酸性条件下，加入碘化钾后，不得析出黄色游离碘。

碱性碘化钾溶液：称取 50.0g 氢氧化钠（A.R.）溶解于 300～400mL 蒸馏水中，另称取 150g 碘化钾溶于 200mL 蒸馏水中，氢氧化钠溶液冷却后，将两种溶液合并混合，用水稀释至 1L 后如有沉淀则放置过夜后，倾出上层清液，贮于聚乙烯瓶中用黑纸包裹避光。

硫酸溶液（1∶5）。

0.5% 淀粉溶液：称 0.5g 可溶性淀粉，用少量水调成糊状，再用刚煮沸的水稀释到 100mL，冷却后，加入 0.1g 水杨酸或 0.4g 氯化锌。

硫代硫酸钠标准溶液（0.1mol·L^{-1}）：取 25.0g 分析纯硫代硫酸钠（$Na_2S_2O_3 \cdot 5H_2O$）溶于 1L 煮沸放冷的蒸馏水中，加入 0.2g 碳酸钠或 5mL 氯仿，贮于棕色瓶中，此溶液在室温下可稳定较长时间，标定后，临用前准确稀释成 0.0125mol·L^{-1}。

$Na_2S_2O_3$ 标准溶液的标定：精确称取预先在 105～110℃烘箱中干燥 2h 的分析纯重铬酸钾 1.5g，溶于蒸馏水中，移入 250mL 容量瓶中，稀释至刻度，根据重铬酸钾的称量值，计算出 $K_2Cr_2O_7$ 标准溶液浓度 $c_{K_2Cr_2O_7}$：

$$c_{K_2Cr_2O_7} = \frac{m_{K_2Cr_2O_7} \times 1000}{49.03 \times V}$$

式中，V 为容量瓶体积，250mL；$m_{K_2Cr_2O_7}$ 为 $K_2Cr_2O_7$ 的称量值；49.03 为 1/6 $K_2Cr_2O_7$ 摩尔质量。

准确吸取重铬酸钾标准溶液 25.00mL 于 250mL 锥形瓶中，加 10.0mL 20% KI 溶液及 5.0mL（1∶5）H_2SO_4 溶液，摇匀。盖上表面皿于暗处放置 5min，然后加 50.0mL 蒸馏水，用待标定的 $Na_2S_2O_3$ 溶液滴定到浅黄色，加入 1.0mL 淀粉溶液，继续用硫代硫酸钠溶液滴定至蓝色变绿色（Cr^{3+} 离子的颜色）即为终点。根据消耗的 $Na_2S_2O_3$ 溶液的体积 $V_{Na_2S_2O_3}$ 计算 $c_{Na_2S_2O_3}$。

【实验步骤】

用虹吸法沿瓶壁将水样转移到溶解氧瓶内，并使水样从瓶口溢流出 10s 左右，然后用 1mL 定量移液管插入液面下加入硫酸锰溶液，用另一根 1.00mL 定量移液管插入液面下加入碱性碘化钾溶液，盖好瓶塞，勿使瓶内有气泡，倒转混合 15 次后静置，待棕色絮状沉淀降到瓶的一半时，再倒转混合几次，待沉淀降到瓶的一半，轻轻打开瓶塞，立即用移液管插入液面下，加入 2.0mL 浓硫酸小心盖好瓶塞，倒转混合摇匀至沉淀物全部溶解为止，若溶解不完可继续加入少量浓硫酸，但此时不可溢出溶液，然后放置暗处 5min，用移液管吸取 100.00mL 上述溶液，注入 250mL 锥形瓶中，用 0.0125mol·L^{-1} 硫代硫酸钠标准溶液滴定到溶液滴定到溶液呈微黄色，加入 1.0mL 淀粉溶液，用硫代硫酸钠继续滴定至恰使蓝色褪去为止，记录用量。

【数据处理】

$$溶解氧(mg·L^{-1}) = \frac{c \times V \times 8 \times 1000}{100}$$

式中，c 为硫代硫酸钠标准溶液浓度，mol·L^{-1}；V 为滴定时消耗硫化硫酸钠标准溶液体积，mL；8 为氧（1/20）摩尔质量；100 为所取水样体积，mL。

溶解氧饱和度 =（测定溶解氧值/采样时的水温大气压下水中饱和溶解氧值）×100%。

【注意事项】

1. 水样呈现强酸性或者强碱性时可用 NaOH 或 HCl 调至中性后再滴定。

2. 采集水样后应加入 $MnSO_4$ 或者碱性 KI 溶液以固定溶解的氧，当水样含有悬浮物、藻类、氧化还原性类等物质时必须对样品进行预处理。

【思考题】

1. 溶解氧的测量还有哪些方法?
2. 分析本测定方法的误差来源?

实验 3.13 硼酸含量的测定

【实验目的】

1. 进一步熟悉标准溶液的配制与标定。
2. 熟练掌握滴定的操作技能。

【实验原理】

硼酸是一元酸,酸性极弱,$K_a = 5.75 \times 10^{-10}$,化学计量点附近没有明显的 pH 值突跃,不能直接进行滴定。

$$B(OH)_3 + 2H_2O \longrightarrow B(OH)_4^- + H_3O^+$$

如果加入甘露醇、甘油等邻多羟基化合物,可使其酸性大大增强,因为硼酸与甘露醇反应,生成的螯合物是较强的一元酸,其电离常数约为硼酸的 10^4 倍,因而可用氢氧化钠液直接滴定。

$$H_3BO_3 + 2C_6H_{14}O_6 \longrightarrow [B(C_6H_8(OH)_4O_2)_2]^- + H^+ + 3H_2O$$
$$H^+ + OH^- \longrightarrow H_2O$$

【仪器及试剂】

台秤,电子天平,碱式滴定管,容量瓶,锥形瓶,移液管,烧杯,电炉(或酒精灯)等。

硼酸(分析纯),甘露醇(分析纯),NaOH 溶液(0.1mol·L^{-1}),1%酚酞指示剂(1g 酚酞溶于 60mL 95%乙醇中,用水稀释至 100mL)。

【实验步骤】

1. 0.5mol·L^{-1}NaOH 溶液的配制及标定

参见实验 1.3 溶液的精确配制与标定。

2. 取硼酸约 0.50g,精密称定,加入约 5g 甘露醇,再加入 25mL 新煮沸过且已冷却的蒸馏水,微微加热,使硼酸溶解。待其冷却至室温,加酚酞指示剂 3 滴,用氢氧化钠标准溶液滴定至显粉红色。记录消耗的体积。

平行测定三次,记录消耗的 NaOH 溶液的体积,取其平均值 V(表 3.13-1)。

表 3.13-1 实验数据

次　　数	1	2	3
$m_{H_3BO_3}$			
V_{NaOH}			

【结果与讨论】

计算试样中硼酸的含量:

$$w_{H_3BO_3} = \frac{cVM_{H_3BO_3}}{m \times 1000} \times 100\% \qquad (3.13-1)$$

式中，c 为氢氧化钠标准溶液的实际浓度，$mol \cdot L^{-1}$；V 为滴定时消耗的氢氧化钠标准溶液的体积，mL；$M_{H_3BO_3} = 61.83 g \cdot mol^{-1}$；$m$ 为硼酸的质量，g。

【注意事项】

为保证硼酸与甘露醇反应完全，应加入足量的甘露醇，否则容易使滴定未达终点时即显红色。

【注意事项】

1. 能否用氢氧化钠溶液直接滴定硼酸？
2. 根据实验结果及操作中的问题进行分析讨论。

【参考文献】

傅献彩主编. 大学化学. 北京：高等教育出版社，1999.

实验 3.14　水果糖中还原糖的测定

【实验目的】

1. 进一步熟悉标准溶液的配制与标定。
2. 熟练掌握滴定的操作技能。

【实验原理】

分子中含有还原性基团（如游离醛基或游离羰基）的糖，称为还原糖。如葡萄糖、麦芽糖。

硫酸铜、氢氧化钠和酒石酸钾钠反应，会生成深蓝色的可溶于水的酒石酸钾钠铜配合物，还原糖与之反应，可将配合物中的二价铜还原为红色的 Cu_2O 沉淀，为消除红色沉淀对滴定终点的干扰，加入亚铁氰化钾与 Cu_2O 反应，生成可溶性的配合物。

指示剂是亚甲基蓝，其氧化型为蓝色，还原型为无色。它的氧化能力弱于碱性酒石酸铜，用还原糖滴定酒石酸钾钠铜配合物至化学计量点时，二价铜已耗尽，稍过量的还原糖将亚甲基蓝还原为无色状态，为滴定终点。根据还原糖消耗体积，可计算出还原糖的含量。

【仪器及试剂】

台秤，电子天平，酸式滴定管，量筒，可调式电炉，容量瓶，移液管。

水果硬糖，硫酸铜（分析纯），亚甲基蓝，酒石酸钾钠（分析纯），氢氧化钠，盐酸，亚铁氰化钾（分析纯），葡萄糖（分析纯）。

【实验步骤】

1. 溶液的配制

（1）水果糖溶液　称取水果硬糖 2.0g，加水溶解，配成 250.0mL 的溶液。

（2）碱性酒石酸铜甲液　称取 15.00g 硫酸铜（$CuSO_4 \cdot 5H_2O$）及 0.05g 亚甲基蓝，溶于水中并稀释至 1000mL。

（3）碱性酒石酸铜乙液　称取 50.00g 酒石酸钾钠及 75g 氢氧化钠，溶于水中，再加入 4g 亚铁氰化钾，完全溶解后，用水稀释至 1000mL，贮存于橡胶塞玻璃瓶中。

（4）葡萄糖标准溶液（$1.0 mg \cdot mL^{-1}$）　将纯度在 99% 以上的葡萄糖在 94～98℃ 干燥至恒重，精密称取 1.000g，加水溶解后加入 5mL 盐酸（目的是防腐），配成 1000mL 溶液。

2. 碱性酒石酸铜溶液的标定

准确移取 5.00mL 碱性酒石酸铜甲液和 5.00mL 碱性酒石酸铜乙液，一起放入 150mL 锥形瓶中，加水 10mL，再加入 2 粒洁净的玻璃珠，从滴定管中滴加 9mL 左右的葡萄糖标准溶液，摇匀，把锥形瓶放在电炉上加热至沸（要求控制在 2min 内沸腾），然后趁沸以每两秒 1 滴的速度继续滴加葡萄糖标准溶液，至溶液的蓝色刚好褪去。

平行测定三次，记录消耗的葡萄糖标准溶液的总体积，取其平均值 V_1，计算每 10.0mL 碱性酒石酸铜溶液（甲、乙液各 5.0mL）相当于葡萄糖的质量（mg）。

3. 水果糖溶液的预测

准确移取 5.00mL 碱性酒石酸铜甲液和 5.00mL 碱性酒石酸铜乙液，一起放入 150mL 锥形瓶中，加水 10mL，再加入 2 粒洁净的玻璃珠，摇匀，把锥形瓶放在电炉上加热至沸，然后趁沸以先快后慢的速度用水果糖溶液滴定，待溶液颜色变浅时，再以每两秒 1 滴的速度继续滴加水果糖溶液，至溶液的蓝色刚好褪去。如果滴定液的颜色变浅后复又变深，说明滴定过量，需重新滴定。

记录水果糖溶液消耗体积 V_2，V_2 应与 V_1 接近，在 10mL 左右，否则误差就比较大，如果水果糖溶液浓度过高，应适当稀释。

4. 水果糖溶液的测定

准确移取 5.00mL 碱性酒石酸铜甲液和 5.00mL 碱性酒石酸铜乙液，一起放入 150mL 锥形瓶中，加水 10mL，再加入 2 粒洁净的玻璃珠，快速从滴定管中滴加比预测体积少 1mL 的水果糖溶液，摇匀，把锥形瓶放在电炉上加热至沸，然后趁沸以每两秒 1 滴的速度滴定，至溶液的蓝色刚好褪去。

平行测定三次，记录消耗的水果糖溶液的总体积，取其平均值 V_3。

【结果与讨论】

水果糖中还原糖的含量 w（以葡萄糖计）为：

$$w = \frac{cV_1}{m \times \dfrac{V_3}{V} \times 1000} \times 100\% \tag{3.14-1}$$

式中，c 为葡萄糖标准溶液的浓度，$mg \cdot mL^{-1}$；V_1 为滴定 10mL 碱性酒石酸铜溶液（甲、乙液各 5mL）消耗的葡萄糖标准溶液的体积，mL；V_3 为消耗的水果糖溶液的体积，mL；m 为称取的水果糖的质量，g；V 为水果糖溶液的总体积，mL。

【注意事项】

1. 滴定时，被还原的亚甲基蓝很容易又被空气中的氧气氧化，恢复成原来的蓝色，所以滴定过程中溶液必须保持沸腾状态，使上升蒸气阻止空气侵入溶液中并且避免滴定时间过长。

2. 本实验对滴定操作条件要求很严。标定、预测与测定的各项操作条件，如锥形瓶的大小、电炉的加热功率、滴定速度、预加入大致体积等应尽量保持一致。

【思考题】

1. 滴定过程中为什么要保持沸腾？
2. 根据实验结果及操作中的问题进行分析讨论。

【参考文献】

1. 张水华主编. 食品分析. 北京：中国轻工业出版社，2008.
2. 傅献彩主编. 大学化学. 北京：高等教育出版社，1999.

实验 3.15　工业废水酸度的测定

【实验目的】

了解酸度的基本概念，学习工业废水中酸度的测量方法。

【原理】

工业废水中的酸度由无机酸类、强酸弱碱盐类和有机酸类组成，所测酸度是指用碱标准溶液滴定废水水样至一定的 pH 值所消耗的量，单位 $mol \cdot L^{-1}$。酸度数值的大小随所用指示剂滴定终点的 pH 值不同而有两种规定：用 NaOH 溶液滴定到 pH＝3.9（以甲基橙作指示剂）的酸度称甲基橙酸度，代表一些较强酸类的酸度；用 NaOH 溶液滴定到 pH＝8.3（以酚酞作指示剂）的酸度称为酚酞酸度，它是全部酸度故又称总酸度。

【仪器和试剂】

电子天平，碱式滴定管，锥形瓶，容量瓶，移液管。

NaOH（$0.1mol \cdot L^{-1}$），酚酞指示剂（0.2%），甲基橙指示剂，草酸（分析纯），工业废水样。

【实验步骤】

1. NaOH 溶液的标定

(1) 配制 100.00mL $0.0500mol \cdot L^{-1}$ 的草酸标准溶液　在电子天平上用减量法准确称取 0.6303g 草酸置于 100mL 的烧杯中，用 30.0mL 蒸馏水溶解后，转移到 100mL 容量瓶中，用少量蒸馏水洗涤烧杯 3 次，洗涤液也转移至容量瓶中，用蒸馏水稀释至刻度，摇匀。根据实际称得的质量计算其浓度，保留四位有效数字。

(2) 标定 NaOH 溶液　移取 25.00mL 草酸标准溶液置于锥形瓶中，加 2 滴酚酞溶液，用 $0.1mol \cdot L^{-1}$ NaOH 溶液滴定至粉红色，30s 内不褪色即已到达终点。平行滴定 3 次，计算 NaOH 溶液的浓度。

2. 废水样的测定

(1) 用移液管取 25.00mL 废水样于 250mL 锥形瓶中，瓶下放一白瓷片或一张白纸。锥形瓶中加入 2~3 滴甲基橙指示剂，用上述 NaOH 标准溶液滴定至溶液刚由红色变为橘黄色为止，记录用量（V_1）。实验结果记录于表 3.15-1，平行滴定 3 次，计算 NaOH 溶液的浓度。

(2) 25.00mL 废水样，加入 1~2 滴酚酞指示剂，用 NaOH 标准溶液滴定至溶液刚好变红色，记录用量（V_2）。平行滴定 3 次，计算 NaOH 溶液的浓度。

【结果与讨论】

1. 实验数据记录与处理

表 3.15-1　HCl 溶液浓度的标定与试样总碱量的测定

滴定序号		1	2	3
草酸/g				
草酸的体积/mL			25.00	
NaOH 溶液	终读数/mL			
	初读数/mL			
	净体积/mL			
NaOH 的浓度/$mol \cdot L^{-1}$				

续表

滴定序号			1	2	3
NaOH 的平均浓度/mol·L⁻¹					
相对平均偏差/%					
废水样/mL				25.00	
甲基橙	NaOH 溶液的体积	终读数/mL			
		初读数/mL			
		净体积/mL			
		平均体积/mL			
NaOH 平均浓度/mol·L⁻¹					
甲基橙酸度/mol·L⁻¹					
酚酞	NaOH 溶液的体积	终读数/mL			
		初读数/mL			
		净体积/mL			
		平均体积/mL			
NaOH 平均浓度/mol·L⁻¹					
总酸度/mol·L⁻¹					

2. 计算公式

$$甲基橙酸度(mol \cdot L^{-1}) = \frac{cV_1}{V}$$

$$总酸度(mol \cdot L^{-1}) = \frac{cV_2}{V}$$

式中，c 为 NaOH 标准溶液浓度，mol·L⁻¹；V_1 为用甲基橙作滴定指示剂时，消耗 NaOH 标准溶液的体积，mL；V_2 为用滴酚作滴定指示剂时，消耗 NaOH 标准溶液的体积，mL；V 为水样的体积，mL。

【注意事项】

1. 水样取用体积，依据滴定时消耗 NaOH 标准溶液的用量在 10～25mL 之间为宜。

2. 采集的样品用玻璃瓶储存，并使水样充满不留空间，盖紧瓶盖。若为废水水样，接触空气容易引起微生物活动，容易减少或增加 CO_2 及其他气体，最好在取样当天分析完毕。对生物活动明显的水样，应在 4h 内分析完。

【思考题】

1. 本实验需要做空白实验吗？为什么？

2. 为什么用甲基橙作指示剂测得的酸度只代表强酸的酸度？

实验 3.16-1　食用醋中乙酸含量和植物油酸值测定

【实验目的】

1. 了解强碱滴定弱酸的反应原理及指示剂的选择。

2. 掌握食用醋中乙酸含量的测定方法。

3. 掌握酸值测定的原理和方法。

【实验原理】

食醋是混合酸，其主要成分是乙酸（HAc）（有机弱酸，$K_a = 1.8 \times 10^{-5}$），与 NaOH 反应产物为弱酸强碱盐 NaAc：

$$HAc + NaOH \longrightarrow NaAc + H_2O$$

化学计量点时 pH$\approx$8.7，滴定突跃在碱性范围内（如 0.1mol·L^{-1} NaOH 滴定 0.1mol·L^{-1} HAc 突跃范围 pH$=$7.74～9.70），若使用酸性范围内变色的指示剂如甲基橙，将引起很大的滴定误差（该反应化学计量点时溶液呈弱碱性，酸性范围内变色的指示剂变色时，溶液呈弱酸性，则滴定不完全）。因此应选择在碱性范围内变色的酚酞作指示剂（pH$=$8.0～10.0）（指示剂的选择主要以滴定突跃范围为依据，指示剂的变色范围应全部或部分在滴定突跃范围内，则终点误差小于 0.1%），利用 NaOH 标准溶液测定 HAc 含量。

酸值是指中和 1g 油脂中的游离脂肪酸所需氢氧化钾的质量（mg）。酸值是反映油脂酸败的主要指标，测定油脂酸值可以评定油脂品质的好坏和储藏方法是否恰当，并能为油脂碱炼工艺提供需要的加碱量。我国食用植物油都有国家标准的酸值规定。

用中性乙醇和乙醚混合溶剂溶解油样，然后用碱标准溶液滴定其中的游离脂肪酸，根据油样质量和消耗碱液的量计算出油脂酸值。

【仪器及试剂】

电子天平，锥形瓶，碱式滴定管，移液管，容量瓶。

NaOH（固体），0.2%酚酞指示剂（乙醇溶液），中性醇醚混合液（取 95% 乙醇和乙醚按 2∶1 等体积混合，加入酚酞指示剂数滴，用 1mol·L^{-1} KOH 溶液中和至红色），KOH（固体），食用醋，食用油。

【实验步骤】

1. 0.1mol·L^{-1} NaOH（或 KOH）标准溶液的配制与标定

参见实验 1.3 溶液的精确配制与标定。

2. 食用醋中乙酸含量的测定

用移液管移取 10.00mL 食用醋原液于 100mL 容量瓶中，用煮沸并冷却的去离子水定容，摇匀。准确移取 25.00mL 稀释后的溶液于 250mL 锥形瓶中，加入 2～3 滴 0.2%酚酞指示剂，用 0.1mol·L^{-1} NaOH 标准溶液滴定至溶液呈浅粉红色，30s 内不褪色即为终点。记录 NaOH 的用量。平行测定 3 次。

3. 植物油酸值的测定

准确称取食用油样品 5.0～10.0g 于 250mL 锥形瓶中，加入中性醇醚混合液 50mL，振摇溶解，必要时可置于热水中，温热促其溶解，冷却至室温。加入 0.2%酚酞指示剂 3～5 滴，用 0.1mol·L^{-1} KOH 标准液滴定至浅粉红色 30s 不褪色为终点。记录 KOH 的用量。平行测定 3 次。

【结果与讨论】

1. 实验数据处理

实验数据记录于表 3.16-1-1。

表 3.16-1-1　实验测量值

项　目	测 定 次 数	1	2	3
乙酸含量测定	$c_{NaOH}/mol\cdot L^{-1}$			
	食用醋原液体积/mL		10.00	
	定容体积/mL		100.0	
	移取体积/mL		25.00	
	NaOH 终读数/mL			
	NaOH 始读数/mL			
	V_{NaOH}/mL			
	乙酸含量 $\rho/g\cdot L^{-1}$			
	乙酸含量平均值/$g\cdot L^{-1}$			
	相对平均偏差			
酸值测定	$c_{KOH}/mol\cdot L^{-1}$			
	食用油质量 m_s/g			
	KOH 终读数/mL			
	KOH 始读数/mL			
	V_{KOH}/mL			
	酸值/$mg\cdot g^{-1}$			
	酸值平均值/$mg\cdot g^{-1}$			
	相对平均偏差			

2. 乙酸含量（$g\cdot L^{-1}$）的计算公式

$$\rho_{HAc}=\frac{c_{NaOH}V_{NaOH}M_{HAc}}{10.00\times\dfrac{25.00}{100.0}} \tag{3.16-1-1}$$

式中，c_{NaOH} 为 NaOH 标准溶液的浓度，$mol\cdot L^{-1}$；V_{NaOH} 为 NaOH 标准溶液的体积，mL；M_{HAc} 为 HAc 的摩尔质量，$g\cdot mol^{-1}$。

3. 植物油酸值（$mg\cdot g^{-1}$）的计算公式

$$酸值=\frac{c_{KOH}V_{KOH}M_{KOH}}{m_s} \tag{3.16-1-2}$$

式中，c_{KOH} 为 KOH 标准溶液的浓度，$mol\cdot L^{-1}$；V_{KOH} 为 KOH 标准溶液的体积，mL；m_s 为试样的质量，g；M_{KOH} 为 KOH 的摩尔质量，$g\cdot mol^{-1}$。

【注意事项】

1. 注意食用醋取后应立即将试剂瓶盖盖好，防止挥发。

2. 食用醋中乙酸浓度较大，且颜色较深，必须稀释后再测定。

3. 稀释食用醋的去离子水应经煮沸，以除去 CO_2。

4. 测定深色油的酸值，可减少试样用量，或适当增加混合溶剂的用量，仍用酚酞为指示剂，也可以采用碱性蓝 6B、麝香草酚酞等指示剂。

5. 测定酸值时，滴定过程中如出现浑浊或分层，表明由碱液带进的水过多，乙醇量不足以使乙醚与碱溶液互溶。一旦出现此现象，可补加 95% 的乙醇，促使均一相体系的形成。

【思考题】
1. 测定食用醋含量时，所用去离子水中不能含有 CO_2，为什么？
2. 测定食用醋含量时，是否可以选用甲基橙作指示剂？

【参考文献】
1. 苗凤琴，于世林编. 分析化学实验. 第 2 版. 北京：化学工业出版社，2006.
2. 黄晓钰，刘邻渭编. 食品化学综合实验. 北京：中国农业大学出版社，2002.

实验 3.16-2　高锰酸盐指数测定

【实验目的】
1. 学习水中高锰酸盐指数的测定方法。
2. 了解水样的采集和保存方法。

【实验原理】
高锰酸盐指数是指在一定条件下，以高锰酸钾（$KMnO_4$）为氧化剂，处理水样时所消耗的氧化剂的量。单位为以氧计的毫克/升（O_2，$mg \cdot L^{-1}$）。

水中高锰酸盐指数的测定有酸性法和碱性法，本实验采用酸性法。水样加入硫酸使之呈酸性后，加入一定量的高锰酸钾溶液，并在沸水浴中加热反应一定的时间。剩余的高锰酸钾用草酸钠溶液还原并加入过量，再用高锰酸钾溶液回滴过量的草酸钠，通过计算求出高锰酸盐指数值。

显然，高锰酸盐指数是一个相对的条件性指标，其测定结果与溶液的酸度、高锰酸钾浓度、加热温度和时间有关。因此测定时必须严格遵守操作规定，使结果具有可比性。

酸性法适用于氯离子含量不超过 $300mg \cdot L^{-1}$ 的水样。

当水样的高锰酸盐指数值超过 $5mg \cdot L^{-1}$，则酌情取少量用水稀释后再进行测定。

水样采集后，应加入硫酸使 pH 值至<2，以抑制微生物活动，样品应尽快分析，必要时，应在 $0\sim5℃$ 冷藏保存，并在 48h 内测定。

【仪器及试剂】
高锰酸钾溶液（$0.02mol \cdot L^{-1}$）　称取 3.2g 高锰酸钾溶于 1.2L 水中，加热煮沸，使体积减少到约 1L，放置过夜，用 G3 玻璃砂芯漏斗过滤后，滤液贮于棕色瓶中保存。

草酸钠标准溶液　$0.05mol \cdot L^{-1}$：称取 0.6705g 在 $105\sim110℃$ 烘干 1h 并冷却的草酸钠溶于水，移入 100mL 容量瓶中，用水稀释至标线。

硫酸（1∶3）。

【实验步骤】
1. 试剂稀释
$0.002mol \cdot L^{-1}$ $KMnO_4$：用移液管量取 10.00mL $0.02mol \cdot L^{-1}$ $KMnO_4$ 于 100mL 容量瓶中，用蒸馏水稀释至刻度。

$0.005mol \cdot L^{-1}$ $1/2$ $Na_2C_2O_4$：用移液量取 10.00mL $0.05mol \cdot L^{-1}$ $Na_2C_2O_4$ 于 100mL 容量瓶中，用蒸馏水稀释至刻度。

2. 取 100.0mL 混匀水样（如高锰酸盐指数高于 $5mg \cdot L^{-1}$，则酌情少取，并用水稀释至

100mL) 于 250mL 锥形瓶中 (或取 10.00mL 水样稀释至 100mL)。

3. 加入 5mL (1:3) 硫酸, 混匀。

4. 加入 10.00mL 0.002mol/L 高锰酸钾溶液, 摇匀 (加热沸腾 10min)。

5. 取下锥形瓶, 冷却至 70~80℃时趁热加入 10.00mL 0.005mol·L^{-1}草酸钠标准溶液, 摇匀, 立即用 0.002mol·L^{-1}高锰酸钾溶液滴定至显微红色, 记录高锰酸钾溶液消耗量。

6. 高锰酸钾溶液浓度的标定, 将上述已滴定完毕的溶液加热至约 70℃, 准确加入 10.00mL Na$_2$C$_2$O$_4$ 标准溶液 (0.005mol·L^{-1}) 再用 0.002mol·L^{-1}高锰酸钾溶液溶定至显微红色。记录高锰酸钾溶液的消耗量, 按下式求得高锰酸钾溶液的校正系数 (K)。

$$K = \frac{10.00}{V}$$

式中, V 为高锰钾溶液消耗量, mL。

若水样经稀释时, 应同时另取 100mL 水, 同水样操作步骤进行空白试验。

【结果与讨论】

1. 水样不经稀释

$$高锰酸盐指数(O_2, mg·L^{-1}) = \frac{[(10+V_1)K-10] \times c \times 8 \times 1000}{100}$$

式中, V_1 为滴定水样时, KMnO$_4$ 溶液的消耗量, mL; K 为校正系数 (每毫克高锰酸钾相当于草酸钠的毫升数); c 为 Na$_2$C$_2$O$_4$ 溶液浓度, mol·L^{-1}; 8 为氧 (1/2 O) 摩尔质量。

2. 水样经稀释

$$高锰酸盐指数(O_2, mg·L^{-1}) = \frac{\{[(10+V_1)K-10]-[(10+V_0)K-10] \times c\} \times c \times 8 \times 1000}{V_2}$$

式中, V_0 为空白试验中高锰酸钾溶液消耗量, mL; V_2 为分取水样量, mL; c 为稀释的水样中含水的比值, 例如 10.0mL 水样用 90.0mL 水稀释至 100mL, 则 c=0.90。

【注意事项】

1. 在水浴中加热完毕后溶液仍应保持淡红色, 如果变浅或全部褪去, 应将水样的稀释倍数加大后再测定, 使加热氧化后残留的 KMnO$_4$ 为其加入量的 1/2~1/3 为宜。

2. 在酸性条件下, Na$_2$C$_2$O$_4$ 和 KMnO$_4$ 反应的温度应保持在 65~85℃, 所以滴定操作必须趁热进行, 若溶液温度过低, 反应速度降低, 需适当加热来提高反应速度。

【思考题】

1. 水中高锰酸盐指数测定的国家标准是什么? 本实验的测定步骤与国家标准有什么异同?

2. 高锰酸盐指数与化学需氧量有什么不同?

实验 3.17 水中化学需氧量 (COD) 的测定

【实验目的】

1. 了解测定化学需氧量 (COD) 的意义。

2. 掌握酸性 KMnO$_4$ 法测定水样 COD 的分析方法。

【实验原理】

化学需氧量（COD）是指在一定条件下氧化 1L 水中还原性物质所消耗的强氧化剂的量，以氧的浓度（$mg \cdot L^{-1}$）表示。水中还原性物质包括有机物和亚硝酸盐、硫化物、亚铁盐等无机物。化学需氧量反映了水体受还原性物质污染的程度。基于水体被有机物污染是很普遍的现象，该指标也作为有机物相对含量的综合指标之一，但只能反映能被氧化剂氧化的有机物。

测定 COD 有 $KMnO_4$ 法和 $K_2Cr_2O_7$ 法，$KMnO_4$ 法简单、耗时短，适用于较清洁的水体，而 $K_2Cr_2O_7$ 法对有机物氧化完全，适用于各种水体。在加热的酸性水溶液中加入一定量且过量的 $KMnO_4$ 将水中的还原性物质氧化，剩余的 $KMnO_4$ 用过量 $H_2C_2O_4$ 还原，再用 $KMnO_4$ 返滴定剩余的 $H_2C_2O_4$，得出相应的 COD。

$$4MnO_4^- + 5C + 12H^+ \longrightarrow 4Mn^{2+} + 5CO_2 \uparrow + 6H_2O$$
$$2MnO_4^- + 5C_2O_4^{2-} + 16H^+ \longrightarrow 2Mn^{2+} + 10CO_2 \uparrow + 8H_2O$$

因为加热的温度和时间、反应的酸度、$KMnO_4$ 溶液的浓度、试剂加入的顺序对测定的准确度均有影响，因此必须严格控制反应条件，一般以加热水样 100℃后再沸腾 10min 为标准。

水样中含 Cl^- 量大于 $300mg \cdot L^{-1}$，将影响测定结果。加水稀释降低 Cl^- 浓度可消除干扰，如不能消除其干扰可加入 Ag_2SO_4，通常加入 1g Ag_2SO_4 可消除 200mg Cl^- 的干扰。如使用 Ag_2SO_4 不便，可采用碱性高锰酸钾法测定水中需氧量。

水样取后应立即进行分析。如需放置可加入少量的硫酸铜以抑制生物对有机物的分解。

【仪器及试剂】

电子天平，称量瓶，容量瓶，锥形瓶，酸式滴定管，移液管（50mL、25mL、10mL）。$KMnO_4$（固体），基准 $Na_2C_2O_4$（105～110℃烘干备用），H_2SO_4（$6mol \cdot L^{-1}$）。

【实验步骤】

1. 配制 250mL 0.005mol·L^{-1} $KMnO_4$ 溶液

参见实验 3.4 过氧化氢含量的测定。将 $KMnO_4$ 用量改为 0.29。

2. $Na_2C_2O_4$ 标准溶液的配制

准确称取 $Na_2C_2O_4$ 基准物质 0.5g 左右，加少量水溶解，定量转移至 250mL 容量瓶中，定容，摇匀。

3. $KMnO_4$ 与 $Na_2C_2O_4$ 溶液换算系数 K 的测定

准确移取 $Na_2C_2O_4$ 标准溶液 25.00mL 于 250mL 锥形瓶中，加入 $6mol \cdot L^{-1}$ H_2SO_4 3mL，加热至 70～80℃，用 0.005mol·L^{-1} $KMnO_4$ 滴至微红色 30s 不褪色，消耗体积为 V_1。平行测定 3 次。

4. 水样中 COD 的测定

准确移取 100.0mL 水样加于 250mL 锥形瓶中，加入 $6mol \cdot L^{-1}$ H_2SO_4 10mL，并准确加入 10.00mL 0.005mol·L^{-1} $KMnO_4$ 溶液，加几粒沸石，立即加热至沸，从冒第一个大气泡开始计时，准确煮沸 10min，取下锥形瓶，冷却 1min，准确加入 10.00mL $Na_2C_2O_4$ 标准溶液，充分摇匀，此时溶液应由红色转为无色。用 0.005mol·L^{-1} $KMnO_4$ 溶液滴定（保持温度 70～80℃），由无色变为稳定的微红色即为终点，消耗体积为 V_2。平行测定 3 次。

【结果与讨论】

1. 实验数据处理

实验数据记录于表 3.17-1。

表 3.17-1　实验测量值

项　目	测定次数	1	2	3
K 测定	$Na_2C_2O_4$ 体积/mL		25.00	
	$KMnO_4$ 终读数/mL			
	$KMnO_4$ 始读数/mL			
	滴定体积 V_1/mL			
	K			
	K 平均值			
	相对平均偏差			
COD 测定	$m_{Na_2C_2O_4}$/g			
	$c_{Na_2C_2O_4}$/mol·L^{-1}			
	水样体积/mL		100.0	
	V_{KMnO_4}/mL		10.00	
	$V_{Na_2C_2O_4}$/mL		10.00	
	$KMnO_4$ 终读数/mL			
	$KMnO_4$ 始读数/mL			
	滴定体积 V_2/mL			
	COD_{Mn}(酸性)/mg·L^{-1}			
	COD_{Mn}平均值/mg·L^{-1}			
	相对平均偏差			

2. K 的计算公式

$$K = 25.00/V_1 \tag{3.17-1}$$

式中，V_1 为测定 K 时滴定消耗 $KMnO_4$ 标准溶液的体积，mL。

3. COD(mg·L^{-1}) 的计算公式

$$COD_{Mn}(酸性) = \frac{[(10.00 + V_2)K - 10.00]c_{Na_2C_2O_4}M_O \times 1000}{100.0} \tag{3.17-2}$$

式中，V_2 为测定 COD 时滴定消耗 $KMnO_4$ 标准溶液的体积，mL；$c_{Na_2C_2O_4}$ 为 $Na_2C_2O_4$ 标准溶液的浓度，mol·L^{-1}；K 为 $KMnO_4$ 与 $Na_2C_2O_4$ 溶液的换算系数；M_O 为 O 的摩尔质量，g·mol^{-1}。

【注意事项】

1. 在加热完毕后，溶液仍应保持微红色，如全部褪去，说明高锰酸钾的用量不够。此时，应重新取水样并稀释或减少水样用量。

2. 高锰酸钾法是条件实验，测定时应严格按规定条件进行操作，否则实验结果不能进行比较。

3. 所取水样要求在测定中回滴过量的 $Na_2C_2O_4$ 标准溶液时所消耗 $KMnO_4$ 溶液的体积在 4~6mL 左右，如果所消耗的体积过大或过小，都需要重新再取适量的水样进行测定。

4. 在酸性条件下，$Na_2C_2O_4$ 和 $KMnO_4$ 的反应温度应保持在 60~80℃，所以滴定操作必须趁热进行，若溶液温度过低，需适当加热。

【思考题】

1. 水中化学需氧量的测定有何意义？测定水中化学需氧量有哪些方法？
2. 水样中 Cl^- 含量高时，为什么对测定有干扰？如有干扰应采用什么方法消除？

【参考文献】

1．苗凤琴，于世林编．分析化学实验．第 2 版．北京：化学工业出版社，2006.
2．马春香、边喜龙编．实用水质检验技术．北京：化学工业出版社，2009.

实验 3.18　明矾中铝含量的测定

【实验目的】

1. 掌握返滴法测定铝离子含量的方法和原理。
2. 理解二甲酚橙指示剂在终点时的颜色变化。

【实验原理】

Al^{3+} 不能用 EDTA 配位滴定法直接滴定，这是因为：Al^{3+} 与 EDTA 配合反应速率较慢；在较高 pH 条件下，Al^{3+} 易水解，而与 EDTA 形成多核羟基配合物；Al^{3+} 对二甲酚橙等指示剂有封闭作用。

用 EDTA 测定 Al^{3+} 含量，一般用返滴定法或置换滴定法。本实验采用返滴定法：在较高酸度下，加入过量的 EDTA 标准溶液，煮沸，使 Al^{3+} 与 EDTA 完全配位，冷却后，再调节溶液的 pH 值为 5～6，以二甲酚橙为指示剂，用 Zn^{2+} 标准溶液滴定过量的 EDTA。

反应的计量关系为：$n_{Al^{3+}} + n_{Zn^{2+}} = n_{EDTA}$

计算公式为：
$$w_{Al} = \frac{[(cV)_{EDTA} - (cV)_{Zn^{2+}}]M_{Al}}{m_s} \times 100\% \qquad (3.18\text{-}1)$$

二甲酚橙自身是一种型体颜色不同的多元酸，与 Zn^{2+} 等金属离子配位后呈紫红色：

$$H_3In^{4-} \xrightleftharpoons[]{pK_a=6.3} H_2In^{5-}$$
$$\quad\text{黄}\qquad\qquad\qquad\text{红}$$

所以，作为配位滴定的指示剂，二甲酚橙只能用于 pH<6.3 的溶液。控制酸度可用 HAc-NaAc 缓冲溶液或六亚甲基四胺（乌洛托品）溶液。

【仪器及试剂】

台秤，电子天平，酸式滴定管，滴定管夹，棕色试剂瓶，容量瓶，移液管，烧杯，锥形瓶，电炉。

EDTA 标准溶液（$0.05mol \cdot L^{-1}$），$ZnSO_4$ 标准溶液（$0.02mol \cdot L^{-1}$），二甲酚橙指示剂（0.2%），HAc-NaAc 缓冲溶液。

【实验步骤】

精确称取明矾样品约 0.3～0.4g 于 250mL 锥形瓶中（三份），加入 50mL 蒸馏水溶解样品，移取 25.00mL EDTA 标准溶液，加热保持微沸约 10min。冷至室温，加入 HAc-NaAc 缓冲溶液 5mL，二甲酚橙指示剂 4～5 滴，用 $ZnSO_4$ 标准溶液滴定，溶液由黄色转为橙红色即为终点。

【结果与讨论】

实验数据记录于表 3.18-1 中。

表 3.18-1　实验数据

明矾中铝元素含量的测定（EDTA 的浓度为＿＿＿＿＿ mol·L^{-1}；ZnSO$_4$ 的浓度为＿＿＿＿＿ mol·L^{-1}）

项　目		次　数		
		1	2	3
明矾样品质量/g				
ZnSO$_4$ 标准溶液体积/mL	终读数			
	初读数			
	用量			
Al 的质量分数/%				
Al 的平均质量分数/%				
相对平均偏差				

【注意事项】

1. 样品加水溶解后，可能略显浑浊，但在加入过量 EDTA 加热后，即可溶解，不影响测定。

2. 终点时，溶液由黄色转为橙红色。游离二甲酚橙呈黄色，稍过量 Zn^{2+} 与部分二甲酚橙配合物呈红紫色，两者混合呈现橙红色。

【思考题】

实验过程中，溶液冷却后加入了 HAc-NaAc 缓冲溶液。是否可以在加热前加入，为什么？

【参考文献】

武汉大学主编，分析化学实验．第 3 版．北京：高等教育出版社，1994．

实验 3.19　铅-铋混合液中铅、铋含量的连续滴定

【实验目的】

1. 掌握 EDTA 溶液的配制和以金属锌为基准物标定 EDTA 溶液浓度的方法、原理。

2. 掌握以控制溶液的酸度来进行多种金属离子连续配位滴定的原理和方法。

3. 熟悉二甲酚橙指示剂的应用和终点颜色的判定方法。

【实验原理】

混合离子的滴定通常采用控制体系的酸度法、掩蔽法等方法进行，可根据副反应系数原理进行计算，论证它们分别滴定的可能性。Bi^{3+}、Pb^{2+} 均能与 EDTA 形成稳定的 1∶1 螯合物，其 lg$K$ 值分别为 27.94 和 18.04。由于两者的 lg$K$ 值相差很大 ΔpK＞9.90，测定它们的最小 pH 值有较大差别（Bi^{3+} 的 pH$_{min}$≈0.7，Pb^{2+} 的 pH$_{min}$≈3.3），故可利用酸效应，控制溶液的不同酸度来进行连续滴定，分别测出它们的含量。通常在 pH≈1 时滴定 Bi^{3+}，在 pH≈5～6 时滴定 Pb^{2+}。

在 Pb^{2+}-Bi^{3+} 混合溶液测定中，首先调节溶液的 pH≈1，以二甲酚橙（XO）为指示剂，游离的二甲酚橙指示剂呈黄色，此时 Bi^{3+} 与指示剂形成紫红色配合物（Pb^{2+} 在此条件下不形成紫红色配合物），用 EDTA 标准溶液滴定 Bi^{3+}，至溶液由紫红色变为亮黄色，即为滴定 Bi^{3+} 的终点。由于溶液滴定 Bi^{3+} 中已加入大量的酸，再加入过量六亚甲基四胺溶液，此时形成了缓冲体系［六亚甲基四胺溶液-酸的缓冲对 (CH$_2$)$_6$N$_4$H$^+$-(CH$_2$)$_6$N$_4$，可以通过不同原料的配比，控制 pH 范围 4.15～6.15］，溶液 pH＝5～6，Pb^{2+} 与二甲酚橙形成紫红色配合物，溶液再此次呈现紫红色，然后用 EDTA 标准溶液继续滴定至溶液内紫红色突变为亮黄色，即为滴定 Pb^{2+} 的终点。

二甲酚橙指示剂的水溶液在 pH＞6.3 时呈红色，在 pH＜6.3 时呈黄色。而二甲酚橙与

Bi^{3+} 及 Pb^{2+} 都能生成紫红色的配合物。所以在酸性溶液中连续滴定 Bi^{3+} 和 Pb^{2+}，可用同一种指示剂分别指示终点。

【仪器与试剂】

台秤，电子天平，烧杯，量筒，容量瓶，锥形瓶，移液管，铁架台，滴定管夹，酸式滴定管。

$HCl(6mol \cdot L^{-1})$，$HNO_3(0.1mol \cdot L^{-1})$，EDTA(s)，锌粉（分析纯），二甲酚橙指示剂（0.2%），六亚甲基四胺溶液（20%），Pb^{2+}-Bi^{3+} 的混合液。

【实验步骤】

1. $0.02mol \cdot L^{-1}$ EDTA 溶液配制

参见实验 3.3-1 工业用水总硬度的测定中 EDTA 的配制。

2. 锌标准溶液配制

准确称取 $0.30 \sim 0.35g$ 左右锌粉于 100mL 烧杯中，加 10.0mL $6mol \cdot L^{-1}$ HCl，使其溶解完全后加少量水稀释，定量地转移至 250mL 容量瓶中，用水稀释至刻度，摇匀，计算锌标准溶液的浓度。

3. EDTA 溶液浓度的标定

移取 3 份 25.00mL Zn^{2+} 标准溶液于锥形瓶中，加 2 滴二甲酚橙指示剂，滴加 20% 六次甲基四胺溶液至溶液呈稳定的紫红色（或橙红色），再多加入 5.0mL，此时溶液的 pH=5~6，用 $0.02mol \cdot L^{-1}$ EDTA 溶液滴定至溶液由紫红色突变为亮黄色，即为终点，记录所消耗的 EDTA 的体积。实验数据记录于表 3.19-1 中。

4. Bi^{3+} 离子的滴定

移取 3 份 25.00mL Pb^{2+}-Bi^{3+} 的混合离子试液于 250mL 锥形瓶中，在其中加入 10.0mL $0.1mol \cdot L^{-1}$ HNO_3 溶液，滴加 2 滴 0.2% 二甲酚橙指示剂，用 $0.02mol \cdot L^{-1}$ EDTA 标准溶液滴定至溶液由紫红色变为黄色，即为终点，记录消耗的 EDTA 用量 V_1'。

5. Pb^{2+} 离子的滴定

在滴定 Bi^{3+} 离子后的溶液中，再加 3~5 滴二甲酚橙指示剂（溶液中已加 2 滴二甲酚橙指示剂，由于滴定中加入 EDTA 标准溶液后使溶液的体积增大等原因，指示剂的量会略显不足，由溶液颜色可以看出，所以需要补加），并逐滴滴加 20% 六亚甲基四胺，边滴边摇动锥形瓶，至溶液由黄色变橙色 [注意，不能多加，否则会生成 $Pb(OH)_2$ 沉淀而影响测定]，然后再加 20% 六亚甲基四胺至溶液呈紫红色（或橙红色），再加过量 5.0mL，此时溶液的 pH=5~6。最后用 $0.02mol \cdot L^{-1}$ EDTA 标准液滴定至溶液由紫红色突变为亮黄色，即为终点，记录所消耗的 EDTA 的体积 V_2'。实验数据记录于表 3.19-2 中。

【结果与讨论】

表 3.19-1　$0.02mol \cdot L^{-1}$ EDTA 溶液的标定

m_{Zn}/g				
$c_{Zn^{2+}}/mol \cdot L^{-1}$				
项目	测定次数	1	2	3
EDTA 标定	$V_{Zn^{2+}}/mL$			
	终读数/mL			
	始读数/mL			
	用量/mL			
	EDTA 浓度/mol·L^{-1}			
	浓度平均值/mol·L^{-1}			
	相对平均偏差/%			

表 3.19-2　混合液中 Pb^{2+}、Bi^{3+} 含量的测定

		$V_{混合液}$/mL			
混合液中 Pb^{2+}、Bi^{3+} 的含量	EDTA 标准溶液	始读数 V_0/mL			
		滴定体积 V_1'/mL			
		滴定体积 V_2'/mL			
	含量计算/g·L^{-1}	滴定 Bi^{3+} 用量 V_1/mL			
		Bi^{3+} 含量/g·L^{-1}			
		Bi^{3+} 含量平均值/g·L^{-1}			
		相对平均偏差/%			
		滴定 Pb^{2+} 用量 V_2/mL			
		Pb^{2+} 含量/g·L^{-1}			
		Pb^{2+} 含量平均值/g·L^{-1}			
		相对平均偏差/%			

根据上面的滴定体积，可以计算出混合液中 Bi^{3+} 和 Pb^{2+} 含量。

$$Bi(g\cdot L^{-1})=\frac{c_{EDTA}V_1\times209.0}{V_{试样}} \qquad Pb(g\cdot L^{-1})=\frac{c_{EDTA}V_2\times207.2}{V_{试样}}$$

式中　c_{EDTA}——EDTA 标准滴定溶液的浓度，mol·L^{-1}；

　　　V_1——滴定 Bi^{3+} 时消耗 EDTA 标准滴定溶液的体积，mL；

　　　V_2——滴定 Pb^{2+} 时消耗 EDTA 标准滴定溶液的体积，mL；

　　　$V_{试样}$——所取试样的体积，mL。

【注意事项】

1．Bi^{3+} 在水中极易水解，一旦水解再加 HNO_3 也不易溶解，会影响测定结果。

2．配合反应的速率比中和反应慢，所以滴定速率不能太快，尤其是临近终点时，每滴入 1 滴 EDTA 溶液后需要多摇动几下。

3．指示剂应做一份加一份。指示剂一定不要加多，否则颜色深，终点判断困难。

4．滴定 Bi^{3+} 时，有时终点的黄色不是亮黄，而是稍带土黄，遇此情况时需注意观察，以防止滴定过头。

5．在调节酸度过程中，测试 pH 的次数不宜太多，以免影响测定结果。

【思考题】

1．试样中 Pb^{2+}、Bi^{3+} 连续测定的原理是什么？

2．滴定 Bi^{3+}、Pb^{2+} 的酸度各控制为多少？酸度过高或过低对滴定有何影响？

3．Bi^{3+}、Pb^{2+} 连续滴定为什么能用 XO 做指示剂而不能用 EBT？水硬度测定中为什么能用 EBT 做指示剂，而不能用 XO？

4．滴定 Pb^{2+} 时要调节溶液 pH 为 5~6，为什么加入六亚甲基四胺调节 pH，而不用 NaOH，NaAc 或 $NH_3\cdot H_2O$？

5．试述二甲酚橙指示剂的作用原理，为什么滴定 Bi^{3+}、Pb^{2+} 都可用二甲酚橙作指示剂？

【参考文献】

1．华中师范大学，东北师范大学，陕西师范大学编．分析化学实验．第 3 版．北京：高等教育出版社，2001．

2．武汉大学主编．分析化学实验．第 3 版．北京：高等教育出版社，1994．

第4章 物质性质实验

实验 4.1 电离平衡与沉淀平衡

【实验目的】

1. 理解电离平衡、水解平衡、沉淀平衡及同离子效应对弱电解质电离平衡的影响。
2. 学习缓冲溶液的配制方法。
3. 掌握沉淀的生成、溶解、转化的条件及混合离子的分离方法。
4. 掌握离心分离操作和离心机，pH 试纸的使用方法。

【实验原理】

1. 电离平衡

根据电解质导电能力的大小，将电解质分为强电解质和弱电解质，弱电解质在水溶液中的电离过程是可逆的，在一定条件下建立的平衡称为电离平衡。如

$$HAc \rightleftharpoons H^+ + Ac^- \qquad K_a = \frac{[H^+][Ac^-]}{[HAc]} = 1.75 \times 10^{-5}$$

电离平衡是化学平衡的一种，有关化学平衡的原理都适用于电离平衡。

2. 同离子效应

当 AB 为弱酸（或弱碱）时，在水溶液中存在如下的电离平衡：

$$AB \rightleftharpoons A^+ + B^-$$

在已经建立起电离平衡的弱电解质溶液中，加入与其含有相同离子的另一种强电解质时，会使电离平衡向降低弱电解质电离程度的方向移动，该效应称为同离子效应（表 4.1-1）。

表 4.1-1 电离平衡

在 HAc 溶液中 $HAc \rightleftharpoons H^+ + Ac^-$	在 $NH_3 \cdot H_2O$ 中 $NH_3 \cdot H_2O \rightleftharpoons NH_4^+ + OH^-$
加 NaAc 固体 $NaAc \longrightarrow Na^+ + Ac^-$	加 NH_4Cl 固体 $NH_4Cl \longrightarrow NH_4^+ + Cl^-$
pH 值增大	pH 值减小
$\longleftarrow$ 溶液酸性或碱性溶液的离解度降低,平衡向左移动	

3. 缓冲溶液

弱酸及其盐（如 HAc-NaAc）或弱碱及其盐（NH_3-NH_4Cl）的混合溶液，能够在一定程度上对外来少量酸、少量碱或溶液适当稀释时起缓冲作用（即当外加少量酸、碱或水时，此混合溶液的 pH 值变化不大），该种溶液称为缓冲溶液。

它一般由浓度较大的弱酸及其共轭碱（或弱碱及其共轭酸组成，缓冲溶液的缓冲能力（$pK_a \pm 1$ pH，$pK_b \pm 1$ pOH）与缓冲溶液的总浓度及其配比有关。

缓冲溶液的性质是：在其中加入少量的强酸或强碱，或稍加稀释后，该溶液的 pH 值基本保持不变。

4. 盐类水解

盐类的水解是酸碱中和的逆反应，水解后溶液的酸碱性决定于盐的类型。

$$酸 + 碱 \underset{水解(吸热)}{\overset{中和(放热)}{\rightleftharpoons}} 盐 + 水$$

盐类水解产生的离子能与水电离产生微量的 H^+ 或 OH^- 结合，生成难电离的物质时，打破了水的电离平衡，引起 H^+ 或 OH^- 浓度的变化，导致盐溶液酸碱性的变化。由于水解是吸热反应，因此升高温度和稀释溶液，均有利于水解的进行。如果盐类水解产物的溶解度很小，则它们水解后会产生沉淀，例如

$$BiCl_3 + H_2O \rightleftharpoons BiOCl\downarrow(白色) + 2HCl$$

产生的 BiOCl 白色沉淀是 $Bi(OH)_3$ 脱水后的产物，加入 HCl 后，则上述平衡向左移动。如果预先加入一定浓度的 HCl 溶液可以防止沉淀的产生。

两种均能水解的盐，如果其中一种水解后溶液呈酸性，另一种水解后呈碱性，当这两种盐溶液相混合时，彼此可加剧水解。例如 $Al_2(SO_4)_3$ 溶液与 $NaHCO_3$ 溶液混合前，有如下平衡：

$$Al^{3+} + 3H_2O \rightleftharpoons Al(OH)_3 + 3H^+$$
$$3HCO_3^- + 3H_2O \rightleftharpoons 3H_2CO_3 + 3OH^-$$

混合后由于 H^+ 和 OH^- 结合生成难电离的 H_2O，因此上述两平衡都将被破坏，从而产生 $Al(OH)_3$ 沉淀和 CO_2 气体。

$$Al^{3+} + 3HCO_3^- + 3H_2O \rightleftharpoons Al(OH)_3\downarrow + 3H_2CO_3$$
$$H_2CO_3 \rightleftharpoons CO_2\uparrow + H_2O$$

5. 难溶电解质的溶解平衡——沉淀的生成、溶解及转化

沉淀反应是电解质溶液中进行的最简单、最广泛的反应之一。在化学分析、化工生产中经常利用沉淀反应来制备、分离或鉴定某种物质。

难溶电解质在饱和溶液中存在如下平衡：

$$A_mB_n(s) \underset{沉淀}{\overset{溶解}{\rightleftharpoons}} mA^{n+}(aq) + nB^{m-}$$

平衡浓度 $\qquad\qquad\qquad mS \qquad\qquad nS$

溶度积 $\qquad K_{sp} = [A^{n+}]^m \cdot [B^{m-}]^n = m^m \cdot n^n \cdot S^{m+n}$

在难溶电解质的饱和溶液中，加入含有相同离子的另一种强电解质时，由于离子浓度的增加，会使平衡向着生成沉淀的方向进行移动，从而达到新的溶解平衡，即难溶电解质的溶解度降低，该种现象称为同离子效应。

溶度积规则：溶度积规则是判断难溶电解质在溶液中沉淀与溶解的准则（表 4.1-2）。

表 4.1-2 一定温度下，溶度积（K_{sp}）与离子积（Q_i）之间的关系

关系	是否饱和	有无沉淀析出	状态
$Q_i < K_{sp}$	不饱和溶液	无沉淀析出	无沉淀生成或原有沉淀的溶解,直至饱和为止($Q_i = K_{sp}$)
$Q_i = K_{sp}$	饱和溶液	无沉淀析出	沉淀-溶解达动态平衡
$Q_i > K_{sp}$	过饱和溶液	沉淀析出	反应向生成沉淀方向进行,直至饱和为止

如果溶液中同时含有几种离子，当逐步加入某种试剂，可能与溶液中几种离子同时反应，产生几种沉淀时，首先达到溶解度的难溶盐先沉淀出来，因此可用溶度积来判断沉淀反应进行的次序。

分步沉淀：当某种难溶电解质的离子积首先达到它的溶度积时，这种难溶电解质便先沉

淀出来，然后当第二种难溶电解质的溶度积小于它的离子积时，第二种沉淀便开始析出，这种先后沉淀的次序称为分步沉淀。

沉淀的转化：将一种沉淀转化为另一种沉淀的过程。一般而言，对同一类型的沉淀，溶度积较大的难溶电解质容易转化为溶度积较小的难溶电解质。例如天青石（$SrSO_4$）不溶于酸，但若将其转化为 $SrCO_3$，就可用酸溶解。

$$SrSO_4(s) + CO_3^{2-} \longrightarrow SrCO_3(s) + SO_4^{2-}$$

沉淀转化的难易程度可由平衡常数的大小来判断。如上例

$$K = \frac{[SO_4^{2-}]}{[CO_3^{2-}]} = \frac{[SO_4^{2-}][Sr^{2+}]}{[CO_3^{2-}][Sr^{2+}]} = \frac{K_{spSrSO_4}^{\ominus}}{K_{spSrCO_3}^{\ominus}} = \frac{7.6 \times 10^{-7}}{9.0 \times 10^{-10}} = 8.4 \times 10^2 \qquad (4.1\text{-}1)$$

显然，其转化程度很大。就是说，这个反应的转化条件是 $[CO_3^{2-}] > 1.2 \times 10^{-3}[SO_4^{2-}]$。

【仪器及试剂】

试管，离心机，表面皿，酒精灯，玻璃棒，点滴板，试管夹。

HNO_3（$6mol \cdot L^{-1}$），HCl（$0.1mol \cdot L^{-1}$、$2mol \cdot L^{-1}$、$6mol \cdot L^{-1}$），HAc（$0.1mol \cdot L^{-1}$、$6mol \cdot L^{-1}$），$NaOH$（$2mol \cdot L^{-1}$），$NH_3 \cdot H_2O$（$0.1mol \cdot L^{-1}$、$2mol \cdot L^{-1}$），KI（$0.001mol \cdot L^{-1}$、$0.1mol \cdot L^{-1}$），PbI_2（饱和），$Pb(NO_3)_2$（$0.001mol \cdot L^{-1}$、$0.1mol \cdot L^{-1}$），$NaAc$（$0.1mol \cdot L^{-1}$），NH_4Cl（$0.1mol \cdot L^{-1}$、$1mol \cdot L^{-1}$、s），NH_4Ac（$0.1mol \cdot L^{-1}$、s），$(NH_4)_2C_2O_4$（饱和），$NaCl$（$0.1mol \cdot L^{-1}$），$Al(NO_3)_3$（$0.1mol \cdot L^{-1}$），$NaHCO_3$（$0.5mol \cdot L^{-1}$），$AgNO_3$（$0.1mol \cdot L^{-1}$），$Ca(NO_3)_2$（$0.1mol \cdot L^{-1}$），$MgCl_2$（$0.1mol \cdot L^{-1}$），Na_2S（$0.1mol \cdot L^{-1}$），$Fe(NO_3)_3$（$0.1mol \cdot L^{-1}$、s），$SbCl_3$（s），NH_4Ac（s），$NaNO_3$（s），$KClO_3$（s），Zn 粒，$KSCN$（s），pH 试纸（精密、广泛），甲基橙，酚酞。

【实验步骤】

1. 电离平衡

（1）强电解质和弱电解质

① 在两支试管中分别加 1mL $0.1mol \cdot L^{-1}$ HCl 溶液和 $0.1mol \cdot L^{-1}$ HAc 溶液，再各加 1 滴甲基橙指示剂，观察溶液的颜色。

② 在点滴板上用 pH 试纸分别试验 $0.1mol \cdot L^{-1}$ HCl 溶液和 $0.1mol \cdot L^{-1}$ HAc 溶液的 pH 值。

③ 分别在两支试管中加 1mL $6mol \cdot L^{-1}$ HCl 溶液和 $6mol \cdot L^{-1}$ HAc 溶液，之后各加 1 粒 Zn，观察试管中的反应情况（反应后 Zn 粒要回收）。

将上述实验结果填入表 4.1-3 中并比较 HCl 和 HAc 酸性有何不同，说明原因。

表 4.1-3　实验数据

试　剂	甲基橙颜色	pH 值	与金属 Zn 反应
HCl			
HAc			

（2）同离子效应

① 在点滴板上分别测量蒸馏水、$0.1mol \cdot L^{-1}$ HAc 和 $0.1mol \cdot L^{-1}$ $NH_3 \cdot H_2O$ 溶液的 pH 值。

② 取 1mL $0.1mol \cdot L^{-1}$ HAc，加 1 滴甲基橙指示剂，观察溶液的颜色，再加少许固体

NH$_4$Ac，观察溶液颜色的变化，解释现象。

③ 取 1mL 0.1mol·L^{-1} NH$_3$·H$_2$O，加 1 滴酚酞指示剂，观察溶液的颜色，再加少许固体 NH$_4$Ac，观察溶液颜色的变化，说明原因。

2. 缓冲溶液的配制

用 0.1mol·L^{-1} HAc 和 0.1mol·L^{-1} NaAc 溶液配制 pH＝4.0 的缓冲溶液 10mL（自行计算 HAc 和 NaAc 用量），用精密 pH 试纸（pH 范围 3.8～5.4）测定所配缓冲溶液的 pH 值。

3. 盐类的水解

(1) 用广泛 pH 试纸测定浓度为 0.1mol·L^{-1} 的下列溶液的 pH 值，将实验结果与计算结果填入表 4.1-4 中。

表 4.1-4　0.1mol·L^{-1} 的不同盐溶液的 pH 值

项　目	NH$_4$Cl	NH$_4$Ac	NaAc
测定值			
计算值			

(2) 取少许 Fe(NO$_3$)$_3$ 固体，加 5mL 水溶解，观察溶液的颜色。将溶液分为三份，第一份用小火加热至沸，在第二份中加 2～3 滴 6mol·L^{-1} HNO$_3$ 溶液，并与第三份溶液进行比较，观察现象并说明原因。

(3) 在干燥的试管中加 1 米粒大小的 SbCl$_3$ 固体，加 2～3mL 蒸馏水溶解，有何现象？用 pH 试纸测定溶液的酸碱性，再向试管中滴加 6mol·L^{-1} HCl 溶液，振荡试管，有何现象？再向澄清的溶液中加 3～4mL 水，又有何现象？写出反应方程式并解释现象。

(4) 在两支离心试管中分别加入 1mL 0.1mol·L^{-1} Al(NO$_3$)$_3$ 溶液，再加入 1mL 0.5mol·L^{-1} NaHCO$_3$ 溶液观察现象。将该沉淀离心分离并洗涤，此沉淀为何物？用什么方法证明沉淀物，写出反应的离子方程式。

根据本实验总结出影响盐类水解的因素。

4. 沉淀平衡

(1) 沉淀的生成

① 在一支试管中加 1 滴 0.1mol·L^{-1} Pb(NO$_3$)$_2$ 溶液和 1 滴 0.1mol·L^{-1} KI 溶液，观察有无沉淀生成，再加 5.0mL H$_2$O，振荡并观察沉淀是否溶解，解释现象。

② 在另一支试管中加 5 滴 0.001mol·L^{-1} Pb(NO$_3$)$_2$ 溶液和 5 滴 0.001mol·L^{-1} KI 溶液，观察实验现象。

(2) 同离子效应和盐效应

① 向盛有 0.5mL 饱和 PbI$_2$ 溶液的试管中加 5 滴 0.1mol·L^{-1} KI 溶液，摇匀后观察现象并解释之。

② 向盛有 0.5mL 饱和 PbI$_2$ 溶液的试管中加少量固体 NaNO$_3$（或固体 KClO$_3$），振荡后有何现象。

(3) 沉淀的溶解与转化

① 在两支试管中分别加 5 滴 0.1mol·L^{-1} MgCl$_2$ 溶液和数滴 2mol·L^{-1} NH$_3$·H$_2$O 溶液至生成沉淀，离心分离，弃去上层清液。在一支试管中加入几滴 2mol·L^{-1} HCl 溶液，观察沉淀是否溶解；之后在另一支试管中加入数滴 1mol·L^{-1} NH$_4$Cl 溶液，观察沉淀是否溶解，解释现象。

② 在两支试管中分别加 1mL 0.1mol·L^{-1} Ca(NO$_3$)$_2$ 溶液和 0.5mL 饱和 (NH$_4$)$_2$C$_2$O$_4$

溶液，观察现象，离心分离弃去上层清液后，分别在沉淀中滴加 $6mol \cdot L^{-1}$ HCl 溶液和 $6mol \cdot L^{-1}$ HAc溶液，观察沉淀的溶解情况。

③ 在一试管中加 5 滴 $0.1mol \cdot L^{-1}$ $AgNO_3$ 溶液和 3～4 滴 $0.1mol \cdot L^{-1}$ Na_2S 溶液，观察沉淀的生成，离心分离，弃去清液，向沉淀加 7 滴 $6mol \cdot L^{-1}$ HNO_3 溶液，有何现象？加热试管，又有何现象，写出反应方程式并说明原因。

(4) 沉淀法分离混合离子　在一短试管中分别加入 3 滴 $0.1mol \cdot L^{-1}$ $AgNO_3$ 溶液、$0.1mol \cdot L^{-1}$ $Fe(NO_3)_3$ 溶液和 $0.1mol \cdot L^{-1}$ $Al(NO_3)_3$ 溶液。之后向该混合溶液中滴加几滴 $2mol \cdot L^{-1}$ HCl 溶液，有何沉淀析出？离心分离后，在上层清液中加入 1 滴 $2mol \cdot L^{-1}$ HCl 溶液，若无沉淀析出，表明能形成难溶的氯化物的离子已沉淀完全。离心分离，将清液转移至另一支试管中并加入过量 $2mol \cdot L^{-1}$ NaOH 溶液，搅拌并加热后有何沉淀析出？离心分离后再加 1 滴 $2mol \cdot L^{-1}$ NaOH 溶液于清液中，若无沉淀析出，表明能形成难溶氢氧化物的离子已完全沉淀；将清液转移至另一支试管中，这样该三种离子已分开。写出分离过程的流程图。

【结果与讨论】

按以下格式(表 4.1-5)写实验报告，对观察到的现象进行解释，写出反应式。

表 4.1-5　实验现象记录

实验步骤	现　　象	化学反应式及解释

【注意事项】

1. 用量筒量取 1mL H_2O 相当于多少滴。
2. 实验点滴板前需将其清洗干净，绝不能用裸手直接取 pH 试纸，以防污染。
3. 实验中用的试剂较多，试剂名称和试剂浓度不要混淆，实验内容可错开做。
4. 未反应完的 Zn 粒，冲洗后回收。

【思考题】

1. 有下列两种溶液：
(1) 10mL $0.1mol \cdot L^{-1}$ HAc 溶液与 10mL $0.2mol \cdot L^{-1}$ NaOH 溶液混合；
(2) 10mL $0.2mol \cdot L^{-1}$ HAc 溶液与 10mL $0.1mol \cdot L^{-1}$ NaOH 溶液混合；
以上两种混合溶液是否均是缓冲溶液？通过计算说明理由。

2. 配制 50mL $0.1mol \cdot L^{-1}$ $SnCl_2$ 溶液，应如何操作？写出配制过程。

3. 两种微溶性强电解质，溶解度大者其溶度积大，是否正确？

4. 欲洗涤 AgCl 沉淀，下列哪种试剂最好？并简述理由。
A. $0.1mol \cdot L^{-1}$ HCl；B. $0.01mol \cdot L^{-1}$ HCl；C. 浓 HCl；D. 蒸馏水；E. $1.0mol \cdot L^{-1}$ $NH_3 \cdot H_2O$

【参考文献】

1. 沈君朴主编. 无机化学实验. 第 2 版. 天津：天津大学出版社，1992.
2. 华东化工学院无机化学教研组. 无机化学实验. 第 3 版. 北京：高等教育出版社，1990.
3. 山东大学等校编. 基础化学实验. 北京：化学工业出版社，2003.
4. 徐丽英主编. 无机及分析化学实验. 上海：上海交通大学出版社，2004.

实验 4.2　氧化还原反应

【实验目的】

1. 掌握电极电势与氧化还原反应的关系。
2. 加深对介质酸（碱）度和反应物浓度对氧化还原反应的影响的认识。
3. 学会装配原电池。
4. 学习离心分离、沉淀洗涤、巩固用试纸检验气体等基本操作。

【实验原理】

氧化还原反应是物质得失电子的过程。

电极电势是判断氧化剂和还原剂相对强弱的标准，并可用以确定氧化还原反应进行的方向。电极电势表是各物质在水溶液中进行氧化还原反应规律性的总结，溶液的浓度、温度均影响电极电势的数值。

电极反应：　　　　　　　　a 氧化型 $+ n$e $\rightleftharpoons$ b 还原型

能斯特（德国科学家 H.W.Nernst）方程：

$$E = E^{\ominus} + \frac{0.0592}{n} \lg \frac{[氧化型]^a}{[还原型]^b} \tag{4.2-1}$$

（1）某氧化还原电对的 $E^{\ominus}$（还原电势）越正，表示其氧化型物质的氧化能力越强，还原型物质的还原能力越弱；反之，$E^{\ominus}$（氧化电势）越负，表示其氧化型物质的氧化能力越弱，还原型物质的还原能力越强。

（2）氧化还原反应的方向是电极电势高的氧化态物质与电极电势低的还原态物质反应。

（3）在通常情况下，可直接用 $E^{\ominus}$ 进行比较，但当两电对的差值（E）为 0.2V 时，则应考虑反应物的浓度、介质酸度的电极电势影响，这时可用能斯特方程进行计算。

例如，$KMnO_4$ 在不同酸度介质中的 $E^{\ominus}$ 值：

酸性介质：　$MnO_4^- + 8H^+ + 5e \rightleftharpoons Mn^{2+}$（无色或肉色）$+ 4H_2O$　　$E^{\ominus} = 1.419V$

弱酸性或中性介质：　$MnO_4^- + 2H_2O + 3e \rightleftharpoons MnO_2\downarrow$（棕色）$+ 4OH^-$

$$E^{\ominus} = 0.588V$$

碱性介质：　　　　$MnO_4^- + e \rightleftharpoons MnO_4^{2-}$（绿色）　　　　$E^{\ominus} = 0.564V$

（4）原电池——利用氧化还原反应产生电流的装置（即金属间的置换反应伴随着电子的转移，利用这种反应可装置原电池）。一般较活泼的金属为负极，较不活泼的金属为正极，放电时，负极不断给出电子，通过导线流入正极，正极上发生还原反应。在原电池中，化学能转变为电能，产生电流，用伏特计可以粗略地测量出原电池的电动势。

【仪器及试剂】

烧杯，量筒，试管，伏特计，表面皿，U 形管，试管夹，离心机，酒精灯。

HCl（1mol·L^{-1}，浓），HNO_3（1mol·L^{-1}，浓），H_2SO_4（1mol·L^{-1}），$NaOH$（6mol·L^{-1}，40%），$NH_3 \cdot H_2O$（2mol·L^{-1}，浓），$FeCl_3$（0.1mol·L^{-1}），KCl（饱和），$CoCl_2$（0.1mol·L^{-1}），$FeSO_4$（0.1mol·L^{-1}、1mol·L^{-1}），$K_2Cr_2O_7$（0.5mol·L^{-1}、1mol·L^{-1}），$AgNO_3$（0.1mol·L^{-1}），Na_2SO_3（0.1mol·L^{-1}），$CuSO_4$（1mol·L^{-1}），$ZnSO_4$（0.1mol·L^{-1}、1mol·L^{-1}），Na_3AsO_3（0.1mol·L^{-1}），KBr（0.1mol·L^{-1}），KIO_3（0.1mol·L^{-1}），KI（0.1mol·L^{-1}），$KMnO_4$（0.01mol·L^{-1}、0.1mol·L^{-1}），$K_3[Fe(CN)_6]$（0.1mol·L^{-1}），NH_4SCN（10%），H_2O_2（3%），溴水，CCl_4，锌粒，淀粉（0.5%）。

电极（锌片、铜片、铁钉、碳棒），导线，砂纸。

【实验步骤】

1. 电极电势与氧化还原反应的关系

（1）在试管中加入 0.5mL 0.1mol·L^{-1} KI 和 2～3 滴 0.1mol·L^{-1} FeCl$_3$ 溶液，观察现象。再向试管中加 1mL CCl$_4$，充分振荡后观察 CCl$_4$ 层的颜色。

（2）用 0.1mol·L^{-1} KBr 代替 KI 溶液，进行同样的实验，观察现象，写出有关的反应方程式。

（3）在两支试管中各加入 0.5mL 的碘水、溴水，再分别加入数滴 0.1mol·L^{-1} FeSO$_4$ 和 1mL CCl$_4$，充分振荡后观察现象，写出离子方程式。

根据上述实验现象，定性比较 Br$_2$/Br$^-$、I$_2$/I$^-$ 和 Fe^{3+}/Fe^{2+} 三个电对电极电势的相对大小，并指出哪个电对的氧化态物质是最强的氧化剂，哪个电对的还原态物质是最强的还原剂，说明电极电势与氧化还原反应方向的关系❶。

2. 浓度和酸度对电极电势的影响

（1）浓度对电极电势的影响　在两只 100mL 小烧杯中，分别加入 10.0mL 1mol·L^{-1} CuSO$_4$ 和 1mol·L^{-1} ZnSO$_4$ 溶液，在 ZnSO$_4$ 溶液中插入带导线的 Zn 片，CuSO$_4$ 溶液中插入带导线的 Cu 片，两烧杯间用盐桥连接，将 Cu 片和 Zn 片的导线分别与伏特计的正负极相接，测量原电池的电动势（图 4.2-1）。

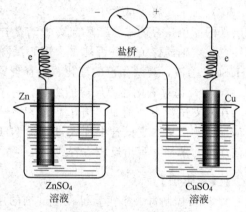

在 CuSO$_4$ 溶液中加入浓 NH$_3$·H$_2$O 至生成的沉淀溶解为止，形成深蓝色的溶液。

$$Cu^{2+} + 4NH_3 = [Cu(NH_3)_4]^{2+}$$

观察原电池的电动势有何变化？再在 ZnSO$_4$ 溶液中加入浓 NH$_3$·H$_2$O 至生成的沉淀溶解为止。

$$Zn^{2+} + 4NH_3 = [Zn(NH_3)_4]^{2+}$$

图 4.2-1　Cu-Zn 原电池

观察电动势有何变化？解释实验现象。

（2）酸度对电极电势的影响

① 在两只 100mL 小烧杯中，分别加入 15.0mL 1mol·L^{-1} FeSO$_4$ 和 0.5mol·L^{-1} K$_2$Cr$_2$O$_7$ 溶液，在 FeSO$_4$ 溶液中放入铁钉，在 K$_2$Cr$_2$O$_7$ 溶液中放入碳棒，将碳棒和铁钉通过导线分别与伏特计的正负极相连，中间用盐桥连通，测量两电极间电压。之后向 K$_2$Cr$_2$O$_7$ 溶液中慢慢加入 1mol·L^{-1} H$_2$SO$_4$ 溶液，观察电压有何变化？再在 K$_2$Cr$_2$O$_7$ 溶液中逐滴加入 6mol·L^{-1} NaOH 溶液，观察电动势又有何变化？

② 在两支试管中分别加入 1mL 浓 HCl 和 1mol·L^{-1} HCl 溶液，各滴加几滴 1mol·L^{-1} K$_2$Cr$_2$O$_7$ 溶液，稍加热，观察现象。在发生变化的试管口上方用湿润的淀粉-KI 试纸检验气体，写出有关的反应方程式并解释发生的现象。

③ 在 3～4 滴 0.1mol·L^{-1} Na$_3$AsO$_3$ 溶液中滴加 3～4 滴碘水，有何现象？之后用 HCl 酸化，又有何变化？写出反应方程式。

---

❶ I$_2$ 溶于 CCl$_4$ 中呈紫红色，Br$_2$ 溶于 CCl$_4$ 中呈黄色到橙红色，卤素单质（如 I$_2$、Br$_2$）在 CCl$_4$ 中的溶解度大于在水中的溶解度。

④ 在试管中加入 0.5mL 0.1mol·L^{-1} KI 溶液和 2 滴 0.1mol·L^{-1} KIO$_3$ 溶液,再加入几滴淀粉溶液,混合后观察溶液颜色有无变化。然后加 2～3 滴 1mol·L^{-1} H$_2$SO$_4$ 溶液酸化混合液,观察有无变化,最后滴加 2～3 滴 6mol·L^{-1} NaOH 使混合液显碱性,混合液又有什么变化?写出有关反应式。

3. 浓度和酸度对氧化还原产物的影响

(1) 在两支试管中分别加 0.5mL 浓 HNO$_3$ 和 1mol·L^{-1} HNO$_3$(微热),并在各试管中加一锌粒,观察它们的产物有何不同,设法检验 1mol·L^{-1} HNO$_3$ 中的产物,写出反应方程式。

(2) 设计一实验,验证 KMnO$_4$ 与 Na$_2$SO$_3$ 在酸性、中性和碱性介质中被还原的产物不同,记录实验现象并写出反应方程式。❶

4. 沉淀对氧化还原反应的影响

(1) 向一支试管中加入 0.5mL 0.1mol·L^{-1} KI 溶液和 5 滴 0.1mol·L^{-1} K$_3$[Fe(CN)$_6$] 溶液,混匀后加入 1mL CCl$_4$,充分振荡,观察 CCl$_4$ 层的颜色有无变化?之后再加入 10 滴 0.1mol·L^{-1} 的 ZnSO$_4$ 溶液,充分振荡,观察现象并加以解释。根据判断,I$^-$ 是否能还原 [Fe(CN)$_6$]$^{3-}$,加入 Zn^{2+} 有何影响?

(2) 向一支离心试管中加入 1mL 0.1mol·L^{-1} FeSO$_4$ 溶液和 1～2 滴碘水,混匀后,观察碘水的颜色是否褪去?然后向离心试管中滴加 0.1mol·L^{-1} AgNO$_3$ 溶液,边滴加边振荡,并注意观察碘的棕黄色是否褪去。离心沉降后,将上层清液转至另一试管中并加数滴 10% NH$_4$SCN 溶液,观察颜色的变化,解释现象并写出反应方程式。

5. 配合物对氧化还原反应的影响

在两支试管中分别加 2 滴 0.1mol·L^{-1} CoCl$_2$ 溶液,向第一支试管中加几滴 3% H$_2$O$_2$,有何现象?向第二支试管中加入过量稀 NH$_3$·H$_2$O,有何现象?再加入几滴 3% H$_2$O$_2$,又有何现象?解释并写出反应方程式。

【注意事项】

1. 严格控制每一个实验过程中试剂的用量,同时注意观察实验现象并及时将实验现象记录在预习本上。

2. 连接电池的导线要用砂纸擦去表面的氧化膜,以防接触不良。

【思考题】

1. 在 KI(或 KBr)与 FeCl$_3$ 反应溶液中为什么要加入 CCl$_4$?

2. 从实验结果归纳出影响电极电势有哪些因素,如何影响?

3. 为什么 H$_2$O$_2$ 既具有氧化性,又具有还原性?试从电极电势予以解释。

4. K$_2$Cr$_2$O$_7$ 在与 HCl 作用时生成 Cr^{3+} 和 Cl$_2$,而 Cl$_2$ 能将 CrO$_2^-$ 氧化成 CrO$_4^{2-}$,这两个反应有无矛盾,为什么?

5. 通过计算说明 I$_2$ 在中性的 KI 溶液中可将 AsO$_3^{3-}$ 氧化,而在强酸性溶液中 AsO$_4^{3-}$ 却能将 I$^-$ 氧化为 I$_2$?

【参考文献】

1. 北京师范大学等校编. 无机化学实验. 第 3 版. 北京:高等教育出版社, 2001.

2. 魏庆莉等编. 基础化学实验. 北京:科学出版社, 2008.

3. 徐莉英主编. 无机及分析化学实验. 上海:上海交通大学出版社, 2004.

---

❶ 提示:试剂加入的次序和用量应保证反应在所要求的介质中进行。

实验 4.3　氧和硫的性质

【实验目的】

1. 了解 H_2O_2 的生成，实验并掌握 H_2O_2 的性质。
2. 试验并掌握不同价态硫的化合物的重要性质。
3. 试验并比较金属硫化物的难溶性。

【实验原理】

1. 过氧化氢的性质

（1）不稳定　　H_2O_2 在两种介质中均不稳定，将歧化分解：

$$2H_2O_2(l) \longrightarrow 2H_2O + O_2(g)$$

高纯度的 H_2O_2 在低温下比较稳定，分解作用比较平稳。当加热到 $153℃$ 以上，发生爆炸性分解。

（2）弱酸性　　H_2O_2 的浓溶液和碱作用成盐：

$$H_2O_2 + Ba(OH)_2 \longrightarrow BaO_2 + 2H_2O$$

（3）氧化还原性

在酸、碱中氧化性都很强：　　$2HI + H_2O_2 \longrightarrow I_2 + 2H_2O$

在酸中还原性不强，需强氧化剂才能将其氧化

$$2KMnO_4 + 5H_2O_2 + 3H_2SO_4 \longrightarrow 2MnSO_4 + 5O_2\uparrow + K_2SO_4 + 8H_2O$$

在碱中是较好的还原剂：

$$2[Cr(OH)_4]^- + 3H_2O_2 + 2OH^- \longrightarrow 2CrO_4^{2-} + 8H_2O$$

2. 硫化合物的性质

S 为元素周期表中的 ⅥA 族元素，其电子构型为 $3s^2 3p^4$，与电负性大的元素化合，电子可激发至 3d，因此表现为多种氧化态。

（1）H_2S　　H_2S 中的 S 为 -2 价，是常用的强还原剂，制备时不能用氧化性酸。

$$H_2S + Br_2 \longrightarrow 2HBr + S\downarrow$$

（2）金属硫化物

① 颜色　　金属硫化物大多数为黑色，少数需特殊记忆。例如 SnS（棕色），SnS_2（黄色），As_2S_3（黄色），As_2S_5（黄色），Sb_2S_3（橙色），As_2S_5（橙色），MnS（肉色），ZnS（白色），CdS（黄色）。

② 水解性　　金属硫化物无论是微溶还是易溶，都会发生水解反应，即使是难溶金属硫化物，其溶解部分也会发生水解。例如 Na_2S、$(NH_4)_2S$ 水溶液因水解而呈碱性，而 Cr_2S_3、Al_2S_3 遇水发生强烈水解。

$$2M^{3+} + 3S^{2-} + 6H_2O \longrightarrow 2M(OH)_3 + 3H_2S\uparrow \qquad (M=Al、Cr)$$

③ 溶解性　　能够形成硫化物沉淀的金属离子有 40 多种，由于它们的溶解度不同，故可以通过控制溶液中沉淀离子 S^{2-} 浓度的方法进行溶解和分离。而 S^{2-} 的浓度又依赖于溶液的酸度，因此控制沉淀的酸度条件是分离金属硫化物的至关重要的条件。

3. 多硫化物

（1）在可溶性硫化物的溶液中加入硫粉时，硫溶解而生成相应的多硫化物，例如

$$(NH_4)_2S + (x-1)S \longrightarrow (NH_4)_2S_x$$

随着硫原子数目 x 的增加，溶液颜色由黄→橙红→红。所以通常所得的多硫化物是含有不同数目硫原子的各种多硫化物的混合物。

（2）多硫化物的重要性质

遇酸不稳定：$\qquad S_x^{2-} + 2H^+ \longrightarrow H_2S_x \longrightarrow H_2S + (x-1)S$

氧化性（主要）：$\qquad Sb_2S_3 + 3S_2^{2-} \longrightarrow 2SbS_4^{3-} + S$

还原性（次要）：$\qquad 3FeS_2 + 11O_2 \longrightarrow Fe_3O_4 + 6SO_3$

4. H_2SO_3

H_2SO_3 是二元中强酸，$K_{a1}^{\ominus} = 1.7 \times 10^{-2}$，$K_{a2}^{\ominus} = 6.0 \times 10^{-8}$，$H_2SO_3$ 只存在于水溶液中，光谱试验证明 SO_2 在水溶液中的状态基本上是以 $SO_2 \cdot H_2O$ 形式存在。

（1）较强的还原性

$$2MnO_4^- + 5SO_3^{2-} + 6H^+ \longrightarrow 2Mn^{2+} + 5SO_4^{2-} + 3H_2O$$
$$H_2SO_3 + I_2 + H_2O \longrightarrow H_2SO_4 + 2HI$$
$$2H_2SO_3 + O_2 \longrightarrow 2H_2SO_4$$

所以空气中长期放置的亚硫酸或亚硫酸盐会被空气中的氧氧化而失去还原性。

（2）氧化性 H_2SO_3 与强还原剂反应时才表现出氧化性。

$$H_2SO_3 + 2H_2S \longrightarrow 3S\downarrow + 3H_2O$$

漂白作用：SO_2 或 H_2SO_3 可与某些有机物发生加合作用，而使有机物褪色。例如它们能使品红溶液褪色。

5. 硫代硫酸盐的性质

（1）$H_2S_2O_3$ 极不稳定

$$S_2O_3^{2-} + 2H^+ \Longrightarrow H_2S_2O_3$$
$$H_2S_2O_3 \longrightarrow SO_2\uparrow + S\downarrow + H_2O$$

（2）还原性 通 Cl_2 到 $Na_2S_2O_3$ 溶液中，首先析出 S，与过量 Cl_2 作用，最后生成 SO_4^{2-}。

$$Na_2S_2O_3 + Cl_2（适量） + H_2O \longrightarrow Na_2SO_4 + S\downarrow + 2HCl$$
$$Na_2S_2O_3 + Cl_2（过量） + 5H_2O \longrightarrow Na_2SO_4 + H_2SO_4 + 8HCl$$

（3）配位作用

$$Ag^+ + 2S_2O_3^{2-}（过量）\longrightarrow [Ag(S_2O_3)_2]^{3-}$$

6. 过硫酸及其盐

过硫酸具有强氧化性（来自过氧键—O—O—）。它们作为氧化剂参与反应的过程中，过氧键断裂，这两个氧原子的氧化数由原来的 -1 变为 -2，而硫的氧化数保持 $+6$ 不变。

重要的过二硫酸盐有 $K_2S_2O_8$ 和 $(NH_4)_2S_2O_8$，它们也是强氧化剂。在 Cu^{2+} 的催化下能将 I^- 氧化为单质 I_2；在 Ag^+ 的催化下能将 Mn^{2+} 氧化为紫色的 MnO_4^-。

$$S_2O_8^{2-} + 2I^- \xrightarrow{Cu^{2+}催化} 2SO_4^{2-} + I_2$$
$$2Mn^{2+} + 5S_2O_8^{2-} + 8H_2O \xrightarrow{Ag^+催化} 2MnO_4^- + 10SO_4^{2-} + 16H^+$$

过硫酸盐热稳定性差，例如：

$$2K_2S_2O_8 \xrightarrow{加热} 2K_2SO_4 + 2SO_3\uparrow + O_2\uparrow$$

7. 离子鉴定

（1）S^{2-} 的鉴定 S^{2-} 能与稀酸反应产生 H_2S 气体。H_2S 特有的腐蛋臭味，或能使 $Pb(Ac)_2$ 试纸变黑（生成 PbS）的现象而检验出 S^{2-}。此外利用在弱碱性条件下与亚硝酰铁氰酸钠 $Na_2[Fe(CN)_5NO]$ 反应生成紫红色配合物特征反应也能鉴定 S^{2-}。

$$[Fe(CN)_6]^{4-} + 4H^+ + NO_3^- \longrightarrow \underset{\text{五氰·亚硝酰合铁(Ⅱ)酸根}}{[Fe(CN)_5NO]^{2-}}（紫红色） + CO_2\uparrow + NH_4^+$$

$$[Fe(CN)_5NO]^{2-} + S^{2-} \longrightarrow [Fe(CN)_5NOS]^{4-}（紫红色）$$

(2) SO_3^{2-} 的鉴定　　SO_3^{2-} 能与 $Na_2[Fe(CN)_5NO]$ 反应而生成红色化合物，加入硫酸锌的饱和溶液和 $K_4[Fe(CN)_6]$ 溶液，可使红色显著加深（其组成尚未确定）。利用此反应可鉴定 SO_3^{2-} 的存在❶。

(3) $S_2O_3^{2-}$ 的鉴定　　$S_2O_3^{2-}$ 与 Ag^+ 生成硫代硫酸银（$Ag_2S_2O_3$）白色沉淀，它在水溶液中极不稳定，会迅速变为黄色→棕色→黑色的 Ag_2S 沉淀。这是 $S_2O_3^{2-}$ 最特殊的反应之一，可用来鉴定 $S_2O_3^{2-}$ 的存在。

$$Ag_2S_2O_3 + H_2O \longrightarrow Ag_2S\downarrow（黑色）+ H_2SO_4$$

而过量的 $S_2O_3^{2-}$ 与 Ag^+ 作用，生成无色配合物 $Na_3[Ag(S_2O_3)_2]$ 而不产生沉淀。

【仪器及试剂】

台秤，试管，量筒，烧杯，圆底烧瓶，酒精灯，布氏漏斗，点滴板，铁圈，铁架台，坩埚，漏斗，试管夹，石棉网，放大镜。

HCl（$2mol \cdot L^{-1}$、$6mol \cdot L^{-1}$），H_2SO_4（$3mol \cdot L^{-1}$、$6mol \cdot L^{-1}$，浓），HNO_3（$2mol \cdot L^{-1}$，浓），HAc（$2mol \cdot L^{-1}$、$6mol \cdot L^{-1}$），H_2S（饱和），$NH_3 \cdot H_2O$（$3mol \cdot L^{-1}$），$NaOH$（$2mol \cdot L^{-1}$，40%），$AgNO_3$（$0.1mol \cdot L^{-1}$），KI（$0.1mol \cdot L^{-1}$），$KMnO_4$（$0.01mol \cdot L^{-1}$），$MnSO_4$（$0.01mol \cdot L^{-1}$、$0.1mol \cdot L^{-1}$），Na_2S（$0.1mol \cdot L^{-1}$），$Na_2S_2O_3$（$0.1mol \cdot L^{-1}$），$AgNO_3$（$0.1mol \cdot L^{-1}$），H_2O_2（3%），亚硝酰铁氰化钠（1%），$Na_2SO_3(s)$，$K_2S_2O_8(s)$，无水乙醇，酚酞，pH 试纸，石蕊试纸，淀粉（0.5%），$MnO_2(s)$，$K_2Cr_2O_7$（$0.1mol \cdot L^{-1}$），$Pb(NO_3)_2$（$0.1mol \cdot L^{-1}$），乙醚，$CuSO_4$（$0.1mol \cdot L^{-1}$），氯水、碘水。

【实验步骤】

1. 过氧化氢的性质

(1) H_2O_2 的氧化性

① 取 3 滴 $0.1mol \cdot L^{-1}$ $Pb(NO_3)_2$ 溶液，加入 2 滴 H_2S 饱和溶液，观察沉淀颜色，再加 3% H_2O_2 溶液，直至沉淀颜色转为白色。写出反应方程式。

② 取 $0.5mL$ $0.1mol \cdot L^{-1}$ KI 溶液，加入 2 滴 $3mol \cdot L^{-1}$ H_2SO_4 溶液，再加入 $0.5mL$ 3% H_2O_2 溶液，观察现象，并滴入 2~3 滴淀粉溶液，写出反应方程式。

(2) H_2O_2 的还原性　　在试管中加几滴 $0.01mol \cdot L^{-1}$ $KMnO_4$ 溶液，用少量 $3mol \cdot L^{-1}$ H_2SO_4 酸化后，滴入 3% H_2O_2 溶液，观察现象，写出反应方程式。

(3) H_2O_2 的催化分解　　在试管中取 $1mL$ 3% H_2O_2 溶液，加入少量 MnO_2，迅速将余烬的火柴伸入试管中，检验生成的气体。

(4) H_2O_2 的鉴定　　在试管中加入 $2mL$ 3% H_2O_2 溶液，$0.5mL$ 乙醚，并加入少量的 $3mol \cdot L^{-1}$ H_2SO_4 酸化，再加入 2~3 滴 $0.1mol \cdot L^{-1}$ $K_2Cr_2O_7$ 溶液，振荡试管，观察生成的过氧化铬 CrO_5 溶于乙醚而呈现的蓝色。但 CrO_5 不稳定，慢慢分解，乙醚层蓝色逐渐褪去。

2. 硫的化合物

(1) 硫化氢

① H_2S 水溶液的弱酸性　　用 pH 试纸检验饱和 H_2S 水溶液的 pH 值，写出其电离方程式。

② H_2S 的还原性　　取 2 支试管各加饱和 H_2S 水溶液 $1mL$，加 $3mol \cdot L^{-1}$ H_2SO_4 酸

---

❶　在碱性溶液中 S^{2-} 能与亚硝酰铁氰酸钠作用呈紫色，对 SO_3^{2-} 的鉴定有干扰。避免干扰的方法是在混合液中，加入 $PbCO_3$ 固体，使 $PbCO_3$ 转化为溶解度更小的 PbS 沉淀，离心分离后，在清液中再分别鉴定 SO_3^{2-} 和 $S_2O_3^{2-}$。

化，分别逐滴加入 $0.01mol \cdot L^{-1}$ KMnO$_4$ 溶液和 $0.1mol \cdot L^{-1}$ K$_2$Cr$_2$O$_7$ 溶液，观察现象，写出反应方程式。

（2）难溶硫化物的生成与溶解 取 3 支试管分别加入 $0.1mol \cdot L^{-1}$ MnSO$_4$、$0.1mol \cdot L^{-1}$ Pb(NO$_3$)$_2$、$0.1mol \cdot L^{-1}$ CuSO$_4$ 溶液各 0.5mL，然后各滴加 $0.1mol \cdot L^{-1}$ Na$_2$S 溶液，观察现象。离心分离，弃去溶液，洗涤沉淀。试验这些沉淀在盐酸、浓盐酸和浓硝酸中的溶解情况。

根据实验结果，对金属硫化物的溶解情况作出结论，写出有关的反应方程式。

（3）亚硫酸盐的性质

① 亚硫酸盐遇酸分解 取 1.0g Na$_2$SO$_3$ 固体于试管中，加 3.0mL $3mol \cdot L^{-1}$ H$_2$SO$_4$ 溶液（在通风柜中进行）❶，观察现象，用品红检验所产生的气体。

② 亚硫酸盐的氧化还原性 将上述实验所得的溶液分为两份，一份滴加饱和 H$_2$S 水溶液；另一份中滴加 $0.01mol \cdot L^{-1}$ KMnO$_4$ 溶液，观察现象，说明亚硫酸具有什么性质。

（4）硫代硫酸盐的性质

① 用试管取 1mL Na$_2$S$_2$O$_3$ 溶液，再加几滴 $2mol \cdot L^{-1}$ HCl 溶液（在通风柜中进行），观察现象并用湿润的石蕊试纸检验逸出的气体，写出反应方程式。

② 向 1mL 碘水中滴加 $0.1mol \cdot L^{-1}$ Na$_2$S$_2$O$_3$ 溶液，观察现象。

③ 向 1mL $0.1mol \cdot L^{-1}$ Na$_2$S$_2$O$_3$ 溶液中滴加新制备的氯水。若有沉淀，继续滴加氯水至沉淀消失，设法证明溶液中有 SO$_4^{2-}$。

④ 向 1mL $0.1mol \cdot L^{-1}$ AgNO$_3$ 溶液中滴加 $0.1mol \cdot L^{-1}$ Na$_2$S$_2$O$_3$ 溶液至产生白色沉淀，将沉淀分为两份，一份继续滴加 Na$_2$S$_2$O$_3$ 溶液，一份放于试管架上，观察颜色的变化，利用 Ag$_2$S$_2$O$_3$ 颜色的变化可鉴定 S$_2$O$_3^{2-}$ 的存在。

⑤ 制取很少量的 AgBr 沉淀，离心分离后向沉淀中迅速加入足量的 Na$_2$S$_2$O$_3$ 溶液，观察现象。

写出上述反应对应的方程式。

（5）过二硫酸盐的氧化性

① 取 2g K$_2$S$_2$O$_8$ 固体于一试管中，加 5mL $2mol \cdot L^{-1}$ HNO$_3$ 使固体溶解，再加 4～5 滴 $0.01mol \cdot L^{-1}$ MnSO$_4$ 溶液，混合均匀后将溶液分成两份：在其中一份中加 1 滴 $0.1mol \cdot L^{-1}$ AgNO$_3$ 溶液，将两支试管同时置于水浴中加热，观察两支试管中的现象有何不同？

② 冷却后比较两支试管中产物的量的多少，实验结果说明 S$_2$O$_8^{2-}$、MnO$_4^-$ 何者氧化性较强。

③ 向 1mL $0.1mol \cdot L^{-1}$ KI 溶液中加 0.5mL $3mol \cdot L^{-1}$ H$_2$SO$_4$ 酸化，之后加入少量 K$_2$S$_2$O$_8$ 固体，观察产物的颜色和状态，微热后产物有何变化，设法检验产物是否有 I$_2$ 产生，写出反应方程式。

【注意事项】

1. 硫化氢及二氧化硫是有毒气体，制备和使用时要在通风橱中操作。
2. 过氧化物是氧化剂，对皮肤有腐蚀性，使用时应注意。

【思考题】

1. 为什么过氧化氢既可作氧化剂又可作还原剂？什么条件下过氧化氢可将 Mn^{2+} 氧化

---

❶ SO$_2$ 具有刺激性气味，对人体和环境带来毒害与污染。主要对人体造成黏膜及呼吸道损害，引起流泪、流涕、咽干、咽痛等症状及呼吸道炎症，大量吸入导致窒息死亡。因此凡涉及产生 SO$_2$ 的反应均要采取相应措施，减少 SO$_2$ 的逸出并在通风柜中进行。若产生 SO$_2$ 的实验现象后应立即加 NaOH 终止 SO$_3^{2-}$ 或 S$_2$O$_3^{2-}$ 的分解。

为 MnO_2？什么条件下 MnO_2 又可将过氧化氢氧化而产生氧气？它们相互矛盾吗？为什么？

2. $Na_2S_2O_3$ 溶液与 $AgNO_3$ 溶液反应时，为何有时为 Ag_2S 沉淀，有时为 $[Ag(S_2O_3)_2]^{3-}$ 配离子？

3. PbS 能否被 H_2O_2 氧化为 $PbSO_4$？如能进行，写出反应方程式，并说明这一反应有何实际意义？

4. 有三瓶无色透明溶液，它们可能是 Na_2S、Na_2SO_3、Na_2SO_4、$Na_2S_2O_3$、$Na_2S_2O_8$ 中的 3 个，如何通过实验识别它们？

5. 将 H_2S 通入 $0.2mol \cdot L^{-1}$ Zn^{2+} 的溶液中并使 Zn^{2+} 完全沉淀为 ZnS，此时溶液的 pH 值应控制在什么范围？

6. H_2S、Na_2S、Na_2SO_3 的溶液放置久了，会发生什么变化，如何判断变化情况？在水溶液中析出的 S，当量少时，呈乳白色；如果量多或在干态时，则呈黄色。

【参考文献】

1. 中山大学等校编. 无机化学实验. 第 3 版. 北京：高等教育出版社，1992.

2. 袁书玉主编. 无机化学实验. 北京：清华大学出版社，1996.

3. 刘迎春主编. 无机化学实验. 北京：中国医药科技出版社，1998.

实验 4.4　氮和磷的性质

【实验目的】

1. 试验并掌握不同氧化态氮的化合物的主要性质。

2. 试验磷酸盐的主要性质。

3. 掌握 NH_4^+、NO_2^-、NO_3^- 和 PO_4^{3-} 的鉴别方法。

【实验原理】

1. 不同氧化态氮的化合物的主要性质

(1) 铵盐的热分解及 NH_4^+ 的鉴别　铵盐的热分解产物与其阴离子对应的酸的氧化性、挥发性以及分解温度有关。

① 无氧化性、易挥发性酸的铵盐分解生成 NH_3 和相应的酸（若酸不稳定，会进一步分解），如 NH_4Cl、NH_4HCO_3 等。

② 无氧化性、难挥发性酸的铵盐分解生成 NH_3 和相应的酸或酸式盐，如 $(NH_4)_2SO_4$、$(NH_4)_3PO_4$ 等。

③ 氧化性酸的铵盐分解生成的 NH_3 立即被氧化为氮气或氮的氧化物，如 $(NH_4)_2Cr_2O_7$、NH_4NO_3 等。

NH_4^+ 的鉴别：

① 石蕊试纸法　在含 NH_4^+ 的试液中加强碱，加热，逸出的氨能使湿润的红色石蕊试纸变蓝。

② Nessler 试剂法　$K_2[HgI_4]$ 和 KOH 的混合溶液称为 Nessler 试剂，与微量 NH_4^+ 反应，有特殊的红棕色沉淀生成（pH 值为 12～13，显色最明显）：

$$NH_4^+ + 2[HgI_4]^{2-} + 4OH^- \longrightarrow \left[O{<}{\overset{Hg}{\underset{Hg}{}}}{>}NH_2\right]I \downarrow (红棕色) + 7I^- + 3H_2O$$

(2) 亚硝酸及其盐的性质、NO_2^- 的鉴别　亚硝酸是一种弱酸（$K_a^{\ominus} = 4.6 \times 10^{-4}$，291K），极不稳定，仅存在于冷的稀溶液中。室温下放置会分解，放出 NO 和 NO_2 气体。

由于 NO_2^- 中 N 的氧化数处于中间价态（+3 价），因此它既具有氧化性又具有还原性。在碱性介质中以还原性为主，在酸性介质中以氧化性为主，一般被还原的产物为 NO，但当遇到比它更强的氧化剂时，则为还原剂，被氧化的产物为 NO_3^-。

NO_2^- 的鉴别：在醋酸介质中，对氨基苯磺酸、α-萘胺与 HNO_2 反应生成红色的偶氮染料。该方法用来检验少量的 NO_2^-，如 NO_2^- 的浓度太大，红色很快褪去，生成黄色溶液和褐色沉淀。

（红色）

（3）**硝酸及其盐的性质、NO_3^- 的鉴别** 硝酸分子中的氮处于最高氧化态，硝酸分子又不稳定，易分解放出 O_2 和 NO_2，因此硝酸是强的氧化剂。与金属反应被还原的程度与硝酸的浓度和金属的活泼性有关：与不活泼金属如铜的反应，浓硝酸（$12\sim16\,mol\cdot L^{-1}$）主要被还原成 NO_2，稀硝酸（$6\sim8\,mol\cdot L^{-1}$）主要被还原成 NO；与活泼金属如锌的反应，浓硝酸主要被还原成 NO_2，稀硝酸主要被还原成 NO，较稀的硝酸（$<2\,mol\cdot L^{-1}$）主要被还原成 NH_4^+。

硝酸盐受热易分解，其分解产物与阳离子的性质以及分解温度有关。

① NH_3 具有较强的还原性，HNO_3 具有强的氧化性。因此，硝酸铵受热分解出来的 NH_3 会立即被氧化。

$$NH_4NO_3(s) \longrightarrow N_2O\uparrow + 2H_2O \qquad (190\sim300℃)$$
$$2NH_4NO_3(s) \longrightarrow 2N_2\uparrow + O_2\uparrow + 4H_2O \qquad (>300℃)$$

② 金属硝酸盐受热分解的产物与金属的活泼性（按电位顺序分）有关：Mg 之前的金属硝酸盐分解生成亚硝酸盐和 O_2；Mg~Cu 之间（包括 Mg 和 Cu）的金属硝酸盐分解生成金属氧化物、NO_2 和 O_2；Cu 之后的金属硝酸盐分解生成金属单质、NO_2 和 O_2。

NO_3^- 的鉴别（棕色环法）：由于浓硫酸的密度大，若将它沿试管壁慢慢注入盛有硝酸盐和硫酸亚铁混合溶液的试管中，将形成浓硫酸在底部、混合液在上部的两层液体界面。由于发生了如下反应，而在交界处出现了棕色环。

$$NO_3^- + 3Fe^{2+} + 4H^+ \longrightarrow NO + 3Fe^{3+} + 2H_2O$$
$$Fe^{2+} + NO \longrightarrow [Fe(NO)]^{2+}（棕色）$$

2. 磷酸盐的性质及 PO_4^{3-} 的鉴别

（1）**磷酸盐的性质** 正磷酸能形成三个系列的盐，所有的磷酸二氢盐都易溶于水；磷酸一氢盐和正盐中，除 K^+、Na^+ 和 NH_4^+ 的盐以外，一般不溶于水。可溶性强碱正盐水溶液显较强的碱性，而酸式盐水溶液的酸碱性取决于酸根离子的水解和电离的相对强弱，如磷酸一氢钠水溶液显弱碱性，磷酸二氢钠水溶液显弱酸性。

（2）**PO_4^{3-} 的鉴别** PO_4^{3-}、HPO_4^{2-} 或 $H_2PO_4^-$ 用硝酸酸化后，与过量的钼酸铵溶液反应均生成黄色的磷钼酸铵沉淀，其反应式为：

$$PO_4^{3-} + 3NH_4^+ + 12MoO_4^{2-} + 24H^+ \longrightarrow (NH_4)_3PO_4\cdot 12MoO_3\cdot 6H_2O\downarrow（黄色）+ 6H_2O$$

【仪器及试剂】

试管，烧杯，表面皿，研钵，量筒，点滴板，酒精灯，试管夹，铁架台，台秤。

硫粉，锌粒；硝酸钠，硝酸铜，硝酸银，氯化铵，硫酸铵，重铬酸铵。HNO_3（$0.1mol\cdot L^{-1}$、$0.5mol\cdot L^{-1}$、$2mol\cdot L^{-1}$、浓），HCl（$2mol\cdot L^{-1}$、浓），H_2SO_4（$6mol\cdot L^{-1}$、浓），HAc（$6mol\cdot L^{-1}$）；$NaOH$（40%），$NH_3\cdot H_2O$（$2mol\cdot L^{-1}$）；$NaNO_2$（$0.01mol\cdot L^{-1}$、$0.5mol\cdot L^{-1}$、饱和），$NaNO_3$（$0.5mol\cdot L^{-1}$），$AgNO_3$（$0.1mol\cdot L^{-1}$），$CaCl_2$（$0.5mol\cdot L^{-1}$），$FeSO_4$（$0.5mol\cdot L^{-1}$），$CuSO_4$（$0.2mol\cdot L^{-1}$），Na_3PO_4（$0.1mol\cdot L^{-1}$），Na_2HPO_4（$0.1mol\cdot L^{-1}$），NaH_2PO_4（$0.1mol\cdot L^{-1}$），$Na_4P_2O_7$（$0.1mol\cdot L^{-1}$），KI（$0.1mol\cdot L^{-1}$），$KMnO_4$（$0.1mol\cdot L^{-1}$），$(NH_4)_2MoO_4$（$0.1mol\cdot L^{-1}$），对氨基苯磺酸，α-萘胺，Nessler 试剂，淀粉溶液（0.2%），pH 试纸，石蕊试纸，冰，木条。

【实验步骤】

1. 不同氧化态氮的化合物的主要性质

（1）铵盐的热分解　将装有 1g 氯化铵的短硬质试管垂直固定在铁架台上，将湿润的 pH 试纸横放在试管口。加热试管底部，仔细观察试管口 pH 试纸颜色的变化以及试管中出现的现象，解释其原因并证明试管壁上部的产物仍然是氯化铵。

分别用 1g 硫酸铵和 1g 重铬酸铵重复以上实验，观察并解释实验现象。

写出热分解反应方程式，比较产物，总结铵盐热分解产物与阴离子的关系。

（2）亚硝酸及其盐

① 亚硝酸不稳定　将分别盛有 2mL 饱和 $NaNO_2$ 溶液和 2mL $6mol\cdot L^{-1}$ H_2SO_4 溶液的两支试管置于冰水中。冷却后，取出装有 H_2SO_4 溶液的试管，擦净试管外部的水，将 H_2SO_4 溶液沿试管壁慢慢注入仍放置在冰水中的饱和 $NaNO_2$ 溶液中，观察现象。将试管从冰水中取出，放置片刻，再观察现象。解释现象并写出反应方程式。

② 亚硝酸盐的氧化还原性　在试管中滴入 1 滴 $0.1mol\cdot L^{-1}$ KI 溶液，用 $6mol\cdot L^{-1}$ H_2SO_4 酸化，再滴加 $0.5mol\cdot L^{-1}$ $NaNO_2$ 溶液，振荡试管并观察现象。试验证产物并写出反应方程式。

向盛有 0.5mL $0.5mol\cdot L^{-1}$ $NaNO_2$ 溶液的试管中，滴入 1 滴 $0.1mol\cdot L^{-1}$ $KMnO_4$ 溶液，再滴加 $6mol\cdot L^{-1}$ H_2SO_4 溶液，振荡试管并观察现象。写出反应方程式。

根据上述实验，总结亚硝酸盐的氧化还原性质。

③ NO_2^- 的鉴别　向试管中加 2 滴 $0.01mol\cdot L^{-1}$ $NaNO_2$ 溶液和几滴 $6mol\cdot L^{-1}$ HAc 酸化，再加 1 滴对氨基苯磺酸和 1 滴 α-萘胺，振荡并观察现象。

（3）硝酸和硝酸盐

① 硝酸的氧化性　取少许硫粉于试管中，向其中加入 1mL 浓硝酸，水浴加热。观察现象，冷却，待试管中气体排尽后，设法检验反应液中产物。

分别向两支各盛少量锌片的试管中注入 1mL 浓硝酸和 1mL $0.5mol\cdot L^{-1}$ HNO_3 溶液，观察两者反应速率和反应产物有何不同。

取 2 滴锌与 $0.5mol\cdot L^{-1}$ HNO_3 的反应液于一只较大的表面皿里，向其中滴 1 滴 40% NaOH 溶液，迅速用里面贴有湿润红色石蕊试纸的另一只较小的表面皿盖上，置于水浴上加热。观察试纸颜色的变化（气室法检验微量 NH_4^+）。

② 硝酸盐的热分解　在三支干燥的硬质试管中，分别加入少量固体硝酸钠、硝酸铜和硝酸银，加热，观察反应的情况和产物的颜色，并设法检验气体产物。

写出热分解方程式，比较产物，总结硝酸盐热分解产物与阳离子的关系。

③ NO_3^- 的鉴别　在试管中加入 5 滴 $0.5mol\cdot L^{-1}$ $NaNO_3$ 溶液和 10 滴 $0.5mol\cdot L^{-1}$ $FeSO_4$ 溶液，振荡混匀后，沿试管壁慢慢滴加 1 滴管浓硫酸。试管中反应液形成两层，观

察层间溶液的颜色。

2. 磷酸盐的主要性质

(1) 酸碱性 分别向三支试管中滴入 0.5mL 0.1mol·L^{-1} Na$_3$PO$_4$、Na$_2$HPO$_4$ 和 NaH$_2$PO$_4$ 溶液,用 pH 试纸检验其酸碱性。再各滴加 2 滴 0.1mol·L^{-1} AgNO$_3$ 溶液,观察沉淀的产生,并用 pH 试纸检验溶液酸碱性的变化。试验沉淀是否溶解于 2mol·L^{-1} HNO$_3$ 溶液,解释实验现象,并写出反应方程式。

(2) 溶解性 分别向三支试管中加入 1mL 0.5mol·L^{-1} CaCl$_2$ 溶液,再各滴入 0.1mol·L^{-1} Na$_3$PO$_4$、Na$_2$HPO$_4$ 和 NaH$_2$PO$_4$ 溶液,有何现象发生?当滴入几滴 2mol·L^{-1} 氨水后,有何变化?再滴入几滴 2mol·L^{-1} HCl,又有何变化?

比较三种盐的溶解性,说明它们之间相互转化的条件。

(3) 配位性 向 0.5mL 0.2mol·L^{-1} CuSO$_4$ 溶液中逐滴加入 0.1mol·L^{-1} Na$_4$P$_2$O$_7$ 溶液,观察沉淀的生成。继续滴加 Na$_4$P$_2$O$_7$ 溶液,沉淀是否溶解?写出反应方程式。

(4) 生成杂多酸盐 在三支试管中各滴加 2 滴 0.1mol·L^{-1} Na$_3$PO$_4$、Na$_2$HPO$_4$ 和 NaH$_2$PO$_4$ 溶液,再各滴加 0.5mL 0.1mol·L^{-1} HNO$_3$ 溶液和 5~8 滴 0.1mol·L^{-1} (NH$_4$)$_2$MoO$_4$ 溶液,观察沉淀的颜色 (如无沉淀,可用玻璃棒摩擦试管内壁或用水浴加热)。此方法可用来鉴别 PO$_4^{3-}$。

【结果与讨论】

1. 总结铵盐、硝酸盐热分解规律。

2. 结合元素电势图以及实验结果,讨论亚硝酸盐的氧化还原性,并写出反应方程式。

3. 用平衡移动的观点说明在磷酸钠、磷酸一氢钠和磷酸二氢钠溶液中加入硝酸银溶液,都有黄色的磷酸银沉淀生成,且溶液的酸碱度发生了变化。

【注意事项】

1. 涉及有毒气体 (如 NO$_2$ 等) 产生的试剂 (HNO$_3$、HNO$_2$) 的取用或反应须在通风橱中进行,需待有毒气体排尽后,再对反应液作后处理。

2. 如使用长硬质试管做氯化铵分解实验,检验气体性质的 pH 试纸须向试管中部伸一点。

3. 在盐的热分解实验中,盐要研细,加热要均匀。

【思考题】

1. 试用几种方法区别硝酸盐和亚硝酸盐。

2. 试用几种方法区别磷酸钠、磷酸氢二钠和磷酸二氢钠?

3. 为什么一般情况下不用硝酸作为酸性反应介质?用酸溶解磷酸银沉淀,宜选用硝酸、盐酸和硫酸中的哪一种?

【参考文献】

1. 北京师范大学编. 无机化学实验. 第 3 版. 北京:高等教育出版社,2001.

2. 中山大学等校编. 无机化学实验. 第 3 版. 北京:高等教育出版社,1992.

3. 刁国旺等编. 大学化学实验·基础化学实验一. 南京:南京大学出版社,2006.

实验 4.5 卤素及其化合物的性质

【实验目的】

1. 学会氯气、次氯酸钠和氯酸钾的制备方法以及仪器的连接。

2．试验并掌握卤素及其盐的重要性质。

3．了解氯、溴、氯酸钾的安全操作。

【实验原理】

1．氯气、氯水、次氯酸钠和氯酸钾的制备

实验室里制备氯气通常采用二氧化锰与浓盐酸共热或用稀盐酸与高锰酸钾反应这两种方法。将产生的氯气通入去离子水中一段时间制备氯水；通入热的氢氧化钾溶液中制备氯酸钾；通入冷的氢氧化钠溶液中制备次氯酸钠。其反应方程式为：

$$MnO_2 + 4HCl(浓) \xrightarrow{\triangle} MnCl_2 + Cl_2\uparrow + 2H_2O$$

$$或 \quad 2KMnO_4 + 16HCl(浓) == 2KCl + 2MnCl_2 + 5Cl_2\uparrow + 8H_2O$$

$$2NaOH + Cl_2 \xrightarrow{冰} NaClO + NaCl + H_2O$$

$$6KOH + 3Cl_2 \xrightarrow{\triangle} KClO_3 + 5KCl + 3H_2O$$

2．卤素单质的活泼性及其离子的还原性

卤素在周期表中位于ⅦA族，它们的价电子构型为 ns^2np^7，故常为 -1 价，但在一定的条件下也可呈现为 $+1$、$+3$、$+5$、$+7$ 价。它们的非金属性在同周期中最强，同主族从上到下逐渐减弱。从 $F_2\rightarrow I_2$ 氧化性减弱，但从 $F^-\rightarrow I^-$ 还原性增强。

3．ClO^-、ClO_3^- 的氧化性

ClO^- 和 ClO_3^- 都具有强的氧化性，且前者大于后者。它们的氧化能力都与溶液的酸碱性有关：酸性条件下的氧化能力大于碱性条件下的氧化能力。

【仪器及试剂】

台秤，量筒，具咀平底烧瓶，恒压滴液漏斗，具咀试管，集气瓶，毛片玻璃，锥形瓶，烧杯，温度计，水浴锅，试管，表面皿，三通阀，布氏漏斗，抽滤瓶，真空泵，酒精灯，燃烧匙，铁架台，铁圈，铁锤，离心机，石棉网。

红磷，硫粉，二氧化锰，氯化钠，溴化钠，碘化钾，HCl(浓)，H_2SO_4（3mol·L^{-1}、浓）；NaOH(2mol·L^{-1})，KOH(30%)，$NH_3\cdot H_2O$（浓）；FeCl$_3$(0.1mol·L^{-1})，NaBr(0.1mol·L^{-1})，KI(0.1mol·L^{-1})，MnSO$_4$(0.2mol·L^{-1}、0.002mol·L^{-1})，溴水，CCl$_4$。铜丝，pH试纸，KI-淀粉试纸，Pb(Ac)$_2$试纸，淀粉（0.4%），凡士林，橡皮管，玻璃纤维，氯气，氯水。

【实验步骤】

1．氯气、氯水、次氯酸钠和氯酸钾的制备

按图 4.5-1 装配好各仪器并检验装置气密性（如何检验？）。将 10.0g MnO$_2$ 粉末装入具咀平底烧瓶中，27.0mL 浓 HCl 注入恒压滴液漏斗中，15.0mL 30% KOH 溶液注入 A 具咀试管中并将试管放入盛有温度为 70～80℃ 热水的烧杯中，10.0mL 2mol·L^{-1} NaOH 溶液注入 B 具咀试管中并将试管放入盛有冰水的烧杯中，2mol·L^{-1} NaOH 溶液注入锥形瓶中，用于吸收多余的 Cl$_2$。

（1）氯气、氯水的制备　旋开三通活塞 b 使之与 Cl$_2$ 集气瓶相通，滴加浓 HCl，同时加热平底烧瓶。用排气法收集两瓶 Cl$_2$（如何检验收满？）。

移去 Cl$_2$ 集气瓶，使三通活塞 b 与盛有去离子水的锥形瓶相通一段时间，制备氯水（备用）。

（2）NaClO、KClO$_3$ 的制备　旋开三通活塞 a 使之与 A、B 具咀试管相通，产生的 Cl$_2$

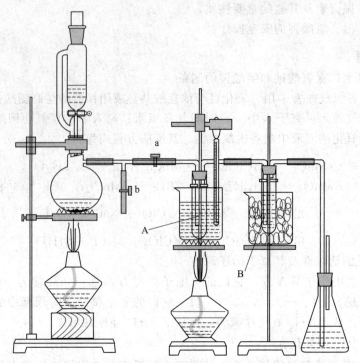

图 4.5-1　氯气、氯水、次氯酸钠和氯酸钾的制备装置

分别与 KOH 和 NaOH 水溶液反应。一段时间后，A 试管中 KOH 溶液颜色由黄色变为无色（注意提前量），且溶液上部呈黄绿色时，停止加热。

尾气处理：由恒压滴液漏斗向烧瓶中加入大量的水，多余的 Cl_2 被锥形瓶中的碱液吸收，待实验结束后拆除装置，处理烧瓶中的残物和锥形瓶中的废液。

将 A 试管置于冰水中冷却，析出 $KClO_3$ 晶体，过滤，用滤纸将晶体吸干并置于表面皿上待用。

2. 卤素单质的活泼性及其离子的还原性

（1） Cl_2 与磷的反应　在燃烧匙中放少许红磷，在酒精灯上加热后迅速伸入盛有 Cl_2 的集气瓶中，观察燃烧情况、产物的颜色和状态。

（2） Cl_2 与铜的反应　将一小段用砂纸擦亮后的铜丝绕成螺旋状，并固定在燃烧匙上，在酒精灯上加热发红后迅速伸进盛有 Cl_2 的集气瓶中，观察发生的现象。反应后，在集气瓶中加入少量的水，振荡，观察溶液颜色的变化。

（3）卤素单质置换反应　分别取几滴 $0.1mol \cdot L^{-1}$ KI 和 CCl_4 溶液，边振荡边滴加氯水，直至过量，观察现象的变化。若以 NaBr 代替 KI 重复实验，有何现象；若以溴水代替氯水重复实验，又有何现象？

写出反应方程式，结合上述实验比较 Cl_2、Br_2 和 I_2 的活泼性。

（4） Cl^-、Br^- 和 I^- 的还原性　在三支试管中分别加入约米粒大的 NaCl、NaBr 和 KI 固体，再分别加入 5 滴浓 H_2SO_4，观察实验现象（现象不明显时可加热）。分别用浓氨水、KI-淀粉试纸和醋酸铅试纸检验各试管中产生的气体。

在两支试管中分别加入 5 滴 $0.1mol \cdot L^{-1}$ KI 和 NaBr 溶液，再各加入 3 滴 $0.1mol \cdot L^{-1}$ $FeCl_3$ 溶液和 1mL CCl_4，振荡后观察 CCl_4 层颜色有无变化。

写出反应方程式，结合上述实验比较 Cl^-、Br^- 和 I^- 的还原性强弱。

3. ClO$^-$、ClO$_3^-$ 的氧化性

(1) ClO$^-$ 的氧化性

① 与浓 HCl 反应　取几滴自制的 NaClO 溶液，滴加浓盐酸，振荡，观察现象，用湿 KI-淀粉试纸检验生成的气体。

② 与 I$^-$ 反应　在 5 滴 0.1mol·L^{-1} KI 溶液中加入 1 滴 3mol·L^{-1} H$_2$SO$_4$ 酸化，再滴加 1mL CCl$_4$ 和几滴 NaClO 溶液，振荡，观察现象。

③ 与 Mn^{2+} 反应　在 2 滴 0.2mol·L^{-1} MnSO$_4$ 溶液中加入 1 滴 3mol·L^{-1} H$_2$SO$_4$ 酸化，再滴加 NaClO 溶液，振荡，观察现象。

(2) ClO$_3^-$ 的氧化性

① 与浓 HCl 反应　取少许自制的 KClO$_3$ 晶体，滴加浓 HCl，观察实验现象（如不明显可微热）。

② 与 I$^-$ 反应　取少许自制的 KClO$_3$ 晶体溶于水配制成溶液并分成两份，各加入 5 滴 CCl$_4$，分别试验其在中性和酸性（加 3mol·L^{-1} H$_2$SO$_4$）条件下与 0.1mol·L^{-1} KI 溶液的反应，观察 CCl$_4$ 层颜色的变化，解释实验现象。

③ 与 S 反应　分别取少量干燥的 KClO$_3$ 晶体和硫粉在纸上小心混合均匀且包好，在室外用铁锤猛击，观察实验现象。

写出反应方程式，结合上述实验总结 ClO$^-$、ClO$_3^-$ 的氧化性。

【结果与讨论】

1. 总结卤素单质的化学性质及其相应的变化规律。

2. 根据元素电势图，结合实验结果总结次卤酸盐和卤酸盐的氧化还原性，并写出相应的方程式。

3. 总结卤素离子的鉴定方法，写出实验步骤和反应方程式。

【注意事项】

1. 氯气剧毒且有刺激性，吸入会刺激喉管，引起咳嗽和喘息。因此，需在通风橱中制备氯气，制备前必须检查装置的气密性。

2. 溴蒸气对眼、鼻、喉、气管、肺等器官有很强的刺激作用，取用液溴或溴水都应小心。

3. 在制备 KClO$_3$ 前就要使水的温度在 70～80℃之间，反应过程中也要保持该温度范围。反应中若温度过高会引起 KOH 溶液冲出，过低会使反应时间延长。

4. KClO$_3$ 是强氧化剂，与可燃物一起受热、摩擦或撞击会爆炸。实验时，KClO$_3$ 和硫粉在纸上用玻璃棒轻轻混合，切不可用力摩擦！实验后，回收反应后的残物，不允许倒入酸液缸中。

5. 蒸馏瓶中残留的 MnO$_2$ 可用草酸盐和稀硫酸溶液洗去，反应方程式为：

$$C_2O_4^{2-} + MnO_2 + 4H^+ \longrightarrow Mn^{2+} + 2CO_2 \uparrow + 2H_2O$$

【思考题】

1. 实验室中制备氯气若以二氧化锰为原料需用浓盐酸并且在加热的条件下进行，而用高锰酸钾则需用稀盐酸并且不需要加热，为什么？

2. Cl$_2$ 与 I$^-$ 反应生成 I$_2$，I$_2$ 又能与 KClO$_3$ 反应生成 Cl$^-$，二者是否矛盾？为什么？

3. 试用两种方法区别次氯酸钠和氯酸钾。

4. 写出分离和鉴别 Cl$^-$、Br$^-$ 和 I$^-$ 三种离子的方案。

【参考文献】

1．北京师范大学编．无机化学实验．第 3 版．北京：高等教育出版社，2001．

2．大连理工大学编．无机化学实验．第 2 版．北京：高等教育出版社，2004．

3．蒋碧如，潘润身编．无机化学实验．北京：高等教育出版社，1994．

4．吉林大学编．基础化学实验（上册）．北京：高等教育出版社，2006．

实验 4.6　碱金属和碱土金属的性质

【实验目的】

1．试验并比较碱金属、碱土金属的活泼性。

2．试验并比较碱土金属氢氧化物的溶解性。

3．了解焰色反应的操作，学会钠、钾和汞的安全取用。

4．掌握常用的碱金属、碱土金属离子的鉴别方法。

【实验原理】

1．碱金属和碱土金属的活泼性

碱金属和碱土金属属 s 区元素，其价电子层上有 1～2 个电子，是活泼的金属元素。其活泼性从上到下逐渐增强，且碱金属的活泼性强于同周期的碱土金属的活泼性。

金属钠与汞形成的钠汞齐的组成和状态随钠、汞比例的不同而变化，若钠含量较多，钠汞齐呈固态，性脆；若钠含量较少，钠汞齐呈黏液状态。钠汞齐中的钠与水作用缓慢。

2．Na^+、K^+、Mg^{2+} 和 Ca^{2+} 的鉴别

（1）Na^+ 的鉴别

$$Na^+ + [Sb(OH)_6]^- \longrightarrow Na[Sb(OH)_6]\downarrow（白色）$$

$$Na^+ + Zn^{2+} + 3UO_2^{2+} + 9Ac^- + 9H_2O \longrightarrow NaAc\cdot Zn(Ac)_2\cdot 3UO_2(Ac)_2\cdot 9H_2O\downarrow（淡黄绿色）$$

（2）K^+ 的鉴别

$$2K^+ + Na^+ + [Co(NO_2)_6]^- \longrightarrow K_2Na[Co(NO_2)_6]\downarrow（亮黄色）$$

$$K^+ + HC_4H_4O_6^- \longrightarrow KHC_4H_4O_6\downarrow（白色）$$

（3）Mg^{2+} 的鉴别　镁试剂（对硝基偶氮间苯二酚）在酸性溶液中呈黄色，在碱性溶液中呈紫色或红色。在碱性溶液中与 Mg^{2+} 反应生成天蓝色沉淀。

（4）Ca^{2+} 的鉴别

$$Ca^{2+} + C_2O_4^{2-} \longrightarrow CaC_2O_4\downarrow（白色）$$

3．焰色反应

碱金属和碱土金属的离子均为饱和结构，一般情况下电子不易跃迁，因此它们的离子均为无色。但它们的挥发性化合物在高温火焰中电子能被激发，跃迁到较高能级，处于这些较

高能级的电子不稳定，随即又回到了较低能级，发射出一定波长的特征光谱而呈现特殊的颜色。原子结构不同，发出的光的波长不同，因而呈现的颜色不同。

【仪器及试剂】

试管，烧杯，小刀，白金耳棒，坩埚，坩埚钳，离心机，酒精灯，镊子。

钠，钾，镁条，钙，硫粉，汞，HCl（$2mol \cdot L^{-1}$、$6mol \cdot L^{-1}$），H_2SO_4（$1mol \cdot L^{-1}$），HAc（$2mol \cdot L^{-1}$）；NaOH（新配制 $2mol \cdot L^{-1}$、$6mol \cdot L^{-1}$），$NH_3 \cdot H_2O$（$6mol \cdot L^{-1}$）；NaCl（$0.1mol \cdot L^{-1}$、$1mol \cdot L^{-1}$），KCl（$0.1mol \cdot L^{-1}$、$1mol \cdot L^{-1}$），$MgCl_2$（$0.1mol \cdot L^{-1}$、$0.5mol \cdot L^{-1}$），$CaCl_2$（$0.1mol \cdot L^{-1}$、$0.5mol \cdot L^{-1}$、$1mol \cdot L^{-1}$），$SrCl_2$（$0.1mol \cdot L^{-1}$、$1mol \cdot L^{-1}$），$BaCl_2$（$0.5mol \cdot L^{-1}$、$1mol \cdot L^{-1}$），NH_4Cl（饱和），KI（$0.1mol \cdot L^{-1}$），$KMnO_4$（$0.01mol \cdot L^{-1}$），$(NH_4)_2C_2O_4$（饱和），$K[Sb(OH)_6]$（饱和），$Na_3[Co(NO)_6]$（$0.1mol \cdot L^{-1}$），$NaHC_4H_4O_6$（饱和），醋酸铀酰锌（$0.1mol \cdot L^{-1}$），镁试剂，酚酞试剂。

镍铬丝，pH 试纸，钴玻璃，滤纸，砂纸。

【实验步骤】

1. 碱金属和碱土金属的活泼性

(1) 钠、镁与空气中氧的作用　用镊子取一小块金属钠，用滤纸吸干其表面的煤油，立即放进坩埚中加热。当钠开始燃烧时，停止加热。观察反应情况，反应结束后，观察产物的颜色、状态。冷却后，用玻璃棒轻轻捣碎产物，并将产物分装进三支试管中。向每支试管中各加入适量的蒸馏水溶解。向其中的一支试管中加入 $1mol \cdot L^{-1}$ H_2SO_4 酸化，再加 2 滴 $0.1mol \cdot L^{-1}$ KI 溶液，观察现象，试验证产物。在另一支试管中用 1 滴 $0.01mol \cdot L^{-1}$ $KMnO_4$ 溶液代替 KI 溶液重复实验，观察紫色是否褪去。剩下的一支试管待氧气放尽后，用 pH 试纸检验溶液的酸碱性。解释现象并写出有关反应方程式。

取一小段镁条，用砂纸擦去表面的氧化物，用坩埚钳夹住其一端，点燃另一端，观察现象，写出反应方程式。

(2) 钠、钾、镁和钙与水的作用　用镊子取绿豆粒大的金属钠，用滤纸吸干其表面煤油，立即放进盛有 1/3 体积水的 500mL 烧杯中（可用合适的漏斗倒扣在烧杯口上，防止反应过程中钠从烧杯中游出）。观察实验现象。反应结束后，滴 1 滴酚酞试剂，检验溶液的酸碱性。

用钾代替钠重复上述实验，观察实验现象。

在两支试管中分别放入一小段镁条（已去除表面氧化物）和少量的钙，向其中各加入少量冷水，观察并比较反应情况。若无反应或反应速率慢，加热溶液，再观察反应情况。分别向两支试管中滴入几滴酚酞试剂，检验其水溶液的酸碱性。

写出反应方程式，比较这四种金属的活泼性。

(3) 钠汞齐的生成及其与水的作用　用弯头滴管或长厚壁毛细滴管慢慢吸取并滴 2 滴汞于坩埚中（不能有水存在），再加入绿豆粒大的金属钠（已用滤纸吸干其表面煤油，并除去了表面氧化物），用玻璃棒将金属钠挤压入汞滴内，形成钠汞齐。将制得的钠汞齐转移至盛有 1/3 体积水的 500mL 烧杯中，观察现象，并与钠和水的反应现象相比较（反应后需回收汞）。

2. 碱土金属氢氧化物的溶解性

(1) 在分别盛有 0.5mL $0.5mol \cdot L^{-1}$ $MgCl_2$、$CaCl_2$ 和 $BaCl_2$ 溶液的三支试管中，各加入新配制的 0.5mL $2mol \cdot L^{-1}$ NaOH 溶液。观察并比较沉淀的快慢、量的多少以及沉淀颜色和形状。把各沉淀分成两份，分别加入等体积的 $6mol \cdot L^{-1}$ HCl 溶液和 $6mol \cdot L^{-1}$ NaOH 溶液，观察沉淀的溶解情况。

(2) 在盛有 5 滴 $0.5mol \cdot L^{-1}$ $MgCl_2$ 溶液的试管中加入等体积 $6mol \cdot L^{-1}$ $NH_3 \cdot H_2O$，观察沉淀的颜色和状态。向沉淀中滴加饱和 NH_4Cl 溶液，观察沉淀是否溶解？试通过计算解释实验现象？

写出反应方程式，比较镁、钙和钡的氢氧化物的溶解性。

3. 碱金属、碱土金属离子的鉴别

(1) Na^+、K^+、Mg^{2+} 和 Ca^{2+} 的鉴别

① Na^+ 的鉴别

a. 在 $0.5mL$ $0.1mol \cdot L^{-1}$ NaCl 溶液中加入 6 滴饱和 $K[Sb(OH)_6]$ 溶液，振荡后放置片刻，观察有无沉淀生成。若无沉淀，可用玻璃棒摩擦试管内壁，再放置片刻，观察沉淀的颜色和状态。

b. 在 $0.5mL$ $0.1mol \cdot L^{-1}$ NaCl 溶液中加入 4 滴 $2mol \cdot L^{-1}$ HAc 和 4 滴 $0.1mol \cdot L^{-1}$ 醋酸铀酰锌溶液，振荡并观察沉淀的颜色和状态。

② K^+ 的鉴别

a. 在点滴板中滴加 2 滴 $0.1mol \cdot L^{-1}$ KCl 溶液，再滴加 2~3 滴 $0.1mol \cdot L^{-1}$ $Na_3[Co(NO_2)_6]$ 溶液，观察沉淀的颜色和状态。

b. 在 $0.5mL$ $0.1mol \cdot L^{-1}$ KCl 溶液中加入 $0.5mL$ 饱和酒石酸氢钠（$NaHC_4H_4O_6$）溶液，振荡并观察有无沉淀生成。若无沉淀，可用玻璃棒摩擦试管内壁，观察沉淀的颜色和状态。

③ Mg^{2+} 的鉴别

在点滴板中滴加 2 滴 $0.1mol \cdot L^{-1}$ $MgCl_2$ 溶液，再各滴加 1~2 滴镁试剂和 $6mol \cdot L^{-1}$ NaOH 溶液，混匀并观察现象。

④ Ca^{2+} 的鉴别

在试管中滴加 5 滴 $0.1mol \cdot L^{-1}$ $CaCl_2$ 溶液，再滴加 2 滴饱和 $(NH_4)_2C_2O_4$ 溶液，观察现象。离心后将沉淀分成两份，分别加入 $2mol \cdot L^{-1}$ HAc 和 $2mol \cdot L^{-1}$ HCl 溶液，观察沉淀的溶解情况。

(2) 焰色反应　取一根镍铬丝，将其一端弯成小环，另一端绕在白金耳棒上。用有小环的一端蘸以 $6mol \cdot L^{-1}$ HCl 溶液在酒精灯上灼烧片刻，重复操作直至火焰为无色。再蘸以 $1mol \cdot L^{-1}$ NaCl 溶液在酒精灯上灼烧，观察火焰的颜色。分别用 $1mol \cdot L^{-1}$ KCl、$CaCl_2$、$SrCl_2$ 和 $BaCl_2$ 溶液代替 NaCl 溶液重复上述实验，观察并记录火焰的颜色。

【结果与讨论】

在氯化镁溶液中加入氨水有氢氧化镁沉淀生成，该沉淀可溶于饱和氯化铵溶液中。试通过沉淀-溶解平衡、电离平衡以及水解平衡计算解释这一实验结果。

【注意事项】

1. 钠、钾在空气中易被氧化，遇水会引起爆炸，通常将它们保存在煤油中并置于阴凉处。取用时，用镊子从煤油中夹出一小块，用滤纸吸干其表面的煤油，在滤纸上用小刀切成所需的大小。未用完的钠屑不能乱丢，可放回原瓶中。

2. 汞蒸气剧毒！它被保存在水中。取用汞应用弯头滴管或长厚壁毛细滴管慢慢地吸取，待稳定后再转移。若不慎将汞珠撒落，应回收，再在可能残留汞的地方撒上一层硫磺粉并加以摩擦。

3. 通过蓝色的钴玻璃片观察钾盐的焰色，以消除钠焰色对钾焰色的干扰。

【思考题】

1. 若实验室中发生镁燃烧的事故，能否用水或二氧化碳来灭火？

2. 如何将 NH_4^+、Na^+、K^+、Mg^{2+}、Ca^{2+} 和 Ba^{2+} 从它们的混合液中分离并鉴别开来?

【参考文献】

1. 北京师范大学编. 无机化学实验. 第 3 版. 北京：高等教育出版社，2001.

2. 中山大学等校编. 无机化学实验. 第 3 版. 北京：高等教育出版社，1992.

3. 袁书玉主编. 无机化学实验. 北京：清华大学出版社，1996.

4. 刁国旺总主编. 大学化学实验·基础化学实验一. 南京：南京大学出版社，2006.

实验 4.7　ds 区元素（铜、银、锌、镉、汞）的性质

【实验目的】

1. 了解铜、银、锌、镉和汞的氧化物或氢氧化物的酸碱性、硫化物的溶解性。
2. 了解铜、银、锌和汞一些配合物的生成和性质。
3. 掌握 Cu^+ 和 Cu^{2+} 间以及 Hg^{2+} 和 Hg_2^{2+} 间相互转化的条件。

【实验原理】

ds 区元素（铜、银、金、锌、镉、汞）在周期表中位于 ⅠB 族和 ⅡB 族，它们的价电子构型为 $(n-1)d^{10}ns^{1\sim2}$，故常为 +1、+2 价。

1. 氧化物或氢氧化物的酸碱性、硫化物的溶解性

$Cu(OH)_2$ 主要显碱性，酸性很弱，$Zn(OH)_2$ 显两性，$Cd(OH)_2$ 两性偏碱性。在 Ag^+ 中加入 NaOH 溶液，由于生成的 AgOH 极不稳定，在水中极易脱水迅速转变为棕黑色 Ag_2O，Ag_2O 能溶于硝酸和氨水中。$Hg(OH)_2$、$Hg_2(OH)_2$ 同样不稳定，极易脱水转变为相应的氧化物，而 Hg_2O 也不稳定，易歧化为 HgO 和 Hg，HgO 不溶于过量的碱。

铜、银、锌、镉、汞的硫化物是具有特征颜色的难溶物。白色的 ZnS 难溶于水、HAc 溶液而易溶于稀 HCl 溶液；黄色的 CdS 难溶于稀 HCl 溶液，而易溶于浓盐酸；黑色的 CuS、Ag_2S 能溶于浓硝酸；黑色的 HgS 只能溶于王水或过量的浓 Na_2S 溶液：

$$3Ag_2S + 2NO_3^- + 8H^+ \xrightarrow{\triangle} 6Ag^+ + 2NO\uparrow + 3S + 4H_2O$$

$$3HgS + 12HCl + 2HNO_3 \longrightarrow 3H_2[HgCl_4] + 3S + 2NO\uparrow + 4H_2O$$

$$HgS + S^{2-} \longrightarrow [HgS_2]^{2-}$$

2. 配合物的生成和性质

Cu^{2+}、Cu^+、Ag^+、Zn^{2+}、Cd^{2+}、Hg^{2+}、Hg_2^{2+} 与过量氨水反应都能生成氨合物。$[Cu(NH_3)_2]^+$ 是无色溶液，易被空气中的 O_2 氧化为深蓝色的 $[Cu(NH_3)_4]^{2+}$ 溶液；Hg^{2+} 和 Hg_2^{2+} 只有在大量 NH_4^+ 存在下才能与过量氨水反应生成氨配离子：

$$M^{2+} \xrightarrow{\text{氨水（适量）}} M(OH)_2\downarrow \xrightarrow{\text{氨水（过量）}} [M(NH_3)_4]^{2+}(M=Zn、Cd)$$

$$Cu^{2+} \xrightarrow{\text{氨水（适量）}} Cu_2(OH)_2SO_4\downarrow（浅蓝）\xrightarrow{\text{氨水（过量）}} [Cu(NH_3)_4]^{2+}（深蓝）$$

$$HgCl_2 + 2NH_3 \longrightarrow HgNH_2Cl\downarrow（白色）+ NH_4Cl$$

$$Hg_2Cl_2 + 2NH_3 \longrightarrow HgNH_2Cl\downarrow（白色）+ Hg（黑色）+ NH_4Cl$$

$$2Hg(NO_3)_2 + 4NH_3 + H_2O \longrightarrow HgO\cdot HgNH_2NO_3\downarrow（白色）+ 3NH_4NO_3$$

$$2Hg_2(NO_3)_2 + 4NH_3 + H_2O \longrightarrow HgO\cdot HgNH_2NO_3\downarrow（白色）+ 2Hg（黑色）+ 3NH_4NO_3$$

Hg^{2+} 和 Hg_2^{2+} 与 I^- 作用，分别生成难溶于水的 HgI_2 和 Hg_2I_2 沉淀，红色 HgI_2 易溶于过量 KI 中生成 $[HgI_4]^{2-}$：

$$HgI_2 + 2KI \longrightarrow K_2[HgI_4]$$

黄绿色 Hg_2I_2 与过量 KI 反应时，发生歧化反应生成 $[HgI_4]^{2-}$ 和 Hg：

$$Hg_2I_2 + 2KI \longrightarrow K_2[HgI_4] + Hg$$

3. Cu(Ⅱ)、Ag(Ⅰ)和 Hg(Ⅱ)的氧化性

$[Cu(OH)_4]^{2-}$ 和 $[Ag(NH_3)_2]^+$ 离子都能被醛类或某些糖类还原分别生成 Cu_2O 和 Ag：

$$2[Cu(OH)_4]^{2-} + C_6H_{12}O_6(葡萄糖) \xrightarrow{\triangle} Cu_2O\downarrow(暗红色) + C_6H_{12}O_7(葡萄糖酸)$$
$$+ 4OH^- + 2H_2O$$

$$2Ag(NH_3)_2^+ + C_6H_{12}O_6 + 2OH^- \xrightarrow{\triangle} 2Ag\downarrow + C_6H_{12}O_7 + 4NH_3 + H_2O$$

前者在有机化学中用来检验某些糖的存在，在医学上常用于检验糖尿病。后者也叫银镜反应，工业上利用此类反应来制作镜子或在暖水瓶的夹层内镀银。

$HgCl_2$ 与 $SnCl_2$ 反应生成白色 Hg_2Cl_2 沉淀，Hg_2Cl_2 可继而与 $SnCl_2$ 反应生成黑色 Hg，这可用于鉴定 Hg^{2+} 或 Sn^{2+}。

$$Sn^{2+} + 2HgCl_2 + 4Cl^- \longrightarrow Hg_2Cl_2\downarrow(白色) + [SnCl_6]^{2-}$$
$$Sn^{2+} + Hg_2Cl_2 + 4Cl^- \longrightarrow 2Hg(黑色) + [SnCl_6]^{2-}$$

4. 离子鉴别

(1) Cu^{2+}　在弱酸性条件下，Cu^{2+} 与 $[Fe(CN)_6]^{4-}$ 反应生成红棕色沉淀，该沉淀溶于 $NH_3\cdot H_2O$ 生成深蓝色溶液。

$$Cu^{2+} + [Fe(CN)_6]^{4-} \longrightarrow Cu_2[Fe(CN)_6]\downarrow(红棕色)$$
$$Cu_2[Fe(CN)_6] + 8NH_3 \longrightarrow 2[Cu(NH_3)_4]^{2+}(蓝色) + [Fe(CN)_6]^{4-}$$

(2) Zn^{2+}　在强碱性介质中，Zn^{2+} 与二苯硫腙反应，水溶液呈粉红色，有机相由绿色变为棕色。

【仪器及试剂】

烧杯，量筒，试管，离心试管，台秤，酒精灯，试管夹，离心机，水浴锅等。

铜粉，汞；HNO_3（2mol·L^{-1}、浓），HCl（2mol·L^{-1}、6mol·L^{-1}、浓），H_2SO_4（3mol·L^{-1}）HAc（6mol·L^{-1}）；NaOH（2mol·L^{-1}新配、6mol·L^{-1}、40%），KOH（40%），氨水（2mol·L^{-1}、6mol·L^{-1}、浓）；NaCl（0.1mol·L^{-1}，s），NH_4Cl（1mol·L^{-1}），$SnCl_2$（0.1mol·L^{-1}），Na_2S（1mol·L^{-1}），KI（0.1mol·L^{-1}，s），KSCN（0.1mol·L^{-1}），$CuSO_4$（0.1mol·L^{-1}），$CuCl_2$（1mol·L^{-1}），$AgNO_3$（0.1mol·L^{-1}），$ZnSO_4$（0.1mol·L^{-1}），$CdSO_4$（0.1mol·L^{-1}），$Hg(NO_3)_2$（0.1mol·L^{-1}），$Na_2S_2O_3$（0.5mol·L^{-1}），$K_4[Fe(CN)_6]$（0.1mol·L^{-1}），葡萄糖（10%），二苯硫腙，CCl_4。

【实验步骤】

1. 氧化物或氢氧化物的生成和性质

(1) 铜、银和汞氧化物的生成和性质

① 氧化亚铜　向 1mL 0.1mol·L^{-1} $CuSO_4$ 溶液中滴加 6mol·L^{-1} NaOH 溶液，边加边振荡，使生成的沉淀全部溶解。加入 1mL10% 葡萄糖溶液，混匀后微热，观察现象。离心分离并洗涤沉淀后，将沉淀分成二份：在一份中滴加 3mol·L^{-1} H_2SO_4 溶液，观察现象。在另一份中滴加浓氨水，观察现象，放置一段时间后，又有何现象发生？写出反应方程式。

② 氧化银 取 5 滴 0.1mol·L^{-1} AgNO$_3$ 溶液于离心试管中，滴加新配制的 2mol·L^{-1} NaOH 溶液，振荡，观察沉淀的生成、颜色和状态。离心分离并洗涤沉淀后，将沉淀分成二份：在一份中滴加 2mol·L^{-1} HNO$_3$ 溶液，在另一份中滴加 2mol·L^{-1} 氨水，观察沉淀是否溶解。写出反应方程式。

③ 氧化汞 向 5 滴 0.1mol·L^{-1} Hg(NO$_3$)$_2$ 溶液中滴加新配制的 2mol·L^{-1} NaOH 溶液，振荡，观察沉淀的生成、颜色和状态。将沉淀分成二份：在一份中滴加 2mol·L^{-1} HNO$_3$ 溶液，在另一份中滴加 40%NaOH 溶液，观察沉淀是否溶解。写出反应方程式。

（2）铜、锌、镉氢氧化物的生成和性质 向分别盛有 5 滴 0.1mol·L^{-1} CuSO$_4$、ZnSO$_4$ 和 CdSO$_4$ 溶液的试管中滴加新配制的 2mol·L^{-1} NaOH 溶液，观察现象。将三支试管中生成的沉淀各自分为二份：在一份中滴加 3mol·L^{-1} H$_2$SO$_4$ 溶液，在另一份中继续滴加 2mol·L^{-1} NaOH 溶液至过量，观察现象。写出反应方程式。

2. 硫化物的生成和性质

在五支离心试管中分别加入 5 滴 0.1mol·L^{-1} CuSO$_4$、AgNO$_3$、ZnSO$_4$、CdSO$_4$ 和 Hg(NO$_3$)$_2$ 溶液，再各滴加 1mol·L^{-1} Na$_2$S 溶液，观察沉淀的生成和颜色。

将沉淀离心分离并洗涤后，分别试验其在 2mol·L^{-1} HCl、浓 HCl、浓硝酸和王水（自配）中的溶解性，写出反应方程式，并将沉淀的颜色和溶解性填入表 4.7-1 中。

表 4.7-1 金属硫化物的颜色和溶解性

硫化物	颜色	稀 HCl	浓 HCl	浓 HNO$_3$	王水

3. 配合物的生成和性质

（1）氨合物 向分别盛有 5 滴 0.1mol·L^{-1} CuSO$_4$、AgNO$_3$、ZnSO$_4$ 和 Hg(NO$_3$)$_2$ 溶液的四支试管中逐滴加入 2mol·L^{-1} NH$_3$·H$_2$O 溶液，观察沉淀的生成和溶解。写出反应方程式，解释实验现象。

（2）汞配合物

① 向 5 滴 0.1mol·L^{-1} Hg(NO$_3$)$_2$ 溶液中滴加 0.1mol·L^{-1} KI 溶液，观察沉淀的生成和颜色。向其中加入少量 KI 固体（直至沉淀刚好溶解为止，不要过量），观察沉淀的溶解和溶液的颜色。向所得的溶液中，加入几滴 40%KOH 和 2 滴 1mol·L^{-1} NH$_4$Cl，观察有何现象。写出反应方程式。

② 向 5 滴 0.1mol·L^{-1} Hg(NO$_3$)$_2$ 溶液中逐滴加入 0.1mol·L^{-1} KSCN 溶液，观察沉淀生成和颜色。继续滴加 KSCN 溶液至沉淀溶解，再加入几滴 0.1mol·L^{-1} ZnSO$_4$ 溶液，观察沉淀的生成和颜色，必要时用玻璃棒摩擦试管壁（该实验可用来定性检验 Zn^{2+}）。

4. 卤化亚铜的生成和性质

（1）氯化亚铜 向 3mL 1mol·L^{-1} CuCl$_2$ 溶液中依次加入 3mL 6mol·L^{-1} HCl 溶液和 1g NaCl 固体，振荡混匀后溶液呈黄绿色。向其中加入 0.5g 铜粉，振荡至溶液的颜色消失。静置，使多余的铜粉沉降下来，溶液呈无色透明。将此溶液倒入盛有 200mL 蒸馏水的烧杯中，立即有白色沉淀产生。

取沉淀少许，分成二份：在一份中滴加浓氨水，观察沉淀的溶解，将溶液静置一会儿，有何现象发生？在另一份中滴加浓盐酸，观察沉淀的溶解。写出反应方程式。

（2）碘化亚铜　向 5 滴 0.1mol·L^{-1} $CuSO_4$ 溶液中滴加 0.1mol·L^{-1} KI 溶液，观察现象。再滴加适量的 0.5mol·L^{-1} $Na_2S_2O_3$ 溶液，以除去反应中生成的碘，观察沉淀的颜色和状态。写出反应方程式。

5. 银镜制作

在一支洁净的试管中加入 1mL 0.1mol·L^{-1} $AgNO_3$ 溶液，然后滴加 2mol·L^{-1} $NH_3\cdot H_2O$ 溶液至生成的沉淀刚好溶解。再加入 1mL 10% 葡萄糖溶液，振荡混匀后，将试管静置于 60℃ 的水浴中，观察现象，写出反应方程式。

6. 汞（Ⅱ）和汞（Ⅰ）间的相互转化

用弯头滴管或长厚壁毛细滴管慢慢地吸取并滴 1 滴汞于 1mL 0.1mol·L^{-1} $Hg(NO_3)_2$ 溶液中，充分振荡。用滴管把清液转入两支试管中（余下的汞回收！）：在一支试管中滴加 0.1mol·L^{-1} NaCl 溶液，在另一支试管中滴加 2mol·L^{-1} 氨水，观察现象。写出反应方程式。

7. 离子鉴别

（1）Cu^{2+}　向 2 滴 0.1mol·L^{-1} $CuSO_4$ 溶液中各加入 3 滴 6mol·L^{-1} HAc 和 0.1mol·L^{-1} $K_4[Fe(CN)_6]$ 溶液，观察现象。再滴加 6mol·L^{-1} $NH_3\cdot H_2O$，观察沉淀的溶解和溶液颜色的变化。写出反应方程式。

（2）Zn^{2+}　向 1 滴 0.1mol·L^{-1} $ZnSO_4$ 溶液中各加入 2 滴 6mol·L^{-1} NaOH 和 6 滴二苯硫腙，振荡试管，并置于水浴中加热，观察有机相和水相中的颜色（若有机相中不明显，可加几滴 CCl_4 溶液）。

（3）Hg^{2+}　向 2 滴 0.1mol·L^{-1} $Hg(NO_3)_2$ 溶液中加 4 滴 6mol·L^{-1} HCl 溶液，再边振荡边逐滴加入 0.1mol·L^{-1} $SnCl_2$ 溶液（先适量，后过量），观察现象的发生及其变化。使试管静置一定时间再观察其中的现象。写出反应方程式。此实验也可用来鉴别 Sn^{2+}。

【结果与讨论】

1. 比较铜、银、锌、镉和汞的氧化物或氢氧化物的性质。
2. 比较铜、银、锌、镉和汞的硫化物的溶解性。
3. 比较 Cu^+、Ag^+、Zn^{2+} 以及 Hg_2^{2+} 与 $NH_3\cdot H_2O$ 反应的异同点。
4. 总结 Cu^+ 和 Cu^{2+} 间以及 Hg^{2+} 和 Hg_2^{2+} 间相互转化的条件。

【注意事项】

1. CuI 沉淀的生成实验中加入的 $Na_2S_2O_3$ 的量不可太多，否则生成的 CuI 沉淀会溶解。
2. 银镜制作实验中：试管要洁净；加入的 $NH_3\cdot H_2O$ 至生成的沉淀刚好溶解，不宜过量；水浴加热不宜振动；实验结束后试液冷却后需及时处理。
3. 汞盐和汞蒸气均有剧毒，切勿进口或侵入伤口，余下的金属汞需回收。
4. 废液（尤其是含汞废液）需经处理后才能排出。

【思考题】

1. CuCl、AgCl 和 Hg_2Cl_2 均是白色固体，请用一种试剂将它们鉴别开来。
2. 汞盐、亚汞盐与 KI 溶液反应有何不同？
3. 在 CuCl 的制备实验中，为何用 6mol·L^{-1} 的 HCl 酸化 $CuCl_2$ 溶液？加入的固体 NaCl 起何作用？

4．试用实验证明：黄铜的组成是铜和锌（其他组成可不考虑）。

【参考文献】

1．北京师范大学编. 无机化学实验. 第 3 版. 北京：高等教育出版社，2001.

2．中山大学等校编. 无机化学实验. 第 3 版. 北京：高等教育出版社，1992.

3．袁书玉主编. 无机化学实验. 北京：清华大学出版社，1996.

4．刁国旺总主编. 大学化学实验·基础化学实验一.南京：南京大学出版社，2006.

实验 4.8　铁、钴、镍的性质

【实验目的】

1．试验并掌握 Fe、Co、Ni 氢氧化物的生成和氧化还原性质。

2．试验并掌握 Fe、Co、Ni 配合物的生成及在离子鉴定中的应用。

【实验原理】

Fe、Co、Ni 为周期表中的第ⅧB 族，其电子构型为 $3d^{6\sim 8}4s^2$。它们的性质相似，常见的氧化态为 $+2$ 和 $+3$，但 Fe 有 $+6$ 价态。

1．Fe^{2+}、Co^{2+}、Ni^{2+} 化合物的还原性

（1）酸性介质

$$Cl_2 + 2(NH_4)_2Fe(SO_4)_2(浅绿) \longrightarrow 2NH_4Cl + (NH_4)_2SO_4 + Fe_2(SO_4)_3$$

（2）碱性介质

$$Fe^{2+} + 2NaOH(新配) \longrightarrow Fe(OH)_2 \downarrow (白色) + 2Na^+$$

$$4Fe(OH)_2 + O_2 + 2H_2O \longrightarrow 4Fe(OH)_3 \downarrow (红棕色)$$

$$2CoCl_2 + Cl_2 + 4H_2O \longrightarrow 2CoO(OH) \downarrow (棕色) + 6HCl$$

$$2NiCl_2 + Cl_2 + 4H_2O \longrightarrow 2NiO(OH) \downarrow (黑色) + 6HCl$$

2．Fe^{3+}、Co^{3+}、Ni^{3+} 的氧化性

在浓碱性溶液中用较强的氧化剂（如溴水）才能把 Co^{2+}、Ni^{2+} 氧化成 Co^{3+}、Ni^{3+}。

$$2CoCl_2 + Br_2 + 6NaOH \longrightarrow 2CoO(OH) \downarrow (棕色) + 4NaCl + 2NaBr + 2H_2O$$

$$2NiSO_4 + Br_2 + 6NaOH \longrightarrow 2NiO(OH) \downarrow (黑色) + 2Na_2SO_4 + 2NaBr + 2H_2O$$

$$Fe(OH)_3 + 3HCl(浓) \longrightarrow FeCl_3 + 3H_2O$$

$$2CoO(OH) + 6HCl(浓) \longrightarrow 2CoCl_2 + Cl_2 \uparrow + 4H_2O$$

$$2NiO(OH) + 6HCl(浓) \longrightarrow 2NiCl_2 + Cl_2 \uparrow + 4H_2O$$

3．配合物的生成和 Fe^{2+}、Fe^{3+}、Co^{2+}、Ni^{2+} 的鉴定方法

（1）氨合物　Fe^{3+} 与 NH_3 不形成配合物，而在 Co^{2+}、Ni^{2+} 的溶液中加入氨水，先生成碱式盐沉淀，当氨水过量时，形成氨配合物。例如

$$CoCl_3 + NH_3 \cdot H_2O \longrightarrow Co(OH)Cl \downarrow + NH_4Cl$$

$$Co(OH)Cl + 5NH_3 + NH_4^+ \longrightarrow [Co(NH_3)_6]^{2+}(土黄色) + Cl^- + H_2O$$

$[Co(NH_3)_6]^{2+}$ 不稳定且具有较强的还原性，易被空气氧化为 $[Co(NH_3)_6]^{3+}$，所以 Co^{3+} 在形成配合物后很稳定。

$$4[Co(NH_3)_6]^{2+} + O_2 + 2H_2O \longrightarrow 4[Co(NH_3)_6]^{3+} + 4OH^-$$

$$2NiSO_4 + 2NH_3 \cdot H_2O \longrightarrow Ni_2(OH)_2SO_4(s) + (NH_4)_2SO_4$$

$$Ni_2(OH)_2SO_4 + 10NH_3 + 2NH_4^+ \longrightarrow 2[Ni(NH_3)_6]^{2+} + SO_4^{2-} + 2H_2O$$

$[Ni(NH_3)_6]^{2+}$ 在空气中是稳定的，只有用强氧化剂才能使之变为 $[Ni(NH_3)_6]^{3+}$，例如

$$2[Ni(NH_3)_6]^{2+} + Br_2 \longrightarrow 2[Ni(NH_3)_6]^{3+} + 2Br^-$$

Co(Ⅱ) 的配合物很多，可大体分为两类。

$$[Co(H_2O)_6]^{2+} \underset{H_2O}{\overset{Cl^-}{\rightleftharpoons}} [CoCl_4]^{2-}$$

粉红色(八面体)　　　　蓝色(四面体)

(2) 氰配合物

① 六氰合铁（Ⅱ）酸钾　亚铁盐与 KCN 溶液反应，得到 $Fe(CN)_2$ 沉淀，该沉淀溶解在过量的 KCN 溶液中。从溶液中析出黄色晶体 $K_4[Fe(CN)_6] \cdot 3H_2O$ 或称为亚铁氰化钾（俗称黄血盐）。黄血盐在 100℃ 时失去所有的结晶水，形成白色的粉末 $K_4[Fe(CN)_6]$，进一步加热即分解。

$$K_4[Fe(CN)_6] \overset{\triangle}{\longrightarrow} 4KCN + FeC_2 + N_2$$

黄血盐在水溶液中很稳定，只含有 K^+ 和 $[Fe(CN)_6]^{4-}$，几乎检验不出 Fe^{2+} 的存在。黄血盐溶液遇到 Fe^{3+}，立即生成具有普鲁士蓝的深蓝色沉淀六氰合亚铁酸铁钾，其化学式为 $KFe[Fe(CN)_6]$。

$$K^+ + Fe^{3+} + [Fe(CN)_6]^{4-} \longrightarrow KFe[Fe(CN)_6]$$

利用这一反应，可用黄血盐来检验 Fe^{3+} 的存在。

② 六氰合铁（Ⅲ）酸钾　用氯气氧化黄血盐溶液，把 Fe^{2+} 氧化成 Fe^{3+}，就可以得到深红色的六氰合铁（Ⅲ）酸钾的晶体，或称为铁氰酸钾，俗称赤血盐，其化学式为 $K_3[Fe(CN)_6]$。

$$2K_4[Fe(CN)_6] + Cl_2 \longrightarrow 2KCl + 2K_3[Fe(CN)_6]$$

赤血盐在碱性溶液中有氧化作用。

$$4K_3[Fe(CN)_6] + 4KOH \longrightarrow 4K_4[Fe(CN)_6] + O_2\uparrow + 2H_2O$$

在中性溶液中赤血盐有微弱的水解，因此使用赤血盐溶液时，最好现用现配。赤血盐溶液遇到 Fe^{2+}，立即生成名为腾氏蓝的沉淀六氰合亚铁酸铁钾，其化学式为 $KFe[Fe(CN)_6]$。

$$K^+ + [Fe(CN)_6]^{3-} + Fe^{2+} \longrightarrow KFe[Fe(CN)_6]$$

利用这一反应，可用赤血盐溶液来检验 Fe 的存在。腾氏蓝的组成与结构和普鲁士蓝一样。

③ $K_4[Co(CN)_6]$　在盐溶液中加入氰化钾（KCN），就会出现红色的氰化钴 $[Co(CN)_2]$ 沉淀。把 $Co(CN)_2$ 溶于过量的 KCN 溶液中，就会析出紫红色的 $K_4[Co(CN)_6]$ 晶体。配离子 $[Co(CN)_6]^{4-}$ 比 $[Co(CN)_6]^{3-}$ 更不稳定，是一个相当强的还原剂。

$$[Co(CN)_6]^{3-} + e \rightleftharpoons [Co(CN)_6]^{4-} \qquad E^{\ominus} = -0.83V$$

而 $[Co(CN)_6]^{3-}$ 则比 $[Co(NH_3)_6]^{3+}$ 还要稳定得多。把 $[Co(CN)_6]^{4-}$ 的溶液稍稍加热，它就会使 H^+ 还原产生氢气。

$$2[Co(CN)_6]^{4-} + 2H^+ \longrightarrow 2[Co(CN)_6]^{3-} + H_2\uparrow$$

(3) 离子鉴定

① Fe^{3+} 鉴定　　$Fe^{3+} + nSCN^- \longrightarrow [Fe(NCS)_n]^{3-n}$(血红色)

② Co^{2+} 鉴定　弱酸性或中性介质

$$Co^{2+} + 4SCN^- \longrightarrow [Co(NCS)_4]^{2-}\text{(宝石蓝色)}$$

溶于乙醚或戊醇中（在它们中较稳定）。

③ Ni^{2+} 鉴定

$$CH_3-C=NOH$$
$$Ni^{2+}+2$$
$$CH_3-C=NOH$$

丁二酮肟(DMG)

（氢键）
$$\xrightarrow{pH=5\sim10}$$

$$+2H^+$$

鲜红色

（氢键）

丁二酮肟镍

反应生成的螯合物为鲜红色沉淀，该沉淀可溶于强酸或强碱中。该反应适宜的 pH 值在 5～10，酸度过大时，因酸效应过大而使配体的配位能力下降；酸度太小时，又导致金属离子的水解反应发生。$NH_3 \cdot H_2O$ 太浓时 Ni^{2+} 可形成 $[Ni(NH_3)_6]^{2+}$ 而溶解。Fe^{3+}、Fe^{2+}、Pb^{2+}、Cu^{2+}、Co^{2+}、Cr^{3+}、Mn^{2+} 等离子干扰。

（4）由于蓝色的 $CoCl_2$ 在潮湿的空气中变为粉红色（$CoCl_2 \cdot 6H_2O$），故可用于检出水分。变色硅胶就是掺有 $CoCl_2$，它吸水后变粉红色，就是这个道理。

4. 金属的腐蚀和防腐

（1）金属腐蚀　电化学腐蚀是由于金属在电解质溶液中发生与原电池相似的腐蚀电池而引起的腐蚀，这种原电池称为腐蚀电池。在腐蚀电池中较活泼的金属作腐蚀电池的阳极（负极）而被氧化，发生氧化过程而溶解于电解质溶液中而腐蚀；而阴极（正极）仅起传递电子的作用，本身不被腐蚀，腐蚀电池的阴极被保护。在腐蚀性介质中，加入少量能防止或延缓腐蚀过程的物质称为缓蚀剂。例如六亚甲基四胺（乌洛托品）可用作钢铁在酸性介质中的缓蚀剂。

（2）Fe 的防腐——铁钉发蓝　钢铁制品容易发生锈蚀，钢铁表面经化学氧化处理后，生成一层均匀且致密的氧化膜而呈现蓝黑色，称为"发蓝"。

【仪器及试剂】

试管，量筒，烧杯，试管夹，电炉，酒精灯，石棉网，离心机，点滴板，表面皿，坩埚，坩埚钳，镊子，滴管。

HCl（$2mol \cdot L^{-1}$、$6mol \cdot L^{-1}$，浓），HNO_3（$6mol \cdot L^{-1}$），H_2SO_4（$3mol \cdot L^{-1}$、$6mol \cdot L^{-1}$），HAc（$6mol \cdot L^{-1}$），$NaOH$（$2mol \cdot L^{-1}$、$6mol \cdot L^{-1}$），$NH_3 \cdot H_2O$（$2mol \cdot L^{-1}$、$6mol \cdot L^{-1}$，浓），NH_4Cl（$1mol \cdot L^{-1}$），$(NH_4)_2Fe(SO_4)_2$（$0.1mol \cdot L^{-1}$，s），Na_2S（$0.1mol \cdot L^{-1}$），$KSCN$（$0.1mol \cdot L^{-1}$，s），$K_3[Fe(CN)_6]$（$0.1mol \cdot L^{-1}$），$K_4[Fe(CN)_6]$（$0.1mol \cdot L^{-1}$），KNO_2（饱和），$FeCl_3$（$0.1mol \cdot L^{-1}$），$CoCl_2$（$0.1mol \cdot L^{-1}$、$1mol \cdot L^{-1}$，s），$NiSO_4$（$0.1mol \cdot L^{-1}$），H_2O_2（3%），二乙酰二肟（1%），混合液（1L 溶液中含有 600g NaOH＋60g $NaNO_2$），氯水，溴水，NH_4F(s)，Zn 粒，Sn 粒，乙醚，戊醇，酚酞，淀粉-KI 试纸，砂纸，铁钉，回形针，毛笔，细铁丝。

【实验步骤】

1. 二价 Fe、Co、Ni 氢氧化物的生成与还原性

（1）Fe^{2+} 的还原性

① 酸性介质　在盛有 1mL 氯水的试管中加 3 滴 $6mol \cdot L^{-1}$ H_2SO_4 溶液后滴加 $(NH_4)_2Fe(SO_4)_2$ 溶液，观察现象（若现象不明显，设法检验 Fe^{3+}），写出反应方程式。

② 碱性介质　取 4 支试管，在一试管中加 6.0mL 蒸馏水和 1mL $3mol \cdot L^{-1}$ H_2SO_4，煮沸后加入少量的 $(NH_4)_2Fe(SO_4)_2$ 晶体使之溶解，然后将溶解液均分为 3 等份（A、B、C）。在另一支试管中加 4.0mL $6mol \cdot L^{-1}$ NaOH 溶液，煮沸。冷却后立即用长滴管吸取

NaOH 溶液并伸入 A 试管溶液底部,慢慢放出溶液(注意避免摇动溶液而带入空气),观察开始生成近乎白色的 $Fe(OH)_2$ 沉淀,放置一段时间后观察溶液颜色的变化,反应液留作下面实验用。

按上述同样方法产生 $Fe(OH)_2$ 沉淀后迅速在 B、C 试管中加入 $2mol \cdot L^{-1}$ HCl 和 $2mol \cdot L^{-1}$ NaOH 溶液,立即观察现象,写出反应方程式。

(2) Co^{2+}、Ni^{2+} 的还原性

① 向盛有少量 $0.1mol \cdot L^{-1}$ $CoCl_2$ 溶液中滴加 $2mol \cdot L^{-1}$ NaOH 溶液至生成粉红色沉淀。将沉淀分为三份:一份加 $6mol \cdot L^{-1}$ HCl,另一份加 3% H_2O_2 溶液,剩余一份放至实验结束,观察沉淀有何变化?解释现象并写出反应方程式。

② 向盛有少量 $0.1mol \cdot L^{-1}$ $NiSO_4$ 溶液中滴加 $2mol \cdot L^{-1}$ NaOH 溶液至沉淀。将沉淀分为三份:一份加 $6mol \cdot L^{-1}$ HCl,另一份加 3% H_2O_2 溶液,剩余一份放至实验结束,观察沉淀有何变化?此时再向放置的溶液中滴加溴水,又有何现象?写出反应方程式。

2. 三价 Fe、Co、Ni 氢氧化物的生成及其氧化性

(1) 在一试管中混合少量 $0.1mol \cdot L^{-1}$ $FeCl_3$ 和 $2mol \cdot L^{-1}$ NaOH 溶液至生成沉淀,观察产物的颜色和状态。离心分离,向沉淀中加少量浓 HCl,搅拌并观察沉淀是否溶解?设法检验产物。

(2) 在两支试管中分别加入少量 $CoCl_2$ 和 $NiSO_4$ 溶液,然后分别加数滴溴水,有无变化?之后滴入 $6mol \cdot L^{-1}$ NaOH 溶液,观察沉淀的生成及颜色,分别离心后加入少量浓 HCl,检验反应产物(如何检验?),写出对应的反应方程式。

根据上述实验结果,列表比较二价和三价 Fe、Co、Ni 氢氧化物的颜色、氧化还原稳定性及生成条件。

3. 配合物的生成与性质及离子鉴定

(1) Fe^{3+}、Co^{2+}、Ni^{2+} 与 $NH_3 \cdot H_2O$ 的反应

① 向少量 $0.1mol \cdot L^{-1}$ $FeCl_3$ 溶液中加入适量 $6mol \cdot L^{-1}$ $NH_3 \cdot H_2O$,有何现象?之后再加入过量氨水,有无变化?

② 取少量浓 $NH_3 \cdot H_2O$ 于试管中,加入 1mL $0.1mol \cdot L^{-1}$ $CoCl_2$ 溶液,迅速摇匀后观察溶液颜色的变化,为什么液面颜色变化较快?

③ 在 1mL $0.1mol \cdot L^{-1}$ $CoCl_2$ 溶液中,加入几滴 $1mol \cdot L^{-1}$ NH_4Cl 和过量的 $6mol \cdot L^{-1}$ $NH_3 \cdot H_2O$ 溶液,观察溶液的颜色,静置片刻,再观察溶液的颜色。

④ 取 2.0mL $0.1mol \cdot L^{-1}$ $NiSO_4$,滴加浓 $NH_3 \cdot H_2O$ 并振荡试管,观察溶液的颜色。再加入过量的浓 $NH_3 \cdot H_2O$,观察产物的颜色。然后将溶液分成四份,分别加 1mL $3mol \cdot L^{-1}$ H_2SO_4、$2mol \cdot L^{-1}$ NaOH、H_2O 稀释、加热煮沸,观察它们有何变化,综合实验结果,说明镍氨配合物的稳定性。写出上述对应的反应方程式。

(2) Fe^{2+}、Fe^{3+}、Co^{2+} 与 $K_4[Fe(CN)_6]$、$K_3[Fe(CN)_6]$ 的反应

在 6 支试管中分别加 $(NH_4)_2Fe(SO_4)_2$、$FeCl_3$、$CoCl_2$ 溶液,再分别加 $0.1mol \cdot L^{-1}$ $K_4[Fe(CN)_6]$、$K_3[Fe(CN)_6]$ 溶液,观察现象并将结果填入表 4.8-1 中。

表 4.8-1　Fe^{2+}、Fe^{3+}、Co^{2+} 与 $K_4[Fe(CN)_6]$、$K_3[Fe(CN)_6]$ 的反应

试　剂	$(NH_4)_2Fe(SO_4)_2$	$FeCl_3$	$CoCl_2$
$K_4[Fe(CN)_6]$			
$K_3[Fe(CN)_6]$			

(3) Fe^{3+}、Co^{2+}、Ni^{2+} 的鉴定反应

① 分别试验 $0.1mol·L^{-1}$ $FeCl_3$ 溶液与 $0.1mol·L^{-1}$ $K_4[Fe(CN)_6]$ 溶液和 $0.1mol·L^{-1}$ KSCN 溶液的作用，观察溶液颜色的变化，在后一溶液中加少量 NH_4F 固体，有何现象？解释所观察到的现象。这是鉴定 Fe^{3+} 的灵敏反应。

② 在 $2.0mL$ $0.1mol·L^{-1}$ $CoCl_2$ 溶液中加入少量 KSCN 固体，仔细观察固体周围的颜色，再滴入 $1mL$ 戊醇和 $1mL$ 乙醚，摇荡后观察水相和有机相的颜色。该反应可用于鉴定 Co^{2+}。

③ 向一试管中加入 1 滴 $0.1mol·L^{-1}$ $CoCl_2$ 溶液，用 $1mL$ $6mol·L^{-1}$ HAc 酸化后加入 6 滴饱和 KNO_2 溶液，微热并观察现象。

④ 在点滴板凹隙中加 1 滴 $0.1mol·L^{-1}$ $NiSO_4$ 溶液，1 滴 $2mol·L^{-1}$ $NH_3·H_2O$，再加 1 滴 1% 镍试剂（二乙酰二肟的酒精溶液），观察现象。注意：该反应必须在 $pH=5\sim10$ 中进行。

4. $CoCl_2$ 水合物的颜色

(1) 取一粒红色的 $CoCl_2$ 于坩埚中加热，有何现象？然后在空气中放置 $1\sim2h$，观察其颜色有何变化？

(2) 加数滴 $1mol·L^{-1}$ $CoCl_2$ 溶液于表面皿中，用毛笔蘸取溶液在纸上写字，之后用镊子夹住纸，隔着石棉网用小火烘烤，观察字迹有何变化？再向字迹上滴水，字的颜色又有何变化？解释上述实验现象。

5. Fe、Co、Ni 的硫化物

分别在含有 Fe^{2+}、Fe^{3+}、Co^{2+}、Ni^{2+} 试液的试管中，各加入数滴 $0.1mol·L^{-1}$ Na_2S 溶液，微热之。分别试验各硫化物沉淀在稀 HCl 和稀 HNO_3 中的溶解情况，必要时可加热。将结果填入表 4.8-2 中。

表 4.8-2 硫化物沉淀在稀 HCl 和稀 HNO_3 中的溶解情况

试液	$0.1mol·L^{-1}$ Na_2S（微热）	稀 HCl	稀 HNO_3
Fe^{2+}			
Fe^{3+}			
Co^{2+}			
Ni^{2+}			

6. 铁的腐蚀与防腐

(1) 铁的腐蚀 在两支试管中各加入 1/2 试管的蒸馏水，加 2 滴稀 HCl 和数滴 $K_3[Fe(CN)_6]$ 溶液，之后将两只分别夹有同样大小的 Zn 粒和 Sn 粒（均用砂纸擦净）的回形针（可事先将回形针在 $2mol·L^{-1}$ HCl 中浸泡一下，以除去表面的镀镍层）分别投入两支试管中，数十分钟后观察试管中溶液的颜色（不能摇动试管），应用 Fe、Zn、Sn 的电位顺序解释上述所发生的反应。

(2) 铁的防腐（氧化膜保护层） 将用砂纸擦净后的铁钉浸泡于 $2mol·L^{-1}$ HCl 溶液中数分钟，之后用水冲洗，取 $60.0mL$ 混合液（$NaOH + NaNO_2$）于小烧杯中加热至沸。将处理过的铁钉投入其中，$10min$ 后取出铁钉，观察现象并写出反应方程式。

【注意事项】

1. 制备 $Fe(OH)_2$ 时，必须细心操作，注意不能引入空气。
2. 欲使 $Co(OH)_2$、$Ni(OH)_2$ 沉淀在浓氨水中完全溶解，最好加入少量的固体 NH_4Cl。
3. Zn 粒和 Sn 粒均需用砂纸擦净表面的氧化物，使用完后必须回收。

【思考题】

1. 已知溶液中含有 Cr^{3+}、Mn^{2+}、Fe^{2+}、Fe^{3+}、Co^{2+}、Ni^{2+}，用流程图将它们分离并鉴别出来。

2. 在碱性介质中氯水能将 $Ni(OH)_2$ 氧化为 $NiO(OH)$，而在酸性介质中 $NiO(OH)$ 又能将 Cl^- 氧化为 Cl_2，两者是否相矛盾，为什么？要求查不同介质中的标准电极电势值回答。

3. 有时氯水或溴水能将 Co^{2+}、Ni^{2+} 氧化为 M^{3+}，有时 Co^{3+}、Ni^{3+} 却可将 HCl 或 HBr 氧化为 X_2，这是否有矛盾，为什么？要求查不同介质中的标准电极电势值回答。

4. 衣服上沾有铁锈时，常用草酸洗，试说明原因。

5. 在 $CoCl_2$ 中滴加 NaOH 溶液时，为何刚开始有蓝色沉淀出现？

6. 试解释：Fe^{3+} 能将 I^- 氧化成 I_2，而 $[Fe(CN)_6]^{3-}$ 则不能；$[Fe(CN)_6]^{4-}$ 能将 I_2 还原成 I^-，而 Fe^{2+} 不能。要求查标准电极电势值回答。

7. 总结并比较二价 Fe、Co、Ni 的氢氧化物的稳定性及 Fe^{3+}、Co^{3+}、Ni^{3+} 氧化能力的大小。

8. 实验室的硅胶干燥剂常用 $CoCl_2$ 来指示其吸湿程度，这是基于 $CoCl_2$ 的什么性质？

【参考文献】

1．中山大学等校编. 无机化学实验. 第 3 版. 北京：高等教育出版社，1992.

2．袁书玉主编. 无机化学实验. 北京：清华大学出版社，1996.

3．北京师范大学编. 无机化学实验. 第 3 版. 北京：高等教育出版社，2001.

实验 4.9-1　钛、钒、铬、锰及其化合物的性质实验

【实验目的】

1. 掌握 Ti、V、Cr、Mn 主要氧化态化合物的性质。
2. 掌握钒酸根的缩合反应及其盐的生成与性质。
3. 学习并掌握砂浴的加热操作方法。

【实验原理】

1. 钛及其化合物的性质

Ti 为周期表中的 ⅣB 族，其价电子构型为 $3d^2 4s^2$，常见的氧化态为 +4，还有 +3、+2 价。

（1）TiO_2　TiO_2 为白色（白色颜料）并具有两性（以碱性为主），难溶于水、稀酸和碱溶液中，与浓 H_2SO_4 共热时只能缓慢地溶解并生成 $Ti(SO_4)_2$ 或 $TiOSO_4$，与浓碱共熔时形成偏钛酸盐（Na_2TiO_3）。

钛酰离子（或钛氧基）在热水中进行水解：　$TiO^{2+} + H_2O \longrightarrow TiO_2 + 2H^+$

+4 价的 Ti 能与 H_2O_2 在微酸性溶液中，生成橙黄色的过氧钛酸离子（特征鉴定反应）。

$$TiO^{2+}（无色） + H_2O_2 \longrightarrow [TiO(H_2O_2)]^{2+}（橘黄色）$$

+3 价的 Ti 可用 Zn 将 TiO^{2+}（钛酰离子）还原而制得。

$$2TiO^{2+} + Zn + 4H^+ \longrightarrow 2Ti^{3+} + Zn^{2+} + 2H_2O$$

水合的 +3 价钛离子 $[Ti(H_2O)_6]^{3+}$ 显紫色，Ti^{3+} 具有较强的还原性。

$$Ti_2(SO_4)_3 + 2CuCl_2 + 2H_2O \longrightarrow 2CuCl\downarrow（白色） + 2TiOSO_4 + H_2SO_4 + 2HCl$$

（2）钛酸的生成与性质　TiO_2 的水合物（$TiO_2 \cdot nH_2O$）称为钛酸，写为 $Ti(OH)_4$

或 H_4TiO_4。

钛酸具有两性，但较难溶于酸。分为两种 α-钛酸（正钛酸）和 β-钛酸（偏钛酸）。它们均是不溶于水的白色固体，但制备方法、产物的聚合度及反应的活性有明显差别。

2. 钒及其化合物的性质

V 为周期表中的ⅤB族，其价电子构型为 $3d^3 4s^2$。常见的为最高价（+5），也有氧化数为 +4、+3、+2 的化合物。

V_2O_5 是红棕色的晶体，微溶于水，具有两性。

(1) 两性偏酸　溶于强酸中形成浅黄色的钒酰离子 VO_2^+，也能溶于强碱溶液中形成偏钒酸盐。

$$V_2O_5(弱碱性) + H_2SO_4 \longrightarrow (VO_2)_2SO_4(淡黄色) + H_2O$$

$$V_2O_5(酸性) + 6NaOH(过量,冷却) \longrightarrow 2Na_3VO_4(无色) + 3H_2O$$

$$V_2O_5(酸性) + 2NaOH(适量或热) \xrightarrow{加热} 2NaVO_3(黄色) + H_2O$$

$$V_2O_5 + H_2O \xrightarrow{煮沸} 2HVO_3(黄色)$$

$$VOCl_2 + 5H_2O \longrightarrow [VO(H_2O)_5]^{2+}(蓝色) + 2Cl^-$$

(2) 氧化还原性　在酸性溶液中为中强氧化剂（$\varphi_{VO^{2+}/VO_2^+}^{\ominus} = 1.0V$），但比 $K_2Cr_2O_7$、$KMnO_4$、MnO_2 等氧化性要弱；它能与浓 HCl 在加热的条件下产生 Cl_2，而本身被还原为蓝色的 VO^{2+}。

$$V_2O_5 + 6HCl(浓) \xrightarrow{加热} 2VOCl_2(蓝色) + Cl_2\uparrow + 3H_2O$$

V 能生成许多低价化合物，例如 +5 价的氯化钒酰 VO_2Cl（黄色），在酸性溶液中可以被 Zn 逐步还原为 +4、+3、+2 价的化合物，使溶液颜色由黄色（Ⅰ）→蓝色（Ⅳ）→绿色（Ⅲ）→紫色（Ⅱ）（d轨道都含有成单电子的缘故），但颜色变化较慢，必须放置较长时间并要求保持足够的酸度。V（Ⅳ，即 VO^{2+}）的氧化性和还原性均较弱。

$$VO_4^{3-}(淡黄色) \underset{MnO_4^-}{\overset{Zn}{\rightleftharpoons}} VO^{2+}(蓝色) \underset{MnO_4^-}{\overset{Zn}{\rightleftharpoons}} V^{3+}(绿色) \underset{MnO_4^-}{\overset{Zn}{\rightleftharpoons}} V^{2+}(紫色)$$

(3) 高价 V 化合物的生成　用 $KMnO_4$ 氧化（参见上反应式），VCl_2 与 $KMnO_4$ 的反应也必须保持足够的酸度，若第一步反应得不到绿色的 VCl_3，就要影响以后几步反应的进行。

(4) $V(O_2)^{3+}$ 阳离子的生成　当 VO_4^{3-} 中的一个或几个 O^{2-} 被过氧离子（O_2^{2-}）取代时生成过钒酸盐。可用与 H_2O_2 反应的颜色变化来鉴定和检验 VO_4^{3-}。

(5) 聚合或缩合反应　溶液中总的 $[V^{n+}] > 10^{-4} mol \cdot L^{-1}$，低于该浓度，为单体的钒酸根和酸式钒酸根离子。随着 H^+ 浓度的增加，多钒酸根中的氧逐渐被 H^+ 夺走，而使酸根中 V 与 O 的比值依次下降，到 pH<1 时，溶液中主要是 VO_2^+。

随着 pH 值的下降，聚合度增大，溶液颜色逐渐加深，从无色到黄色再到深红色。如果酸度足够大，溶液中稳定存在黄色的 VO_2^+。

3. 铬及其化合物的性质

Cr 是周期表中ⅥB族元素，其主要氧化态为 +2、+3、+6，其中氧化态为 +2 的化合物不稳定。

Cr^{3+} 主要以铬盐和亚铬酸盐的形式存在，向 $CrCl_3$ 溶液中加入 NaOH，产生具有两性的 $Cr(OH)_3$ 沉淀。

(1) 两性偏碱

$$CrCl_3 + 3NaOH \longrightarrow Cr(OH)_3\downarrow + 3NaCl$$
$$Cr(OH)_3 + H_2SO_4 \longrightarrow Cr_2(SO_4)_3 + H_2O$$

刚灼烧过的 Cr_2O_3（即惰性）不溶于 H^+ 和 OH^- 中，具有 Al_2O_3 结构，但可用熔融法使它转变为可溶盐。

$$Cr_2O_3 + 3K_2S_2O_7 \longrightarrow Cr_2(SO_4)_3 + 3K_2SO_4$$

$Cr(OH)_3$ 的性质与 $Al(OH)_3$ 相似，向 Cr^{3+} 盐溶液中加 OH^- 时得 $Cr_2O_3\cdot nH_2O$（胶状）。

$$Cr_2O_3\cdot nH_2O + 6H^+ + 12H_2O \longrightarrow 2[Cr(H_2O)_6]^{3+}（蓝紫，简写为 Cr^{3+}）+ (n+3)H_2O$$
$$Cr_2O_3\cdot nH_2O + 2OH^- \longrightarrow 2CrO_2^- + (n+1)H_2O$$

当加热 $[Cr(OH)_4]^-$ 溶液时，由于 $[Cr(OH)_4]^-$ 水解，重新生成 $Cr(OH)_3$ 沉淀，而 $[Al(OH)_4]^-$ 在热溶液中是相当稳定的，这说明 $Cr(OH)_3$ 的酸性相当弱。

(2) Cr^{3+} 盐　$Cr(III)$ 的价电子层结构为 $3d^3 4s^0 4p^0$，有六个空轨道，其离子半径又小，很容易同 H_2O、NH_3、Cl^-、CN^- 等配位体生成配位数为 6 的配合物，并显示不同的颜色。常见 $CrCl_3\cdot 6H_2O$（紫绿），$Cr_2(SO_4)_3\cdot 18H_2O$（紫色），$KCr(SO_4)_2\cdot 12H_2O$（蓝紫）三种，它们均易溶于水。在 OH^- 中有较强还原性：$\varphi^{\ominus}_{CrO_4^{2-}/CrO_2^-} = -0.13V$，而在 H^+ 介质中无还原性。

初步鉴定溶液中是否有 Cr^{3+}，可在碱性条件下加入氧化剂使之氧化为 CrO_4^{2-}，更进一步的确定需加 Ba^{2+} 或 Pb^{2+}，产生黄色沉淀。

$$2CrO_2^- + 3H_2O_2 + 2OH^- \xrightarrow{水浴加热} 2CrO_4^{2-} + 4H_2O$$

若选用 H_2O_2 作氧化剂，必须注意 H_2O_2 的用量，适量的 H_2O_2 可得到黄色的铬酸钠（Na_2CrO_4），而过量的 H_2O_2 则产生褐红色的过铬酸钠（Na_3CrO_8）。

$$2CrCl_3 + 3H_2O_2 + 10NaOH \longrightarrow 2Na_2CrO_4 + 6NaCl + 8H_2O$$
$$2Na_2CrO_4 + 7H_2O_2 + 2NaOH \longrightarrow 2Na_3CrO_8 + 8H_2O$$

因此为了得到明显的实验现象，必须严格控制 H_2O_2 的用量并加热。

在 Cr^{3+} 的水溶液中引入弱酸根离子，由于是双弱盐水解，其水解反应将进行到底。

$$2Cr^{3+} + 3S^{2-} + 6H_2O \longrightarrow 2Cr(OH)_3\downarrow + 3H_2S\uparrow$$
$$2Cr^{3+} + 3CO_3^{2-} + 3H_2O \longrightarrow 2Cr(OH)_3\downarrow + 3CO_2\uparrow$$

(3) $Cr(VI)$ 的氧化性　$Cr(VI)$ 的化合物在酸性介质中主要以橙色的 $Cr_2O_7^{2-}$ 存在，它具有强氧化性，常被还原为绿色的 Cr^{3+}，而在碱性介质中主要以黄色的 CrO_4^{2-} 存在。pH<2 时以 $Cr_2O_7^{2-}$ 为主，pH>7 时以 CrO_4^{2-} 为主。

由于 CrO_4^{2-} 的氧化性比 $Cr_2O_7^{2-}$ 要差，但它们都能与 Ba^{2+}、Pb^{2+}、Ag^+ 等离子作用，生成溶度积更小的铬酸盐，平衡向生成 CrO_4^{2-} 的方向移动，最后得到相应的溶度积更小的铬酸盐沉淀，溶液的酸度也相应增加。

(4) CrO_3 的生成和性质　在重铬酸钾（红矾钾、$K_2Cr_2O_7$）或重铬酸钠（红矾钠、$Na_2Cr_2O_7$）的浓溶液中加入冷的浓硫酸后均能析出具有强氧化性的 CrO_3 橙红色针状晶体。

$$K_2Cr_2O_7 + H_2SO_4 \xrightarrow{冰水浴} 2CrO_3\downarrow + K_2SO_4 + H_2O$$

直接取少量的 CrO_3 放在未点燃的酒精灯芯上，酒精灯就会着火。

$$4CrO_3 + C_2H_5OH \longrightarrow 2Cr_2O_3 + 3H_2O + 2CO_2\uparrow$$

上一反应可用来监测司机酒后驾车情况（根据颜色变化，可定性检验人呼出的气体和血液中是否含有酒精，可判断是否酒后驾车和酒精中毒）。

4. 锰及其化合物的性质

Mn 为周期表中ⅦB 族元素，主要氧化态为 +2、+3、+4、+6、+7，其中 +3 价的化合物不稳定。

（1）$Mn(OH)_2$ 的还原性　Mn^{2+} 在无 O_2 的条件下遇碱生成白色 $Mn(OH)_2$ 沉淀。

$$MnSO_4 + 2NaOH \longrightarrow Mn(OH)_2\downarrow + Na_2SO_4$$

该沉淀在空气中很快被氧化，生成棕褐色的 $MnO(OH)_2$。

用强氧化剂（$NaBiO_3$、PbO_2）在 HNO_3 介质中可将无色的 Mn^{2+} 氧化为紫色的 MnO_4^-。

（2）MnS 沉淀生成的条件　根据溶度积规则，要形成 MnS 沉淀，需要 $[Mn^{2+}][S^{2-}] > K_{sp,MnS} = 3\times10^{-13}$，而饱和 H_2S 为二元弱酸，在酸性溶液中能提供的 S^{2-} 很少，因此在酸性和中性溶液中沉淀不出来。若向 Mn^{2+} 溶液中加碱性的 $(NH_4)_2S$ 或 Na_2S，能离解很多的 S^{2-}，这时的浓度积大于 $K_{sp,MnS}$，故有粉红色 MnS 沉淀生成。

（3）Mn（Ⅳ）的性质

$$MnO_2 + 4HCl(浓) \xrightarrow{加热} MnCl_2 + Cl_2\uparrow + 2H_2O$$

（4）Mn（Ⅵ）和 Mn（Ⅶ）的性质　Mn（Ⅵ）一般以 K_2MnO_4 的形式存在。K_2MnO_4 是暗绿色晶体，MnO_4^{2-} 在 pH > 13.5 的强碱性溶液中才能存在，在水溶液或酸性溶液中易歧化。

$$3MnO_4^{2-} + 4H^+ \longrightarrow MnO_2\downarrow + 2MnO_4^- + 2H_2O$$

$KMnO_4$ 热稳定性差，通常盛装于棕色瓶中。例如

见光（遇酸）：　$4MnO_4^- + 4H^+ \longrightarrow 4MnO_2\downarrow + 3O_2\uparrow + 2H_2O$

加热：　$2KMnO_4 \xrightarrow{225℃} K_2MnO_4 + MnO_2 + O_2\uparrow$

【仪器及试剂】

试管，试管夹，烧杯，磁坩埚，酒精灯，电炉，铁盘，石棉网，离心机，骨勺，真空水泵，玻璃砂芯漏斗，抽滤瓶。

HCl（2mol·L⁻¹、6mol·L⁻¹，浓），HNO_3（6mol·L⁻¹），H_2SO_4（2mol·L⁻¹、6mol·L⁻¹，浓），HAc（6mol·L⁻¹），H_2S（饱和），NaOH（2mol·L⁻¹、6mol·L⁻¹、40%），$NH_3·H_2O$（2mol·L⁻¹、6mol·L⁻¹），NH_4Cl（2mol·L⁻¹、饱和），$(NH_4)_2S$（2mol·L⁻¹），$NaNO_2$（0.1mol·L⁻¹），Na_2CO_3（0.5mol·L⁻¹），NaClO（浓），Na_2SO_3（0.1mol·L⁻¹），Na_2S（0.1mol·L⁻¹），K_2CrO_4（0.1mol·L⁻¹），$K_2Cr_2O_7$（0.1mol·L⁻¹，饱和），$KMnO_4$（0.01mol·L⁻¹、0.1mol·L⁻¹，s），$CuCl_2$（0.1mol·L⁻¹），$FeCl_3$（0.1mol·L⁻¹），$TiOSO_4$（饱和），$CrCl_3$（0.1mol·L⁻¹），$AgNO_3$（0.1mol·L⁻¹，s），$BaCl_2$（0.1mol·L⁻¹），$Pb(NO_3)_2$（0.1mol·L⁻¹），$MnSO_4$（0.1mol·L⁻¹），H_2O_2（3%），NH_4VO_3（饱和，s），TiO_2（s），MnO_2（s），$NaBiO_3$（s），$K_2S_2O_8$（s），锌（粉末、颗粒），乙醚（或戊醇），无水乙醇，pH 试纸，淀粉-KI 试纸，冰，沸石，砂子。

【实验步骤】

1. Ti 的化合物

（1）TiO_2 的性质和过氧钛酸根的生成

① 在一试管中加入米粒大小的 TiO_2 粉末并注入 2.0mL 浓 H_2SO_4，再加几粒沸石，摇

动试管并加热至沸（必须注意防止浓硫酸溅出!），观察试管内的变化。静置冷却后，取 0.5mL 反应液，加入 1 滴 3% 的 H_2O_2，观察现象，之后逐滴加入 $6mol \cdot L^{-1} NH_3 \cdot H_2O$，再观察现象并写出相应的反应方程式，该反应是 Ti(IV) 的鉴定反应。

② 取少量 TiO_2 固体于一试管中，注入 2.0mL 40% NaOH 溶液，加热。静置后取上层清液，小心滴入浓 H_2SO_4 至溶液呈酸性，滴入数滴 3% H_2O_2，观察 TiO_2 是否溶解？

（2）钛酸的生成与性质

① α-钛酸的生成与性质　在两支试管中均加入 1.0mL 饱和 $TiOSO_4$，再滴加 $2mol \cdot L^{-1}$ $NH_3 \cdot H_2O$ 至产生沉淀，一份加入过量的 $6mol \cdot L^{-1}$ HCl，另一份加入过量的 $6mol \cdot L^{-1}$ NaOH，观察沉淀的溶解情况。

② β-钛酸的生成与性质　用上述方法制取两份沉淀，加少量水并煮沸 1~2min，分别实验沉淀与过量的 $6mol \cdot L^{-1}$ HCl 和 $6mol \cdot L^{-1}$ NaOH 的作用。

③ Ti^{3+} 化合物的生成与还原性　将一小粒 Zn 投入含 1mL $TiOSO_4$ 溶液的试管中，放置并观察溶液的颜色。将反应后的溶液分成 3 份，在其中的两份中分别滴加 $0.1mol \cdot L^{-1}$ $FeCl_3$ 和 $0.1mol \cdot L^{-1}$ $CuCl_2$ 溶液，另一份置于空气中放置，观察现象并写出反应方程式。

④ 钛酰离子的水解　用 2.0mL 水稀释 2 滴 $TiOSO_4$ 溶液，小火加热至沸，观察现象并写出反应方程式。

2. V 的化合物

（1）V_2O_5 的生成与性质　称取 2.0g NH_4VO_3 固体于瓷坩埚中，放在砂浴上加热（不能加热至熔化）至砖红色并不断搅拌，观察固体颜色变化。将固体产物分为四份：

① 加 1mL 浓 H_2SO_4（若未完全溶解，可微热），将溶液转入盛水的烧杯中；

② 加 $1mL 6mol \cdot L^{-1}$ NaOH 溶液并加热；

③ 加水并煮沸，冷却后测其 pH 值；

④ 加 1mL 浓 HCl（先不加热，待反应一段时间后再加热），设法检验其产物，之后用水稀释反应产物，观察产物的颜色。写出上述有关的化学反应方程式。

（2）V 的各种氧化态的颜色及氧化还原性　取 3.0mL 饱和 NH_4VO_3 溶液并加入豆粒大的 NH_4VO_3 固体，逐滴加入 $6mol \cdot L^{-1}$ HCl，直至生成的沉淀完全消失，观察现象。之后加入一粒 Zn，当溶液完全变蓝时迅速加入豆粒大的锌粉（事先准备好!），迅速振荡后立即观察溶液的颜色，然后放置到溶液变为紫色为止。将反应液转入另一洁净的试管中，加 $2.0mL 0.1mol \cdot L^{-1}$ $KMnO_4$，静置并观察试管中的颜色并记录。

（3）VO_2^+ 的鉴定　取 1mL 饱和 NH_4VO_3 溶液，用 $2mol \cdot L^{-1}$ HCl 酸化，滴加 3% H_2O_2 溶液，观察现象。

3. Cr 的化合物

（1）选择适当试剂，完成下列 Cr 化合物的转化：

$$Cr^{3+} \rightleftharpoons Cr(OH)_3 \rightleftharpoons CrO_2^- \longrightarrow CrO_4^{2-} \rightleftharpoons Cr_2O_7^{2-}$$

所用试剂为：$0.1mol \cdot L^{-1}$ $CrCl_3$，$6mol \cdot L^{-1}$ NaOH，$6mol \cdot L^{-1}$ HNO_3，3% H_2O_2，$2mol \cdot L^{-1}$ H_2SO_4，$0.1mol \cdot L^{-1}$ Na_2SO_3，$K_2S_2O_8$(s)，$AgNO_3$(s)。

（2）Cr^{3+} 的性质

① 制备少量的 $Cr(OH)_3$ 沉淀，观察沉淀的颜色，并用实验证明 $Cr(OH)_3$ 的两性，写

出有关的反应方程式。

② 用实验证明 $[Cr(OH)_4]^-$ 加热易完全水解的事实，观察现象并写出反应方程式。

（3）Cr(Ⅲ) 的还原性及鉴定 自制少量的 $[Cr(OH)_4]^-$ 溶液，之后加入几滴所选的氧化剂，水浴加热并观察溶液颜色的变化，保留溶液，写出方程式。

取上述反应液，加少量 $6mol \cdot L^{-1}$ HAc 酸化至溶液 pH＝6，再加少量的阳离子（Ag^+、Ba^{2+}、Pb^{2+}），观察溶液的现象。分别试验产物与稀 HNO_3 的作用。

（4）Cr(Ⅲ) 的水解 在 1mL $0.1mol \cdot L^{-1}$ $CrCl_3$ 溶液中滴加 $0.1mol \cdot L^{-1}$ Na_2S 溶液至有明显的沉淀产生，离心分离并洗涤沉淀一次，用实验证实该沉淀是 $Cr(OH)_3$ 而不是 Cr_2S_3，写出方程式并解释实验结果。

（5）三价铬和六价铬的互变 取 5 滴 $0.1mol \cdot L^{-1}$ $CrCl_3$ 溶液，加入 $2mol \cdot L^{-1}$ NaOH 至生成的沉淀溶解后，再多加数滴 NaOH 溶液（此时三价铬呈什么状态？），将沉淀稍加热后，再加入 8～10 滴 3％ H_2O_2，观察溶液的颜色。然后加数滴 $6mol \cdot L^{-1}$ HNO_3 溶液使之酸化（如何检验已呈酸性？），注意观察溶液的颜色。

（6）CrO_4^{2-} 与 $Cr_2O_7^{2-}$ 在水溶液中的平衡与相互转化 选用合适的试剂，使 $Cr_2O_7^{2-}$ 转变为 CrO_4^{2-}，再转变为 $Cr_2O_7^{2-}$，观察现象并写出反应方程式。

（7）重铬酸盐与铬酸盐的溶解性 在试管中分别加 $Cr_2O_7^{2-}$ 和 CrO_4^{2-} 溶液并测量其 pH 值，然后各加入少量的 $Pb(NO_3)_2$、$AgNO_3$、$BaCl_2$ 溶液，观察产物的颜色和状态并测其 pH，用 $6mol \cdot L^{-1}$ NaOH 溶解 $BaCrO_4$ 和 $PbCrO_4$ 沉淀，比较并解释实验结果，写出反应方程式。

（8）$K_2Cr_2O_7$ 的氧化性 选择两种合适的还原剂❶，做两个实验，验证 $K_2Cr_2O_7$ 在何种介质中具有强氧化性，观察实验现象并写出方程式。

（9）过铬酸的生成——Cr(Ⅵ) 的鉴定 取上述（3）中所制得的 CrO_4^{2-} 溶液，加入 1mL 乙醚（或戊醇），用 $2mol \cdot L^{-1}$ H_2SO_4 酸化，之后滴加 3％ H_2O_2，摇动试管，观察乙醚层的颜色，写出反应方程式。通常用此反应来检出 H_2O_2，也可以检验 CrO_4^{2-} 或 $Cr_2O_7^{2-}$ 的存在。

（10）CrO_3 的生成与性质 在一试管中加 4.0mL $K_2Cr_2O_7$ 的饱和溶液并置于冰水中冷却，慢慢加入 8.0mL 用冰水冷却过的浓 H_2SO_4，将含反应液的试管放在冰水中冷却，观察产物的颜色及状态。

搅拌后将沉淀转至玻璃砂芯漏斗中抽滤至干，用玻璃棒蘸取少量的 CrO_3 于石棉网上，滴入数滴无水乙醇，观察有何现象？写出有关的反应方程式。

4. Mn 及其化合物的性质

（1）选择适当的试剂，完成下面的转化实验。

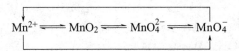

$$Mn^{2+} \rightleftharpoons MnO_2 \rightleftharpoons MnO_4^{2-} \rightleftharpoons MnO_4^-$$

（2）Mn(Ⅱ) 化合物的性质

① $Mn(OH)_2$ 的生成与性质 在五支试管中分别加 2.0mL $0.1mol \cdot L^{-1}$ $MnSO_4$ 溶液。第一支试管中：滴加 $2mol \cdot L^{-1}$ 的 NaOH 溶液后，振荡试管或用玻璃棒搅拌，有何现象？

---

❶ 所选的还原剂被氧化后的产物以无色或浅色最好（为什么？），酸化溶液能否用稀 HCl？

第二支试管中：滴加 $2mol \cdot L^{-1}$ 的 NaOH 溶液产生沉淀后，再加过量的 NaOH 溶液，观察沉淀是否溶解？

第三支试管中：滴加 $2mol \cdot L^{-1}$ 的 NaOH 溶液产生沉淀后，迅速加 $2mol \cdot L^{-1}$ H_2SO_4 溶液，有何现象？

第四支试管中：滴加 $2mol \cdot L^{-1}$ 的 NaOH 溶液产生沉淀后，迅速加入 $2mol \cdot L^{-1}$ NH_4Cl 溶液，观察沉淀是否溶解？

第五支试管中：滴加 $2mol \cdot L^{-1}$ 的 NaOH 产生沉淀后，再滴加 3% H_2O_2 溶液，充分振荡，观察现象，之后再加几滴 H_2O_2 溶液并用 H_2SO_4 酸化，观察有何变化？

写出上述有关的反应方程式，通过上述实验，说明 $Mn(OH)_2$ 有哪些性质？

② Mn(Ⅱ) 离子的氧化　试验 $MnSO_4$ 与 NaClO 溶液分别在酸性介质、碱性介质中的反应，并比较 Mn^{2+} 在何种介质中容易被氧化。

③ MnS 的生成与性质　向 $MnSO_4$ 溶液中滴加饱和 H_2S 溶液，有无沉淀产生？若用 Na_2S 代替饱和 H_2S 溶液，又有何现象？用溶度积规则解释并说明生成沉淀的条件。

④ Mn(Ⅱ) 的鉴别　取 2 滴 $0.1mol \cdot L^{-1}$ $MnSO_4$ 溶液于试管中，加入数滴 $6mol \cdot L^{-1}$ HNO_3，之后加入少量 $NaBiO_3$ 固体，振荡、离心沉降后，观察上层清液的颜色。

(3) Mn(Ⅳ) 的生成与性质　向盛有少量 $0.01mol \cdot L^{-1}$ $KMnO_4$ 溶液中逐滴加入 $0.1mol \cdot L^{-1}$ $MnSO_4$ 溶液，观察沉淀的颜色，向沉淀中加入 $2mol \cdot L^{-1}$ H_2SO_4 溶液和 $0.1mol \cdot L^{-1}$ Na_2SO_3 溶液，沉淀是否溶解？写出有关的化学方程式。

(4) Mn(Ⅵ) 化合物的生成与性质　在 2.0mL $0.01mol \cdot L^{-1}$ $KMnO_4$ 溶液中加入 1mL 40% NaOH 溶液，之后加入少量 MnO_2 固体，搅动微热后静置片刻并进行离心分离，观察上层清液的颜色。取上层清液于两支试管中，在一支试管中加少量的水，另一支试管中加入 $6mol \cdot L^{-1}$ H_2SO_4 酸化，观察溶液颜色的变化及沉淀的析出。说明 MnO_4^{2-} 稳定存在的介质条件并写出反应方程式。

(5) $KMnO_4$ 的性质　取火柴头大小的 $KMnO_4$ 于一试管中，小心缓慢地加入数滴浓 H_2SO_4，振荡后观察现象，用玻璃棒蘸取上述混合物于石棉网上，滴入 2 滴乙醇，观察现象，写出反应方程式。

【注意事项】

1. 制备 $TiOSO_4$ 时必须小心操作浓 H_2SO_4 并加沸石。

2. Ti^{3+} 化合物还原性实验中，应取上层清液与 Cu^{2+} 反应，否则会发生 $Zn + CuCl_2 \longrightarrow Cu + ZnCl_2$ 的反应，看到的现象是红色的覆盖于锌粒上。

3. 未反应的 Zn 粒必须回收。

4. CrO_3 和 Mn_2O_7 具有强氧化性且有剧毒，与酒精接触着火或爆炸，因此滴入酒精的量要少。

【思考题】

1. 在水溶液中是否有 Ti^{4+}、Ti^{2+}、TiO_4^{4-} 等离子存在？

2. 为何在 HCl 溶液中 $TiCl_3$ 能将 Cu^{2+} 还原成 Cu^+，而在 H_2SO_4 溶液中则使 Cu^+ 还原为单质 Cu？

3. 如何用实验区分 TiO^{2+} 与 VO_2^+？

4. VO_3^{3-}、VO_2^+、VO^{2+}、V^{3+}、V^{2+} 在水溶液中呈现何种颜色？其稳定性如何？

5. 综合实验结果，讨论 Cr^{3+}、Cr^{6+} 在酸碱介质中的形式，如何实现 Cr^{3+} 与 Cr^{6+} 之间的转化，转化反应与酸碱介质的关系如何？

6. 在碱性介质中，氧能把 Mn^{2+} 氧化为 Mn^{4+}，而在酸性介质中，Mn^{4+} 又可将 KI 氧化为 I_2，写出有关反应式，并用电极电势和平衡原理解释上述现象。$Na_2S_2O_3$ 标准溶液可滴定析出 I_2 的含量，试由此设计一个测定溶解氧的方法。

7. 在 $KMnO_4$ 与 Na_2SO_3 溶液反应中，若改变介质条件，其产物是否相同？

【参考文献】

1. 中山大学等校编. 无机化学实验. 第 3 版. 北京：高等教育出版社，1992.
2. 袁书玉主编. 无机化学实验. 北京：清华大学出版社，1996.
3. 北京师范大学编. 无机化学实验. 第 3 版. 北京：高等教育出版社，2001.
4. 山东大学等校编. 基础化学实验（Ⅰ）. 北京：化学工业出版社，2003.

实验 4.9-2　过渡族元素若干重要化合物的性质

【实验目的】

1. 了解过渡族元素若干氢氧化物的酸碱性和稳定性。
2. 了解某些元素低价化合物的还原性和高价化合物的氧化性。
3. 掌握铬、锰、铁、钴、镍硫化物的生成和溶解性。
4. 讨论铁、钴和锌的配位化合物的形成及其性质。

【实验原理】

铬、锰、铁、钴、镍是周期系第四周期第 ⅦB、ⅧB 族元素，都能形成多种氧化值的化合物。铬的重要氧化值为 +3 和 +6；锰的重要氧化值为 +2、+4、+6 和 +7；铁、钴、镍的重要氧化值是 +2 和 +3。

$Cr(OH)_3$ 是两性氢氧化物。$Mn(OH)_2$ 和 $Fe(OH)_2$ 都很容易被空气中的 O_2 氧化，$Co(OH)_2$ 也能被空气中的 O_2 慢慢氧化。

酸性溶液中，Cr^{3+} 和 Mn^{2+} 的还原性都较弱，只有用强氧化剂才能将它们分别氧化为 $Cr_2O_7^{2-}$ 和 MnO_4^-。

在碱性溶液中，$[Cr(OH)_4]^-$ 可被 H_2O_2 氧化为 CrO_4^{2-}。在酸性溶液中 CrO_4^{2-} 转变为 $Cr_2O_7^{2-}$。$Cr_2O_7^{2-}$ 具有强氧化性。酸性溶液中 $Cr_2O_7^{2-}$ 被还原为 Cr^{3+}。

MnS、FeS、CoS、NiS 都能溶于稀酸，MnS 还能溶于 HAc 溶液。这些硫化物需要在弱碱性溶液中制得。生成的 CoS 和 NiS 沉淀由于晶体结构改变而难溶于稀酸。

铬、锰、铁、钴、镍都能形成多种配合物。Co^{2+} 和 Ni^{2+} 与过量的氨水反应分别生成 $[Co(NH_3)_6]^{2+}$ 和 $[Ni(NH_3)_6]^{2+}$。$[Co(NH_3)_6]^{2+}$ 不稳定容易被空气中的 O_2 氧化为 $[Co(NH_3)_6]^{3+}$。Fe^{2+} 与 $[Fe(CN)_6]^{3-}$ 反应，或 Fe^{3+} 与 $[Fe(CN)_6]^{4-}$ 反应，都生成深蓝色沉淀，分别用于鉴定 Fe^{2+} 和 Fe^{3+}。酸性溶液中 Fe^{3+} 与 NCS^- 反应也用于鉴定 Fe^{3+}。Co^{2+} 也能与 NCS^- 反应，生成的 $[Co(NCS)_4]^{2-}$ 不稳定，在丙酮等有机溶剂中较稳定，此反应用于鉴定 Co^{2+}。Ni^{2+} 与丁二酮肟在弱碱性条件下反应生成鲜红色的内配盐，此反应常用于鉴定 Ni^{2+}。

【仪器及试剂】

离心机，电炉，试管，量筒，烧杯，试管夹，酒精灯，石棉网，点滴板，表面皿，镊子。

HCl($1mol \cdot L^{-1}$、$6mol \cdot L^{-1}$)，HAc($2mol \cdot L^{-1}$)，NaOH($2mol \cdot L^{-1}$、$6mol \cdot L^{-1}$)，$NH_3 \cdot H_2O$($2mol \cdot L^{-1}$，浓)，KOH($1mol \cdot L^{-1}$)，H_2S(饱和)，$Cr_2(SO_4)_3$($0.1mol \cdot L^{-1}$)，$MnSO_4$($0.1mol \cdot L^{-1}$)，$CoCl_2$($0.1mol \cdot L^{-1}$)，$FeCl_3$($0.1mol \cdot L^{-1}$)，$CuSO_4$($0.1mol \cdot L^{-1}$)，$ZnCl_2$($0.1mol \cdot L^{-1}$)，$ZnSO_4$($0.1mol \cdot L^{-1}$)，H_2SO_4($0.1mol \cdot L^{-1}$)，Na_2S($0.1mol \cdot L^{-1}$)，KSCN($0.1mol \cdot L^{-1}$，饱和)，$K_2Cr_2O_7$($0.1mol \cdot L^{-1}$)，Na_2SO_3(s)，NaF(s)，$K_4[Fe(CN)_6]$($0.5mol \cdot L^{-1}$)；$NiSO_4$($0.1mol \cdot L^{-1}$)；$(NH_4)_2Fe(SO_4)_2$($0.1mol \cdot L^{-1}$)，H_2O_2(3%)，戊醇，丙酮，乙醚，碘水，丁二酮肟(1%)。

【实验步骤】

1. 氢氧化物的酸碱性和稳定性

(1) 取 7 支试管，分别滴加 4～5 滴 $0.1mol \cdot L^{-1}$ $Cr_2(SO_4)_3$、$MnSO_4$、$CoCl_2$、$FeCl_3$、$CuSO_4$ 和 $ZnCl_2$ 溶液，然后分别滴加 $2mol \cdot L^{-1}$ NaOH 溶液，边加边摇匀，直到产生大量沉淀为止（不要过量），观察沉淀的颜色。然后再加入过量的 $6mol \cdot L^{-1}$ NaOH 溶液，观察哪些沉淀溶解，写出反应式。

(2) 取 3 支试管，分别加入 10 滴 $0.1mol \cdot L^{-1}$ $MnSO_4$、$CoCl_2$ 和 $CuSO_4$ 溶液，然后加入 $2mol \cdot L^{-1}$ NaOH 溶液，边加边摇匀，直到产生大量沉淀为止。观察沉淀的颜色。放置 10min，观察哪几个试管中的沉淀发生变化。若无变化，稍稍加热，再观察其变化。写出有关反应式。

2. 低价化合物的还原性和高价化合物的氧化性

(1) 三价铬在碱性介质中的还原性　取 10 滴 $0.1mol \cdot L^{-1}$ 的 $Cr_2(SO_4)_3$ 溶液于试管中，逐滴加入过量的 $2mol \cdot L^{-1}$ NaOH 溶液，直至生成的沉淀溶解为澄清的溶液，再逐滴加入 3% H_2O_2 溶液，在水浴中加热。观察溶液颜色的变化，解释现象。反应式为

$$2Cr^{3+} + 3H_2O_2 + 10OH^- = 2CrO_4^{2-} + 8H_2O$$

(2) 高价铬的强氧化性　将 $0.1mol \cdot L^{-1}$ $K_2Cr_2O_7$ 溶液用 $1mol \cdot L^{-1}$ H_2SO_4 酸化分成两份。一份加入少量固体 $NaNO_2$，另一份加入少量 Na_2SO_3。加热，观察溶液颜色的变化，反应方程式如下

$$Cr_2O_7^{2-} + 3NO_2^- + 8H^+ = 2Cr^{3+} + 3NO_3^- + 4H_2O$$
$$Cr_2O_7^{2-} + 3SO_3^{2-} + 8H^+ = 2Cr^{3+} + 3SO_4^{2-} + 4H_2O$$

(3) 铬酸根和重铬酸根在溶液中的平衡　滴入适量的 $1mol \cdot L^{-1}$ NaOH(KOH) 于 $0.1mol \cdot L^{-1}$ $K_2Cr_2O_7$ 溶液中，使溶液呈碱性。观察溶液颜色的变化。平衡反应式为

$$2CrO_4^{2-} + 2H^+ = Cr_2O_7^{2-} + H_2O$$

3. 铬、锰、铁、钴、镍硫化物的性质

(1) 取几滴 $0.1mol \cdot L^{-1}$ $Cr_2(SO_4)_3$ 溶液，滴加 $0.1mol \cdot L^{-1}$ Na_2S 溶液，观察现象。检验逸出的气体（可微热）。写出反应方程式。

(2) 取几滴 $0.1mol \cdot L^{-1}$ $MnSO_4$ 溶液，滴加饱和 H_2S 溶液，观察有无沉淀生成。再用长滴管吸取 $2mol \cdot L^{-1}$ $NH_3 \cdot H_2O$ 溶液，插入溶液底部挤出，观察现象。离心分离，在沉淀中滴加 $2mol \cdot L^{-1}$ HAc 溶液，观察现象。写出有关的反应方程式。

(3) 在 3 支试管中分别加入几滴 $0.1mol \cdot L^{-1}$ $FeSO_4$ 溶液，$0.1mol \cdot L^{-1}$ $CoCl_2$ 溶液和 $0.1mol \cdot L^{-1}$ $NiSO_4$ 溶液，滴加饱和 H_2S 溶液，观察有无沉淀生成。再加入 $2mol \cdot L^{-1}$ $NH_3 \cdot H_2O$ 溶液，观察现象。离心分离，在沉淀中滴加 $2mol \cdot L^{-1}$ HCl 溶液，观察沉淀是否溶解。写出有关的反应方程式。

(4) 取几滴 $0.1mol \cdot L^{-1}$ $FeCl_3$ 溶液，滴加饱和 H_2S 溶液，观察现象。写出反应方程式。

4. 铁、钴、镍和锌的配合物

(1) 铁的配合物

① 取 10 滴 $0.1mol \cdot L^{-1}$ $FeCl_3$ 溶液，置于试管中，加入 10 滴 $0.1mol \cdot L^{-1}$ KSCN 溶液，观察现象。再加入少量固体 NaF，摇匀，再逐滴加入 $6mol \cdot L^{-1}$ HCl 溶液，观察现象并写出反应式。

② 向盛有 2.0mL $K_4[Fe(CN)_6]$ 溶液的试管中滴入约 0.5mL 碘水，摇动试管后滴入数滴 $(NH_4)_2Fe(SO_4)_2$ 溶液，有何现象发生？（此为 Fe^{2+} 的鉴定反应之一）

$$2[Fe(CN)_6]^{4-} + I_2 \Longrightarrow 2[Fe(CN)_6]^{3-} + 2I^-$$
$$3Fe^{2+} + 2[Fe(CN)_6]^{3-} \Longrightarrow Fe_3[Fe(CN)_6]_2 \downarrow$$

(2) 钴的配合物 取 5 滴 $0.1mol \cdot L^{-1}$ $CoCl_2$ 溶液，置于试管中，加入 10 滴戊醇和 10 滴乙醚（或丙酮），再滴加饱和的 KSCN 溶液，摇匀。观察水相和有机相颜色的变化，写出反应式。

(3) 镍的配合物 在 1mL $0.2mol \cdot L^{-1}$ 的 $NiSO_4$ 溶液中，滴加浓氨水至生成的沉淀刚好溶解，观察现象。然后滴入几滴 1% 丁二酮肟试剂，有鲜红色螯合物生成。

(4) 锌的配合物 取 10 滴 $0.1mol \cdot L^{-1}$ $ZnCl_2$ 溶液置于试管中，滴加 $2mol \cdot L^{-1}$ 氨水，观察沉淀生成。继续滴加过量的 $2mol \cdot L^{-1}$ 氨水，直到沉淀溶解为止。然后逐滴加入 $1mol \cdot L^{-1}$ HCl 溶液，摇动试管，观察现象，写出反应方程式。

5. 混合离子的分离与鉴定

试设计方法，对下列两组离子进行分离和鉴定，图示步骤，写出现象和有关的反应方程式。

(1) 含 Cr^{3+} 和 Mn^{2+} 的混合溶液。

(2) 可能含 Pb^{2+}、Fe^{3+} 和 Co^{2+} 的混合溶液。

【注意事项】

做氢氧化物的酸碱性等性质实验时，一定要注意逐滴加入试剂，不要过量，注意实验过程中沉淀的产生及消失现象。

【思考题】

1. 如何鉴定 Fe^{2+}、Fe^{3+}？它们之间如何相互转化？简述屏蔽 Fe^{3+} 的方法。

2. Cr(Ⅲ) 与 Cr(Ⅵ) 在酸性、碱性介质中各以何种形式存在？如何实现 $Cr_2O_7^{2-}$ 与 CrO_4^{2-} 以及 Cr(Ⅲ) 与 Cr(Ⅵ) 之间的转化？

3. 试从配合物的生成使电极电势改变来解释 $[Fe(CN)_6]^{4-}$ 能将 I_2 还原为 I^-，而 Fe^{2+} 则不能。

4. $Co(OH)_3$ 中加入浓 HCl，有时会生成蓝色溶液，加水稀释后变为粉红色，试解释之。

【参考文献】

1. 中山大学等. 无机化学实验. 第 3 版. 北京：高等教育出版社，1992.
2. 大连理工大学无机化学教研室. 无机化学实验. 第 2 版. 北京：高等教育出版社，2006.

实验 4.10 碳、硅、硼

【实验目的】

1. 试验一氧化碳的制备方法。

2. 掌握一氧化碳、碳酸盐、硅酸盐、硼酸及硼砂的主要性质。

3. 练习硼砂珠的有关实验操作。

【实验原理】

碳族元素从碳→铅由非金属过渡到金属的趋势比氮族元素更为明显，C 和 Si 是非金属，Ge 是准金属，而 Sn、Pb 则是金属。

碳族元素的主要氧化态是 +2 和 +4。由于受"惰性电子对效应"的影响，从上到下 +2 氧化态趋于稳定。

碳的氧化物主要有两种：一氧化碳和二氧化碳。碳酸盐有两种类型，即正盐（碳酸盐）和酸式盐（碳酸氢盐）。碱金属（Li 除外）和铵的碳酸盐易溶于水，其他金属碳酸盐难溶于水。对难溶的碳酸盐来说，通常其相应的酸式盐溶解度较大。碳酸盐的热稳定性较差，酸式盐则更差。

硅酸是比碳酸还弱的酸。硅酸钠水解作用明显，在一定条件下分别与二氧化碳、盐酸或氯化铵作用，都能形成硅酸凝胶。

$$Na_2SiO_3 + CO_2 + H_2O \longrightarrow H_2SiO_3 + Na_2CO_3$$

当金属盐的晶体置于 20% Na_2SiO_3 溶液中，在晶体表面会形成难溶的硅酸盐膜，溶液中的水靠渗透压穿过膜进入晶体内部，而长出颜色各异的"石笋"，宛如一座"水中花园"。

硼是ⅢA族元素，其原子的最外层有 3 个电子，氧化数通常为+3，主要化合物为硼酸和硼砂。硼酸是一个弱酸，难溶于冷水且易溶于热水。硼砂是四硼酸的钠盐（$Na_2B_4O_7 \cdot 10H_2O$），溶于热水，经酸化并冷却，可得溶解度较小的白色片状硼酸晶体，其水溶液由于水解而呈碱性。硼砂在铂丝小圈上加热至 400℃ 时，先失去结晶水，然后在 878℃ 时熔化成透明状的"硼砂珠"。

$$Na_2B_4O_7 \cdot 10H_2O \overset{\triangle}{\longrightarrow} B_2O_3 + 2NaBO_2 + 10H_2O$$

不同的金属氧化物或盐类熔融于硼砂（玻璃体）中，生成不同的偏硼酸复盐而显示出不同的特征颜色，例如氧化钴形成蓝色硼砂珠。

$$Na_2B_4O_7 + CoO \overset{\triangle}{\longrightarrow} 2NaBO_2 \cdot Co(BO_2)_2$$

在分析化学中，利用这一性质可鉴定一些重要金属氧化物或其盐类。

【仪器及试剂】

试管，烧瓶，分液漏斗，具支试管，酒精灯（或电炉），导气管，铁架台，铁圈，冷凝管夹，烧杯，蒸发皿，漏斗，量筒，石棉网。

HCl($6mol \cdot L^{-1}$、浓)，甲酸（浓），H_2SO_4（浓），HF（浓），NaOH($2mol \cdot L^{-1}$)，$NH_3 \cdot H_2O$($2mol \cdot L^{-1}$)，$BaCl_2$($0.1mol \cdot L^{-1}$)，$NaHCO_3$($0.1mol \cdot L^{-1}$)，Na_2CO_3($0.1mol \cdot L^{-1}$、$0.5mol \cdot L^{-1}$、饱和)，$AgNO_3$（$0.1mol \cdot L^{-1}$)，Na_2SiO_3（20%），$Al_2(SO_4)_3$（饱和），NH_4Cl（饱和），硼砂（饱和、s），$CaCl_2$（s），$CuSO_4$（s），$Co(NO_3)_2$（s），$NiSO_4$（s），$MnSO_4$（s），$FeSO_4$（s），$FeCl_3$（s），$ZnSO_4$（s），$CrCl_3$（s），硼酸，甘油，乙醇，酚酞，pH 试纸，玻璃片，石蕊试纸，石蜡，铂丝（或镍铬丝），冰。

【实验步骤】

1. 一氧化碳的制备和性质

(1) 一氧化碳的制备　在一具支试管内装 10.0mL $2mol \cdot L^{-1}$NaOH 溶液，在烧瓶中加入 4.0mL 浓甲酸。从分液漏斗向烧瓶内滴加 5.0mL 浓 H_2SO_4 后加热，则有气体发生，写出反应式。

（2）一氧化碳的主要化学性质

① 还原性　往 1mL 0.1mol·L^{-1} AgNO$_3$ 溶液中加入过量的 2mol·L^{-1}NH$_3$·H$_2$O 至开始生成的沉淀溶解为止。检验一氧化碳纯度（按检验氢气纯度的方法）后通入银氨溶液中，观察反应产物的颜色和状态。

② 可燃性　将导管从银氨溶液中取出并在出口处点燃，观察火焰的颜色（注意点燃前需将仪器内的空气排尽，否则会引起爆炸）。写出反应方程式。

2. 碳酸盐的水解

（1）试验 0.1mol·L^{-1} Na$_2$CO$_3$ 溶液、0.1mol·L^{-1} NaHCO$_3$ 溶液的 pH 值。

（2）往盛有 2.0mL 0.1mol·L^{-1} BaCl$_2$ 溶液的试管中滴加 2.0mL 0.5mol·L^{-1} Na$_2$CO$_3$ 溶液，观察现象，倾去溶液，洗涤沉淀，试验沉淀物在酸中的溶解情况。

（3）在一装有饱和 Al$_2$(SO$_4$)$_3$ 溶液的试管中，注入饱和 Na$_2$CO$_3$ 溶液，有何现象？设法证明产生的沉淀是 Al(OH)$_3$，而不是碳酸铝（怎样检验？沉淀要不要洗净？）。写出反应方程式。

3. 氢氟酸对玻璃的腐蚀作用

在一块涂有石蜡的玻璃片上，用小刀刻下字迹（字迹必须穿过石蜡层，使玻璃暴露出来），将氢氟酸❶溶液涂在小刀刻划的字迹上，放置腐蚀。约 1h 后，用水冲洗玻璃片，拭干，刮去石蜡，观察字迹。写出有关的反应方程式。

4. 硅酸与硅酸盐

（1）硅酸盐的水解　先用石蕊试纸检验 20%硅酸钠溶液的酸碱性，然后往盛有 1mL 该溶液的试管中注入 2.0mL 饱和 NH$_4$Cl 溶液并微热。用石蕊试纸检验放出的气体为何产物。写出反应方程式。

（2）硅酸水凝胶的生成　在 2.0mL 20%水玻璃溶液的试管中加入 1 滴酚酞，逐滴加入 6mol·L^{-1} HCl 至溶液刚呈粉红色为止（控制 pH=8~9），充分搅拌，观察现象并写出反应式。

（3）微溶性硅酸盐的生成❷——"水中花园"　在 100mL 的小烧杯中加入约 2/3 体积的 20%硅酸钠溶液，然后把 CaCl$_2$、Co(NO$_3$)$_2$、CuSO$_4$、NiSO$_4$、MnSO$_4$、ZnSO$_4$、FeSO$_4$、FeCl$_3$ 固体各一小粒投入杯内（注意各固体之间要保持一定间隔并记住它们的位置），放置一段时间后观察有何现象发生。

5. 硼酸的制备、性质和鉴定

（1）硼酸的制备　往盛有 1mL 饱和硼砂溶液的试管中加 0.5mL 浓 H$_2$SO$_4$，并放入冰水中冷却，若无沉淀，用玻璃棒摩擦试管壁，观察产物的颜色和状态。

（2）硼酸的性质　取 1mL 饱和 H$_3$BO$_3$ 溶液，用 pH 试纸测其 pH 值。在硼酸溶液中滴入 3 滴甘油，再测溶液的 pH 值。

该实验说明硼酸具有什么性质？

（3）硼酸的鉴定　在蒸发皿中放入少量硼酸晶体，加 1mL 乙醇和几滴浓硫酸。混合后点燃，观察火焰的颜色有何特征，该实验可用于鉴别含硼的化合物。

（4）分别向两支盛有 Na$_2$B$_4$O$_7$ 溶液的试管中加入浓盐酸及饱和 NH$_4$Cl 溶液；观察现象，写出反应式。

6. 硼砂珠试验

（1）硼砂珠的制备　用 6mol·L^{-1} HCl 清洗铂丝，然后将其置于氧化焰中灼烧片刻，取

---

❶　氢氟酸有腐蚀性，实验必须在通风橱内进行。

❷　实验完毕后，必须立即洗净烧杯，因为 Na$_2$SiO$_3$ 对玻璃有侵蚀作用。

出再浸入酸中，如此重复数次直至铂丝在氧化焰中灼烧不产生离子特征的颜色（无色），表示铂丝已经洗干净了。将这样处理过的铂丝蘸上一些硼砂固体，在氧化焰中灼烧并熔融成圆珠，观察硼砂珠的颜色、状态。

（2）用硼砂珠鉴定钴盐和铬盐　用烧热的硼砂珠分别沾上绿豆粒大的硝酸钴和三氯化铬固体熔融，冷却后观察硼砂珠的颜色，写出相应的反应方程式。

【注意事项】

1. 甲酸为无色、透明的酸性液体，有刺激性臭味和强腐蚀性，接触皮肤易起水疱，是强还原性物质，有毒，空气中最高允许浓度为 $5mg \cdot L^{-1}$。使用甲酸时应慢慢倒出，切勿与皮肤接触，若不小心滴到皮肤上，应用大量水冲洗。

2. 一氧化碳是无色、无臭气体，由于其与血红蛋白（Hb）形成较稳定的配合物 Hb·CO，使血红蛋白失去输氧功能而危及人的生命。当空气中 CO 含量大于 5.0×10^{-5} 时，对人就有致命危险。即使少量吸入也会导致头痛、眩晕、耳鸣、恶心呕吐、全身无力、精神不振等症状，因此凡涉及产生一氧化碳的实验都应该在通风橱内进行。

3. 由于氢氟酸对玻璃的腐蚀作用反应时间较长，可先做这个实验，待最后再观察结果。

4. 做"水中花园"时，烧杯应静置 $1 \sim 2h$，在此期间不能摇动烧杯。

5. 制备硅酸凝胶时，是向水玻璃中滴加盐酸，不可反滴。

【思考题】

1. 试用最简单的方法鉴别下列气体。

（1）氢气，一氧化碳，二氧化碳

（2）二氧化碳，二氧化硫，氮气

2. 比较碳酸和硅酸的性质有何异同？下列两个反应有无矛盾？为什么？

$$CO_2 + Na_2SiO_3 + H_2O \longrightarrow H_2SiO_3 + Na_2CO_3$$
$$Na_2CO_3 + SiO_2 \longrightarrow Na_2SiO_3 + CO_2$$

3. 现有一瓶白色粉末状固体，它可能是碳酸钠、硝酸钠、硫酸钠、氯化钠、溴化钠、磷酸钠中的任意一种。试设计鉴别方案。

4. 实验室中为什么可用磨口玻璃器皿储存酸液而不能储存碱液？

5. 在 $BaCl_2$、$CuSO_4$、$Al_2(SO_4)_3$ 的水溶液中加入 Na_2CO_3 溶液，生成的产物分别是什么？试由此总结出碳酸盐水解的一般规律。

6. 为什么说硼酸是一元酸？在硼酸溶液中加入多羟基化合物后，溶液的酸度会怎样变化？

【参考文献】

1. 北京师范大学编. 无机化学实验. 第3版. 北京：高等教育出版社，2001.

2. 南京大学《无机及分析化学实验》编写组. 无机及分析化学实验. 第3版. 北京：高等教育出版社，1998.

3. 大连理工大学无机化学教研室编. 无机化学实验. 第2版. 北京：高等教育出版社，2004.

实验 4.11　铝、锡、铅

【实验目的】

1. 试验并比较铝、锡、铅的氢氧化物的形成和酸碱性以及它们盐类的水解性。

2. 掌握锡（Ⅱ）的还原性和铅（Ⅳ）的氧化性。

3. 学习锡和铅的硫化物的形成和溶解性。

4. 掌握 Sn^{2+} 和 Pb^{2+} 的分离和鉴定的方法。

【实验原理】

1. 铝的化合物的性质

铝既有明显的金属性，也有较明显的非金属性，是典型的两性元素。单质铝及其化合物既能溶于酸而生成相应的铝盐，又能溶于碱而生成相应的铝酸盐。在铝的化合物中，氧化铝 Al_2O_3 有多种晶型，其中两种主要的是 $\alpha\text{-}Al_2O_3$ 和 $\gamma\text{-}Al_2O_3$。在自然界中以结晶状态存在的 $\alpha\text{-}Al_2O_3$ 称为刚玉，其熔点高，硬度仅次于金刚石。由于 $\alpha\text{-}Al_2O_3$ 和 $\gamma\text{-}Al_2O_3$ 的晶体结构不同，它们的化学性质也不同。$\alpha\text{-}Al_2O_3$ 化学性质极不活泼，除溶于熔融的碱外，与所有试剂都不反应。$\gamma\text{-}Al_2O_3$ 可溶于稀酸，也能溶于碱，又称为活性氧化铝，常用作吸附剂和催化剂载体。

在铝盐溶液中加入氨水或适量的碱，可得白色凝胶状的 $Al(OH)_3$ 沉淀，氢氧化铝是两性氢氧化物，它可溶于酸生成 Al^{3+}，又可溶于过量的碱生成 $[Al(OH)_4]^-$：

$$Al(OH)_3 + OH^- \longrightarrow [Al(OH)_4]^-$$

实际上铝酸盐溶液中不存在 AlO_2^- 或 AlO_3^{3-}，这已为光谱实验所证明。

在铝酸盐溶液中通入 CO_2 沉淀出来的是氢氧化铝白色晶体：

$$2[Al(OH)_4]^- + CO_2 \longrightarrow 2Al(OH)_3 \downarrow + CO_3^{2-} + H_2O$$

而在铝酸盐溶液中加入氨水或适量的碱所得到的凝胶状白色沉淀则是无定形 $Al(OH)_3$，实际上是含水量不定的水合氧化铝 $Al_2O_3 \cdot xH_2O$，但是，通常也写成 $Al(OH)_3$ 的形式。加热可使 $Al(OH)_3$ 脱水，在不同条件下生成 Al_2O_3 的各种变体。

硫酸铝和硝酸铝是离子型化合物，都易溶于水，由于 Al^{3+} 的水解作用，使得溶液呈酸性。铝的弱酸盐水解更加明显，甚至达到几乎完全的程度。因此在 Al^{3+} 的溶液中加入 $(NH_4)_2S$ 或 Na_2CO_3 溶液得不到相应的弱酸铝盐，而都生成 $Al(OH)_3$。

硫酸铝易与碱金属 $M(I)$（除 Li 外）的硫酸盐结合成一类复盐，称为矾。矾的组成可以用通式 $M(I)Al(SO_4)_2 \cdot 12H_2O$ 来表示。例如铝钾矾 $KAl(SO_4)_2 \cdot 12H_2O$ 就是通常用的明矾。

在 $HAc\text{-}NH_4Ac$ 溶液中铝试剂与 Al^{3+} 反应，生成亮红色沉淀，可用来鉴定 Al^{3+} 的存在。

2. 锡、铅及其化合物的性质

Sn、Pb 为周期表中ⅣA族，其电子构型分别为 $4s^24p^2$、$5s^25p^2$，均能形成 +2、+4 价的化合物，Sn^{2+} 是强还原剂，例如 $SnCl_2$ 将 $HgCl_2$ 还原为 Hg_2Cl_2，过量时可再将 Hg_2Cl_2 还原为单质 Hg。而 Pb^{4+} 是强氧化剂，能与浓 HCl 或浓 H_2SO_4 反应生成 Cl_2 或 O_2。

$$PbO_2 + 4HCl(浓) \longrightarrow PbCl_2 + Cl_2 \uparrow + 2H_2O$$
$$2PbO_2 + 2H_2SO_4(浓) \longrightarrow 2PbSO_4 + O_2 \uparrow + 2H_2O$$

+2 价的 Sn、Pb 盐具有较强的水解作用，因此配制它们的盐溶液时，必须溶解在相应的酸溶液中以抑制水解。$SnCl_2$ 是实验室中常用的还原剂，它可以被空气中的氧所氧化，因此配制时应加入少量 Sn 粒防止氧化。锡（Ⅱ）、铅（Ⅱ）的氢氧化物都呈两性。由不同的制备方法可获得两种形式的锡酸（α-锡酸和 β-锡酸），由于其结构的原因，这两种酸的溶解性完全不同。

锡（Ⅱ、Ⅳ）、铅（Ⅱ）遇 H_2S 分别生成棕色的 SnS 沉淀、黄色的 SnS_2 沉淀和黑色的 PbS 沉淀。SnS_2 显酸性，所以能和 Na_2S 反应，生成硫代锡酸盐，SnS_2 不溶于稀 HCl，但能和浓酸反应。

$$SnS_2 + Na_2S \longrightarrow Na_2SnS_3$$

$$SnS_2 + 4H^+ + 6Cl^- \longrightarrow SnCl_6^{2-} + 2H_2S$$

SnS 显碱性，所以不能和 Na_2S 反应，但可以溶于中等强度的酸中和 Na_2S_2 中。

$$SnS + 2H^+ + \cdot 4Cl^- \longrightarrow SnCl_4^{2-} + H_2S\uparrow$$

$$SnS + Na_2S_2 \longrightarrow Na_2SnS_3$$

PbS 显碱性，不溶于 Na_2S 或 Na_2S_2 中，但溶于浓盐酸或浓硝酸中而发生氧化还原反应。

所有硫代酸盐只能存在于中性或碱性介质中，遇酸生成不稳定的硫代酸，继而分解为相应的硫化物和 H_2S。

$$SnS_3^{2-} + 2H^+ \longrightarrow SnS_2 + H_2S\uparrow$$

铅的氧化物除黄色的 PbO 和褐色的 PbO_2 外，还有鲜红色的 Pb_3O_4（铅丹），它表现出 PbO 和 PbO_2 的性质。所以通常把它看作"混合氧化物" $2PbO\cdot PbO_2$。

【仪器及试剂】

试管，试管夹，酒精灯，烧杯，蒸发皿，点滴板。

HNO_3（$6mol\cdot L^{-1}$、浓），HAc（$6mol\cdot L^{-1}$），HCl（$2mol\cdot L^{-1}$、$6mol\cdot L^{-1}$、浓），H_2SO_4（$2mol\cdot L^{-1}$），H_2S（饱和），NaOH（$2mol\cdot L^{-1}$、$6mol\cdot L^{-1}$、40%），$NH_3\cdot H_2O$（$2mol\cdot L^{-1}$、$6mol\cdot L^{-1}$），$AlCl_3$（$0.1mol\cdot L^{-1}$），$Al_2(SO_4)_3$（$0.1mol\cdot L^{-1}$、$1mol\cdot L^{-1}$），NaAc（$0.1mol\cdot L^{-1}$、饱和），$HgCl_2$（$0.1mol\cdot L^{-1}$），$SnCl_2$（$0.1mol\cdot L^{-1}$），$SnCl_4$（$0.1mol\cdot L^{-1}$），$Pb(NO_3)_2$（$0.5mol\cdot L^{-1}$），$Bi(NO_3)_3$（$0.1mol\cdot L^{-1}$），$MnSO_4$（$0.1mol\cdot L^{-1}$），$NaNO_3$（$0.5mol\cdot L^{-1}$），KI（$0.1mol\cdot L^{-1}$），K_2CrO_4（$0.5mol\cdot L^{-1}$），$(NH_4)_2SO_4$（饱和），Na_2S（$0.1mol\cdot L^{-1}$），$(NH_4)_2S$（$0.1mol\cdot L^{-1}$、饱和，这两种试剂都要新制），$(NH_4)_2S_x$（$0.1mol\cdot L^{-1}$），铝试剂（0.1%），PbO_2(s)，Pb_3O_4(s)，铝片，锡粒，pH 试纸，淀粉-KI 试纸，棉花。

【实验步骤】

1. 铝及铝化合物的性质

（1）金属铝在空气中氧化及与水的反应

① 取一片铝片并用砂纸擦净，在清洁的表面上滴 2 滴 $0.1mol\cdot L^{-1}$ $HgCl_2$ 溶液。当此溶液覆盖下的金属表面呈灰色时，用棉花或软纸将液体擦去，并继续将湿润处擦干后置于空气中，观察铝片表面有大量蓬松的氧化铝析出后，将铝片置于盛水的试管中，观察氢气的放出。如果气体的产生过于缓慢，微热此试管。写出反应方程式。

② Al 的强还原性　在一试管中加 0.5mL $0.5mol\cdot L^{-1}$ $NaNO_3$ 溶液，加少量 40% NaOH 溶液至溶液呈强碱性，放入一小片金属 Al，用湿润的 pH 试纸检验逸出的气体。

（2）铝盐的水解

① 取约 1mL $0.1mol\cdot L^{-1}$ $AlCl_3$ 溶液，在蒸发皿中蒸发至干，再用强火灼烧。得到的产物是不是无水 $AlCl_3$？冷后注入 1mL 水，微热。固体是否溶解？

② 在 $0.1mol\cdot L^{-1}$ $Al_2(SO_4)_3$ 溶液中注入 $(NH_4)_2S$ 溶液，观察现象。设法证明沉淀是氢氧化铝而不是硫化铝。

③ 在 $0.1mol\cdot L^{-1}$ $Al_2(SO_4)_3$ 溶液中注入等量的 $0.1mol\cdot L^{-1}$ NaAc 溶液，加热至沸，观察碱式醋酸铝 $Al(OH)_2Ac$ 沉淀的生成。

解释上述实验的现象，写出反应方程式。

（3）成矾作用　在 1mL $1.0mol\cdot L^{-1}$ $Al_2(SO_4)_3$ 溶液中加 1mL 饱和 $(NH_4)_2SO_4$ 溶液，静置片刻，观察现象。若静置片刻后溶液仍透明，可用玻璃棒摩擦试管内壁，再次观察现象。写出反应方程式。

(4) Al^{3+} 的鉴定 在一试管中加 1 滴 $0.1mol \cdot L^{-1}$ $Al_2(SO_4)_3$ 溶液，加 2.0mL $6mol \cdot L^{-1}$ HAc 酸化后加 2 滴 Al 试剂 [即金黄三羧酸铵]，混合后放置数分钟，再加 1mL $6mol \cdot L^{-1}$ $NH_3 \cdot H_2O$ 至碱性后放于水浴中加热，数分钟后观察到上层有（粉）红色絮状沉淀物，下层为无色溶液，表明有 Al^{3+} 存在。

2. α-锡酸和 β-锡酸的生成与性质

(1) α-锡酸的生成与性质 向 1mL $0.1mol \cdot L^{-1}$ $SnCl_4$ 溶液中滴加 $2mol \cdot L^{-1}$ $NH_3 \cdot H_2O$，观察现象。将沉淀分成两份，分别试验其与稀酸和稀碱溶液的作用，写出反应方程式。

(2) β-锡酸的生成与性质 在盛有少量浓 HNO_3 的试管中加入 1~2 粒锡粒，在通风条件下微热，观察现象。将沉淀均分成三份，分别试验其与 40％NaOH、$6mol \cdot L^{-1}$ NaOH、$6mol \cdot L^{-1}$ HCl 溶液的作用，写出反应方程式。

3. 锡(Ⅱ)、铅(Ⅱ)氢氧化物的酸碱性

(1) 氢氧化锡(Ⅱ)的生成和酸碱性 在离心试管中，加入 1mL $0.1mol \cdot L^{-1}$ $SnCl_2$ 溶液，滴加 $2mol \cdot L^{-1}$ NaOH 溶液，即得白色沉淀。离心、弃去清液，将沉淀分为两份，试验其对稀碱和稀酸溶液的反应。写出反应方程式（溶于碱的溶液保留）。

(2) 氢氧化铅(Ⅱ)的生成和酸碱性 用 $0.5mol \cdot L^{-1}$ $Pb(NO_3)_2$ 溶液与稀碱溶液制备氢氧化铅(Ⅱ)，离心分离，弃去溶液，试验氢氧化铅(Ⅱ)对稀酸（什么酸适宜？）和稀碱的作用。写出反应方程式。

根据上面实验，试对氢氧化锡(Ⅱ)和氢氧化铅(Ⅱ)的酸碱性做出结论。

4. 锡(Ⅱ)的还原性和铅(Ⅳ)的氧化性

(1) 锡(Ⅱ)的还原性

① 取 1 滴 $0.1mol \cdot L^{-1}$ $HgCl_2$ 溶液于试管中，逐滴加入 $0.1mol \cdot L^{-1}$ $SnCl_2$ 溶液，观察有何变化，继续滴加 $SnCl_2$ 有何变化？写出反应方程式。

② 在自制的亚锡酸钠溶液 [上述 3.(1)] 中，注入 $0.1mol \cdot L^{-1}$ $Bi(NO_3)_3$ 溶液，观察现象。若立即出现现象，此反应可用来鉴定 Sn^{2+} 和 Bi^{3+}。

(2) 铅(Ⅳ)的氧化性

① 在少量 PbO_2 中，注入浓 HCl，观察现象，并检定气体产物，写出反应方程式。

② 在少量 PbO_2 中，加入 1mL $6mol \cdot L^{-1}$ HNO_3 和 5 滴 $0.1mol \cdot L^{-1}$ $MnSO_4$ 溶液，微热后静置片刻，观察现象。写出反应方程式。

5. 锡、铅难溶化合物的生成和性质

(1) 氯化铅

① 在 1mL 水中加数滴 $0.5mol \cdot L^{-1}$ $Pb(NO_3)_2$ 溶液，再加几滴 $2mol \cdot L^{-1}$ HCl，即有白色 $PbCl_2$ 沉淀生成。将所得白色沉淀连同溶液一起加热，沉淀是否溶解？再把溶液冷却，又有什么变化？说明 $PbCl_2$ 的溶解度与温度的关系。

② 取以上白色沉淀少许，注入浓 HCl，观察沉淀溶解情况。

(2) 碘化铅 取数滴 $0.5mol \cdot L^{-1}$ $Pb(NO_3)_2$ 溶液用水稀释至 1mL 后，滴数滴 $0.1mol \cdot L^{-1}$ KI 溶液，即生成橙黄色 PbI_2 沉淀，试验它在热水和冷水中的溶解度。

(3) 铬酸铅 由 $0.5mol \cdot L^{-1}$ $Pb(NO_3)_2$ 溶液和 $0.5mol \cdot L^{-1}$ K_2CrO_4 溶液制备 $PbCrO_4$。试验它在 $6mol \cdot L^{-1}$ HNO_3 溶液中的溶解情况。写出有关反应方程式，该反应可用于鉴定 Pb^{2+} 或 CrO_4^{2-}。

(4) 硫酸铅 在 1mL 水中滴数滴 $0.5mol \cdot L^{-1}$ $Pb(NO_3)_2$ 溶液，再滴加几滴 $2mol \cdot L^{-1}$ H_2SO_4，即得白色 $PbSO_4$ 沉淀。滴加数滴饱和 NaAc 溶液，微热并不断搅动，沉淀是否溶

解？解释上述现象。写出有关反应方程式。

（5）铅丹（Pb_3O_4）的组成　在少量固体 Pb_3O_4 中加入 $6mol \cdot L^{-1}$ HNO_3，微热，观察固体颜色变化。自然沉降后，吸取上层清液，并用稀硫酸检查清液中有无 Pb^{2+} 存在。向试管中加 5 滴 $0.1mol \cdot L^{-1}$ $MnSO_4$ 溶液，观察现象。通过实验，写出铅丹的组成。

（6）锡（Ⅱ）与锡（Ⅳ）硫化物的性质比较　在两支试管中分别加入 $0.5mL$ $0.1mol \cdot L^{-1}$ $SnCl_2$ 和 $SnCl_4$ 溶液。再加 $1mL$ 饱和 H_2S 溶液，微热，观察沉淀的颜色有何不同？分别试验所得沉淀物与 $2mol \cdot L^{-1}$ HCl、$0.1mol \cdot L^{-1}$ Na_2S 和 $(NH_4)_2S_x$ 溶液的反应。通过实验能得出什么结论？写出有关反应方程式。

（7）铅（Ⅱ）与锡（Ⅱ）硫化物性质比较

① 往盛有 $0.5mol \cdot L^{-1}$ $Pb(NO_3)_2$ 溶液的试管中注入 $1mL$ 饱和 H_2S 溶液，微热，观察沉淀的颜色。分别试验沉淀物同 $2mol \cdot L^{-1}$ HCl、$0.1mol \cdot L^{-1}$ Na_2S、$(NH_4)_2S_x$ 和浓 HNO_3 溶液的反应。

② 将此实验结果与上面 5.(6) 中的 SnS 性质比较，两者有何不同？写出有关反应方程式。

将以上观察到的实验现象和手册中查阅的有关数据列入表 4.11-1 中。

表 4.11-1　锡、铅不同盐在不同试剂中的溶解特性

名称	颜色	溶解性				溶度积 (K_{sp})
		水	HCl	$(NH_4)_2S$	$(NH_4)_2S_x$	
$PbCl_2$						
PbI_2						
$PbCrO_4$						
$PbSO_4$						
PbS						
SnS						
SnS_2						

【注意事项】

1. 硫化钠溶液易变质，本实验用硫化铵溶液代替硫化钠，且 $(NH_4)_2S$ 必须是新配制的。硫化铵的制法：取一定量氨水，将其均分为两份，往其中一份通硫化氢至饱和，而后与另一份氨水混合。

2. $0.1mol \cdot L^{-1}$ $SnCl_2$ 溶液的配制：称取 $22.6g$ $SnCl_2 \cdot 2H_2O$ 固体，用 $320mL$ 浓盐酸溶解，然后加入蒸馏水稀释至 $1L$，再加入数粒纯锡以防氧化。

3. 做铅（Ⅳ）的氧化性实验时，硫酸锰的量必须要严格控制，如果加入的硫酸锰过多，则可能生成 MnO_2 的沉淀，而不会出现 MnO_4^- 的特征紫色。

4. 验证 $Pb(OH)_2$ 的碱性应选用稀 HNO_3 溶液，而不能选稀 HCl 和稀 H_2SO_4 溶液。

5. Na_2S 中常含有少量 Na_2S_x，这可能是空气氧氧化所致，若 Na_2S 中含有 Na_2S_x，则对本实验有一定的影响。SnS 不溶于 Na_2S 中，但能被 Na_2S_x 氧化而溶解，从而造成误解。

【思考题】

1. 如何制备无水三氯化铝？
2. 实验室中如何配制透明的 $SnCl_2$ 溶液？

3．为什么硫化亚锡不溶于硫化钠，而硫化锡可溶于硫化钠？哪些硫化物能溶于硫化钠溶液中？

4．如何用实验证明铅丹的组成是 $2PbO$ 和 PbO_2？

5．今有未签明的无色透明的 $SnCl_2$ 和 $SnCl_4$ 溶液各一瓶，试设法鉴别。

【参考文献】

1．北京师范大学编. 无机化学实验. 第 3 版. 北京：高等教育出版社，2001.

2．南京大学《无机及分析化学实验》编写组. 无机及分析化学实验. 第 3 版. 北京：高等教育出版社，1998.

3．大连理工大学无机化学教研室编. 无机化学实验. 第 2 版. 北京：高等教育出版社，2004.

实验 4.12-1　砷、锑、铋

【实验目的】

1．通过试验三价砷、锑、铋氧化物、氢氧化物的酸碱性以及三价砷、锑、铋盐的还原性和五价砷、锑、铋盐的氧化性，总结出它们的变化规律。

2．通过实验并掌握砷、锑、铋硫化物和硫代酸盐的生成和性质。

【实验原理】

1．As、Sb、Bi 的氧化物与氢氧化物的性质

氮族元素属于ⅤA族元素，从上→下其电正性（金属性）递增。N 和 P 是非金属，As 是半金属，Sb 有较强的金属性，而 Bi 是真正的金属，该族元素体现了从非金属到金属的完整过渡。

砷、锑、铋的价电子层分别为 $4s^24p^2$、$5s^25p^2$ 和 $6s^26p^2$，都能形成 $+3$ 和 $+5$ 氧化数的化合物。由于"惰性电子对效应"的影响，其高氧化态化合物的稳定性减小，低氧化态化合物的稳定性增加。

砷、锑、铋的三价氧化物中，As_4O_6 微溶于水，是以酸性为主的两性氧化物；Sb_4O_6 不溶于水，是以碱性为主的两性氧化物；Bi_2O_3 不溶于水，是碱性氧化物。

As、Sb、Bi 的低氧化态氢氧化物均是难溶于水的白色化合物。除 $Bi(OH)_3(s)$ 为碱性氢氧化物以外，其他氢氧化物都是两性氢氧化物，它们既可以溶解在相应的酸中，也可以溶解在过量的 NaOH 溶液中。在过量的 NaOH 溶液中，发生如下的反应：

$$Sb(OH)_3 + NaOH \longrightarrow Na[Sb(OH)_4]$$

这些元素的氧化物与氢氧化物的酸碱性也有明显的变化规律。

2．Sb^{3+}、Bi^{3+} 化合物的水解性

Sb^{3+}、Bi^{3+} 化合物与强酸生成的可溶性盐的水溶液中都易发生水解，生成相应的碱式盐沉淀。

$$SbCl_3 + H_2O \longrightarrow SbOCl\downarrow（白色）+ 2HCl$$

因此在配制相应的溶液时，为了抑制其水解反应，必须加入相应的酸。而对于 $Bi(NO_3)_3$ 由于其水解反应是不可逆的，即生成的碱式盐沉淀不能溶解于相应的酸中，所以配制 $Bi(NO_3)_3$ 溶液时应先将 $Bi(NO_3)_3$ 溶解于过量的浓 HNO_3 中，然后再加水稀释。

3. As、Sb、Bi 的氧化还原性

从氧化还原能力来看，正三价化合物被氧化为正五价化合物依次困难。例如三价砷、锑在 $pH=5\sim9$ 条件下，可被 I_2 氧化，而三价 Bi 需在强碱性条件下，用强氧化剂（Cl_2）才能被氧化。与此相反，砷、锑、铋的正五价化合物的氧化能力是按照砷（V）＜锑（V）＜铋（V）顺序增大。例如 BiO_3^- 在酸性条件下能将 Mn^{2+} 氧化为 MnO_4^-，而 SbO_4^{3-}、AsO_4^{3-} 就无此能力。

亚砷酸盐在碱性介质中可被 I_2 氧化为砷酸盐，砷酸盐在酸性介质中可将 I^- 氧化成 I_2。在中性溶液中加入 $AgNO_3$，根据生成物的颜色不同，可以鉴定 AsO_4^{3-}、AsO_3^{3-}。

4. As、Sb、Bi 的硫化物与硫代酸盐的性质

砷、锑、铋的三价硫化物都能与适量的 Na_2S 作用生成有色硫化物，如 As_2S_3（黄色、酸性硫化物），Sb_2S_3（橙色、两性硫化物），Bi_2S_3（棕黑色、碱性硫化物）。

这些硫化物的酸碱性变化规律与其氧化物的酸碱性变化规律相同。同族元素的硫化物（氧化数相同）从上而下酸性减弱，碱性增强；同种元素的硫化物，高氧化物的硫化物（如 As_2S_5）的酸性比低氧化物硫化物（如 As_2S_3）的强。

As_2S_3 和 Sb_2S_3 可溶于过量的金属硫化物（Na_2S）中生成相应的硫代亚砷（锑）酸盐，而 Bi_2S_3 不溶于 Na_2S 溶液中。As_2S_3 和 Sb_2S_3 也具有还原性，它们能与多硫化物反应生成硫代砷（锑）酸盐。

$$As_2S_3 + Na_2S \longrightarrow 2NaAsS_2（硫代亚砷酸钠）$$
$$As_2S_3 + Na_2S \longrightarrow Na_3AsS_3（硫代砷酸钠）$$

硫代酸盐的形成与分解，可以使 Sb_2S_3（辉锑矿）在自然界中进行迁移和富集。

所有的硫代酸盐只能存在于中性和碱性介质中，遇酸不稳定，发生分解，放出 H_2S 气体和析出相应的硫化物沉淀。

$$2Na_3SbS_3 + 6HCl \longrightarrow Sb_2S_3 + 3H_2S(g) + 6NaCl$$

【仪器及试剂】

试管，试管夹，药匙，离心机，酒精灯，点滴板。

HCl（$6mol\cdot L^{-1}$，浓），HNO_3（$2mol\cdot L^{-1}$、$6mol\cdot L^{-1}$），H_2S（饱和），$NaOH$（$2mol\cdot L^{-1}$、$6mol\cdot L^{-1}$），$SnCl_2$（$0.1mol\cdot L^{-1}$），$AsCl_3$（$0.1mol\cdot L^{-1}$），$SbCl_3$（$0.1mol\cdot L^{-1}$，s），$Bi(NO_3)_3$（$0.1mol\cdot L^{-1}$，s），$AgNO_3$（$0.1mol\cdot L^{-1}$），$MnSO_4$（$0.02mol\cdot L^{-1}$），Na_3AsO_3（$0.1mol\cdot L^{-1}$），Na_3AsO_4（$0.1mol\cdot L^{-1}$），$(NH_4)_2S$（$0.1mol\cdot L^{-1}$），$(NH_4)_2S_x$（$0.1mol\cdot L^{-1}$），CCl_4，碘水，氯水，As_2O_3（s），$NaBiO_3$（s），锡片，pH 试纸，淀粉-碘化钾试纸，冰。

【实验步骤】

1. 三价砷、锑、铋氧化物和氢氧化物的酸碱性

（1）As_2O_3 的性质

① 取米粒大小的 As_2O_3 固体（极毒！）于一试管中，加少量水，水浴微热后充分搅拌，观察溶解情况，然后用 pH 试纸检验溶液的酸碱性。离心分离后仔细倾出离心液并保留，在沉淀中加少量水并均分为 3 等份。

② 向第一支试管中滴加 2.0mL $2mol\cdot L^{-1}$ NaOH 溶液，振荡试管，观察其溶解情况，写出反应方程式。保留溶液供下面实验用。

③ 在剩下的两支试管中分别加 2.0mL 6mol·L^{-1} HCl 溶液和浓盐酸。微热后观察其溶解情况，写出反应方程式。

（2）氢氧化锑（Ⅲ）的生成和性质　向盛有 1mL 0.1mol·L^{-1} SbCl$_3$ 溶液的试管中滴加 2mol·L^{-1} NaOH 溶液，观察生成物的颜色和状态。把沉淀分成两份，分别滴加 6mol·L^{-1} NaOH 溶液和 6mol·L^{-1} HCl 溶液。观察沉淀的溶解情况，保留所得溶液。写出反应方程式。

（3）氢氧化铋的生成和性质　取 1mL 0.1mol·L^{-1} Bi(NO$_3$)$_3$ 溶液于试管中，按实验 1.（2）方法试验，观察现象，写出反应方程式。

2. 三价锑盐、铋盐的水解作用

在两支干燥试管内，分别加入 5 滴 SbCl$_3$ 和 Bi(NO$_3$)$_3$ 溶液，加水稀释并观察沉淀析出。再分别向沉淀中滴加 6mol·L^{-1} HCl 和 6mol·L^{-1} HNO$_3$，观察并解释上述现象，写出反应方程式。

3. 砷、锑、铋的氧化还原性

（1）取三支试管，分别加入本实验 1 中制得的亚砷酸钠、锑酸钠和硝酸铋溶液，分别加入 1mL 2mol·L^{-1} NaOH 溶液，分别滴入数滴碘水和 1mL CCl$_4$ 溶液，观察有何现象发生。然后用浓盐酸酸化溶液并振荡试管，又有何现象？写出反应方程式并加以解释。

（2）在一离心试管中加 1mL 0.1mol·L^{-1} Bi(NO$_3$)$_3$ 溶液，加入 1mL 6mol·L^{-1} NaOH 溶液和氯水，水浴加热并观察现象。离心分离并弃去离心液，洗涤沉淀，再加浓盐酸于沉淀物中并放入水浴中加热，有何现象发生？试鉴定气体产物（如何检验？），写出反应方程式。

（3）向盛有 5 滴 0.02mol·L^{-1} MnSO$_4$ 中加 3.0mL 2mol·L^{-1} HNO$_3$ 溶液，再加少量固体 NaBiO$_3$，搅拌并微热，观察溶液颜色的变化，写出反应方程式。

由以上实验概括砷、锑、铋高低价态氧化性还原性的变化规律。

4. 砷、锑、铋的硫化物和硫代酸盐

（1）As$_2$S$_3$、Na$_3$AsS$_3$ 的生成和性质　向盛有 2.0mL 0.1mol·L^{-1} AsCl$_3$ 溶液中滴加饱和 H$_2$S 水溶液，观察反应产物的颜色和状态。离心分离，弃去离心液后将沉淀物分为四份，分别滴加浓 HCl、2mol·L^{-1} NaOH、0.1mol·L^{-1} (NH$_4$)$_2$S 和 0.1mol·L^{-1} (NH$_4$)$_2$S$_x$ 溶液，观察沉淀是否溶解并写出反应方程式。

（2）Sb$_2$S$_3$、硫代亚锑酸盐的生成和性质　用 SbCl$_3$ 溶液代替 AsCl$_3$ 溶液，按以上实验 4.（1）步骤进行类似实验。

（3）Bi$_2$S$_3$ 的生成和性质　用 Bi(NO$_3$)$_3$ 溶液代替 AsCl$_3$ 溶液，按以上实验 4.（1）步骤进行类似实验。

（4）As$_2$S$_5$ 与硫代砷酸盐的生成和性质　在两支试管中分别加入 2.0mL 0.1mol·L^{-1} Na$_3$AsO$_4$ 溶液和 2mL 浓盐酸，然后置于冰水中冷却后混合，加入饱和 H$_2$S 溶液，观察反应产物的颜色和状态。离心分离，弃去溶液，把沉淀分成三份，分别滴加稀 HCl、0.1mol·L^{-1} (NH$_4$)$_2$S 和 0.1mol·L^{-1} (NH$_4$)$_2$S$_x$ 溶液，观察现象，写出反应方程式。

将以上实验结果归纳在表 4.12-1-1 中，并比较砷、锑、铋硫化物的性质。

表 4.12-1-1　砷、锑、铋硫化物的溶解现象

颜色和试剂	硫 化 物			
	As$_2$S$_3$	Sb$_2$S$_3$	Bi$_2$S$_3$	As$_2$S$_5$
颜色				

续表

颜色和试剂	硫 化 物			
	As_2S_3	Sb_2S_3	Bi_2S_3	As_2S_5
浓 HCl				
$NaOH(2mol \cdot L^{-1})$				
$(NH_4)_2S(0.5mol \cdot L^{-1})$				
$(NH_4)_2S_x(0.5mol \cdot L^{-1})$				

5. AsO_3^{3-}、AsO_4^{3-}、Sb^{3+} 和 Bi^{3+} 鉴定

(1) 在两支试管中分别加入 2 滴预先调到近中性的 $0.1mol \cdot L^{-1}$ Na_3AsO_3 和 $0.1mol \cdot L^{-1}$ Na_3AsO_4 溶液，再各加 2 滴 $0.1mol \cdot L^{-1}$ $AgNO_3$ 溶液，观察沉淀颜色。

(2) 将一小块光亮的锡片放在点滴板上，加入 $0.1mol \cdot L^{-1}$ $SbCl_3$ 溶液，观察锡片表面颜色的变化。

(3) 在 2 滴 $0.1mol \cdot L^{-1}$ $SnCl_2$ 溶液中，逐滴加入 $2mol \cdot L^{-1}$ NaOH 至白色沉淀溶解再加数滴，然后加入 1 滴 $0.1mol \cdot L^{-1}$ $BiCl_3$ 溶液，有黑色 Bi 析出，此法鉴定 Bi^{3+} 的存在，写出反应式。

【注意事项】

1. 砷、锑、铋及其化合物都是有毒物质。特别是 As_2O_3（俗称砒霜）是剧毒物质，致死量为 0.1g，要在教师指导下使用。切勿进入口内或与伤口接触。实验完毕后要及时洗手，实验废液也要及时集中回收处理。其特效解毒剂是乙巯基丙醇，肌肉注射即可解毒。

2. 在试验 $NaBiO_3$ 的氧化性实验中需要酸化，应选 1mL $6mol \cdot L^{-1}$ HNO_3 为宜；如选用 Mn^{2+} 作还原剂，浓度要足够低且 Mn^{2+} 的用量应少，仅需 2 滴即可；若 Mn^{2+} 量过多，则发生如下反应而干扰鉴定。

$$3Mn^{2+} + 2MnO_4^- + 2H_2O \longrightarrow 5MnO_2(棕) + 4H^+$$

3. 在 Bi^{3+} 的鉴定反应时，只有加入 Bi^{3+} 后立即产生黑色沉淀，才表示有 Bi^{3+} 存在；若溶液缓慢变黑，则表示没有 Bi^{3+} 存在。

4. As_2S_5 必须在高浓度 HCl 溶液存在的条件下才能制得。在中等酸度的砷酸盐溶液中加入饱和 H_2S 时，析出的为黄色 As_2S_3 沉淀。

【思考题】

1. 试找出在本实验中，溶液的酸碱性影响氧化还原反应方向的实例，并加以分析。

2. 实验室中如何配制硝酸铋溶液？

3. 在硝酸溶液中，铋酸钠能将 Mn^{2+} 氧化成 MnO_4^-，在盐酸溶液中反应将如何进行？

4. 配制 $BiCl_3$ 的溶液要加酸，往亚砷酸盐通 H_2S 制备硫化亚砷时也要加酸，砷酸钠和碘化钾起反应时还要加酸，上述三次加酸的目的各是什么？试说明理由。

5. 现有三瓶无色溶液，可能为 $AsCl_3$、$SbCl_3$ 和 $BiCl_3$，试加以鉴别并说明原理。

【参考文献】

1. 北京师范大学编. 无机化学实验. 第 3 版. 北京：高等教育出版社，2001.

2. 南京大学《无机及分析化学实验》编写组. 无机及分析化学实验. 第 3 版. 北京：高等教育出版社，1998.

3. 大连理工大学无机化学教研室编. 无机化学实验. 第 2 版. 北京：高等教育出版社，2004.

实验 4.12-2　p 区主要非金属元素及化合物的性质和反应

【实验目的】

1. 掌握过氧化氢的主要性质。
2. 掌握硫化氢的还原性、亚硫酸及其盐的性质、硫代硫酸盐及其盐的性质和过二硫酸盐的氧化性。
3. 掌握卤素单质氧化性和卤化氢还原性的递变规律，掌握卤素含氧酸盐的氧化性。
4. 学会 H_2O_2、S^{2-}、SO_3^{2-}、$S_2O_3^{2-}$、Cl^-、Br^-、I^- 的鉴定方法。

【实验原理】

过氧化氢具有强氧化性，它也能被更强的氧化剂氧化为氧气。在含 $Cr_2O_7^{2-}$ 的溶液中加入 H_2O_2 和戊醇，有蓝色的过氧化物 CrO_5 生成，该化合物不稳定，放置或摇动时便分解。利用这一性质可以鉴定 H_2O_2，主要反应是

$$Cr_2O_7^{2-} + 4H_2O_2 + 2H^+ \longrightarrow 2CrO_5 + 5H_2O$$

H_2S 具有强还原性。S^{2-} 与稀酸反应生成的 H_2S 气体能使湿润的 $Pb(Ac)_2$ 试纸变黑。在碱性溶液中，S^{2-} 与 $Na_2[Fe(CN)_5NO]$ 反应生成紫红色配合物：

$$S^{2-} + [Fe(CN)_5NO]^{2-} \longrightarrow [\cdot Fe(CN)_5NOS]^{4-}$$

这两种方法都可以用于鉴定 S^{2-}。

SO_2 溶于水生成不稳定的亚硫酸，H_2SO_3 及其盐常用作还原剂，但遇强还原剂时也起氧化作用。SO_2 或 H_2SO_3 可与某些有机物发生加成反应，生成无色加成物，所以它们具有漂白性，而加成物受热往往容易分解。SO_3^{2-} 与 $Na_2[Fe(CN)_5NO]$ 反应生成红色配合物，加入饱和 $ZnSO_4$ 溶液和 $K_4[Fe(CN)_6]$ 溶液，会使红色明显加深，这种方法用于鉴定 SO_3^{2-}。

硫代硫酸不稳定，因此硫代硫酸盐遇酸容易分解。$Na_2S_2O_3$ 常作还原剂，能将 I_2 还原为 I^-，本身被氧化为连四硫酸钠。

$$2S_2O_3^{2-} + I_2 \longrightarrow S_4O_6^{2-} + 2I^-$$

这一反应在分析化学上用于碘量法容量分析。另外，$S_2O_3^{2-}$ 能与某些金属离子形成配合物。$S_2O_3^{2-}$ 与 Ag^+ 反应生成不稳定的白色沉淀 $Ag_2S_2O_3$：

$$2Ag^+ + S_2O_3^{2-} \longrightarrow Ag_2S_2O_3(s)$$

$Ag_2S_2O_3(s)$ 能迅速分解为 Ag_2S 和 H_2SO_4：

$$Ag_2S_2O_3(s) + H_2O \longrightarrow Ag_2S(s) + H_2SO_4$$

在转化为黑色 Ag_2S 沉淀的过程中，沉淀的颜色由白色变为黄色、棕色，最后变为黑色，这是 $S_2O_3^{2-}$ 的特征反应。

过二硫酸盐是强氧化剂，能将 I^-，Mn^{2+} 和 Cr^{3+} 等氧化成相应的高氧化态化合物，例如

$$2Mn^{2+} + 5S_2O_8^{2-} + 8H_2O \longrightarrow 2MnO_4^- + 10SO_4^{2-} + 16H^+$$

若有 $AgNO_3$ 存在时，该反应将迅速进行（Ag^+ 作催化剂）。

氯、溴、碘氧化性的强弱次序为：$Cl_2 > Br_2 > I_2$。卤化氢还原性按氯、溴、碘顺序依次增强，强弱的次序为：$HI > HBr > HCl$。HBr 和 HI 能分别将浓 H_2SO_4 还原为 SO_2 和 H_2S。Br^- 能被 Cl_2 氧化为 Br_2，在 CCl_4 中呈棕黄色。I^- 能被 Cl_2 氧化为 I_2，在 CCl_4 中呈紫色，当 Cl_2 过量时，I_2 被氧化为无色的 IO_3^-。

NaCl 与浓 H_2SO_4 反应生成 HCl 和 $NaHSO_4$：

$$NaCl + H_2SO_4 \xrightarrow{} NaHSO_4 + HCl\uparrow$$

NaBr，NaI 与浓 H_2SO_4 反应，生成的卤化氢进一步被浓 H_2SO_4 氧化：

$$NaBr + H_2SO_4(浓) \xrightarrow{} NaHSO_4 + HBr$$

$$2HBr + H_2SO_4(浓) \xrightarrow{} Br_2 + SO_2\uparrow + 2H_2O$$

$$NaI + H_2SO_4(浓) \xrightarrow{} NaHSO_4 + HI\uparrow$$

$$8HI + H_2SO_4(浓) \xrightarrow{} 4I_2 + H_2S + 4H_2O$$

次氯酸及其盐具有强氧化性。酸性条件下，卤酸盐都具有强氧化性，其强弱次序为 $BrO_3^- >$ $ClO_3^- > IO_3^-$。

　　卤化银皆不溶于水，也不溶于稀 HNO_3。Cl^-、Br^-、I^- 与 Ag^+ 反应分别生成 AgCl、AgBr、AgI 沉淀，它们的溶度积依次减小，卤化银的溶度积常数是 $K_{sp,AgCl} > K_{sp,AgBr} > K_{sp,AgI}$。AgCl 能溶于稀氨水或 $(NH_4)_2CO_3$ 溶液，生成 $[Ag(NH_3)_2]^+$，再加入稀 HNO_3 时，AgCl 会重新沉淀出来，由此可以鉴定 Cl^- 的存在。AgBr 只能部分溶解于氨水中。它在 $NH_3 \cdot H_2O$ 溶液中存在如下平衡：

$$AgBr + 2NH_3 \xrightarrow{} [Ag(NH_3)_2]^+ + Br^-$$

平衡常数：$K = K_{sp,AgBr} K_{稳,Ag(NH_3)_2^+} = 5.0 \times 10^{-13} \times 1.12 \times 10^7 = 4.46 \times 10^{-6}$

　　由于 K 很小，AgBr 在氨水中溶解趋势较小，当氨水溶液含 $AgNO_3$ 时，溶液中 $[Ag(NH_3)_2]^+$ 的浓度就会增加，平衡就向左移动，抑制 AgBr 溶解。依此性质可以使 AgCl 从 AgX 溶液中分离出来。

　　AgBr 和 AgI 不溶于稀氨水或 $(NH_4)_2CO_3$ 溶液，它们在 HAc 介质中能被锌还原为 Ag，可使 Br^- 和 I^- 转入溶液中，再用氯水将其氧化，可以鉴定 Br^- 和 I^- 的存在。

【仪器及试剂】

　　水浴锅，离心机，电炉，试管，量筒，烧杯，试管夹，酒精灯，石棉网，点滴板，表面皿，镊子，滴管等。

　　H_2SO_4（$2mol \cdot L^{-1}$，$1:1$，浓），HNO_3（$2mol \cdot L^{-1}$、$6mol \cdot L^{-1}$，浓），HCl（$2mol \cdot L^{-1}$、$6.0mol \cdot L^{-1}$，浓），HAc（$6mol \cdot L^{-1}$），$NH_3 \cdot H_2O$（$2mol \cdot L^{-1}$），NaOH（$2mol \cdot L^{-1}$），KI（$0.1mol \cdot L^{-1}$，s），KBr（$0.1mol \cdot L^{-1}$、$0.5mol \cdot L^{-1}$，s），KIO_3（$0.1mol \cdot L^{-1}$）；$Pb(NO_3)_2$（$0.5mol \cdot L^{-1}$），$KMnO_4$（$0.01mol \cdot L^{-1}$），$K_2Cr_2O_7$（$0.1mol \cdot L^{-1}$），$FeCl_3$（$0.01mol \cdot L^{-1}$），NaCl（$0.1mol \cdot L^{-1}$，s），$NaHSO_3$（$0.1mol \cdot L^{-1}$），$ZnSO_4$（$0.1mol \cdot L^{-1}$，饱和），$CdSO_4$（$0.1mol \cdot L^{-1}$），$CuSO_4$（$0.1mol \cdot L^{-1}$），$Hg(NO_3)_2$（$0.1mol \cdot L^{-1}$），Na_2S（$0.1mol \cdot L^{-1}$），$Na_2[Fe(CN)_5NO]$（1.0%），$K_4[Fe(CN)_6]$（$0.1mol \cdot L^{-1}$），$Na_2S_2O_3$（$0.1mol \cdot L^{-1}$），Na_2SO_3（$0.1mol \cdot L^{-1}$），$AgNO_3$（$0.1mol \cdot L^{-1}$），$BaCl_2$（$1mol \cdot L^{-1}$），$MnSO_4$（$0.002mol \cdot L^{-1}$），MnO_2(s)，$K_2S_2O_8$(s)，硫粉，CCl_4，戊醇，$KBrO_3$（饱和），$KClO_3$（饱和），SO_2（饱和），H_2S（饱和），H_2O_2（3%），$(NH_4)_2CO_3$（12%），碘水（$0.01mol \cdot L^{-1}$，饱和），淀粉试液，品红溶液，氯水（饱和），pH 试纸，KI-淀粉试纸，$Pb(Ac)_2$ 试纸，蓝色石蕊试纸，Zn 粒。

【实验步骤】

　　1. 过氧化氢的性质

　　(1) 取 $0.1mol \cdot L^{-1}$ KI 溶液 5 滴，加 1 滴 $2mol \cdot L^{-1}$ H_2SO_4，摇匀，滴入 2 滴 3% H_2O_2 溶液和 5 滴 CCl_4，充分振荡，比较溶液颜色，写出离子反应方程式。

（2）取 $1mL$ $0.5mol \cdot L^{-1}$ $Pb(NO_3)_2$ 溶液，加饱和 H_2S 溶液至沉淀生成，离心分离，弃去清液，水洗沉淀后加入 3% H_2O_2 溶液数滴，观察沉淀颜色的变化。写出反应方程式。

（3）取 $0.01mol \cdot L^{-1}$ $KMnO_4$ 溶液 1 滴，加水 9 滴，再加 2 滴 $1.0mol \cdot L^{-1}$ H_2SO_4，摇匀，滴入 3% H_2O_2 溶液数滴，观察现象。写出反应方程式。

（4）在试管中加入 $1mL$ 3% H_2O_2 溶液和少量 $MnO_2(s)$，观察反应情况，并在管口附近用火柴余烬检验逸出的气体。

（5）取 3% H_2O_2 溶液和戊醇各 10 滴，加 3 滴 $2mol \cdot L^{-1}$ H_2SO_4 溶液和 1 滴 $0.1mol \cdot L^{-1}$ $K_2Cr_2O_7$ 溶液，摇荡试管，观察现象。

2. 硫化氢和硫化物的性质

（1）取几滴 $0.01mol \cdot L^{-1}$ $KMnO_4$ 溶液，用稀 H_2SO_4 酸化后，再滴加饱和 H_2S 溶液，观察有何变化？写出反应方程式。

（2）试验 $0.01mol \cdot L^{-1}$ $FeCl_3$ 溶液与饱和 H_2S 溶液的反应，根据现象写出化学反应方程式。

（3）在 5 支试管中分别加入下列浓度为 $0.1mol \cdot L^{-1}$ 的溶液各 5 滴：$NaCl$、$ZnSO_4$、$CdSO_4$、$CuSO_4$ 和 $Hg(NO_3)_2$，然后各加 $1mL$ 饱和 H_2S 溶液，观察是否都有沉淀析出，观察各种沉淀的颜色；离心分离，弃去清液，在沉淀中分别加入 $2mol \cdot L^{-1}$ HCl 溶液数滴，观察沉淀是否溶解；将不溶解的沉淀再次离心分离，弃去清液，加 $6mol \cdot L^{-1}$ HCl 溶液数滴，观察沉淀是否溶解；将仍不溶解的沉淀离心分离出来，用少量去离子水洗涤沉淀 $1\sim2$ 次，加数滴浓 HNO_3 并微热，观察沉淀是否溶解；如不溶解，再加浓 HCl 数滴，使 HCl 与 HNO_3 的体积比约为 $3:1$，并微热使沉淀全部溶解。根据实验结果，比较上述金属硫化物的溶解性，并记住它们的颜色。

（4）在点滴板上加 1 滴 $0.1mol \cdot L^{-1}$ Na_2S 溶液，再加 1 滴 1% $Na_2[Fe(CN)_5NO]$ 溶液，出现紫红色表示有 S^{2-}。

（5）在试管中加数滴 $0.1mol \cdot L^{-1}$ Na_2S 溶液和 $6mol \cdot L^{-1}$ HCl 溶液，微微加热，在管口用湿润的 $Pb(Ac)_2$ 试纸检查逸出的气体。

3. 多硫化物的生成和性质

在试管中加 $0.1mol \cdot L^{-1}$ Na_2S 溶液和少量硫粉，加热较长时间，观察溶液颜色的变化。吸取清液于另一支试管中，加 $6mol \cdot L^{-1}$ HCl 溶液，用湿润的 $Pb(Ac)_2$ 试纸检查逸出的气体。写出有关反应方程式。

4. 亚硫酸的性质和 SO_3^{2-} 的鉴定

（1）用蓝色石蕊试纸检查饱和 SO_2 溶液逸出的气体。

（2）取几滴饱和碘水，在其中加入 1 滴淀粉试液，再加数滴饱和 SO_2 溶液，观察现象，写出反应方程式。

（3）取几滴 H_2S 饱和溶液，滴加饱和 SO_2 溶液数滴，观察现象。写出反应方程式。

（4）取 $3mL$ 品红溶液，加 $1\sim2$ 滴饱和 SO_2 溶液，振荡后静止片刻，观察溶液颜色的变化，微热后又有何变化？

（5）在点滴板上加饱和 $ZnSO_4$ 溶液和 $0.1mol \cdot L^{-1}$ $K_4[Fe(CN)_6]$ 溶液各 1 滴，再加 1 滴 1% $Na_2[Fe(CN)_5NO]$ 溶液，最后加 1 滴含 SO_3^{2-} 的溶液，用玻璃棒搅拌，出现红色表示有 SO_3^{2-}。

5. 硫代硫酸及其盐的性质

（1）在试管中加入 $0.1mol \cdot L^{-1}$ $Na_2S_2O_3$ 溶液和 $2mol \cdot L^{-1}$ HCl 溶液数滴，摇荡片刻观

察现象，用湿润的蓝色石蕊试纸检验逸出的气体。写出反应方程式。

（2）取几滴 $0.01mol \cdot L^{-1}$ 碘水，加 1 滴淀粉试液，逐滴加入 $0.1mol \cdot L^{-1}$ $Na_2S_2O_3$ 溶液，观察颜色变化。写出反应方程式。

（3）取几滴饱和氯水，滴加 $0.1mol \cdot L^{-1}$ $Na_2S_2O_3$ 溶液，用 $1mol \cdot L^{-1}$ $BaCl_2$ 溶液检验是否有 SO_4^{2-} 生成。写出反应方程式。

（4）在试管中加 $0.1mol \cdot L^{-1}$ $AgNO_3$ 溶液和 $0.1mol \cdot L^{-1}$ KBr 溶液各 2 滴，观察沉淀颜色。然后加 $0.1mol \cdot L^{-1}$ $Na_2S_2O_3$ 溶液，观察沉淀是否溶解。

（5）在点滴板上加 1 滴 $0.1mol \cdot L^{-1}$ $Na_2S_2O_3$ 溶液，再加 $0.1mol \cdot L^{-1}$ $AgNO_3$ 溶液至产生白色沉淀，观察颜色的变化。写出反应方程式。

6. 过硫酸盐的氧化性

取 2mL $0.002mol \cdot L^{-1}$ $MnSO_4$ 溶液，加 2 滴 $6mol \cdot L^{-1}$ HNO_3 酸化后，分成 2 份：向试管 1 中加 1 滴 $0.1mol \cdot L^{-1}$ $AgNO_3$ 溶液和少量 $K_2S_2O_8$ 固体，摇匀，观察溶液颜色的变化。向试管 2 中只加少量 $K_2S_2O_8$ 固体，摇匀，观察现象。通过两个实验说明 Ag^+ 在 Mn^{2+} 与 $S_2O_8^{2-}$ 反应中的作用，并写出反应方程式。

7. 卤化氢的还原性

在 3 支干燥的试管中分别加入黄豆粒大小的 NaCl、KBr 和 KI 固体，再分别加入 2～3 滴浓 H_2SO_4（应逐个进行实验），观察反应物的颜色和状态，并分别用湿润的 pH 试纸、KI-淀粉试纸和 $Pb(Ac)_2$ 试纸检验逸出的气体（应在通风橱内逐个进行实验，并立即清洗试管）。写出有关反应方程式，比较 HCl、HBr 和 HI 的还原性。

8. 氯、溴、碘含氧酸盐的氧化性

（1）取 2.0mL 饱和氯水，逐滴加入 $2mol \cdot L^{-1}$ NaOH 溶液至呈弱碱性，然后将溶液分 3 份于 A，B，C 试管中。在 A 试管中加 10 滴 $2mol \cdot L^{-1}$ HCl 溶液，用湿润的 KI-淀粉试纸检验逸出的气体；在 B 试管中加 5 滴 $0.1mol \cdot L^{-1}$ KI 溶液及 1 滴淀粉试液；在 C 试管中加 3 滴品红溶液。观察现象，判断反应产物。写出有关反应方程式。

（2）在 10 滴饱和 $KClO_3$ 溶液中加 3 滴浓 HCl，并检验逸出的气体。写出反应方程式。

（3）取 2～3 滴 $0.1mol \cdot L^{-1}$ KI 溶液，加入 4 滴饱和 $KClO_3$ 溶液，再逐滴加入 H_2SO_4 溶液（1∶1），不断摇荡，观察溶液颜色变化。写出每一步的反应方程式。

（4）取 0.5mL 饱和 $KBrO_3$ 溶液，酸化后加入数滴 $0.5mol \cdot L^{-1}$ KBr 溶液，摇荡，观察溶液颜色的变化，并用 KI-淀粉试纸检验逸出的气体。写出离子反应方程式。

（5）以 $0.1mol \cdot L^{-1}$ KI 溶液代替 KBr 溶液重复上述实验内容。

（6）取 0.5mL $0.1mol \cdot L^{-1}$ KIO_3 溶液，酸化后加 1mL CCl_4，再加数滴 $0.1mol \cdot L^{-1}$ $NaHSO_3$ 溶液，摇荡，观察 CCl_4 层的颜色。写出离子反应方程式。

9. Cl^-，Br^- 和 I^- 的鉴定

（1）取 2 滴 $0.1mol \cdot L^{-1}$ NaCl 溶液，加入 1 滴 $2mol \cdot L^{-1}$ HNO_3 溶液和 2 滴 $0.1mol \cdot L^{-1}$ $AgNO_3$ 溶液，观察沉淀颜色。在沉淀中加入数滴 $2mol \cdot L^{-1}$ 氨水溶液，摇荡使沉淀溶解，再加数滴 $2.0mol \cdot L^{-1}$ HNO_3 溶液，观察有何变化。写出有关离子反应方程式。

（2）取 2 滴 $0.1mol \cdot L^{-1}$ KBr 溶液，加 1 滴 $2mol \cdot L^{-1}$ H_2SO_4 溶液和 0.5mL CCl_4，再逐滴加入氯水，边加边摇荡，观察 CCl_4 层颜色的变化，确认 Br^- 的存在。写出有关离子反应方程式。

（3）用 $0.1mol \cdot L^{-1}$ KI 溶液代替 KBr 重复上述实验，确认 I^- 的存在。

10. Cl^-，Br^- 和 I^- 的分离与鉴定

取浓度均为 $0.1mol\cdot L^{-1}$ 的 NaCl，KBr 和 KI 溶液各 2 滴混匀，设计方法将其分离并鉴定。给定试剂为 $2mol\cdot L^{-1}$ HNO_3、$0.1mol\cdot L^{-1}$ $AgNO_3$ 溶液、12％ $(NH_4)_2CO_3$ 溶液、锌粒、$6mol\cdot L^{-1}$ HAc 溶液、CCl_4、饱和氯水。用图示分离和鉴定步骤，写出现象和有关反应的离子方程式。

【注意事项】

1. 做性质实验时，一定要注意逐滴加入试剂，不要过量，注意实验过程中沉淀的产生及消失现象。

2. 许多试剂要新鲜配置，防止失效，实验失败。

【思考题】

1. 长期放置的 H_2S、Na_2S 和 Na_2SO_3 溶液会发生什么变化，为什么？

2. 在鉴定 $S_2O_3^{2-}$ 时，如果 $Na_2S_2O_3$ 比 $AgNO_3$ 的量多，将会出现什么情况，为什么？

3. 如何区别以下试剂：（1）Na_2SO_3 和 Na_2SO_4；（2）Na_2SO_3 和 $Na_2S_2O_3$；（3）$K_2S_2O_8$ 和 K_2SO_4？

4. 酸性条件下，$KBrO_3$ 溶液与 KBr 溶液会发生什么反应？$KBrO_3$ 溶液与 KI 溶液又会发生什么反应？

5. 鉴定 Cl^- 时，为什么要先加稀 HNO_3？而鉴定 Br^- 和 I^- 时为什么要先加稀 H_2SO_4 而不加稀 HNO_3？

6. 当 NaX 与浓 H_2SO_4 反应时会产生有害气体，为减少空气污染，在看到实验现象后，应如何立即终止反应？

7. 某同学用 KI-淀粉试纸检验 $KClO_3$ 与浓 HCl 反应所产生的 Cl_2 气时，发现试纸变蓝，但放置一段时间后，蓝色消失，试解释此现象？

【参考文献】

1. 中山大学等. 无机化学实验. 第 3 版. 北京：高等教育出版社，1992.

2. 大连理工大学无机化学教研室. 无机化学实验. 第 2 版. 北京：高等教育出版社，2006.

实验 4.13　　配合物的生成与性质

【实验目的】

1. 了解有关配合物的生成与性质。

2. 熟悉不稳定常数和稳定常数的意义。

3. 掌握利用配合物的掩蔽效应鉴别离子的方法。

【实验原理】

1. 配合物

配合物是由中心离子和配体组成配离子，带正电荷的称为配阳离子，带负电荷的称为配阴离子。配合物与复盐不同：在水溶液中电离出来的配离子很稳定，只有一部分电离出简单离子，而复盐则全部电离为简单离子。

例如：配位化合物　$[Cu(NH_3)_4]SO_4 \longrightarrow [Cu(NH_3)_4]^{2+} + SO_4^{2-}$

$$[Cu(NH_3)_4]^{2+} \rightleftharpoons Cu^{2+} + 4NH_3$$

复盐　　　　　　　$$NH_4Fe(SO_4)_2 \longrightarrow NH_4^+ + Fe^{3+} + 2SO_4^{2-}$$

配合物中的内界和外界可用实验来确定。

简单金属离子在形成配离子后，其性质（如颜色、酸碱性、溶解性、氧化还原性等），往往和原物质有很大的差别。例如 AgCl 难溶于水，但 $[Ag(NH_3)_2]Cl$ 易溶于水，因此可以通过 AgCl 与氨水的配位反应使 AgCl 溶解。

具有环状结构的配合物称为螯合物。由于配体中两个或两个以上的配位原子与中心离子配位形成多元环状结构，使螯合物的稳定性增大，而且许多金属的螯合物具有特征的颜色，难溶于水而易溶于有机溶剂。

2. 配位平衡

配离子的配合离解平衡常数称为该配位离子的不稳定常数（$K_{不稳}$），其倒数称为稳定常数（$K_{稳}$）。例如

$$K_{不稳} = [Cu^{2+}][NH_3]^4/[Cu(NH_3)_4^{2+}] \qquad 而 K_{稳} = [Cu(NH_3)_4^{2+}]/[Cu^{2+}][NH_3]^4$$

配离子的配位平衡可向更难离解或更难溶解物质的方向移动。

在一定条件下，配合物与沉淀之间可相互转化，例如

$$AgCl + 2NH_3 \rightleftharpoons [Ag(NH_3)_2]^+ + Cl^-$$

$$[Ag(NH_3)_2]^+ + Br^- \rightleftharpoons AgBr\downarrow + 2NH_3$$

而配合物之间也可以相互转化，由一种配离子转化为另一种更为稳定的配离子。

根据平衡移动原理，改变中心离子或配位体的浓度会使配位平衡发生移动。如加入沉淀剂，改变溶液中配体的浓度和加入另一种配体以生成更稳定的配离子，以及改变溶液的酸碱性等，在这些情况下，配位平衡均将发生移动。

3. 配合物的某些应用

(1) 鉴定某些离子（见实验 4.8 原理部分）

(2) 掩蔽干扰离子　在定性鉴定中如果遇到干扰离子，常常利用形成配合物的方法把干扰离子掩蔽起来。例如 Co^{2+} 的鉴定，可利用它与 SCN^- 反应生成 $[Co(SCN)_4]^{2-}$，该配离子易溶于有机溶剂呈现蓝绿色。若 Co^{2+} 溶液中含有 Fe^{3+}，因 Fe^{3+} 遇 SCN^- 生成红色的配离子而产生干扰。这时，可利用 Fe^{3+} 与 F^- 形成更稳定的无色的 $[FeF_6]^{3-}$，把 Fe^{3+} "掩蔽" 起来，从而避免它的干扰。

(3) 分离某些离子　配位反应常用来分离和鉴定某些离子。例如在 Cu^{2+}、Fe^{3+}、Ba^{2+} 的混合溶液中，加入稀 H_2SO_4，则 $BaSO_4$ 沉淀出来。分离沉淀后，在溶液中加入过量的氨水，Cu^{2+} 能与过量氨水反应生成铜氨离子 $[Cu(NH_3)_4]^{2+}$ 而溶解。Fe^{3+} 则不与氨水作用生成配离子，而是生成 $Fe(OH)_3$ 沉淀，从而使 Cu^{2+} 和 Fe^{3+} 分离。

【仪器及试剂】

试管，试管架，点滴板，滴管，水槽，导气管，橡皮塞，乳胶管，离心管，离心机，烧杯，洗瓶。

$H_2SO_4(2mol \cdot L^{-1})$，$HCl(6mol \cdot L^{-1})$，$H_3BO_3(0.1mol \cdot L^{-1})$，$NaOH(1mol \cdot L^{-1})$，$NH_3 \cdot H_2O(2mol \cdot L^{-1}、6mol \cdot L^{-1})$，$NH_4F(2mol \cdot L^{-1}，s)$，$NH_4Fe(SO_4)_2(0.1mol \cdot L^{-1})$，$CuSO_4(0.1mol \cdot L^{-1}、1mol \cdot L^{-1})$，$CoCl_2(0.1mol \cdot L^{-1})$，$FeCl_3(0.1mol \cdot L^{-1})$，$NiSO_4$ $(0.1mol \cdot L^{-1})$，$KCN(0.1mol \cdot L^{-1})$，$KSCN(0.1mol \cdot L^{-1}，s)$，$K_3[Fe(CN)_6](0.1mol \cdot L^{-1})$，$Na_2S_2O_3(1mol \cdot L^{-1}、饱和)$，$Na_2CO_3(0.1mol \cdot L^{-1})$，$Na_2S(1.0mol \cdot L^{-1})$，$NaCl(0.1mol \cdot L^{-1})$，

$BaCl_2(0.2mol \cdot L^{-1})$，$KBr(0.1mol \cdot L^{-1})$，$KI(0.1mol \cdot L^{-1})$，$AgNO_3(0.1mol \cdot L^{-1})$，$(NH_4)_2C_2O_4$（饱和），$EDTA(0.1mol \cdot L^{-1})$，$CCl_4$，二乙酰二肟（1%），无水乙醇，戊醇，硫脲，$Cu$ 片，甘油，pH 试纸（长条），丙酮。

【实验步骤】

1. 配合物的生成

(1) 在一试管中加 1mL $1mol \cdot L^{-1}$ $CuSO_4$ 溶液，滴加 $2mol \cdot L^{-1}$ $NH_3 \cdot H_2O$ 至产生沉淀后，继续滴加至溶液变为蓝色为止。将该溶液分为四份，在第一、第二份中分别滴加 $1mol \cdot L^{-1}$ NaOH 和 $0.2mol \cdot L^{-1}$ $BaCl_2$ 溶液，有何现象？再向加 NaOH 的试管中加 H_2SO_4 至酸性，又有何现象？将该现象与 $CuSO_4$ 溶液中分别滴加 NaOH、$BaCl_2$ 溶液的现象进行比较，并解释之。

在第三份溶液中加 1mL 无水乙醇，观察现象。

第四份溶液保留备用。

根据上述现象解释 Cu^{2+} 与 NH_3 生成配合物的组成。

(2) 在一试管中加 5 滴 $0.1mol \cdot L^{-1}$ $FeCl_3$ 溶液，再滴加 $2mol \cdot L^{-1}$ NH_4F 至溶液接近无色，然后加 3 滴 $0.1mol \cdot L^{-1}$ KI 溶液，摇匀，观察溶液的颜色。再加入 1.0mL CCl_4 溶液并振荡，CCl_4 层为何种颜色？写出相应的离子方程式。

(3) 在三支试管中分别加 1mL 的 $0.1mol \cdot L^{-1}$ $K_3[Fe(CN)_6]$、$NH_4Fe(SO_4)_2$、$FeCl_3$ 溶液，然后各加入 2 滴 $0.1mol \cdot L^{-1}$ KSCN 溶液，观察颜色的变化并解释之。

综合比较上述实验的结果，讨论配离子与简单离子、复盐与配合物有什么区别。

2. 配位平衡的移动

(1) 配离子之间的相互转化

① 在一支试管中加 5 滴 $0.1mol \cdot L^{-1}$ $FeCl_3$ 溶液，加水稀释至无色，滴加 2 滴 $0.1mol \cdot L^{-1}$ KSCN 溶液，溶液呈何种颜色？再滴加 $2mol \cdot L^{-1}$ NH_4F 至溶液为无色，然后加饱和 $(NH_4)_2C_2O_4$ 溶液至溶液变为黄绿色，写出反应方程式。

② 在点滴板一孔隙中加 1 滴 $0.1mol \cdot L^{-1}$ $FeCl_3$ 和 1 滴 $0.1mol \cdot L^{-1}$ KSCN，在另一孔隙中加 2 滴 $[Cu(NH_3)_4]^{2+}$ 溶液（自制），之后分别滴加 EDTA 溶液，各有何现象并解释之。

(2) 配位平衡与氧化还原反应

① 分别在两支试管中加入 10 滴 $0.1mol \cdot L^{-1}$ $FeCl_3$ 溶液，在其中一支试管中加入少许固体 NH_4F，使溶液的黄色褪去。然后分别向两支试管中加入 $0.1mol \cdot L^{-1}$ KI 溶液，观察现象，解释并写出有关的化学方程式。

② 在两支试管中分别加入 2mL $6mol \cdot L^{-1}$ HCl，在其中一支试管中加入一小匙硫脲（用一个带有橡皮塞的导气管连接），之后再分别向两支试管中加入一小块 Cu 片，加热，观察现象。用排水收集法收集加硫脲后试管中逸出的气体，并证明它是 H_2（用爆鸣法）❶。

(3) 配离子稳定性的比较 向一支试管中加 6 滴 $0.1mol \cdot L^{-1}$ 的 $AgNO_3$ 溶液，然后按下列次序进行实验：

① 滴加 $0.1mol \cdot L^{-1}$ Na_2CO_3 溶液至生成沉淀，离心并弃去清液。

② 滴加 $2mol \cdot L^{-1}$ $NH_3 \cdot H_2O$ 至沉淀溶解。

③ 加 2 滴 $0.1mol \cdot L^{-1}$ NaCl 溶液，观察沉淀的生成。

---

❶ $2HCl + 8CS(NH_2)_2 + 2Cu \longrightarrow 2\{Cu[CS(NH_2)_2]_4\}Cl + H_2\uparrow$

④ 滴加 $6mol \cdot L^{-1}$ $NH_3 \cdot H_2O$ 至沉淀溶解。

⑤ 加 1 滴 $0.1mol \cdot L^{-1}$ KBr，观察沉淀的生成。

⑥ 滴加 $1mol \cdot L^{-1}$ $Na_2S_2O_3$ 溶液至沉淀溶解。

⑦ 滴加 1 滴 $0.1mol \cdot L^{-1}$ KI 溶液，观察沉淀的生成。

⑧ 滴加 $0.1mol \cdot L^{-1}$ KCN 溶液（剧毒，实验后废液必须集中收集并统一处理）至沉淀溶解，或者滴加饱和 $Na_2S_2O_3$ 溶液至沉淀溶解。

⑨ 滴加 $1.0mol \cdot L^{-1}$ Na_2S 溶液至生成沉淀。

仔细观察各步实验现象，使用难溶物的溶度积和配离子的稳定常数解释上述一系列现象并写出有关的反应方程式。

（4）配位平衡与酸碱度　取一小段 pH 试纸，在试纸的一端滴 1 滴 $0.1mol \cdot L^{-1}$ H_3BO_3，在其另一端滴 1 滴甘油。待 H_3BO_3 与甘油互相渗透，观察试纸两端及溶液交界处的 pH 值，说明 pH 值变化的原因及反应方程式。

3. 配合物的某些应用

（1）鉴定某些离子　在一试管中加入 5 滴 $0.1mol \cdot L^{-1}$ $NiSO_4$ 溶液，观察溶液的颜色。逐滴加 $2mol \cdot L^{-1}$ $NH_3 \cdot H_2O$，每滴加一滴均要充分振荡试管并嗅其氨味，若嗅不出氨味，再加第二滴，直至出现氨味为止，并注意观察溶液的颜色，然后滴加 4 滴二乙酰二肟，振荡试管，观察现象。

（2）配合物的掩蔽效应　取 1 滴 $0.1mol \cdot L^{-1}$ $FeCl_3$ 和 1 滴 $0.1mol \cdot L^{-1}$ $CoCl_2$ 于一试管中，加 $1mL0.1mol \cdot L^{-1}$ KSCN，有何现象？逐滴加入 $2mol \cdot L^{-1}$ NH_4F 并振荡试管，结果如何？待溶液的血红色褪去后，加几滴戊醇或丙酮溶液，振荡后静置，观察有机相的颜色，写出相应的反应方程式。

【注意事项】

1. 严格控制化学试剂的用量。

2. KCN 为剧毒试剂，使用时必须仔细，用后的反应液必须回收。

3. 进行本实验时，凡是生成沉淀的步骤，沉淀量要少，即到刚生成沉淀为宜。凡是使沉淀溶解的步骤，加入溶液的量以能使沉淀刚溶解为宜。因此溶液必须逐滴加入，且边加边振荡。若试管中溶液量太多，可在生成沉淀后，先离心分离弃去清液，再继续进行实验。

【思考题】

1. 总结本实验所观察到的现象，说明哪些因素影响配位平衡？

2. AgCl 和 AgBr 能否溶于 KCN 中，为什么？

3. 衣服上沾有铁锈时，常用草酸去洗，什么道理？

4. 实验中用的 EDTA 是什么物质，它与金属离子形成配离子时有何特点，并写出 Fe^{3+} 与 EDTA 配离子的结构式。

5. 用实验说明形成配合物时会使原物质的某些性质（如颜色、溶解度、氧化还原性、pH 值等）发生变化。

【参考文献】

1. 北京轻工业学院等著. 基础化学实验. 北京：中国标准出版社，1999.

2. 魏庆莉等编. 基础化学实验. 北京：科学出版社，2008.

3. 罗士平主编. 基础化学实验（上）. 北京：化学工业出版社，2005.

实验 4.14　常见无机阳离子的分离与鉴别

【实验目的】

1. 运用所学元素及化合物的基本知识，进行常见阳离子的分离和鉴别。
2. 进一步培养观察实验和分析实验中所遇到问题的能力。

【实验原理】

在实际工作中，对需要进行分析的物质，很少是一种纯净的单质或化合物，多数情况下是复杂的物质或是多种离子的混合组分，若要直接鉴定其中某种离子时，常常会遇到其他共存离子的干扰。于是在分析工作中时常要进行分离处理或将产生干扰的离子进行掩蔽，因此分离与鉴定是定性分析中两个紧密相关的问题，分离的目的是为了鉴别。

1. 已知阳离子混合溶液的分析

对于阳离子混合溶液，可根据阳离子的氯化物、硫酸盐、氢氧化物和硫化物等的溶解性、酸碱性的不同以及相应的配合物的生成，选取合适的组试剂作消去试验。结合观察试液的颜色、pH 值的测试，消去不可能存在的离子，初步确定试样的组成，并对可能存在的离子进行确证试验。对已知组成范围的阳离子混合溶液，则可依据各个阳离子的有关性质，设计简便、可靠的分析方案。

2. 未知阳离子混合溶液的分析

对于给定范围的未知阳离子混合液，可通过各种消去试验消去不可能存在的离子。消去试验一般包括以下几个内容。

（1）观察试样颜色，初步判断某些有色阳离子是否存在。

（2）测试溶液 pH 值，消去在该 pH 值条件下可能生成沉淀的离子，但溶解度较大的阳离子不可消去（可能少量存在）。

（3）依次用 HCl、$(NH_4)_2SO_4$ 或 H_2SO_4、NaOH、$NH_3 \cdot H_2O$、H_2S 等组试剂进行消去试验，若消去试验无明显的区别，则可消去那些反应灵敏度较高的阳离子，但反应灵敏度较低的阳离子不能消去（可能浓度较低），以免漏检。

（4）经消去试验后，对未消去的离子应选择合适的简便方法加以确证，如鉴别反应易受其他离子干扰，则需进行分离或掩蔽。已经消去试验消去的离子可不必逐一鉴定。一些离子（如 Fe^{2+}、Fe^{3+}、Mn^{2+}、NH_4^+ 等）具有特效性的检出方法，可在其他离子共存的情况下不经分离直接从样品中检出。

3. 鉴定混合阳离子反应的常用方法

任何离子的分离、鉴定反应只有在一定条件下才能进行，选择适当的条件（如溶液的酸度、反应物浓度、温度等）可以使反应向所预期的方向进行，因此在设计水溶液中混合阳离子分离检出实验方案时，除了必须熟悉各种离子的性质外，还会运用水溶液中的离子平衡（酸碱、沉淀、氧化还原和配位平衡等）的规律控制反应条件。这样既利于鉴定者熟悉离子的性质，又利于加深对各类离子平衡的理解。

阳离子的种类较多，常见的有 20 多种，个别定性检出时，容易发生相互干扰，所以一般阳离子分析都是利用阳离子的某些共同特征，先分成几组，然后再根据阳离子的个别特征加以检出。凡能使一组阳离子在适当的反应条件下生成沉淀而与其他阳离子分离的试剂称为组试剂。利用不同的组试剂把阳离子逐组分离，再进行检出的方法叫做阳离子的系统分析。要分离各种离子就要想办法生成溶解度相差很大的化合物。主要有以下几种系统。

(1) 两酸系统（HCl、H_2SO_4） 形成难溶于水的氯化物（Ag^+、Hg_2^{2+}、Pb^{2+}）、硫酸盐沉淀（碱土金属离子及 Pb^{2+}）。

(2) 两碱系统（$NH_3 \cdot H_2O$、NaOH） 形成氢氧化物沉淀、配合物和两性物（参见表4.14-1）。

(3) H_2S 系统 酸性体系（如 PbS）和碱性体系［如 $Al(OH)_3$］（参见表 4.14-2）。

表 4.14-1　两酸两碱系统分组方案

分别检出 NH_4^+、Na^+、Fe^{3+}、Fe^{2+}

组所依据的性质	氯化物难溶于水	氯化物易溶于水			
		硫酸盐难溶于水	硫酸盐易溶于水		
			氢氧化物难溶于水及氨水	在氨性条件下不产生沉淀	
				氢氧化物难溶于过量氢氧化钠溶液	在强碱性条件下不产生沉淀
分离后形态	AgCl Hg_2Cl_2 $PbCl_2$	$PbSO_4$ $BaSO_4$ $SrSO_4$ $CaSO_4$	$Fe(OH)_3$,$Al(OH)_3$ $MnO(OH)_2$ $Cr(OH)_3$ $Bi(OH)_3$,$Sb(OH)_5$ $HgNH_2Cl$,$Sb(OH)_4$	$Cu(OH)_2$ $Co(OH)_2$ $Ni(OH)_2$ $Mg(OH)_2$ $Cd(OH)_2$	$Zn(OH)_4^{2-}$ K^+ Na^+ NH_4^+
组名称	第一组 盐酸组	第二组 硫酸组	第三组 氨组	第四组 碱组	第五组 可溶组
组试剂	HCl	（乙醇） H_2SO_4	（H_2O_2） NH_3 NH_4Cl	NaOH	—

表 4.14-2　硫化氢系统分组简表

分离所依据的性质	硫化物不溶于水			硫化物溶于水	
	在稀酸中形成硫化物沉淀		在稀酸中不生成硫化物沉淀	碳酸盐不溶于水	碳酸盐溶于水
	氯化物不溶于热水	氯化物溶于热水			
包含的离子	Ag^+ Pb^{2+} Hg_2^{2+} （Pb^{2+}浓度大时部分沉淀）	Pb^{2+},Hg^{2+} Bi^{3+},As^{3+} Cu^{2+},As^{5+} Cd^{2+},Sb^{3+} Sb^{5+} Sn^{2+} Sn^{4+}	Fe^{3+},Fe^{2+} Al^{3+},Co^{2+},Mn^{2+} Cr^{3+},Ni^{2+},Zn^{2+}	Ca^{2+} Sr^{2+} Ba^{2+}	Mg^{2+} K^+ Na^+ NH_4^+
组名称	第一组盐酸组	第二组硫化氢组	第三组硫化铵组	第四组碳酸铵组	第五组易溶组
组试剂	HCl	（$0.3mol \cdot L^{-1}$ HCl）H_2S	（$NH_3 \cdot H_2O + NH_4Cl$） （$NH_4)_2S$	（$NH_3 \cdot H_2O + NH_4Cl$） （$NH_4)_2CO_3$	—

(4) 铵盐系统［$(NH_4)_2CO_3$、$(NH_4)_2S$］ 形成碳酸盐沉淀。

(5) 利用一些离子的特效反应进行分离（参见图 4.14-1）。

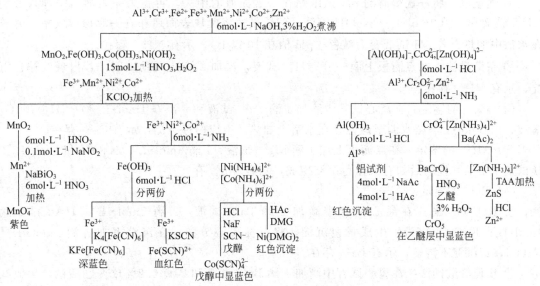

图 4.14-1　混合离子的鉴定反应

【仪器及试剂】

试管，烧杯，离心机，酒精灯，点滴板，试管夹，表面皿。

HCl（2mol·L^{-1}、6mol·L^{-1}、浓），H$_2$SO$_4$（3mol·L^{-1}、6mol·L^{-1}、浓），HNO$_3$（2mol·L^{-1}、浓），HAc（6mol·L^{-1}），NaOH（2mol·L^{-1}、6mol·L^{-1}），NH$_3$·H$_2$O（2mol·L^{-1}、6mol·L^{-1}），硫代乙酰胺（5%），NaCl（0.1mol·L^{-1}），NaAc（0.1mol·L^{-1}），Al$_2$(SO$_4$)$_3$（0.5mol·L^{-1}），SnCl$_2$（0.5mol·L^{-1}），HgCl$_2$（0.5mol·L^{-1}），MgCl$_2$（0.1mol·L^{-1}），Pb(NO$_3$)$_2$（0.1mol·L^{-1}），NaBiO$_3$（S），镍试剂（1%），硫脲（2.5%），K$_4$[Fe(CN)$_6$]（0.1mol·L^{-1}），K$_3$[Fe(CN)$_6$]（0.1mol·L^{-1}），KSCN（0.1mol·L^{-1}，s），KI（0.1mol·L^{-1}），K$_2$CrO$_4$（1mol·L^{-1}），Co(NO$_3$)$_2$（0.1mol·L^{-1}），H$_2$O$_2$（3%），Na$_2$S（0.1mol·L^{-1}），CdSO$_4$（0.1mol·L^{-1}），CoCl$_2$（0.1mol·L^{-1}），(NH$_4$)$_2$C$_2$O$_4$（0.1mol·L^{-1}），酒石酸钾钠（1mol·L^{-1}），Na$_3$[Co(NO$_2$)$_6$]（0.1mol·L^{-1}），(NH$_4$)$_2$[Hg(SCN)$_4$]（0.1mol·L^{-1}），NaBiO$_3$（s），二苯硫腙（0.01%），铝试剂，淀粉（2%），茜素红 S 溶液（0.1%），NH$_4$SCN（饱和），邻二氮菲（0.2%），玫瑰红酸钠（0.2%），镁试剂 I（0.2%），四苯硼化钠（0.3%），醋酸铀酰锌（10%），奈斯勒试剂，CCl$_4$，丙酮，乙醇，戊醇，乙醚，锌粉，pH 试纸，阳离子混合液（已知、未知）。其余试剂根据鉴定离子所需自列所需试剂。

【实验步骤】

1. 单一阳离子的鉴别

（1）Na$^+$ 的鉴定　在离心试管中加入 1 滴 Na$^+$ 试液，4 滴 95% 乙醇和 8 滴醋酸铀酰锌溶液，用玻璃棒摩擦管壁，若生成淡黄色晶状沉淀，示有 Na$^+$ 存在。

（2）K$^+$ 的鉴定

① Na$_3$[Co(NO$_2$)$_6$] 法　在离心试管中加入 1 滴 K$^+$ 试液和 2 滴 0.1mol·L^{-1} Na$_3$[Co(NO$_2$)$_6$] 溶液，若有黄色沉淀生成，示有 K$^+$ 存在。

② 四苯硼化钠法　在离心试管中加入 1 滴 K$^+$ 试液和 3 滴 0.3% 四苯硼化钠溶液，若有白色沉淀生成，示有 K$^+$ 存在。

（3）NH$_4^+$ 的鉴定

① 气室法　将一块湿润的 pH 试纸贴在一表面皿的中央，再在另一表面皿中加入 2 滴 NH_4^+ 试液和 2 滴 $2mol·L^{-1}$ NaOH 溶液，然后迅速将两块表面皿扣在一起做成气室，并放在水浴中加热，若 pH 试纸变为碱色（pH 值在 10 以上），示有 NH_4^+ 存在。

② 奈斯勒法　在点滴板上滴一滴 NH_4^+ 试液，再加 2 滴奈斯勒试剂，若出现红棕色沉淀，示有 NH_4^+ 存在。

(4) Ca^{2+} 的鉴定　在离心试管中滴加 1 滴 Ca^{2+} 试液和 5 滴 $0.1mol·L^{-1}$ $(NH_4)_2C_2O_4$ 溶液，用 $2mol·L^{-1}$ 氨水调至碱性，在水浴上加热，生成白色沉淀，示有 Ca^{2+} 存在。

(5) Mg^{2+} 的鉴定　在点滴板上加 1 滴 Mg^{2+} 试液、1 滴 $6mol·L^{-1}$ NaOH 和 2 滴 0.2% 镁试剂 I 溶液，搅匀后如有天蓝色沉淀生成，示有 Mg^{2+} 存在。

(6) Ba^{2+} 的鉴定

① K_2CrO_4 法　在离心试管中滴加 2 滴 Ba^{2+} 试液，2 滴 $2mol·L^{-1}$ HAc 和 2 滴 $1mol·L^{-1}$ K_2CrO_4 溶液，生成黄色沉淀，将沉淀离心分离，在沉淀上加 3 滴 $2mol·L^{-1}$ NaOH，若沉淀不溶解，示有 Ba^{2+} 存在。

② 玫瑰红酸钠法　在离心试管中滴加 1 滴 Ba^{2+} 试液和 2 滴 0.2% 玫瑰红酸钠，生成红棕色沉淀，再加入 $3mol·L^{-1}$ HCl 至强酸性，沉淀变为桃红色，示有 Ba^{2+} 存在。

(7) Al^{3+} 的鉴定　在试管中加 2 滴 $0.5mol·L^{-1}$ $Al_2(SO_4)_3$，加 3 滴 $6mol·L^{-1}$ HAc 溶液及 2 滴铝试剂，在水浴中加热片刻，再滴加 3 滴 $6mol·L^{-1}$ $NH_3·H_2O$ 碱化后，再在水浴中加热片刻，再滴加 3 滴 $6mol·L^{-1}$ $NH_3·H_2O$，如有红色絮状沉淀生成，示有 Al^{3+} 存在。

(8) Ag^+ 的鉴定　在离心试管中滴加 5 滴 Ag^+ 试液和 3 滴 $3mol·L^{-1}$ HCl 溶液，生成白色沉淀，将沉淀离心分离，在沉淀上加 $2mol·L^{-1}$ 氨水，使沉淀溶解，在沉淀溶解后的溶液中滴加 $2mol·L^{-1}$ 硝酸溶液，如有白色沉淀，示有 Ag^+ 存在。

(9) Pb^{2+} 鉴定

① K_2CrO_4 法　在离心试管中滴加 2 滴 Pb^{2+} 试液和 2 滴 $1mol·L^{-1}$ K_2CrO_4，若生成黄色沉淀，示有 Pb^{2+} 存在。

② 二苯硫腙法　在离心试管中依次加入 1 滴 Pb^{2+} 试液和 2 滴 $1mol·L^{-1}$ 酒石酸钾钠，再滴加 $6mol·L^{-1}$ 氨水至溶液的 pH 值为 9～11，加入 5 滴 0.01% 二苯硫腙，用力振荡，若下层（四氯化碳层）呈红色，示有 Pb^{2+} 存在。

(10) Cu^{2+} 的鉴定　在离心试管中滴加 1 滴 Cu^{2+} 试液和 1 滴 $0.2mol·L^{-1}$ 亚铁氰化钾溶液，若生成红棕色沉淀，示有 Cu^{2+} 存在。

(11) Zn^{2+} 的鉴定　在点滴板上滴加 2 滴 $0.1mol·L^{-1}$ $CoCl_2$ 试液和 2 滴 $(NH_4)_2[Hg(SCN)_4]$ 试液，用玻璃棒搅动此溶液，此时不生成蓝色沉淀。滴加 1 滴 Zn^{2+} 试液，若立即生成蓝色沉淀，示有 Zn^{2+} 存在。

(12) Hg^{2+} 的鉴定　在离心试管中滴加 2 滴 Hg^{2+} 试液和 2 滴 $0.5mol·L^{-1}$ 氯化亚锡溶液，若生成白色沉淀，并逐渐转变为灰色或黑色沉淀，示有 Hg^{2+} 存在。

(13) Cd^{2+} 的鉴定　在一离心试管中滴 5 滴 Cd^{2+} 试液和 5 滴 $0.1mol·L^{-1}$ Na_2S 溶液，若有黄色沉淀生成且沉淀不溶于 $2mol·L^{-1}$ NaOH 溶液，示有 Cd^{2+} 存在。

(14) Fe^{3+} 的鉴定

① 亚铁氰化钾法　在点滴板上滴加 1 滴 Fe^{3+} 试液和 1 滴 $0.2mol·mL^{-1}$ 亚铁氰化钾试液，生成深蓝色沉淀，示有 Fe^{3+} 存在。

② 硫氰酸铵法　在点滴板上滴加 1 滴 Fe^{3+} 试液和 2 滴饱和硫氰酸铵试液，生成血红色沉淀，示有 Fe^{3+} 存在。

（15）Fe^{2+} 的鉴定

① 铁氰化钾法 在点滴板上滴加 1 滴新配制的 Fe^{2+} 试液和 3 滴 $0.1mol \cdot mL^{-1}$ 铁氰化钾试液，生成深蓝色沉淀，示有 Fe^{2+} 存在。

② 邻二氮菲法 在点滴板上滴加 1 滴新配制的 Fe^{2+} 试液和 3 滴 0.2％邻二氮菲试液（反应的 pH 值在 2～9 范围内），若溶液变为橘红色，示有 Fe^{2+} 存在。

（16）Co^{2+} 的鉴定 在 2.0mL $0.1mol \cdot L^{-1}$ $CoCl_2$ 溶液中加入少量 KSCN 固体，仔细观察固体周围的颜色，再滴入 1mL 戊醇和 1mL 乙醚，摇荡后观察水相和有机相的颜色。该反应可用于鉴定 Co^{2+}。

（17）Ni^{2+} 的鉴定 在点滴板凹隙中加 1 滴 $0.1mol \cdot L^{-1}$ $NiSO_4$ 溶液，1 滴 $2mol \cdot L^{-1}$ $NH_3 \cdot H_2O$，再加 1 滴 1％镍试剂（二乙酰二肟的酒精溶液），观察现象。注意：该反应必须在 pH＝5～10 中进行。

（18）Mn^{2+} 的鉴定 在离心试管中加入 1 滴 Mn^{2+} 试液，加 3 滴 $2mol \cdot L^{-1}$ HNO_3 和少量固体铋酸钠，搅动后离心，若溶液呈紫红色，示有 Mn^{2+} 存在。

（19）Sn^{2+} 的鉴定 在离心试管中滴加 2 滴 Sn^{2+} 试液，慢慢滴加 $0.5mol \cdot L^{-1}$ $HgCl_2$ 溶液，若产生的沉淀由白色变为灰色，最后变为黑色沉淀，示有 Sn^{2+} 存在。

（20）Bi^{3+} 的鉴定 在白色点滴板凹隙中加 1 滴 $0.1mol \cdot L^{-1}$ Bi^{3+} 溶液和 2 滴 2.5％硫脲，若溶液呈鲜红色，示有 Bi^{3+} 存在。

写出上述鉴定反应的方程式和主要特征。

2. 混合阳离子的分离与鉴别

（1）领取 2.0mL 可能含有 Fe^{3+}、Al^{3+}、Zn^{2+}、Cu^{2+}、NH_4^+、Ag^+ 等离子的混合液进行分离和鉴定。用流程图表示操作步骤，记录试样和试剂用量、实验现象、结论等，并写出有关的鉴别反应的方程式。

（2）在以下几组混合离子中任选一组，拟定试验方案，之后进行试验。用流程图表示操作步骤，记录试样和试剂用量、实验现象、结论等，并写出有关的鉴别反应的方程式。

① Ag^+，Al^{3+}，Fe^{3+}，Cu^{2+}，Ba^{2+}

② Cu^{2+}，Hg_2^{2+}，Mn^{2+}，Cr^{3+}，Bi^{3+}

③ Pb^{2+}，Zn^{2+}，NH_4^+，Mn^{2+}，Hg^{2+}

（3）对可能含有 NH_4^+，Ba^{2+}，Bi^{3+}，Pb^{2+}，Zn^{2+}，Ag^+，Fe^{3+}，Co^{2+}，Mn^{2+}，Cr^{3+} 离子的混合液中含有 5～7 种离子进行定性分析。每个学生取 2mL 混合液，按拟订的分析方案，先进行消去实验，初步推断未知溶液的组成，再设计适宜的确证试验方案，对可能有的离子进行鉴定，记录实验操作步骤及实验现象，得出分析结论。

【注意事项】

1. 进行未知试样的鉴别和鉴定时要特别注意干扰离子的存在，尽量采用特效反应进行鉴别和鉴定。

2. 对未知阳离子混合液的分析，必须逐一分离成单个离子后再利用阳离子的特效试剂进行逐一鉴定，要防止漏检。

【思考题】

1. 洗涤 AgCl、Hg_2Cl_2 沉淀时为什么要用热的 HCl 水溶液？

2. H_2S 组离子最主要的共同特点是什么？利用什么特性将本组离子与 $(NH_4)_2S$ 组、易溶组离子分离？

3. 为什么硫代乙酰胺可以代替 H_2S 来使用？

4. 在进行混合离子的鉴定时，为什么要先鉴别出 NH_4^+？

5. 用沉淀方法分离混合离子时，如何检验离子的沉淀是否已经完全？

6. 盛有十种以下硝酸盐溶液的试剂瓶标签被腐蚀，试加以鉴别并画出流程图。

$AgNO_3$，$Hg(NO_3)_2$，$Hg_2(NO_3)_2$，$Pb(NO_3)_2$，$NaNO_3$，$Cd(NO_3)_2$，$Zn(NO_3)_2$，$Al(NO_3)_3$，KNO_3，$Mn(NO_3)_2$

7. 试画出分离和鉴别 Fe^{3+}，Co^{2+}，Ni^{2+}，Mn^{2+}，Al^{3+}，Cr^{3+}，Ag^+，Hg^{2+} 混合离子的流程图。

【参考文献】

1. 北京师范大学编. 无机化学实验. 第2版. 北京：高等教育出版社，1991.

2. 武汉大学编. 无机化学实验. 第2版. 武汉：武汉大学出版社，1997.

3. 徐莉英主编. 无机及分析化学实验. 上海：上海交通大学出版社，2004.

实验 4.15　常见无机阴离子的分离与鉴别

【实验目的】

1. 熟悉常见阴离子的有关性质并掌握它们的鉴别反应。

2. 进一步培养观察实验和分析现象中所遇到的问题的能力。

【实验原理】

在元素周期表中，形成阴离子的元素虽然不多，但是同一元素常常不只形成一种阴离子，多数是由两种或两种以上元素构成的酸根或配离子，而且同一种元素的中心原子能形成多种阴离子，例如由 S 可以形成 S^{2-}、SO_3^{2-}、SO_4^{2-}、$S_2O_3^{2-}$、$S_2O_7^{2-}$、$S_2O_8^{2-}$ 和 $S_4O_6^{2-}$ 等常见的阴离子；由 P 可以构成 PO_4^{3-}、HPO_4^{2-}、$H_2PO_4^-$、$P_2O_7^{4-}$、HPO_3^{2-} 和 $H_2PO_2^-$ 等阴离子。许多阴离子不能同时共存，例如具有氧化性的 MnO_4^-、NO_2^- 和 ClO_2^- 等离子不能与具有还原性的 S^{2-}、SO_3^{2-}、AsO_3^{3-} 等离子共存。当溶液中同时存在多种阴离子时，必须进行混合离子的分组以排除离子间的干扰。例如根据各种阴离子的钡盐、银盐的溶解度不同以及阴离子的氧化还原性的不同，首先进行阴离子的消去反应，包括 $AgNO_3$ 实验、$BaCl_2$ 实验、氧化性实验和还原性实验，再结合溶液的酸碱性，得出初步的检验结果，使分析工作简化，之后再选择恰当的鉴别方法对可能存在的阴离子进行确证。为避免误检和漏检，可按同样的操作步骤，用蒸馏水做空白试验或用已知试液做对照试验。

1. 鉴定混合阴离子反应的常用方法

在大多数情况下，阴离子彼此不妨碍鉴定，因此通常采用个别鉴定的方法。为了节省不必要的鉴定手续，通常是先通过初步试验的方法，判断溶液中不可能存在的阴离子，然后对可能存在的阴离子进行个别检出。只有在鉴定时，某些离子发生相互干扰的情况，才适当地采取分离反应，例如：Cl^-、Br^-、I^- 共存时及 S^{2-}、SO_3^{2-}、$S_2O_3^{2-}$ 共存时。

(1) 为避免生成气体逸出、发生氧化还原反应及价态的变化，通常将试样制成碱性溶液。

① 将试样与 Na_2CO_3 共热，通过复分解反应，使阴离子转入溶液中，重金属离子生成氢氧化物、碳酸盐、碱式碳酸盐沉淀而除去。

② 但应注意：某些两性氢氧化物会部分溶解带入金属离子。

③ 某些难溶试样中的阴离子转化不完全。

④ 由于样品处理中已加入 Na_2CO_3，故鉴定 CO_3^{2-} 时必须取原溶液。

（2）与稀 H_2SO_4 作用　在试液中加稀 H_2SO_4 并加热，有气泡产生（如 CO_3^{2-}、SO_3^{2-}、S^{2-}、NO_2^-、$S_2O_3^{2-}$、CN^- 等），根据气泡的性质，可以初步判断试液中含有哪些阴离子。

① CO_2：无色、无味气体，可使 $Ba(OH)_2$ 溶液变浑，可能含有 CO_3^{2-}。

② SO_2：有刺激性气味，能使 $K_2Cr_2O_7$ 溶液变为绿色，可能有 SO_3^{2-} 或 $S_2O_3^{2-}$。

③ H_2S：臭鸡蛋味，并使湿润的 $Pb(Ac)_2$ 试纸变黑，可能有 S^{2-}。

④ NO_2：红棕色气体，能使 KI 析出 I_2，可能含有 NO_2^-。

⑤ HCN：剧毒气体，有苦杏仁气味，能使苦味酸试纸产生红斑，可能有 CN^-。

注意：若试样为液体，虽含有上述阴离子，但加酸后不一定有气泡产生。

（3）与 $BaCl_2$ 作用　在中性或弱碱性溶液中，生成白色沉淀，表示有 CO_3^{2-}、SO_4^{2-}、SO_3^{2-}、PO_4^{3-} 等，$S_2O_3^{2-}$ 浓度较大（>4.5g·L^{-1}）时才有沉淀。若加入数滴稀 HCl，观察沉淀是否溶解。若沉淀不溶解，则表示存在 SO_4^{2-}。

（4）与 $AgNO_3$ ＋稀 HNO_3 作用　试液中加 $AgNO_3$，观察有无沉淀产生。若有沉淀生成，观察沉淀的颜色，并继续加入稀 HNO_3 酸化，看沉淀是否溶解。若沉淀不溶解，表示可能有 S^{2-}、$S_2O_3^{2-}$、Cl^-、Br^-、I^- 等离子存在；若沉淀溶解，则 SO_4^{2-}、SO_3^{2-}、CO_3^{2-}、PO_4^{3-}、NO_2^- 等离子可能存在。

（5）加氧化性阴离子　在酸化的试液中加 $KMnO_4$ 溶液，紫色褪去，表明有 S^{2-}、SO_3^{2-}、$S_2O_3^{2-}$、Br^-、I^-、NO_2^- 等。

（6）加还原性阴离子　在酸化的试液中加 KI 溶液和 CCl_4，若振荡后 CCl_4 层显紫色（I_2），则有氧化性阴离子（如 NO_2^-）。

2. 阴离子的分析特性

（1）易挥发性　如 CO_3^{2-} 与酸作用会产生挥发性的气体（CO_2）。

（2）氧化还原性　如 NO_3^-、NO_2^- 等具有氧化性，而 S^{2-}、I^-、SO_3^{2-} 等具有还原性。

（3）形成配合物的性质　如 PO_4^{3-}、$S_2O_3^{2-}$、SCN^-、CN^-、I^- 等可与一些阳离子形成配合物。

【仪器及试剂】

试管，烧杯，离心机，酒精灯，点滴板，试管夹，表面皿，石棉网，胶头滴管等。

HCl（2mol·L^{-1}、6mol·L^{-1}、浓），H_2SO_4（2mol·L^{-1}、6mol·L^{-1}、浓），HNO_3（2mol·L^{-1}、浓），HAc（6mol·L^{-1}），NaOH（2mol·L^{-1}、6mol·L^{-1}），$NH_3·H_2O$（2mol·L^{-1}、6mol·L^{-1}、浓），$KMnO_4$（0.01mol·L^{-1}），$(NH_4)_2CO_3$（10％），KSCN（0.1mol·L^{-1}），$FeCl_3$（0.1mol·L^{-1}），$Na_2[Fe(CN)_5NO]$（1％新配），$Ba(OH)_2$（饱和），$BaCl_2$（0.1mol·L^{-1}），H_2O_2（3％），$FeSO_4$（0.1mol·L^{-1}，s），$AgNO_3$（0.1mol·L^{-1}），KI（0.1mol·L^{-1}），$Sr(NO_3)_2$（0.1mol·L^{-1}），$(NH_4)_2MoO_4$（0.1mol·L^{-1}），$NaNO_3$（0.1mol·L^{-1}），$NaNO_2$（0.1mol·L^{-1}），Na_2S（0.1mol·L^{-1}），NaCl（0.1mol·L^{-1}），NaBr（0.1mol·L^{-1}），NaI（0.1mol·L^{-1}），$Na_2S_2O_3$（0.1mol·L^{-1}），Na_2SO_4（0.1mol·L^{-1}），Na_3PO_4（0.1mol·L^{-1}），Na_2CO_3（0.1mol·L^{-1}），Na_2SO_3（0.1mol·L^{-1}），$(NH_4)_2C_2O_4$（饱和），钼酸铵（饱和），$FeSO_4·7H_2O$（s），H_2O_2（3％），$Pb(Ac)_2$，$CdCO_3$（s），氯水，碘水，淀粉（1％），α-萘胺，对氨基苯磺酸，CCl_4，锌粉，pH 试纸，醋酸铅试纸，阴离子混合液（已知、未知）。其余试剂根据鉴定离子所需自己列出。

【实验步骤】

1. 单一阴离子的鉴别

(1) Cl^- 的鉴定　在离心试管中加入 2 滴 Cl^- 试液和 1 滴 $2mol \cdot L^{-1}$ HNO_3 溶液，再滴加 2 滴 $0.1mol \cdot L^{-1}$ $AgNO_3$，生成白色沉淀。在沉淀中加入 $2mol \cdot L^{-1}$ 氨水使沉淀溶解，再加 $2mol \cdot L^{-1}$ HNO_3，白色沉淀酸化又重新出现，示有 Cl^- 存在。

(2) Br^- 的鉴定　在离心试管中加入 2 滴 Br^- 试液和 $0.5mL$ CCl_4，再逐滴加入氯水，边加滴边振荡，若 CCl_4 层有棕黄色出现，示有 Br^- 存在。

(3) I^- 的鉴定　用 2 滴 I^- 试液代替 Br^- 液进行上述实验，若 CCl_4 层显紫色，示有 I^- 存在。

(4) S^{2-} 的鉴定　在点滴板上滴加 1 滴 S^{2-} 试液，再加入 1% $Na_2[Fe(CN)_5NO]$ 溶液，溶液转变为紫色，示有 S^{2-} 存在。在试管中加入 5 滴 S^{2-} 试液和 8 滴 $6mol \cdot L^{-1}$ HCl 溶液，微热，用湿润的醋酸铅试纸检验逸出的气体，若试纸变黑色，示有 S^{2-} 存在。

(5) SO_4^{2-} 的鉴定　在离心试管中加入 5 滴 SO_4^{2-} 试液，用 $6mol \cdot L^{-1}$ HCl 酸化（约 5 滴）后，加入 1 滴 $BaCl_2$ 溶液，生成白色沉淀，示有 SO_4^{2-} 存在。

(6) NO_3^- 的鉴定　在试管中加入 2 滴 NO_3^- 试液，用水稀释至约 $1mL$ 加数粒 $FeSO_4 \cdot 7H_2O$ 晶体，振荡溶解后斜持试管，沿管壁滴加 25 滴浓 H_2SO_4，静置片刻，观察浓 H_2SO_4 与液面交界处有棕色环生成，示有 NO_3^- 存在。

在试管中加 3 滴 NO_3^- 试液，用 $6mol \cdot L^{-1}$ HAc 酸化，加少量锌粉，搅动，使溶液中的 NO_3^- 还原为 NO_2^-，加对氨基苯磺酸和 α-萘胺各 1 滴，若生成红色化合物，示有 NO_3^- 存在。

(7) NO_2^- 的鉴定　在点滴板上加 1 滴 NO_2^- 试液，再加入对氨基苯磺酸和 α-萘胺各 1 滴，生成红色化合物，示有 NO_2^- 存在。

(8) CO_3^{2-} 的鉴定　取 CO_3^{2-} 试液 10 滴放入试管中，加入 3 滴 $6mol \cdot L^{-1}$ HCl，管内有气泡生成，表示 CO_3^{2-} 可能存在。将生成的气体导入另一盛有饱和 $Ba(OH)_2$ 溶液 10 滴的试管中，如生成白色沉淀，表示有 CO_3^{2-} 存在。

(9) SCN^- 的鉴定　在离心试管中加入 5 滴 $0.1mol \cdot L^{-1}$ $KSCN$，逐滴加入 $0.1mol \cdot L^{-1}$ $FeCl_3$，若有血红色出现，示有 SCN^- 存在。

(10) PO_4^{3-} 的鉴定　在试管中加入 5 滴 PO_4^{3-} 试液，$0.5mL$ 浓 H_2SO_4，$1mL$ 钼酸铵试剂，在水浴上微热至 $40 \sim 60℃$，若有黄色沉淀生成，示有 PO_4^{3-} 存在。

2. 混合阴离子的分离与鉴别

领取一份可能含有 S^{2-}、SO_4^{2-}、SO_3^{2-}、$S_2O_3^{2-}$、CO_3^{2-}、PO_4^{3-}、Cl^-、Br^-、I^-、NO_2^-、NO_3^- 等离子的混合液，设计分析方案，进行初步试验，再根据初步试验的结果，进一步确证混合液中含有哪些阴离子。用流程图表示操作步骤，记录实验现象，写出有关的鉴别反应方程式及结论。

有关阴离子的个别鉴定和实验现象，参阅元素化学各实验中的有关内容。

【注意事项】

1. 为避免由于试剂、蒸馏水、容器、反应条件、操作方法等因素引起的误检和漏检现象，应进行空白试验和对照试验。

2. 在 $S_2O_3^{2-}$ 的鉴别过程中，注意观察颜色的变化过程。

3. 对实验结果进行综合分析，若最后结果与初步试验有矛盾时，必须再作必要的重复试验或用多种方法加以验证。

4. 有沉淀生成并且还要进行下一步处理的，要进行离心分离；每次离心分离后要对沉淀进行洗涤。

【思考题】

1. 某阴离子未知液经初步试验，其结果如下：①试液呈酸性；②加入 $BaCl_2$ 溶液，无沉淀；③加入 $AgNO_3$ 溶液，产生黄色沉淀，再加 HNO_3 沉淀不溶；④试液使 $KMnO_4$ 紫色褪去，加淀粉-KI 液，蓝色不褪；⑤与 KI 不反应。由以上初步试验结果，推测哪些阴离子可能存在，说明原因并拟出进一步证实的步骤。

2. 现有 5 瓶无色试剂，可能是 $AgNO_3$、$Na_2S_2O_3$、$NaNO_2$、KI 和稀 H_2SO_4，是否能不用其他试剂，利用它们间的反应一一把它们鉴别出来？

3. 写出分离并鉴定含有 I^-、CO_3^{2-}、SO_4^{2-}、PO_4^{3-} 的混合离子的流程图。

4. 在一份含有若干阴离子的无色溶液中，加入 $AgNO_3$ 产生白色沉淀，加入 $NH_3 \cdot H_2O$ 仍留有白色沉淀，试推断可能含有哪些阴离子？

5. 已证实某试样易溶于水并含有 Ba^{2+}，在以下阴离子 NO_3^-、PO_4^{3-}、Cl^-、SO_4^{2-} 中，哪种离子不需检验？

6. 在氧化性还原性试验中

① 以稀 HNO_3 代替稀 H_2SO_4 作酸化试液是否可以？

② 以稀 HCl 代替稀 H_2SO_4 是否可以？

③ 以浓 H_2SO_4 作酸化试液是否可以？

【参考文献】

1. 北京师范大学编. 无机化学实验. 第 2 版. 北京：高等教育出版社，1991.
2. 武汉大学编. 无机化学实验. 第 2 版. 武汉：武汉大学出版社，1997.
3. 徐莉英主编. 无机及分析化学实验. 上海：上海交通大学出版社，2004.

实验 4.16　电解和电镀

【实验目的】

学习并掌握电解、电镀的方法和原理及有关操作技术。

【实验原理】

1. 离子迁移

在外加电场的作用下电解质溶液中的带电粒子向相反电极方向移动的现象称为离子迁移。电泳时不同的带电粒子在同一电场中泳动速度不同，电泳速度常用迁移率表示，迁移率也称泳动率。

2. 电解

使电流通过电解质溶液而在阴、阳两极上引起氧化还原反应的过程（或者说利用电能使非自发的氧化还原反应能够进行的过程）称为电解。将电能转化为化学能的装置称为电解池，电解通常在电解池中进行。电解池由电极、电解质溶液和电源组成，电极用导线和直流电源相接。电解池中与电源负极相连接的电极称为阴极，与电源正极相连接的电极称为阳极。电子从直流电源的负极沿导线流至电解池的阴极；另一方面，电子又从电解池的阳极流出，沿导线流回电源的正极。因此电解质溶液中的正离子移向阴极，从阴极上得到电子，发生还原反应；负离子移向阳极，在阳极上给出电子，发生氧化反应。离子在相应电极上得失电子的过程均称为放电。例如电解 $CuCl_2$ 溶液：

阴极：　　　　　　　　　　$Cu^{2+} + 2e^- \rightleftharpoons Cu$

阳极：　　　　　　　　　　$2Cl^- - 2e^- \rightleftharpoons Cl_2\uparrow$

电解反应：　　　　　　　　$CuCl_2 \longrightarrow Cu + Cl_2\uparrow$

电解时，离子的性质、离子浓度的大小、电极材料等因素均可影响两极上的产物。

3. 电镀

利用直流电源把一种金属覆盖在另一种金属表面的过程称为电镀。电镀是电解原理的具体应用之一，不同之处在于对电极和电解质溶液有特定要求。通常将待镀物体作为阴极，镀层金属作为阳极，置于适当的电镀液中，再将阴极与直流电源的负极相连，阳极与电源的正极相连，在阴极上进行还原反应，可得到所需金属镀层，在阳极上进行氧化反应。电镀时应在适当电压下控制电流密度。

电镀前金属镀件通常需要经过除锈、去油等预处理，然后将其作为阴极放入电镀槽中。阳极一般是镀层金属的棒或板，电镀液是镀层金属的盐溶液。如镀锌时是将金属制件（被镀件）作阴极，锌片作为阳极。为了使镀层结晶细致、厚薄均匀，与基体结合牢固，电镀液通常用配合物碱性锌酸盐镀锌或氰化物镀锌等。碱性锌酸盐可离解出少量的 Zn^{2+}：

$$Na_2[Zn(OH)_4] \longrightarrow 2Na^+ + [Zn(OH)_4]^{2-}$$
$$[Zn(OH)_4]^{2-} \rightleftharpoons Zn^{2+} + 4OH^-$$

电镀层的好坏取决于电镀时结晶核心的形成速率和晶核的成长速率。由于 Zn^{2+} 浓度比较低，故使金属晶体在镀件上析出时晶核生长速率小，有利于新晶核的生长，从而得到致密、均匀、防护效果和外观都比较好的光滑镀层。而且电镀液的阴极极化作用越大，晶核形成的相对速率也就越大，得到的镀层就越细密光亮。随着电镀的进行，Zn^{2+} 不断在阴极放电，将使上述平衡不断向右移动，保证溶液中 Zn^{2+} 浓度基本稳定。

钝化是为了使镀层上的金属生成紧密细致的氧化物薄膜，以保护镀层，使其耐腐蚀、增强美观。

【仪器及试剂】

直流稳压电源，电流计，变阻器，U 形管，温度计，烧杯，酒精灯，铁架台，铁圈，石棉网，试管夹，十字夹，镊子，滴管，砂纸，导线。

HCl（浓、工业级），HNO_3（体积比 3∶100），NaOH(5%)，KNO_3(0.1%)，NaCl(饱和)，$CuCl_2$(饱和)，石墨棒，铁钉，锌片，淀粉-KI 试纸，酚酞（1%）。

混合液：在 850.0mL 饱和 $CuSO_4$ 溶液中加入 150.0mL 0.3% $KMnO_4$ 溶液，再加 75.0g 尿素。

锌电镀液：镀锌电镀液的配方（见表 4.16-1）。

表 4.16-1　电镀液配方

电镀液配方	NH_4Cl	$ZnCl_2$	硼酸	硫脲	聚乙二醇	洗涤剂	溶液 pH 值
含量/g·L^{-1}	250~300	25~35	15~25	1~2	2~3	0.05~1mL	4.5~6.5

若配制的电镀液 pH 值过高，可加适量的冰醋酸；pH 值过低，则加适量的 $NH_3 \cdot H_2O$。

钝化液：100.0mL 2mol·L^{-1} HNO_3 + 35.0g CrO_3 + 2.0mL 浓 H_2SO_4。

【实验步骤】

1. 离子迁移

在一支洁净的 U 形管中装入含尿素的 $CuSO_4$ 和 $KMnO_4$ 的混合液，参见图 4.16-1。然

后用滴管口靠在 U 形管的内壁上，顺着管壁细心而缓慢地向 U
形管中轮流加入用稀 H_2SO_4 酸化的 0.1%KNO$_3$ 溶液（每一轮
加 0.5mL 左右），使其高度各为 4cm 为止（必须使界面清晰）。

在 U 形管中插入石墨电极，使电极下端距混合液约 0.5～
1cm，之后接通 12V 电源，通电 10min 后，观察两极有何现象？

2. 电解

（1）电解饱和食盐水　在一洁净的 U 形管中注入饱和食盐
水并用试管夹固定于铁架台上，如图 4.16-2。根据离子迁移实
验结果，判断所使用电源的正、负极，铁钉与电源负极相连，
碳棒与正极相连，之后分别插入铁钉和碳棒于 U 形管中，同时在 U 形管液面上分别滴入 2

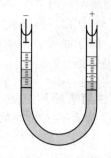

图 4.16-1　离子迁移示意

滴酚酞溶液。接通 12V 直流电源并通电数分
钟，观察溶液颜色的变化并用湿润的淀粉-
KI 试纸在管口检验逸出的产物，写出两极的
反应方程式。

（2）CuCl$_2$ 溶液的电解　在一洁净的 U
形管中注入 CuCl$_2$ 饱和溶液，将石墨电极插
入 U 形管的支管，如图 4.16-2，接通 12V
直流电源并通电数分钟，观察溶液颜色的变
化，设法检验逸出的产物。将阴极取出，观
察有何物质生成，写出两极的反应式。把原
碳棒阴、阳极相互调换且再通电数分钟，观
察这时两极反应与电极调换之前有什么不
同？写出两极反应式。

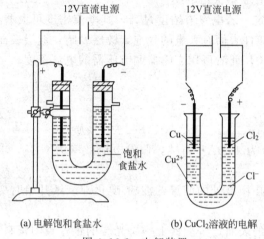

(a) 电解饱和食盐水　　(b) CuCl$_2$ 溶液的电解

图 4.16-2　电解装置

3. 电镀锌

（1）镀件处理　电镀前必须先将镀件的表面除尽油污和氧化膜，使镀上的金属层能良好
地附着在金属表面，用细砂纸将镀件上的氧化物磨掉，之后用粗布擦光，再经下面三个步骤
处理。

① 烧碱去油　将用砂纸处理过的镀件放入温度为 80℃ 以上的 5%NaOH 溶液中浸泡约
10min 后取出并用自来水冲洗干净。

② 盐酸除锈　将除去油污的镀件放入温度为 20～45℃ 的浓 HCl 溶液中浸泡约 10min，
然后将镀件取出并用自来水冲洗干净。

③ 硝酸浸泡　将经盐酸除锈的镀件放入稀
HNO$_3$ 溶液中浸泡 5s 至镀件上的黑色斑点完全除去，
使待镀金属表面显露出洁净且光亮。之后用蒸馏水冲
洗并立即放入含电镀液的溶液中进行电镀。

（2）电镀　在 100mL 烧杯中装入 80mL 的电镀
液，按图 4.16-3 所示连接好线路，仔细检查线路连
接无误、接触良好并将变阻器调至最大处后，接通电
源开关开始电镀。调节电流到计算值，即电流密度控
制在 10～20mA·cm^{-2} 范围内。此时镀件表面有锌沉
积出来，还有少量细微的气泡生成并迅速从表面脱
离，说明电镀正常。

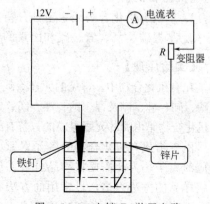

图 4.16-3　电镀 Zn 装置电路

电镀时间约为 1.0h。停止电镀后,将镀件(铁钉)从电镀液中取出并用水冲洗。

(3)钝化　将用水冲洗过的镀件在室温下放入钝化液中浸泡 2s,取出后立即用水冲洗干净,晾干即可。这样钝化过的镀件除具有白色金属光亮外,还隐约闪现"彩虹",因此称该步操作为虹彩钝化。

【注意事项】

1. 做离子迁移实验,必须同时用滴管向 U 形管两端加溶液,液面必须清楚,否则重新准备。

2. 电解时必须注意观察两极的实验现象并检验产物。

3. 检验氯气用的湿润的淀粉-碘化钾试纸变蓝即拿开。

4. 电镀时通电之前,必须将变阻器的电阻置于最大端。

5. 电镀时必须时刻注意电流计上的电流恒定。若电镀液浓度过高,其电流密度可大些,反之要减小其电流密度。如果电流密度过大,镀件表面有大量的气泡,镀层发暗,镀层表面松疏;电流密度过低,镀层沉积慢,电镀时间长,此时可用变阻器调节所需的电流密度。

6. 需回收电镀液和钝化液并登记电镀产品。

【思考题】

1. 为什么电解法精炼 Cu 能除去粗铜中的 Au、Ag、Pb、Ni、Fe、Zn 杂质?

2. 镀锌实验中,已知阴极电流密度(D_k)为 $30mA \cdot cm^{-2}$,假设电流效率为 90%,求电镀 30min 所得 Cu 镀层的厚度(mm)?

3. 在电解氯化铜和饱和食盐水溶液时,放在阳极处的润湿的淀粉-碘化钾试纸开始时变蓝色,放置时间稍久时,蓝色褪去,这是为什么?

4. 将铜器放入可溶性的银盐溶液中,铜器的表面是否能镀上一层光亮的银?查阅资料,写出简单的在铜器表面镀银工艺流程。

【参考文献】

1. 北京师范大学编. 无机化学实验. 第 2 版. 北京:高等教育出版社,1991.

2. 浙江大学编. 新编普通化学实验. 北京:科学出版社,2005.

实验 4.17　有机化合物元素定性分析

【实验目的】

1. 了解有机化合物元素定性分析的原理。

2. 掌握碳、氢、氮、硫和卤素的鉴定方法。

【实验原理】

在有机化合物中,常见的元素除碳、氢、氧外,还含有氮、硫、卤素,有时亦含有其他元素如磷、砷、硅、硼及锂、钠、钾、镁、锡等某些金属元素等。元素定性分析的目的在于鉴定某一有机化合物是由哪些元素组成的,若有必要再在此基础上进行元素定量分析或官能团试验。

由于组成有机化合物的各元素原子大都是以共价键相结合的,在水中几乎不可能离解成相应的离子,为此需要将样品分解,使元素转变成相应离子,再利用无机定性分析来鉴定。分解样品的方法很多,最常用的方法有氧化法和钠熔法。

由于氧的鉴定比较困难而复杂,故它的存在与否通常是根据元素定量分析的结果来判断的。

1. 碳和氢的鉴定（氧化法）

有机化合物在燃烧时，常发出带烟的火焰，并有碳化现象，表示含有碳。但一般是将有机化合物与氧化铜粉末共热，在高温下，氧化铜能将大部分有机化合物氧化成二氧化碳和水，氧化铜本身则被还原成氧化亚铜或金属铜。以蔗糖为例：

$$C_{12}H_{22}O_{11} + 24CuO \longrightarrow 12CO_2 + 11H_2O + 24Cu$$

生成的水蒸气在试管壁冷凝成水滴，排出的 CO_2 气体遇石灰水（或氢氧化钡的水溶液）则生成碳酸钙（或碳酸钡）白色沉淀。

$$CO_2 + Ca(OH)_2 \longrightarrow CaCO_3 \downarrow + H_2O$$
$$（白色）$$
$$CO_2 + Ba(OH)_2 \longrightarrow BaCO_3 \downarrow + H_2O$$
$$（白色）$$

2. 钠熔法

将有机物与金属钠混合共熔，结果有机物中的氮、硫、卤素等元素转变为氰化钠、硫化钠、硫氰化钠、卤化钠等可溶于水的无机化合物。

$$有机物（含 C、H、O、N、S、X）\xrightarrow{钠熔}
\begin{cases}
NaCH \\
Na_2S \\
NaCNS \\
NaX \\
NaOH
\end{cases}$$

【仪器及试剂】

试管，酒精灯，试管夹，金属镊子等。

样品，金属钠，氧化铜，蔗糖，95%乙醇，10%醋酸，冰醋酸，四氯化碳，醋酸铜-联苯胺试剂，荧光素试纸，二氧化铅，铜丝，浓硝酸，1mol 硝酸，氯水，2%醋酸铅，5%三氯化铁，5%三氯化亚铁，过硫酸钠，饱和氢氧化钡，亚硝酰铁氰化钠，5%硝酸银。

【实验步骤】

1. C、H 的鉴定（氧化法）

将约 0.2g 的蔗糖和 1g 干燥的粉末状氧化铜在表面皿上混合均匀，将混合好的样品装入一支干燥硬质试管中，将试管用带有玻璃导管（如图 4-17-1 所示）的橡皮塞塞上。将试管口稍稍倾斜向下，用烧瓶夹固定在铁架台上，导气管的一端插入装有 2～3mL 澄清的石灰水（或氢氧化钡水溶液）的试管中，导管口必须伸至液面以下（见图 4.17-1）。先用小火均匀加热试管底部 1/3，然后用大火集中加热样品。注意观察试管前部的壁上或导管壁冷的部分有无水滴出现？石灰水是否变浑浊？最后移去石灰水，再将火熄灭，使硬质试管中混合物冷却。

图 4.17-1　实验装置

2. 其他元素的鉴定

取干燥的 10mm×100mm 的普通试管一支，在其上端用铁丝捆扎，然后将铁丝捆扎在固定于铁架上的冷凝管夹上。用镊子取豌豆大小的一粒金属钠放入试管底部（金属钠存放于煤油中，使用时，先用滤纸吸去煤油，切去黄色外皮，再切成一定大小的颗粒）。然后用滴管加入 1～2 滴液体样品或投入 10mg 研细的固体样品，使样品直接落于管底，不要沾在管壁上。用小火在试管底部缓缓加热使钠熔化，待钠的蒸气充满试管下半部时，再迅速加入 10～20mg 样品及少许蔗糖。然后强热 1～2min 使试管底部呈暗红色，冷却至室温，加入 1mL 乙醇以分解过量的金属钠。再用酒精灯将钠熔试管加热，当试管红热时，趁热将试管底部浸入盛有 10mL 蒸馏水的 50mL 的烧瓶中（小心！），试管底部当即破裂。小心用镊子敲碎试管底部，并保证试样进入烧杯中，煮沸，过滤，滤渣用水洗两次。得无色或淡黄色澄清的滤液及水洗液共约 20mL，留作以下鉴定用。

（1）氮的鉴定

① 普鲁士蓝试验　取 2mL 滤液，加入 5 滴新配制的 5％硫酸亚铁溶液和 4～5 滴 10％氢氧化钠溶液，使溶液呈显著的碱性。将溶液煮沸，滤液中如含有硫时有黑色硫化亚铁沉淀析出（不必过滤）。冷却后加入 5％的盐酸使产生的硫化亚铁、氢氧化亚铁沉淀刚好溶解。然后加入 1～2 滴 5％三氯化铁溶液，若有普鲁士蓝沉淀析出，表明有氮。若沉淀很少不易观察时，可用滤纸过滤，用水洗涤，检查滤纸上有无蓝色沉淀，如果没有沉淀只得一蓝色或绿色溶液时，可能钠分解不完全，需要重新钠熔试验，本试验反应式如下：

$$2NaCN + FeSO_4 \longrightarrow Fe(CN)_2 + Na_2SO_4$$

$$Fe(CN)_2 + 4NaCN \longrightarrow Na_4[Fe(CN)_6]$$

$$3Na_4[Fe(CN)_6] + 4FeCl_3 \longrightarrow Fe_4[Fe(CN)_6]_3 \downarrow + 12NaCl$$
普鲁士蓝

② 醋酸铜-联苯胺试验　取 1mL 滤液，用 5～6 滴 10％醋酸酸化，沿管壁徐徐加入数滴醋酸铜-联苯胺试剂（切勿摇动），若有蓝色环在两层交界处发生，表明有氮。

注意：样品中如有硫存在时，则需加入 1 滴醋酸铅（不可多加）后进行离心分离，并取上层清液进行试验。

本实验的反应机理是：氨根能改变下列平衡，因此出现联苯胺蓝的蓝色环。

铜离子＋联苯胺 ⇌ 亚铜离子＋联苯胺蓝

当有氰根存在时，由于亚铜离子与它形成 $[Cu_2(CN)_4]^{2-}$ 络离子，亚铜离子浓度减小，促使平衡向右移动，联苯胺蓝增多，故出现蓝色环。

联苯胺蓝的结构式为：

$$\left[HN\!=\!\!\!\!<\!\!=\!\!>\!\!\!\!=\!NH \cdot H_2N\!\!-\!\!\!<\!\!>\!\!-\!\!\!<\!\!>\!\!-\!NH_2 \right] \cdot HAc$$

醋酸铜-联苯胺试剂的配制方法如下。

A 液：取 150mg 联苯胺溶于 100mL 水及 1mL 醋酸中。

B 液：取 286mg 醋酸铜溶于 100mL 水中。

A 液与 B 液分别贮存在棕色瓶中，使用前临时以等体积的比例混合。

样品中含有碘时也有此反应，本试验的灵敏度比普鲁士蓝要高些。

（2）硫的鉴定

① 硫化铅试验　取滤液 1mL，加 10％醋酸使呈酸性，再加 3 滴 2％醋酸铅溶液。如有黑褐色沉淀表明有硫。如若生成白色或灰色沉淀，是碱式醋酸铅，须再加入醋酸后观察沉淀。反应式如下：

$$Na_2S + Pb(Ac)_2 \longrightarrow PbS + 2NaAc$$

② 亚硝酰铁氰化钠试验　取滤液 1mL，加入 2～3 滴新配制的亚硝酰铁氰化钠溶液（使用前临时取 1 小粒亚硝酰铁氰化钠溶于数滴水中），如呈紫红色或深红色表明有硫。反应式如下：

$$Na_2S + Na_2[Fe(CN)_5NO] \longrightarrow Na_4[Fe(CN)_5NOS] \quad （紫红色）$$

（3）硫和氮同时鉴定　取滤液 1mL 用 5％盐酸酸化，再加一滴三氯化铁溶液，若有血红色呈现，即表明有硫氰离子（CNS⁻）存在。反应式如下：

$$3NaCNS + FeCl_3 \longrightarrow Fe(CNS)_3 + 3NaCl$$

　　钠熔时，若用钠量较少，硫和氮以 CNS^- 存在，因此在分别鉴定硫和氮时，若得到负结果，则必须做本实验。

　　（4）卤素的鉴定

　　① 卤化银试验　若化合物中含有硫、氮，则应在通风橱中进行。先用 1mol 硝酸酸化煮沸，除去硫化氢及氰化氢，然后再加数滴 5％硝酸银溶液，若有大量黄色或白色沉淀析出，表明有卤素存在。如样品中无硫、氮，则可直接将滤液用硝酸酸化，滴入硝酸银以鉴定卤素。

$$NaX + AgNO_3 \longrightarrow AgX \downarrow + NaNO_3$$

　　② 铜丝火焰燃烧法　把铜丝一端弯成圆圈形，先在火焰上灼烧，直至火焰不显绿色为止，冷却后，在铜丝圈上沾少量有机样品，放在火焰边缘上灼烧，若有绿色火焰出现，证明可能有卤素存在。

　　（5）氯、溴、碘的分别鉴定

　　① 溴和碘的鉴定　取 2mL 滤液，在通风橱中加 1mol 硝酸使呈酸性，加热煮沸数分钟（如不含硫、氮，则可免去加热煮沸）。冷却后加入 0.5mL 四氯化碳，逐渐加入新配制的氯水。每次加入氯水后摇动，若有碘存在，则四氯化碳层呈现紫色。继续滴加氯水，如含有溴，则紫色渐退而转变为黄色或橙黄色。反应式如下：

$$2H^+ + ClO^- + 2I^- \longrightarrow I_2(CCl_4) + Cl^- + H_2O$$
紫色

$$I_2(CCl_4) + 5ClO^- + H_2O \longrightarrow 2IO_3^- + 5Cl^- + 2H^+$$
无色

$$2Br^- + ClO^- + 2H^+ \longrightarrow Br_2(CCl_4) + Cl^- + H_2O$$
红褐色

检验溴的另一方法为，取 3mL 滤液，加 3mL 冰醋酸及 0.1g 二氧化铅，取一荧光素试纸，放在试管口，在通风橱中加热，黄色试纸变为粉红色，表示有溴，氯无干扰，碘使试纸变为棕色。

　　② 氯的鉴定　取滤液 2mL，加入 2mL 浓硫酸及 0.5g 过硫酸钠，在通风橱中煮沸数分钟，将溴和碘全部除去，然后取清液作硝酸银的氯离子检验。

　　检验氯的另一方法为，取滤液 1mL，在通风橱中加浓硝酸使呈酸性，加热煮沸数分钟（如不含硫、氮，则可免去加热煮沸）。冷却后加入 0.5mL 四氯化碳（不含游离氯），摇荡，用吸管吸去四氯化碳层，反复进行直至四氯化碳层呈无色。然后吸取上层水溶液，加入 1～2 滴 5％硝酸银溶液，若有浓厚的白色沉淀生成，表明有氯。

【结果与讨论】

按要求写好实验报告。

【注意事项】

1. 使用金属钠时必须注意安全。

2. 取用固体的体积与钠的颗粒大小相仿，若为液体样品，则用 3～4 滴。金属钠过少钠熔不完全，过多醇不能完全使其分解，进入水中会发生危险。钠熔时试管口不可对人，以防意外。

3. 加入少许蔗糖有利于含碳较少的含氮样品形成氰离子，否则氮不易检出。

4. 若得到棕色滤液，表明有机样品过多，钠熔不完全，将会影响后续步骤，应予重做。

5. 若沉淀很少，不易观察时，可用滤纸过滤，用水洗涤，检查滤纸上有无蓝色沉淀。如果没有沉淀只得到一蓝色或绿色的溶液时，可能钠分解不完全，应予重做。

6. 在钠熔时，若用钠量很少时，硫和氮常以 CNS^- 存在，因此在分别鉴定硫和氮时，若得到负结果，则必须做本实验。

7. 如溴、碘同时存在，且碘含量较多时，常使溴不易检出，此时可用滴管吸去含碘的四氯化碳溶液，再加入纯净的四氯化碳振荡，如仍有碘的紫色，再吸去，直至碘完全被萃取尽，然后再加纯净的四氯化碳数滴，并逐渐滴加氯水，如四氯化碳层变成黄色或红棕色，表明有溴。

8. 荧光素试纸：将滤纸浸入 1% 荧光素（又名荧光黄）-乙醇溶液中，取出晾干后裁成小条备用。

【思考题】

1. 钠熔法操作应注意哪些问题？如何有效地检出有机化合物中的 N、S 元素？
2. 能否直接用硝酸银试剂来检出有机化合物中的卤素，为什么？

【参考文献】

1．唐玉海，刘芸主编. 有机化学实验. 西安：西安交通大学出版社，2002.
2．王清廉，沈凤嘉. 有机化学实验. 北京：高等教育出版社，1994.

实验 4.18　烷烃、烯烃、炔烃的制备和性质

【实验目的】

1. 熟悉甲烷、乙烯和乙炔的制备方法以及其化学性质。
2. 掌握甲烷、乙烯和乙炔的鉴别方法。

【实验原理】

烷烃的分子是由碳和氢两种元素组成，分子中只存在碳碳单键和碳氢单键，它们都是结合得比较牢固的 σ 键，所以烷烃的化学性质比较稳定，在常温常压下很不活泼，一般和氧化剂、还原剂、强酸、强碱、碱金属都不起反应或反应很慢。在阳光下烷烃可以和氯和溴起取代反应，生成氯代烃或溴代烃（RX）的混合物。

烷烃也只是在一定条件下的相对稳定，当改变外界条件，它们可以进行多种的化学反应。由于高温高压技术的研究和利用，各种催化剂的发现和利用，烷烃的一些化学反应，在工业生产中越来越显示出它们的重要性，近代石油化学工业的发展，就是根据烷烃在高温下可以发生裂解反应的这个基本原理。用这个反应可以得到裂解汽油、柴油、乙烯、丙烯等化学工业原料。

甲烷为烷烃中最简单的代表物，它具有烷烃的一切通性。

烯烃分子中含有碳碳双键，由于双键的存在，使烯烃容易进行化学反应，反应的特点是双键断裂，引入了新的原子或基团，生成新的化合物。例如烯烃和试剂 AB 进行反应时，则：

$$\underset{\text{烯烃}}{\overset{|}{\underset{|}{C}}=\overset{|}{\underset{|}{C}} \quad + \quad \underset{\text{试剂}}{AB} \quad \longrightarrow \quad \underset{\text{加成产物}}{\overset{A}{\underset{|}{C}}\overset{B}{\underset{|}{C}}}$$

常用的试剂有 H_2O、卤素、无机酸（HCl、H_2SO_4、HOCl）（属于亲电加成反应），氧、臭氧、高锰酸钾（属于氧化反应）。由于烯烃和试剂的性质各不相同，所以它们发生反应的难易也不完全相同，有的在常温常压下立即就能反应，有的需要在催化剂存在下始能反应，有的在催化剂及一定温度、压力下才能反应。

乙烯为烯烃中最简单的代表物，具有烯烃的通性。

炔烃分子中含有碳碳叁键，除有一般不饱和烃的性质外，1-位的炔烃中的炔氢易被金属取代生成炔金属化合物。乙炔是炔烃中最简单也是最重要的代表物。

【仪器及试剂】

100mL 圆底烧瓶，锥形瓶，恒压漏斗，温度计，试管，研钵，酒精灯。

乙醇，无水碳酸钠，钠石灰，碳化钙（电石），溴水，浓硫酸，5％稀硝酸，0.5％的 $KMnO_4$ 溶液，Br_2/CCl_4 溶液，20％醋酸铅溶液，银氨溶液，饱和食盐水，石蜡油。

【实验步骤】

1. 甲烷的制备和性质

（1）把装置连接好，并检查装置是否漏气。

（2）称取 3g 无水醋酸钠（CH_3COONa）和 6g 钠石灰（NaOH＋CaO）放在研钵中研细混合后，移入干燥的试管中，试管口用带有玻璃导管的橡皮塞塞紧，然后将试管以稍微倾斜的角度固定在铁架台上。

（3）先小心地均匀加热试管底部，然后强热试管中的混合物，估计试管里的空气排出以后，使产生的甲烷通入装有下列试剂的试管中。

①使甲烷通入 1mL 0.5％的 $KMnO_4$ 溶液，观察颜色有无变化，记录。

②使甲烷通入 1mL 饱和溴水，观察颜色变化，记录。

（4）把导气管下端的尖嘴玻管卸下，换上一弯曲导管，用排水集气法收集 1～2 试管甲烷，点燃观察燃烧情况及火焰亮度，记录。

（5）在导气管开口一端直接点燃甲烷，在甲烷火焰的上方倒放一个干燥的烧杯，观察现象。再换一个用石灰水润湿了的烧杯罩在甲烷火焰上，观察现象，记录。

（6）烷烃和卤素的反应　取试管两个，各加入 1～2mL 石蜡油，再各加 4～5 滴 Br_2/CCl_4 溶液，振动后，静置 2min，注意有无变化；然后将一试管用黑纸包好放置于实验柜中，另一试管置于 20W 紫外电灯下照射，15min 后，比较两者的结果。

2. 乙烯的制备和性质

（1）向 50mL 的圆底烧瓶加入 3mL 乙醇，在振摇和水浴冷却下小心滴加 9mL 浓硫酸，然后加入几粒素烧瓷片或 1～2g 细砂。按图 4.18-1 把装置连接好，检查装置是否漏气。

（2）用酒精灯加热，使混合液的温度迅速达到 150℃后缓慢加热，并保持温度在 160～180℃之间，使乙烯均匀逸出。

（3）将乙烯通入 1mL 0.5％ $KMnO_4$ 溶液，观察有什么现象发生？记录。

（4）使乙烯通入 1mL 饱和溴水中观察有什么现象发生？记录。

（5）把导气管的管口向上，用火点燃乙烯，观察乙烯燃烧时生成的火焰温度，与甲烷燃烧火焰比较，记录。

3. 乙炔的制备和性质

向 10mL 恒压滴液漏斗里注入 10mL 饱和食盐水。在 25mL 的锥形瓶中放入 4g 小块的碳化钙并在其上方平铺少许玻璃毛；按图 4.18-2 把装置连接好。把连着导气管的塞子塞好。缓慢让水滴入锥形瓶中，产生的乙炔进行下列试验。

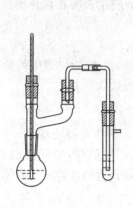

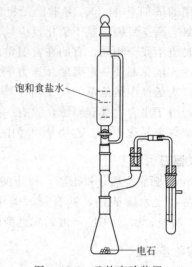

图 4.18-1　乙烯实验装置　　　　　　图 4.18-2　乙炔实验装置

① 通乙炔于 1mL 0.5% KMnO$_4$ 溶液中，观察现象，记录。

② 通乙炔于 1mL 稀溴水中，观察现象，记录。

③ 按图 4.18-2 装置将乙炔先通过 20% 醋酸铅溶液，然后将通过醋酸铅的乙炔气体通到 2mL 银氨溶液中，有何沉淀发生？将沉淀滤出，以不锈钢匙取沉淀少许，放在火焰上加热，有何现象？将剩余的沉淀置于试管中，用 5% 稀硝酸煮沸，有何变化？记录。

④ 用带尖嘴玻璃管的塞子塞住克氏头的出气口，在尖嘴处点燃放出的气体，注意观察乙炔燃烧时的火焰，与甲烷、乙烯燃烧时的火焰比较，记录。

⑤ 用另一根一端有尖嘴的细玻璃管向乙炔火焰里吹入空气，观察乙炔火焰有什么变化？停止吹入空气，把试管放在管架上，让剩余的乙炔燃烧完，记录。

【结果与讨论】

按要求写出实验报告。

【注意事项】

1. 甲烷的制备和性质

(1) 在实验室中通常将无水醋酸钠和氢氧化钠热熔制取甲烷，这个反应实际上是用强热的方法，夺取醋酸钠中的—COONa 基团的反应。其他烷烃也可用相应的羧酸盐制备。无水醋酸钠的制备是将普通醋酸钠（CH$_3$COONa·3H$_2$O）放在蒸发皿中加热，同时用玻璃棒不断搅拌，不久醋酸钠先溶解在自己的结晶水中，随着温度的增高，水分逐渐蒸发除去，得白色固体物，继续加热时，固体重新熔化，此时多呈深灰色液体状态。在搅拌下冷却得无水醋酸钠，趁热研细后，贮存于塞紧的瓶内，以备应用。无水醋酸钠易吸收水分，最好临用前一天备用。

$$CH_3\underline{COONa + NaO}H \xrightarrow{\text{热熔}} CH_4 + Na_2CO_3$$

(2) 碱石灰是氢氧化钠和生石灰的混合物，生石灰并不参加变化，它的作用是稀释混合物的浓度，使生成的甲烷易于外逸，同时也减少了玻璃试管在加热时氢氧化钠对玻璃的腐蚀，减少破裂的可能性。此外，NaOH 吸湿性很强，而水分存在不利于制备甲烷的反应，利用碱石灰中生石灰的吸水性，便可克服这个缺点。但只用氢氧化钠时，甲烷产生得更为强烈。

(3) 碱石灰的自制方法如下：在铁或瓷蒸发皿中放置两份煅烧好的磨碎的生石灰，热后，加入一份饱和的氢氧化钠溶液，将混合物蒸干，煅烧磨碎。

碱石灰放置较久，使用前还应煅烧去水，烘干后，再与无水醋酸钠混合。碱石灰质地较硬，如在研钵中研细较为困难，必要时可放在铁研缸中击碎。但必须烘干后研碎。

（4）加热混合物时应由前向试管后移动，并使加热均匀，但温度不宜过高，切勿超过无水醋酸钠熔点（324℃），以免醋酸钠分解。加热过强时，就发生下列副反应：

$$\begin{array}{c}CH_3-C(=O)-[ONa]\\H_3C-C(=O)-ONa\end{array}\longrightarrow \begin{array}{c}CH_3\\CH_3\end{array}C=O + Na_2CO_3$$

甲烷中杂有丙酮蒸气，点燃时使火焰带黄色（较纯甲烷火焰呈淡蓝色）。

（5）甲烷与空气按 1∶10 混合后，在点燃时很容易爆炸，为了避免爆炸的危险，故用排水集气法收集一试管的甲烷点燃（在实验室制取少量甲烷的情况下，用爆鸣法检验纯度后，直接在导管口点燃时不会有危险）。

（6）通甲烷到盛有溴水的试管中的时间不宜过长，否则甲烷气流把溴赶走，使颜色褪去，从而得出正性结果的错误结论。

2. 乙烯的制备和性质

（1）工业上乙烯是由石油高温裂解而制得，在实验中通常以乙醇被浓硫酸脱水而制得：

$$CH_3CH_2OH + H_2SO_4 \xrightarrow{100℃左右} CH_3CH_2OSO_3H + H_2O$$
硫酸氢乙酯

$$CH_3CH_2OSO_3H \xrightarrow{>160℃} CH_2=CH_2 + H_2SO_4$$

（2）浮石、沙子或其他惰性固体能促进乙烯的生成反应，催化硫酸氢乙酯的分解并且可以防止反应混合物在受热时产生的泡沫飞溅。沙子应先用稀盐酸浸洗，除去其中可能夹杂的石灰后，然后用水洗涤，干燥后备用。

（3）浓硫酸不但是脱水剂，也是氧化剂。在反应过程中易将乙醇等有机物质氧化，最后生成 CO_2、CO、C 等（因此试管中液体变黑），而硫酸本身还原成 SO_2，SO_2 能使 Br_2/CCl_4 或 $KMnO_4$ 溶液褪色，因此要通过 10%NaOH 溶液洗涤除去，也可以通过碱石灰吸收除去这些酸性气体。

（4）硫酸氢乙酯在 140℃时和未质子化的乙醇作用生成乙醚，为了减少乙醚的生成，所以要加大硫酸的摩尔比，要迅速加热到 160℃以上，但当乙烯开始产生后，又不宜加热太猛烈，否则会产生大量的泡沫，使操作难以顺利地进行。

（5）空气中如含 3.4%~34% 的乙烯，遇火极易爆炸，其爆炸程度比甲烷猛烈，所以点燃乙烯时要小心。

3. 乙炔的制备和性质

（1）电石和水作用进行非常猛烈，改用饱和食盐水，降低水的浓度，可以产生平稳而且均匀的乙炔气。

（2）工业电石除碳化钙外，还含有硫化钙、磷化钙、砷化钙等杂质，它们与水作用生成 H_2S、PH_3、AsH_3 等气体，夹杂在乙炔中，使制得的乙炔具有强烈的恶臭。若将乙炔通过盛有酸性醋酸铅或 $K_2Cr_2O_7/浓 H_2SO_4$ 和碱液，或 $HgCl_2/浓 HCl$ 的洗气瓶后，前述杂质即可除去得纯乙炔。

（3）硝酸银氨溶液的配制　在 0.5mL 10% $AgNO_3$ 溶液中，滴加 4~6mol·L^{-1} 氨水直到沉淀恰好溶解为止，所得的银氨溶液是透明的，其变化过程如下：

$$2AgNO_3 + 2NH_3·H_2O \longrightarrow 2NH_4NO_3 + 2AgOH$$

$$2AgOH \longrightarrow Ag_2O + H_2O$$
$$Ag_2O + 4NH_3 \cdot H_2O \longrightarrow 2Ag(NH_3)_2OH + 3H_2O$$

银氨溶液放置稍久能析出黑色的氮化银（Ag_3N）沉淀，它受振动时分解，发生猛烈的爆炸，甚至潮湿的氮化银也能爆炸，因此银氨溶液必须随配随用。

（4）氯化亚铜溶液的配制　取 1g 氯化亚铜加 1～2mL 浓氨水和 10mL 水，用力振荡后静置片刻，倾出溶液并投入一根铜丝，贮存备用。

$$Cu_2Cl_2 + 4NH_3 \cdot H_2O \longrightarrow 2Cu(NH_3)_2Cl + 4H_2O$$

若无亚铜盐，也可以用下法配制：溶 3.5g $CuSO_4 \cdot 5H_2O$ 及 1g NaCl 于 12mL 热水中，加入含有 1g $NaHSO_3$ 的 5％NaOH 溶液 10mL，振荡放冷，用倾泻法洗涤并收集白色的 Cu_2Cl_2 沉淀。

$$2CuSO_4 + 2NaCl + NaHSO_3 + H_2O \longrightarrow Cu_2Cl_2 \downarrow + 3NaHSO_4$$

将上述沉淀溶于 10～15mL 由 1∶1 水和浓氨水组成的稀氨水中，即得氯化亚铜的氨水溶液。

亚铜盐很容易被空气中的氧气氧化成二价铜盐，此时试剂呈蓝色，使用时掩盖乙炔铜的颜色，为了便于观察反应现象，可以在温热的试剂中滴加 20％盐酸羟胺溶液至蓝色褪去后，再通入乙炔，即不妨碍观察。因为盐酸羟胺是强还原剂，能将 Cu^{2+} 还原成 Cu^+：

$$4Cu^{2+} + 2NH_2OH \cdot HCl \longrightarrow 4Cu^+ + 4H^+ + N_2O + H_2O + 2HCl$$

（5）乙炔银的沉淀为白色，但是如果乙炔纯度不好时，常显较深的灰白色（这是由于 Ag_2S 等生成之故）。乙炔亚铜为红色。

（6）乙炔银和乙炔亚铜在干燥状态下，均具有高度的爆炸性。干燥的乙炔银受振动或受热爆炸后生成游离碳和金属银粉末，乙炔亚铜则生成游离碳与金属铜粉末。两者均放出巨大的热量。所以在实验完毕后，金属炔化物不得乱扔，必须用稀酸将其销毁。

乙炔银和乙炔亚铜与酸作用分解，重新放出乙炔。

乙炔银爆炸时游离出碳和金属银：

$$AgC \equiv CAg \longrightarrow 2Ag + 2C + 365.4kJ$$

稀硝酸和乙炔银反应为：

$$AgC \equiv CAg + 2HNO_3 \longrightarrow 2AgNO_3 + HC \equiv CH \uparrow$$

（7）点燃乙炔与空气混合物，爆炸现象比甲烷和乙烯都强烈得多，甚至会使容器炸成碎片造成伤害，所以不可将乙炔发生器靠近火焰，在制备乙炔时不允许加热。用爆鸣法检验纯度后可以直接在导管口点燃。

【思考题】

1. 乙烷、乙烯、乙炔燃烧时，火焰亮度有什么不同？为什么？试计算乙烷、乙烯、乙炔分子中含碳百分率。

2. 硝酸铅溶液有何作用？

【参考文献】

1．唐玉海，刘芸主编. 有机化学实验. 西安：西安交通大学出版社，2002
2．王清廉，沈凤嘉. 有机化学实验. 北京：高等教育出版社，1994.

实验 4.19　芳香烃的性质

【实验目的】

1. 掌握芳香烃的化学性质。

2. 掌握芳香烃的鉴别方法。

【实验原理】

由于芳香烃结构的特殊性质，使芳香烃在化学性质上具有和不饱和烃不同的性质，即表现"芳香性"的特征。芳香性是指芳香族化合物比较容易发生取代反应（硝化、卤化、磺化、傅氏反应），而不易发生加成反应。苯环具有一定的稳定性。

芳烃的性质主要是苯环的反应和侧链的反应。芳香性以苯为最典型。含有 α-H 的芳烃侧链容易发生氧化反应和取代反应。

含有 α-H 的芳烃在过氧化苯甲酰、偶氮二异丁腈等自由基反应的引发剂、催化剂存在或光照下，α-H 被取代。如甲苯主要生成溴化苄，溴化苄有强烈的催泪作用。

$$C_6H_5CH_3 + Br_2 \longrightarrow C_6H_5CH_2Br + HBr$$

在路易斯酸或者铁和铝等催化剂存在下，苯、甲苯发生取代反应时是芳环上的氢原子都被溴原子取代，分别生成溴苯和邻位溴代甲苯、对位溴代甲苯。

苯、甲苯和萘都很容易进行硝化反应。苯和甲苯的硝化反应常在混酸存在下进行，分别生成硝基苯和邻硝基甲苯及对硝基甲苯。增加混酸的相对含量或提高硝化反应的温度，可在芳环上引入第二个硝基，但比引入第一个硝基要困难（为什么？）萘的硝化比苯和甲苯容易，因此可以单独用硝酸代替混酸，萘的硝化，主要生成 α-硝基萘。

【仪器及试剂】

试管，角匙，烧杯。

苯，甲苯，萘，液溴，无水三氯化铝，3% Br_2/CCl_4 溶液，浓硝酸，浓硫酸，二氯甲烷，0.5% $KMnO_4$ 溶液。

【实验步骤】

1. 溴化作用

（1）取 0.5mL 苯、0.5mL 甲苯分别放在两支干燥试管里。在每支试管里各加 0.5mL 3% 的 Br_2/CCl_4 溶液，边加边振荡，放置在阳光直射下，或者紫外灯下观察现象，记录。

（2）取 1mL 苯和 1mL 甲苯分别放在两支干燥试管里，各滴加 10 滴溴和加入 0.1g 还原铁粉，振荡放置（苯的样品在水浴中温热）观察现象，反应完毕后，将反应物倾入水中观察现象，记录。

2. 硝化作用

在试管里把 3mL 浓硝酸和 4mL 浓硫酸混合，将热的混酸冷却后盛在两支干燥的试管里，另取一支试管盛 2mL 浓硝酸，分别进行下列试验。

（1）取盛有混酸的试管一只，慢慢滴加 1mL 苯，边加边小心振荡，如放热过多，可在冷水浴中冷却，并不断振荡，3～5min 后把混合液倾入 20mL 冷水的烧杯中搅拌，静止后观察结果（反应物气味，有无油状沉淀生成）。

（2）取另一只盛有混酸的试管，滴加 1mL 甲苯，然后按上法进行操作，观察反应情况并与苯比较。

在盛有 2mL 浓硝酸的试管中加入 0.5g 萘加以振荡，混合物在冷却时已开始变黄，把混合物放在沸水浴中加热 5min，加热时常常加以振荡，然后倾入 4 倍体积的冷水中，观察现象，并与苯、甲苯比较，记录。

芳香烃的硝基化合物不溶于水，比水重，多数硝基化合物呈黄色。

3. 磺化作用

取 0.5mL 苯、甲苯和 0.5g 萘放在三支干燥的试管里，分别加入 2mL 浓硫酸，然后浸在沸水浴中加热，随时振荡（含有苯的混合液须间隙小心加热，不可使温度超过 70℃否则苯会汽化挥发至干）。待甲苯和萘的试管中的反应物不分层后将反应物倾入 5mL 冷水中，观察现象，记录。

4. 傅克反应

放置 0.1g 新鲜的三氯化铝于两支试管中，用火焰加热试管，使三氯化铝升华到试管壁上，让试管在空气中冷却至室温。

在另两支试管中将一滴甲苯、苯和 2～3 滴二氯甲烷混合。用吸管将溶液转移至含有三氯化铝的试管中，使样品和三氯化铝充分接触，观察现象，记录。

5. 氧化作用

(1) 取两支试管各加入 0.5mL 0.5% $KMnO_4$ 和 0.5mL 的稀硫酸，然后分别滴加 0.5mL 苯和甲苯，用力振荡几分钟，观察现象，记录。

(2) 各取 0.5mL 苯与甲苯置于蒸发皿中，用火点燃，观察燃烧情况，与烷烃、烯烃、炔烃比较。

【结果与讨论】

通过本实验，试总结一下芳烃的一些化学性质，记于表 4.19-1 中。

表 4.19-1　芳烃的化学性质

项　目		苯	甲　苯	萘
溴化反应	条件			
	反应式			
硝化反应	条件			
	反应式			
磺化反应	条件			
	反应式			
氧化反应($KMnO_4$)	条件			
	反应式			

【注意事项】

1. 苯不能被 $KMnO_4$ 溶液所氧化，苯的同系物则比较容易被氧化，其中支链不论长短，只要含有 α-H，都被氧化成与芳环直接相连的羧基（—COOH），即氧化成苯甲酸（C_6H_5COOH）。

2. 苯和甲苯、萘都能进行磺化反应，其中苯较难进行，需用发烟硫酸才较易磺化，所以在加热时，如果形成均相不是发生了磺化反应，而是苯蒸发了。甲苯和萘用普通的浓硫酸就能进行。

3. 磺酸是非常强的酸，磺酸、磺酸的碱金属及碱土金属盐都易溶于水，常在芳环上引入磺酸基以增加物质（如染料）在水中的溶解度。

【思考题】

1. 为什么苯和甲苯燃烧时都产生浓烟？

2. 在没有路易酸催化剂存在下，苯和甲苯何者能够发生溴化作用，何者不能，为什么？

【参考文献】

1．唐玉海，刘芸主编. 有机化学实验. 西安：西安交通大学出版社，2002.
2．王清廉，沈凤嘉. 有机化学实验. 北京：高等教育出版社，1994.

实验 4.20　醇、酚和醚的性质

【实验目的】

1. 熟悉醇、酚和醚的化学性质。
2. 掌握醇、酚和醚的鉴别方法。

【实验原理】

醇含有羟基官能团，醇的化学性质主要发生在羟基以及与羟基相连的碳原子上。如：①醇羟基中的氢元素能被金属钠还原，放出氢气，生成醇钠。②由于羟基的影响，和羟基直接相连的碳原子上的氢（叫做 α-H），比较活泼，易被氧化剂（氧化铜或重铬酸钾的硫酸溶液）氧化。

在酚类分子中，羟基直接与芳环相连。酚与醇都具有羟基，因此，它们具有许多相似的性质，但由于酚的羟基直接与苯环相连，羟基中氧原子上的未共用 p 电子对与苯环上的 π 电子形成 p-π 共轭体系，使苯环的电子云密度，特别是邻、对位的电子云密度增加，使苯环活化，易在邻位和对位发生卤化、硝化、磺化和烷基化等亲电取代反应。同时，由于羟基中氧原子上电子云向苯环移动的结果，使氧原子上的电子云密度减少，因而，使得氢氧之间的电子云向氧的一方移动，所以使氢氧键的极性增强，易离解成氢离子因而显示一定的弱酸性，能与氢氧化钠溶液作用，生成可溶于水的酚盐，酚的酸性比碳酸还要弱。若将 CO_2 通入酚盐的水溶液中，苯酚即游离析出。

醚的化学性质比较不活泼，它比醇稳定得多，由于醚分子中的氧原子上具有未共用电子对，因此醚能与强无机酸作用，形成类似盐类的化合物——镁盐。利用这个性质可以将醚从烷烃或卤烷等的混合物中分离出来。用水将镁盐稀释，则镁盐分解而释放出来。醚与空气长期接触易生成有机过氧化物，受热时易爆炸，蒸馏乙醚前必须除去。

【仪器及试剂】

试管，烧杯，镊子，酒精灯。

无水乙醇，金属钠，异丙醇，正丁醇，仲丁醇，叔丁醇，95％乙醇，苯酚，1％ $K_2Cr_2O_7$ 溶液，$KHSO_4$，浓硫酸，稀盐酸，甘油，10％ $CuSO_4$ 溶液，5％ NaOH 溶液，5％的 Na_2CO_3 溶液，饱和苯酚水溶液，对苯二酚溶液，间苯二酚溶液，苯三酚溶液、α-萘酚溶液，饱和溴水，1％ $FeCl_3$ 溶液，酚酞试剂，Lucas 试剂。

【实验步骤】

1. 醇的性质

（1）醇钠的生成　在两支干燥的试管中分别加 1mL 无水乙醇和 1mL 正丁醇，再投入一块绿豆大小的金属钠，观察现象？当气体放出平稳时，在试管口用火柴点燃，有何现象？

待金属钠全部消失后，将溶液置于冰水中冷却，观察有无白色固体析出？然后加 1mL 水，加一滴酚酞试剂，有何变化？记录。

（2）醇的氧化

① 取 1mL 普通乙醇置于试管中，将一端弯曲成螺旋状的紫铜丝放在酒精灯火焰上烧至

表面有一层黑色氧化铜，迅速乘热把它放入盛有乙醇的试管里，注意闻生成物的气味，并注意观察螺旋状铜丝颜色的变化，记录。

② 在三支试管中，分别加入 1% $K_2Cr_2O_7$ 溶液 0.5mL 和 1 滴浓硫酸，摇匀后分别加入 2~3 滴正丁醇、仲丁醇和叔丁醇，振荡后，观察颜色和气味的变化。如无变化，微热后，再观察，记录。

(3) 甘油的脱水作用　取 2 滴甘油放在干燥的试管里，加入约 0.5g $KHSO_4$，振荡并加热，鉴别其臭味，记录。

(4) Lucas 试剂法　在三支试管中，分别加入 0.2mL 无水乙醇、异丙醇和叔丁醇，再各滴加入 0.4mL Lucas 试剂，塞好试管，在室温下振摇，静置观察现象。记录产生的现象和产生现象所需要的时间。

(5) 多元醇与氢氧化铜的反应　取 10% $CuSO_4$ 溶液 2mL 于试管中，再加 5% NaOH (约 1.5mL) 至 $Cu(OH)_2$ 沉淀全部析出后，倾出上层清液，沉淀加 2mL 水。振摇成悬浮液后分成二等份，分别滴加乙醇与甘油，各 2~3 滴 (随加振荡)，观察对比结果。

2. 酚的性质

(1) 酚的酸性

① 在试管里放一些苯酚的晶粒，再加一些水，振荡试管，结果水变得浑浊，形成了苯酚与水的混合物。加热，液体变得透明，为什么？再让液体冷却，观察所起的变化。解释这个现象。

② 向苯酚和水的混合物里滴加 5% 的 Na_2CO_3 溶液，再加以振荡，观察到什么现象。解释这个现象。用化学方程式表示所起的变化，记录。

③ 向生成的溶液里滴加少量稀盐酸，解释溶液又变浑浊的原因。写出反应的化学方程式，记录。

(2) 酚与溴水的反应　取 0.5mL 饱和的苯酚水溶液逐渐滴加饱和溴水，边加边振荡试管，观察现象。当加入溴水超过 4mL 时。倾泻，剩余 0.5mL，继续滴加溴水至生成白色的浑浊为止。解释观察到的现象，并写出所起的化学反应的方程式，记录。

(3) 酚与三氯化铁的颜色反应　取表 4.20-1 所列酚的溶液 (0.1g 酚加 1mL 水，不溶者加热使溶) 于试管中，加入 2~3 滴 1% $FeCl_3$ 溶液，观察颜色变化。如颜色不明显，可加几滴 5% NaOH 后进行观察。

表 4.20-1　酚与三氯化铁反应实验现象

化 合 物	结 构 式	与 $FeCl_3$ 生成之颜色	化 合 物	结 构 式	与 $FeCl_3$ 生成之颜色
苯酚			苯三酚		
对苯二酚			α-萘酚		
间苯二酚					

(4) 苦味酸的生成　在盛有 3mL 浓 HNO_3 的试管中加 0.5mL 水，然后小心逐滴加入 0.5mL 液态苯酚 (如果是固体可在水浴上缓慢温热使溶)，随时振荡混合 (反应激烈)。加热至沸，冷却后倒入水中，得到美丽的黄色苦味酸结晶，记录。

(5) 酚类的氧化作用　取 1mL 苯酚的饱和水溶液，加 5% Na_2CO_3 溶液 1mL，混合后滴加 0.5% $KMnO_4$ 溶液，同时随加振荡，观察现象，记录。

(6) 苯酚-甲醛树脂 (酚醛树脂) 的生成　在大试管中加入 3mL 液体苯酚和 2mL 福尔马林，混合均匀后，再加 4 滴浓盐酸。取一个合适的单孔软木塞，插一根长约 30cm 的玻璃管，把软木塞塞入试管口。把试管放在沸水浴中加热 20min，同时间歇地加以振荡。然后，用水冷却试管，这时下层树脂凝成黏稠的物质。倾去上层的水，再用冷水将试管内的树脂洗涤几次。用玻璃棒取出少量树脂，观察其外貌，并且试验它在热酒精中是否溶解，记录。

称取 0.3g 六亚甲基四胺，加到试管中湿的树脂上。重新装上带玻璃管的软木塞，放在 120℃左右的油浴中加热 20min，在开始一段时间中，稍加振荡。试管的树脂逐渐硬化成黄色硬块，冷却后用玻璃棒或铁丝把它从试管中钩出来。用镊子夹取一小块硬化了的树脂，放在灯焰上加热，观察其变化。将少量研碎的树脂放入试管中，加入适量 95％的酒精，加热观察树脂是否溶解，记录。

3. 醚的性质

（1）乙醚的生成　取 1mL 浓硫酸小心加入 1mL 酒精中，加浓硫酸时要渐渐加入，并随时加以振荡，把热的混合液在灯焰上小心加热至开始沸腾为止。此时，没有可燃性蒸气生成，也没有乙醚的气味出现，所有的乙醇的硫酸形成𨦡盐，把热的试管从灯焰中取出，很小心地把一根长的滴管插入在混合液中，滴加入 5～10 滴酒精，即有乙醚的气味出现，再加热混合液，用火柴点着乙醚的蒸气，比较乙醚的火焰和酒精的火焰。

（2）𨦡盐的生成　取 2mL 浓硫酸放在试管里，浸在冰水中冷近 0℃后，在试管里加入 1.5mL 预先冰冷的乙醚，加时要不断振荡，分几次加，并时时冷却。观察溶液是否分成二层，有无乙醚气味，用滴管吸出微量液体置表面皿上，以火燃之，是否燃着，何故？

把试管里液体倒入盛有 5mL 冷水和一小块冰的试管里，观察变化和气味，说明上述现象产生的原因。

4. 乙醚中过氧化物的检验

取 1mL 乙醚加入至 1mL 2‰KI 溶液，几滴稀 HCl，和几滴直链淀粉的溶液中。若溶液呈紫色或蓝色，即证明有过氧化物存在。

【结果与讨论】

按表 4.20-2 格式写实验报告，对观察到的现象进行解释，写出反应式。

表 4.20-2　实验报告

实验步骤	现象	化学反应式及解释

【注意事项】

1. 用镊子（切不可用手取）从瓶中取出一小块金属钠，先用滤纸吸干外面的煤油，用刀切除表面的氧化膜，再切成绿豆大一块供试验用。切下的外皮和剩下的钠放回原瓶，绝对不可抛在水槽或废液缸中。未作用完的钠也应用镊子取出，放在酒精中破坏。

2. 正丁醇比水轻，在水中溶解度较小，所以正丁醇钠水解后，不但因产生 NaOH 使酚酞指示剂变色，而且可观察到油状物浮在水面上。

3. 仲醇、叔醇也可与钠作用，但比伯醇慢些，除了含有羟基的化合物外，某些醛、酮、酯和酰胺与钠作用也能放出 H_2，样品若夹杂微量水分或羧酸等杂质，也有同样作用。所以实际工作中很少利用这个性质鉴定醇。

4. 重铬酸钾酸性液是强氧化剂：

$$K_2Cr_2O_7 + 4H_2SO_4 \longrightarrow K_2SO_4 + Cr_2(SO_4)_3 + 4H_2O + 3[O]$$

反应前后，反应液由橙色（$Cr_2O_7^{2-}$）变成绿色（Cr^{3+}）。

5. 若用 $KMnO_4$ 作氧化剂，在碱性介质中作用时，检出 MnO_2 沉淀（溶液变棕色），在酸性介质中，则由紫色变为无色。反应为：

碱性：

$$2KMnO_4 + H_2O \longrightarrow 2KOH + 2MnO_2 + 3[O]$$

酸性：

$$2KMnO_4 + 3H_2SO_4 \longrightarrow K_2SO_4 + 2MnSO_4 + 3H_2O + 5[O]$$

6. Lucas 试剂的配法：将 34g 熔化过的无水氯化锌溶于 23mL 浓盐酸中，边加边搅拌，并注意防止氯化氢的逃逸。

7. 甘油是三元醇，由于其分子结构中羟基数目的增加，引起了甘油性质的变化，致使羟基中氢的电离度增大，因此甘油具有弱酸性（$K_a = 7 \times 10^{-15}$），这种酸性不能用通常的指示剂检出，但甘油能与金属的氢氧化物如氢氧化铜作用，易发生类似于酸碱中和成盐的反应：

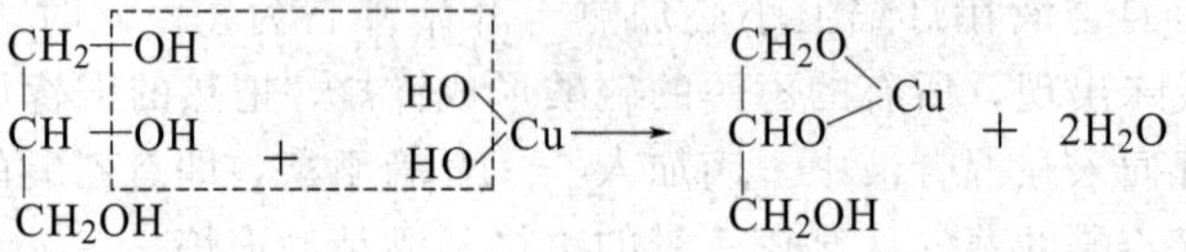

甘油铜

甘油铜可溶于水呈深蓝色，甘油的这种特性，多元醇都具有，可用来鉴定多元醇。

8. 多元醇如甘油在 KHSO₄ 催化剂作用下，加热发生脱水反应，生成丙烯醛，丙烯醛有特殊的臭味。

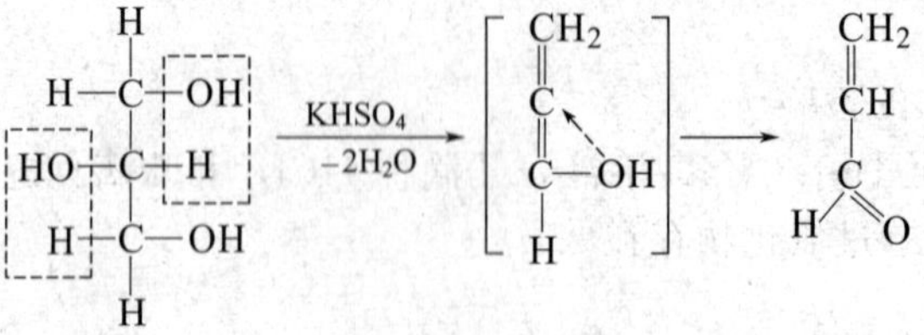

甘油　　　　　　　　　　　　　　　　　丙烯醛

9. 苯酚在水溶液中，很快发生溴代作用，产物是微溶于水的白色沉淀 2,4,6-三溴苯酚。溴水不仅是溴化剂，也是氧化剂。当加入过量的溴水时，三溴苯酚被氧化成淡黄色难溶于水的四溴化合物：

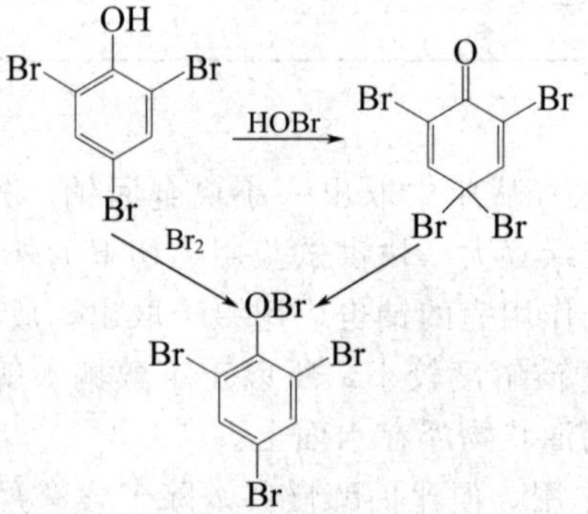

10. 酚类或含有酚羟基的化合物，大部分均能与 FeCl₃ 溶液发生各种特有的颜色反应。产生颜色的原因，主要是由于生成了电离度很大的酚铁盐：

$$FeCl_3 + ArOH \longrightarrow [Fe(O-Ar)]^{3-} + H^+ + Cl^-$$

11. 比较苯酚、苦味酸和碳酸的电离常数。

苦味酸 $K_a = 1.6 \times 10^{-1}$，碳酸 $K_a = 1 \times 10^{-7}$，苯酚 $K_a = 1.7 \times 10^{-19}$，苦味酸比碳酸强，故能分解碳酸盐。

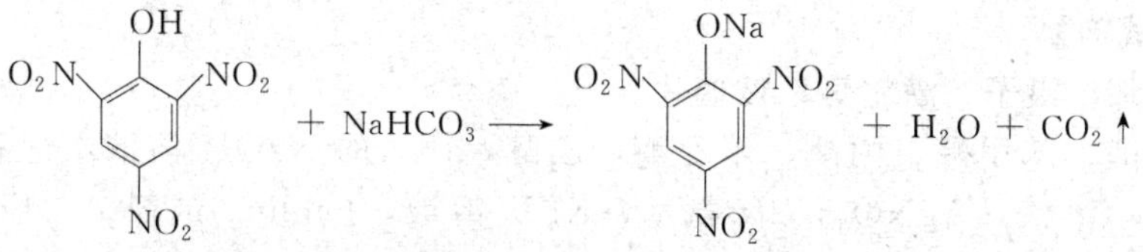

12. 酚类比芳烃更易被氧化，例如苯酚在碱性溶液中被 $KMnO_4$ 氧化后，生成复杂的混合物，此时 $KMnO_4$ 被还原成 MnO_2 沉淀析出。

13. 试管壁上如果有附着的树脂，可加少量氢氧化钠溶液，煮沸，黏附在试管壁上的树脂就会脱落下来。

14. 乙醚分子中氧原子未共用电子对能接受强酸中的氢离子而生成锌盐：

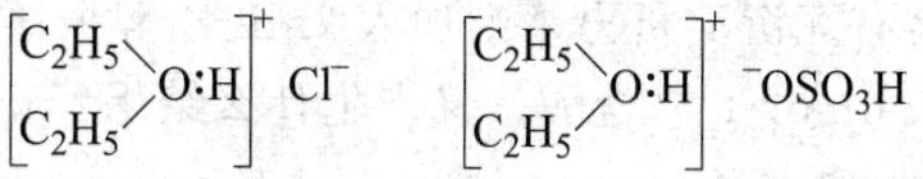

除醚外，醇、酸、酮、醛等含氧有机物也可生成锌盐，所以这个性质对鉴别醚类无实用意义。

【思考题】

1. 为什么乙醇和 $Cu(OH)_2$ 不发生反应，甘油即能？
2. 试用简单的方法区别乙醇、苯酚和甘油。
3. 苯酚为何可溶于 Na_2CO_3 而不溶于 $NaHCO_3$？
4. 对甲苯酚与对硝基苯酚的酸性比苯酚为强还是弱，为什么？
5. 为什么 Lucas 试剂能够鉴别伯醇、仲醇和叔醇？指出 Lucas 试剂鉴别的应用范围。
6. 用 $FeCl_3$ 检验酚时，应该在酸性溶液中还是在碱性溶液中进行，为什么？

【参考文献】

1. 唐玉海，刘芸主编. 有机化学实验. 西安：西安交通大学出版社，2002.
2. 王清廉，沈凤嘉. 有机化学实验. 北京：高等教育出版社，1994.

实验 4.21　醛和酮的性质

【实验目的】

1. 熟悉醛和酮的化学性质。
2. 掌握醛和酮的鉴别方法。

【实验原理】

醛类和酮类都是含有羰基的化合物。

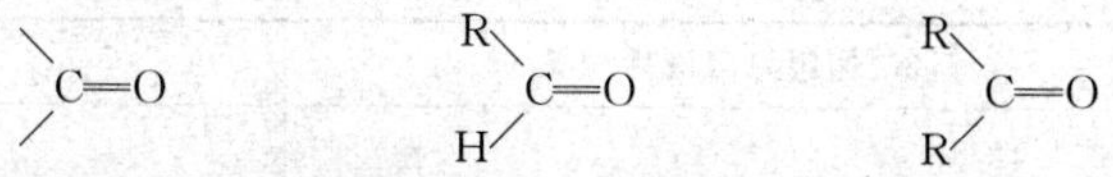

羰基的存在，决定它们具有共同的化学性质，例如羰基的亲核加成反应和 α-碳上活性氢原子的反应。但是，醛的羰基上连有一个烷基和一个氢，而酮的羰基上却连有两个烷基，它们的结构并不完全相同，因此它们的化学性质也就表现了差异，醛易被氧化剂 [托伦（Tollen）试剂，斐林（Fehling）试剂] 所氧化，而酮则不容易被氧化。

【仪器及试剂】

试管，烧杯，镊子，酒精灯，玻璃片。

甲醛，乙醛，苯甲醛，丙酮，苯乙酮，乙醇，10％的 NaOH 溶液，饱和 NaHSO₃ 溶液，5％AgNO₃ 溶液，AgNO₃，2％氨水，KI-I₂ 溶液，Fehling 试剂 A，Fehling 试剂 B，Schiff 试剂，2,4-二硝基苯肼试剂，盐酸，氧化铁红粉，0.25％氯化亚锡溶液，浓氨水，酒石酸钾钠，硫酸铜，清漆。

【实验步骤】

1. 与亚硫酸氢钠的加成反应

在三支试管中各加入 1mL 饱和 NaHSO₃ 溶液，然后分别加入 5～6 滴样品乙醛、苯甲醛、丙酮，小心振荡，观察有无沉淀析出，则加入 2mL 乙醇振荡后再观察。

如在生成的沉淀中加入 6mol·L⁻¹盐酸，又产生什么结果？记录于表 4.21-1。

表 4.21-1　与亚硫酸氢钠的加成反应

试　　剂	加 NaHSO₃	加 盐 酸	反　应

2. 与 2,4-二硝基苯肼的反应

在盛放 1mL 2,4-二硝基苯肼试剂于试管中，分别加入 1～2 滴样品乙醛，丙酮，振荡，观察结果，记录。

3. 醇醛的缩合反应

在试管中加入 1mL 10％的 NaOH 溶液，再加 1mL 乙醛，慢慢加热使之沸腾，注意气味及颜色的变化，记录。

4. 碘仿反应

分别取 0.5mL 样品（甲醛、乙醛、丙酮、苯乙酮和乙醇）于 5 支试管中，再分别加入 KI-I₂ 溶液 1mL，然后滴加 NaOH 溶液到反应混合物的颜色褪去为止。观察有无黄色沉淀析出？嗅其味，如无沉淀产生，则把试管放到 50～60℃的水浴中温热几分钟，冷后再观察现象，比较结果，并作出结论。

5. 银镜反应

取洁净试管一支，加入 5％ AgNO₃ 溶液 6mL，加 1 滴 10％NaOH 溶液，再逐滴加入 2％氨水，直到析出的氧化银沉淀刚好溶解为止。把配好的这份银氨溶液分别装到三支洁净的试管中，再分别加入 2 滴甲醛、乙醛和丙酮，2min 后若无变化在水浴（50～60℃）中加热，观察现象，比较结果，记录于表 4.21-2。

表 4.21-2　银镜反应

样　　品	加银氨溶液后现象	反应或解释
甲醛		
乙醛		
丙酮		

6. Tollen 试剂法

在洁净的试管中加入 5％AgNO₃ 溶液 6mL，5％NaOH 溶液 1 滴，然后在振荡下滴加稀氨水（浓氨水和水的体积比为 1：9，直到析出的沉淀刚好溶解为止，所得的澄清溶液即为 Tollen 试剂）。

将上述试剂分为四等份，置于 4 支十分清洁的试管中，分别加入甲醛、乙醛、苯甲醛和丙酮各 2～3 滴在热水浴中煮沸 2～5min，注意观察比较结果，记录。

7. Fehling 试剂的反应

取 Fehling 试剂 A 和 Fehling 试剂 B 各 0.5mL 放在试管里，混合均匀后加样品（甲醛、乙醛、苯甲酮和丙酮）5 滴，在水浴上煮沸，观察并比较结果，记录。

8. Schiff 试剂反应

取 4 支试管分别加入 Schiff 试剂 1mL，再分别滴加 2 滴样品（甲醛、乙醛、苯甲醛、丙酮），振荡后，观察颜色的变化，并与原来的试剂颜色对比，记录。

9. 制镜子

工业上镜子的制作过程，与实验室进行的银镜反应，基本原理相同，但实际操作略有不同，现分别叙述制作过程如下。

（1）玻璃的"打霉"与"上锡"   取玻璃片一片（约 8cm×8cm），洗净，用氧化铁红粉调水成浆状，倒少许在玻片上，用毛毡或纱布用力擦洗 5～6min，这一过程称为"打霉"。"打霉"完毕，用水冲净，洗净后，上银的一面，不可再用手接触，取玻片时要用手托住。

用 0.25% 的氯化亚锡溶液，用刷子蘸取少许，刷在玻璃片上刚才打霉的一面，来回几次，刷后，用蒸馏水冲洗一遍，这一过程称为"上锡"。

（2）银氨溶液及硫酸铜-酒石酸钾钠络盐溶液的配制   称 1g $AgNO_3$ 溶于 4mL 水中，缓慢滴加浓氨水，滴加至 Ag_2O 沉淀重新溶解为止，过滤以除去悬浮物质，然后加 200mL 蒸馏水稀释。

称 4g 酒石酸钾钠，加热溶于 8mL 水中，并加入 0.2g $CuSO_4 \cdot 5H_2O$，使生成硫酸铜-酒石酸钾钠的络盐。

然后加 200mL 水稀释。

两种溶液分别配制，在使用前按 1：1 的比例等量混合（以上配方可制 0.24m^2 的镜子）。

（3）制镜   将玻片平放在烧杯上，一起放在水浴锅中，水浴锅加热水并热至 50～60℃，将银氨溶液与硫酸铜-酒石酸钾钠混合液慢慢地倒在玻片上，保温 45min～1h，当溶液已由透明转成灰白色，即告完成。将玻片上多余的水倒去，用蒸馏水冲去浮银，放在 60～70℃ 的烘箱上（立放）烘干。

（4）上漆   镜子背面上漆，配方为清漆一份，红丹一份，滑石粉 1.5 份，汽油 1.5 份，漆干后即制成镜子。

【结果与讨论】

通过实验总结醛、酮的化学性质，并从结构上比较醛、酮性质的相似与差异。

【注意事项】

1. 饱和 $NaHSO_3$ 溶液的配制

在每 100mL 的 40% $NaHSO_3$ 溶液中，加入不含醛的无水乙醇 25mL。由于商品 $NaHSO_3$ 久置后会失去 SO_2 而变质，所以上述试液可按下法配制。

将研细的碳酸钠晶体（$Na_2CO_3 \cdot 10H_2O$）与水混合，水的用量使粉末上只覆盖一薄层水为宜，然后在此混合物中通入 SO_2 气流，至 Na_2CO_3 近乎完全溶解，乃得呈苍绿色的试液。或将 SO_2 通入 1 份 $NaHCO_3$ 与 3 份水的混合物中，至 $NaHCO_3$ 全部溶解为止。

2. 2,4-二硝基苯肼试剂的配制

将 2,4-二硝基苯肼 1g 溶于 7.5mL 浓硫酸，将此酸性溶液加到 75mL 95% 乙醇中，最后用蒸馏水稀释到 250mL，必要时可以过滤后使用。

3. KI-I$_2$ 溶液的配制

取 20g KI，溶解在 80mL 蒸馏水中，加 10g 碘片，摇动，使碘片溶解。

4. 配制银氨溶液时应防止加入过量的氨水，否则将生成易爆炸的雷酸银（AgONC），后者受热或撞击会引起爆炸，试剂本身将失去灵敏性。

5. 银氨溶液久置后会析出黑色氮化银（Ag$_3$N）沉淀，它受振动时分解，发生猛烈的爆炸，有时潮湿的氮化银也能引起爆炸，因此，银氨溶液必须在临用时配制，不宜配制过夜使用，更不能贮存备用，以免发生意外。

6. 如果试管不清洁（或反应过快），则不能形成银镜，而是析出黑色细粉状金属银沉淀，因此试管必须事先顺序用热水洗涤液、蒸馏水、10%NaOH 溶液，最后再用蒸馏水充分洗涤干净。

7. 加热应在水浴中进行，不能直接用灯焰煮沸，否则可能产生易爆炸的雷酸银。

8. 试验完毕后，试管中加入少许稀 HNO$_3$ 煮沸，洗去银镜，再用水冲洗，以免久置产生易爆炸的雷酸银。

9. Fehling 试剂的配制

A 液：取 34.6g CuSO$_4$·5H$_2$O 溶在 200mL 水中，加 0.5mL 浓 H$_2$SO$_4$，混匀后，用水稀释至 500mL。

B 液：取 173g 酒石酸钾钠和 71g 粒状氢氧化钠溶在 400mL 水中，再用水稀释到 500mL（如无酒石酸钾钠，可以取 93g 纯的酒石酸和 122g 粒状 NaOH，溶在 400mL 水中。再稀释到 500mL）。

两种溶液应分别保存，使用前，取等量混合。

10. Schiff 试剂的配制

（1）取 0.2g 纯的品红盐酸盐和 2mL 浓盐酸溶在 200mL 水中，加 2g NaHSO$_3$，加以振荡。

（2）取 0.5g 纯的品红盐酸盐溶在 500mL 水中，过滤再取 500mL 水，放在锥形瓶中，通入 SO$_2$ 气体，饱和后，把这两种溶液混合，放置一夜，应该是无色清亮溶液。此试剂应保存在密闭的棕色瓶里。

品红为三苯甲烷染料，原系桃红色，被 SO$_2$ 饱和后，变为无色的席夫试剂，其变化过程如下：

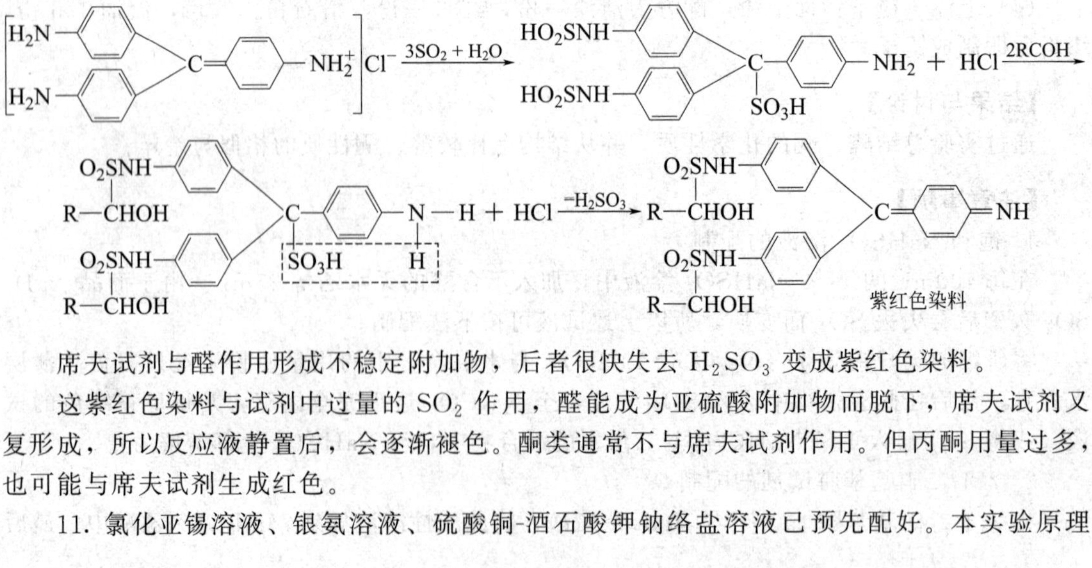

席夫试剂与醛作用形成不稳定附加物，后者很快失去 H$_2$SO$_3$ 变成紫红色染料。

这紫红色染料与试剂中过量的 SO$_2$ 作用，醛能成为亚硫酸附加物而脱下，席夫试剂又复形成，所以反应液静置后，会逐渐褪色。酮类通常不与席夫试剂作用。但丙酮用量过多，也可能与席夫试剂生成红色。

11. 氯化亚锡溶液、银氨溶液、硫酸铜-酒石酸钾钠络盐溶液已预先配好。本实验原理是酒石酸根在碱性溶液中被银氨离子氧化，生成复杂的混合物，其中有酮酸和不饱和羧酸，银氨离子还原为银。

12. 氯化亚锡的作用是"敏化剂"，使银镜光洁，附着加强。

【思考题】

1. 假如苯甲醇中混有苯甲醛的杂质，用什么方法将苯甲醛除掉？
2. 丙酮能否发生银镜反应，为什么？
3. 假如银镜反应的试验效果不好，失败的原因有哪几种可能？

【参考文献】

1. 唐玉海，刘芸主编. 有机化学实验. 西安：西安交通大学出版社，2002.
2. 王清廉，沈凤嘉. 有机化学实验. 北京：高等教育出版社，1994.

实验 4.22　羧酸及其衍生物的性质

【实验目的】

1. 熟悉羧酸及其衍生物的化学性质。
2. 掌握羧酸及其衍生物的特征反应和鉴别方法。

【实验原理】

羧酸具有羧基（—COOH），羧基是由羟基和羰基直接相连而成。由于羟基氧上的 p 轨道和羰基的 π 键在分子中的 p-π 共轭的相互影响，表现出羧基结构的特点，即羧基中羰基的稳定性，羟基的酸性。羧基中羰基的稳定性表现在能与醛酮发生反应的试剂，与羧酸的羰基不发生反应。羟基的酸性表现在低级脂肪酸能使石蕊或其他酸碱指示剂变色，与碱中和生成脂肪酸盐。一元羧酸的酸性的强度小于无机酸而大于碳酸。芳香族羧酸和二元酸的酸性的强度大于饱和一元羧酸。

羧酸中的羟基不但表现出酸性，而且能被卤素（X）、烷氧基（—OR），酰氧基（RCOO—），氨基（—NH$_2$）取代，从而生成酰卤、酸酐、酯、酰胺等一系列羧酸的衍生物。它们都能发生水解、醇解、氨解等反应。只是反应速率存在差别。

油脂的主要成分是高级脂肪酸和甘油所生成的酯，在常温是液态称为油，固态的称为脂。它们也可以看作是高级脂肪酸的衍生物。

油脂在过量的碱液中水解，生成脂肪酸盐和甘油，这个反应在工业上用来制造肥皂。所以来把酯在碱性条件下水解称为皂化反应。

【仪器及试剂】

试管，酒精灯，有柄蒸发皿。

甲酸，乙酸，草酸，丁二酸，己二酸，邻苯二甲酸，乙酸钠，乙酰胺，乙酐，乙酰氯，浓硫酸，稀硫酸，冰醋酸，盐酸，硬脂酸，硬脂酸单甘油酯，甘油，油脂，十六醇，十八醇，10% Na$_2$CO$_3$ 溶液，0.5% KMnO$_4$ 溶液，30% NaOH，10% CuSO$_4$ 溶液，饱和食盐水，Br$_2$/CCl$_4$ 溶液，四氯化碳，石蕊试液，蓝色石蕊试纸，香精。

【实验步骤】

1. 酸性试验

（1）取 0.5mL 乙酸溶液于试管中，滴加 1～2 滴石蕊试液，观察颜色变化。

（2）在试管里放少量乙酸钠（CH₃COONa），注入浓硫酸约 2mL，用酒精灯微热，注意闻乙酸的气味，将用水蘸湿的蓝色石蕊试纸放在管口，颜色有什么变化？记录。

2. 甲酸与 Tollen 试剂的作用（甲酸的还原性）

在一支试管中，加入 5% AgNO₃ 溶液 6mL，5% NaOH 溶液 1 滴，然后在振荡下滴加稀氨水（浓氨水和水的体积比为 1∶9，直到析出的沉淀刚好溶解为止），加入 3～5 滴甲酸，微微加热，观察现象，记录。

3. 与浓硫酸作用

在一支试管内，小心地把 1mL 浓硫酸与 0.5mL 甲酸混合起来，然后稍微加热，用排水集气法收集产生的气体，点燃观察现象，记录。

在一装有导管的小试管内，加入 0.5g 草酸和 1mL 浓硫酸，将导管伸入另盛有 1～2mL 石灰水的小试管中，稍微加热，观察现象。并将点燃的火柴接近盛有石灰水的管口，观察现象，记录。

4. 酯化反应

在试管中加入 2mL 乙醇和 0.5mL 浓硫酸，混合均匀后，再加入 2mL 冰醋酸，用塞子塞住瓶口，塞子上插入一根长的玻璃管，作冷凝器用（图 4.22-1）。

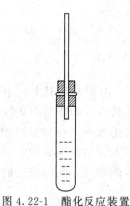

图 4.22-1　酯化反应装置

在 60～70℃水浴中加热几分钟，小心地用 10% Na₂CO₃ 溶液中和其中的酸，把液体注入盛有 10mL 饱和食盐水溶液的小烧杯中。

观察是否有酯层析出，并注意闻一下乙酸乙酯的气味，记录。

5. 氧化反应

在三支装有导气管的试管中，加入 1mL 稀硫酸与 0.5% KMnO₄ 溶液 2mL，再分别加入 0.5mL 甲酸、0.5mL 乙酸、0.1g 草酸溶于 1mL 水中，加热至沸，将导气管末端伸入到盛有石灰水的试管中，观察现象。

6. 二元酸的失羧反应

在一支硬质试管中加入草酸、丁二酸、己二酸、邻苯二甲酸各 1g，装上导气管，导气管口伸入盛有 1～2mL 石灰水的试管内，加热，观察现象，记录。

7. 油脂的皂化和性质的测定

称取猪油 3g，放在有柄蒸发皿中，加入 3mL 乙醇加热使油脂溶解，然后加入 30% NaOH 3mL 并用小火加热，用竹筷不停地搅拌，并适时添加温水，以维持溶液原有体积，经 5～10min，试验皂化是否完成。

试验皂化是否完全，可取出几滴样品放在试管里，加入 5mL 蒸馏水，加热并不断振荡试管，如果没有油滴分出，表示皂化完全，否则将继续加热使皂化完全。

皂化完后，把制得的黏稠液倒入 10～15mL 饱和食盐水中，搅拌，析出的肥皂浮于液面，冷却后肥皂层凝固，取出作去污试验。

取一块自制的肥皂放入试管中，加入 6mol·L⁻¹ 盐酸 5mL，加热，观察有何现象。

取盐析过肥皂的水溶液 2mL，加入几滴 5% NaOH，再加几滴 10% CuSO₄ 溶液，检验其中存在的甘油，记录。

8. 雪花膏的制备

在 150mL 烧杯中，加入 1.5mL 10% KOH 溶液及 30mL 蒸馏水，在水浴上加热到 98℃。

另外一小烧杯中，称取硬脂酸 3.5g，硬脂酸单甘油酯 0.75g，甘油 0.75g，十六醇、十八醇各 0.12g。加热使熔。趁热将混合液到入烧杯中，并不断用竹筷搅拌，搅拌时注意不要将烧杯弄破，保持在 98℃，搅拌 20～30min，生成白色乳液，从水浴中取出，在搅拌下冷却，加入数滴三花香精，继续搅拌即成雪花膏，记录。

9. 油脂的不饱和性

在 2 支干燥的盛有 1mL 四氯化碳的试管里分别加入 2 滴蓖麻油、亚麻油，振荡使其溶解。在振荡下滴加 Br_2/CCl_4 溶液，至溶液的颜色不再褪去为止，记录。

注释：如若要比较各种油脂不饱和的程度，则所取样品要等量，用滴定管滴加 Br_2/CCl_4 溶液，比较消耗 Br_2/CCl_4 溶液的量，即可得出各种油脂的不饱和程度。

工业上需用碘值来表示油脂的不饱和程度，碘值是油脂分析的一个重要指标。

10. 酰胺的水解反应

(1) 酸性水解　取乙酰胺 0.1g 加入试管中，加稀硫酸 1mL，加热至微沸，是否有醋酸味产生，用蓝色石蕊试纸在试管口试之，观察是否变红。

(2) 碱性水解　取乙酰胺 0.1g 加入试管中，加 10% NaOH 溶液 1mL，加热至微沸，是否有氨味产生，用红色石蕊试纸在试管口试之，观察是否变蓝，记录。

11. 酰卤和酸酐的性质

(1) 水解作用　在两支已加入 1mL 水的试管中分别滴入数滴乙酐和乙酰氯，先观察后振摇，如不溶可微热，观察变化。

(2) 醇解作用　在两支已加入 1mL 无水乙醇的干燥试管中分别滴入数滴乙酐和乙酰氯，振摇后观察有无变色，无变化用小火加热至沸，用 10% NaOH 中和至混合物对石蕊试纸呈碱性，嗅其气味。

(3) 乙酰化作用　在两支干燥试管中加入 5 滴苯胺，然后分别滴入数滴乙酐和乙酰氯。振摇之，观察变化，如变化不显著，加热至沸，观察有何变化，加入 1mL 冷水，观察有何变化？

将生成的乙酰胺再加 1 滴硫酸进行水解，观察有何现象？（气味）记录。

【结果与讨论】
列表总结羧酸及其四种衍生物的性质差别。

【注意事项】

1. 乙酸是一种弱酸，又是一种挥发性酸，所以它可以用难挥发的强酸（H_2SO_4）和乙酸的盐起反应而制得。

2. 皂化过程加酒精的目的是增加油脂的溶解度，使混合液呈均质，加快皂化反应的速率。

3. 雪花膏是一种水包油的乳剂，生成雪花膏过程主要反应是生成硬脂酸钾和过量的硬脂酸（上述配方硬脂酸过量）在搅拌下与水形成乳剂。

$$C_{17}H_{35}COOH + KOH \longrightarrow C_{17}H_{35}COOK + H_2O$$

雪花膏其他成分的作用如下。

甘油：吸水作用，防止皮肤干裂。

硬脂酸单甘油酯：耐寒作用，防止雪花膏受寒干裂。

十六醇、十八醇：使雪花膏乳化效果好，保持雪花膏细腻具光泽。

4. 加热搅拌过程中如水分损失过多，雪花膏变得稠厚，此时应略加水，保持 30mL 的体积。

【思考题】

1. 硫酸在酯化反应里起什么作用？

2.怎么才有利于酯化反应向前进行？

3.如何判断：用 Na_2CO_3 溶液中和反应混合液中余酸时所加入的 Na_2CO_3 溶液的量刚好中和余酸？

4.比较几种简单二元酸失羧产物。

5.写出制造肥皂的反应方程式。

6.盐析的原理是什么？

7.比较酰胺、酰卤和酸酐的水解产物。

【参考文献】

1.唐玉海，刘芸主编.有机化学实验.西安：西安交通大学出版社，2002.

2.王清廉，沈凤嘉.有机化学实验.北京：高等教育出版社，1994.

实验 4.23　含氮化合物的性质

【实验目的】

1.掌握含氮化合物（硝基化合物、胺类、重氮及偶氮化合物）的化学性质。

2.掌握含氮化合物的鉴别方法。

【实验原理】

有机含氮化合物是碳原子直接和氮原子相连的一类化合物，它们主要有硝基化合物、胺类、重氮化合物及偶氮化合物，见表 4.23-1。

表 4.23-1　含氮化合物

化 合 物	通　式	举　　例
硝基化合物	R—NO₂	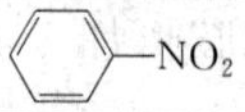 ⬡—NO₂　硝基苯
胺类	R—NH₂	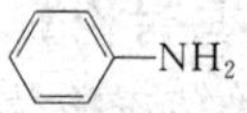 CH₃NH₂ 甲胺　⬡—NH₂　苯胺
重氮化合物	ArN₂Cl	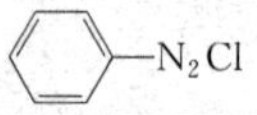 ⬡—N₂Cl　氯化重氮苯
偶氮化合物	Ar—N=N—Ar	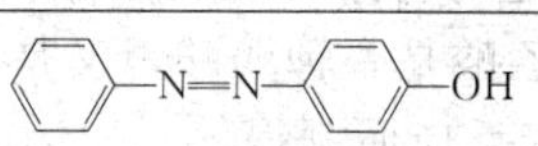 ⬡—N=N—⬡—OH　对羟基偶氮苯

硝基化合物中以芳香族硝基化合物为重要，芳香族硝基化合物最主要的化学性质是还原反应。硝基苯在酸性条件中用铁还原，最终得到苯胺：

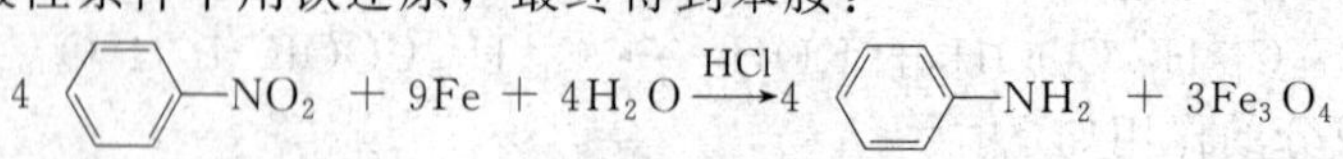

$$4 \bigcirc\!\!-NO_2 + 9Fe + 4H_2O \xrightarrow{HCl} 4 \bigcirc\!\!-NH_2 + 3Fe_3O_4$$

胺分子中含有氨基，具有碱性。芳香胺因为存在共轭效应，其碱性比脂肪族胺类弱。芳香胺的化学性质主要表现在两个方面，苯环上的化学反应和氨基上的化学反应。氨基是邻、对位定位基（除非是在强酸性介质中），因此，芳胺的邻、对位上很容易发生苯环上的取代反应。芳胺很容易被氧化，暴露在空气中就能逐渐被氧化，同时颜色变深。

在强酸存在下，芳胺与亚硝酸可进行重氮化反应，生成芳香重氮盐。

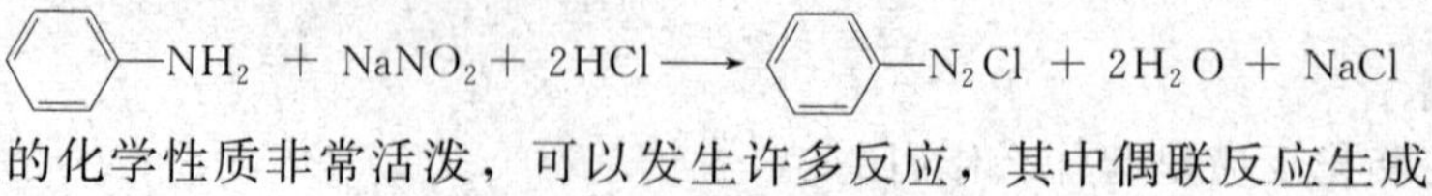

$$\bigcirc\!\!-NH_2 + NaNO_2 + 2HCl \longrightarrow \bigcirc\!\!-N_2Cl + 2H_2O + NaCl$$

芳香重氮盐的化学性质非常活泼，可以发生许多反应，其中偶联反应生成有色物质偶氮化合物，很多偶氮化合物可用作染料。

$$\text{} N_2Cl + \text{} OH \xrightarrow[0℃]{NaOH} \text{} N=N \text{} OH$$

对羟基偶氮苯（橙色）

【仪器及试剂】

试管，烧杯，酒精灯。

苯，苯胺，硝基苯，锌粉，浓盐酸，浓硫酸，浓硝酸，碳酸钠，NaOH，重铬酸钾，β-萘酚，饱和溴水，饱和醋酸钠溶液，亚硝酸钠，漂白粉（或次氯酸盐），淀粉-碘化钾试纸。

【实验步骤】

1. 硝基苯的还原

在 25mL 锥形瓶中加入 0.5mL 硝基苯、10mL 酒精，振荡使其溶解。然后加入 0.5g 氯化铵和 0.5g 锌粉，安装回流冷凝管振荡后煮沸。放置 5min，过滤，取滤液 1mL，加 Tollen 试剂 2mL。观察现象，并记录。

2. 溶解度与碱性试验

取 4 支试管，分别加入甲胺、二甲胺、苄胺和苯胺各 10 滴，再分别加入 3mL 水，振荡后观察溶解情况。若不溶可稍微加热，观察溶解情况。若仍不溶，可逐滴加入浓盐酸使其溶解，再加入 2.5mol·L^{-1} 的氢氧化钠溶液，观察现象，记录。

3. 苯胺盐的生成

取 1～2 滴苯胺，加 1mL 蒸馏水，振荡，再加浓盐酸 1～2 滴，振荡后观察结果。用水稀释（逐滴加入），观察现象。最后加浓碱液。观察结果，记录。

4. 胺的酰化反应

（1）Hinsberg 反应　取 3 支试管，配好塞子，在试管中分别加入 10 滴苯胺、N-甲基苯胺、N,N-二甲基苯胺，再各加入 2.5mol·L^{-1} 的氢氧化钠溶液 2.5mL 和 10 滴苯磺酰氯，塞好塞子，用力振摇 3～5min。用手触摸试管底部，哪支试管发热，为什么？取下塞子，在水浴中温热至苯磺酰氯气味消失。冷却后用 pH 试纸检验 3 支试管内溶液是否呈碱性，若不为碱性，加 2.5mol·L^{-1} 的氢氧化钠溶液调至碱性。观察苯胺、N-甲基苯胺、N,N-二甲基苯胺各有什么现象？记录。

① 有沉淀析出，用水稀释并摇振后沉淀不溶解，是哪一类胺？

② 最初不析出沉淀或经稀释后沉淀溶解，小心加入 6mol·L^{-1} 的盐酸至溶液呈酸性。此时若生成沉淀是哪一类胺？

③ 试验时无反应发生，溶液仍有油状物，是哪一类胺？

（2）乙酰化反应　取 3 支试管，分别加入苯胺、N-甲基苯胺、N,N-二甲基苯胺各 5 滴，再分别加入 5 滴乙酸酐，充分振摇后置沸水浴中加热 2min，放冷后加入 10 滴 2.5mol·L^{-1} 的氢氧化钠溶液调至碱性。观察现象，并说明了什么问题？记录。

5. 苯胺的氧化作用

（1）取几滴苯胺和 1mL 水，滴加几滴漂白粉溶液，观察颜色变化。

（2）用苯胺黑染色　把一块白棉布或麻布放在溶有少量碳酸钠的水里煮过，并用水洗净。

在烧杯里加入 100mL 水，加入 2g 重铬酸钾，使溶于水。然后加入硫酸、盐酸、苯胺各 1mL，经过充分振荡后，把棉布浸入并加热到沸腾。煮沸约 2min，用镊子取出棉布，用水冲洗，晾干，棉布就染成黑色，记录。

6. 苯胺的溴化作用

在5～6mL水中滴入1滴苯胺，振荡，使其全部溶解后，取此苯胺溶液2mL，滴加饱和溴水，观察有何现象，记录。

7. 芳胺和亚硝酸的作用

(1) 重氮盐的制备　取2mL苯胺，放在小烧杯里，加6mL浓盐酸和10mL水，把烧杯浸在冰水里，冷到0℃，另外取2g亚硝酸钠，溶在10mL水中，慢慢地滴加到以上的烧杯里，并且随时加以振荡，滴加时保持温度在0～2℃之间。当混合液使淀粉-碘化钾试纸显出蓝色时停止加入亚硝酸钠。将重氮盐溶液保存用作下面实验用。

(2) 重氮盐的分解　取制备的2mL重氮盐溶液放在试管里，用酒精灯稍微加热，然后加几滴溴水，有何现象，生成何物？记录。

8. 偶合反应

(1) 取0.2g β-萘酚溶于4mL　10% NaOH溶液。把溶液分成两份，在一份中加入5mL水稀释后，加入2mL本实验7制备的重氮盐溶液，析出橙红色沉淀。

(2) 把另一份 β-萘酚碱溶液用三倍水稀释后，取一条白色的棉布放在溶液里浸几分钟，把用酚的碱溶液浸透的布条取出，用镊子稍微挤去水后备用。

另取5mL冷的本实验7制备的重氮盐溶液放在25mL的烧杯中，加1～2块碎冰，然后再加1～2mL饱和醋酸钠溶液。

浸在重氮盐的溶液里，布条立刻染成鲜橙色。过5～6min后，用镊子把染得的布条取出，用水充分漂洗后晾干。染料固着在布上，漂洗时近乎不被洗去，记录（将用冰染法染得的布条贴在下面）。

9. 缩二脲反应

取一支干燥试管，加入约0.5g尿素。在酒精灯上加热熔化，观察是否有气体放出，在试管口贴一小块湿润的pH试纸检验其酸碱性，记录。

继续加热至试管内物质凝固，待冷却后加入1～2mL蒸馏水，用玻璃棒搅拌，使固体尽可能溶解。将上层液倾入另一试管中，加入3～4滴 2.5mol·L^{-1} 的氢氧化钠溶液及1～2滴 0.05mol·L^{-1} 的硫酸铜溶液，观察颜色有何变化？记录。

【结果与讨论】
试解释本实验2甲胺、二甲胺、苄胺和苯胺的溶解度与碱性试验中，你所观察到的实验现象。

【注意事项】
1. 苯胺很容易被氧化，与漂白粉（或次氯酸盐）及重铬酸钾/硫酸溶液生成特有的颜色反应。这些有颜色的化合物结构很复杂，一般都含有醌型结构 $\left(O=\!\!\!\!\bigcirc\!\!\!\!=O \right)$。重铬酸钾氧化苯胺生成苯胺黑染料，对酸和碱稳定，可以使棉布染色，也可用作实验台的涂色。

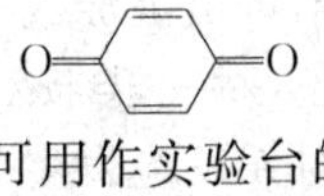

2. 在强酸存在下，低温时（0～5℃）芳香伯胺与亚硝酸可进行重氮化反应生成重氮盐，重氮盐的水溶液加热煮沸时，则分解生成酚：

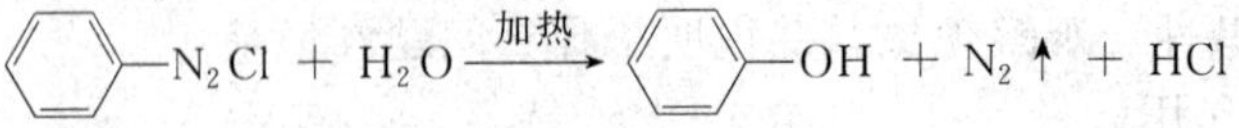

苯酚的生成可用饱和溴水溶液与苯酚生成白色沉淀（2,4,6-三溴苯酚）来鉴别。

3. 氯化重氮苯与 β-萘酚钠在碱性溶液中发生偶合反应：

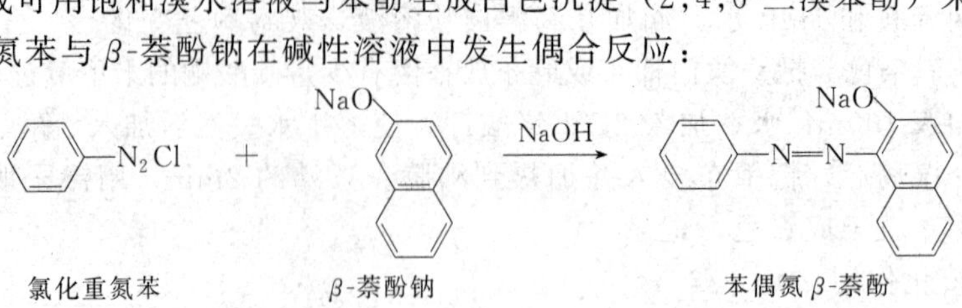

氯化重氮苯　　　　　β-萘酚钠　　　　　　　　　苯偶氮 β-萘酚

假如将布条浸在 β-萘酚钠的溶液中，然后与氯化重氮苯在冰浴中进行偶合反应，则偶合反应直接在布条上发生，染料固着在布上，不易褪去。这种染色方法称为冰染法。

【思考题】

1. 如何除去三乙胺中少量的乙胺及二乙胺？

2. 如何用简单的化学方法区别丙胺、甲乙胺和三乙胺？

3. 有一含氮化合物，向其水溶液中加几滴碱性硫酸铜，溶液呈紫色。能否说明该化合物一定为缩二脲？

【参考文献】

1. 唐玉海，刘芸主编. 有机化学实验. 西安：西安交通大学出版社，2002.

2. 王清廉，沈凤嘉. 有机化学实验. 北京：高等教育出版社，1994.

实验 4.24 蛋白质的性质

【实验目的】

1. 熟悉蛋白质的化学性质。

2. 掌握蛋白质的鉴别方法。

【实验原理】

蛋白质是由许多 α-氨基酸通过肽键连接成多肽的高分子化合物，蛋白质的元素组成中含有碳、氢、氧、氮、硫等。

蛋白质的分子量很大，具有特定的复杂结构，分子中又有游离的氨基、羟基和羧基等官能团，因此，蛋白质具有其特殊的性质。

蛋白质和氨基酸相似，分子中含有酸性基团与碱性基团，因此它是一种两性化合物，与酸或碱都能生成盐。每种蛋白质在水溶液中都有一个等电点。各种蛋白质的等电点各不尽相同，蛋白质在水中的溶解度在其等电点时为最小。

蛋白质的分子量很大，分子颗粒大小在胶体颗粒范围之内（$1\sim100\mu m$），所以溶解于水的蛋白质能形成稳定的亲水胶体，表现出胶体的性质。当在蛋白质溶液中加入碱金属或碱土金属的中性盐，能使蛋白质从溶液中沉淀出来，这种方法称为盐析。盐析出来的蛋白质沉淀用水处理，又可以重新成为溶液。这种蛋白质的沉淀是可逆沉淀。

蛋白质遇强酸、强碱、重金属盐、加热、紫外线或 X 射线处理等物理或化学因素的作用，使分子内部结构和性质发生变化。这种性质叫做蛋白质的变性。蛋白质变性后，就失去生理活性。

蛋白质可以和许多试剂（如水合茚三酮）发生特殊的显色反应，用以鉴定蛋白质的存在。

蛋白质在酸、碱或蛋白酶的作用下能发生水解作用，水解的最终产物是 α-氨基酸。

【仪器及试剂】

试管，酒精灯。

脲，浓硝酸，冰醋酸，苯酚，鸡蛋白水溶液，饱和硫酸铵溶液，1%硫酸铜溶液，5%醋酸铅溶液，5%氢氧化钠溶液，10%氢氧化钠溶液，30%浓氢氧化钠溶液，饱和苦味酸溶液，饱和鞣酸溶液，福尔马林溶液，水合茚三酮试剂，红色石蕊试纸。

【实验步骤】

1. 热对蛋白质的作用

在试管里加入鸡蛋白水溶液 2mL，加热，蛋白质就凝结成絮状。把絮状蛋白质取出放在水里，是否溶解？记录。

2. 盐类对蛋白质的作用

(1) 在试管里盛鸡蛋白溶液 2mL，加入同体积的饱和硫酸铵溶液振荡，溶液变得怎样？把少量这种溶液注入另一试管的蒸馏水里，振荡后溶液变得怎样？记录。

(2) 取两支试管，分别加入 1mL 鸡蛋白溶液，在一支试管里滴加 1％硫酸铜溶液，加时不断振荡，在另一支试管里滴加 5％的醋酸铅溶液，观察产生的变化，记录。

3. 颜色反应

(1) 双缩脲反应

① 先将脲制成双缩脲，做对照反应：取少许脲粉末放在干燥试管中，在弱火上加热至熔融及至脲开始硬化时立即停止加热，并使其冷却，此时氨挥发，形成双缩脲（$H_2NCONHCONH_2$），加 10％ NaOH 溶液 1mL 摇匀，再加 1％硫酸铜数滴振荡之，观察发生的变化。

② 取 1mL 鸡蛋白溶液放在试管里，加入 1mL 10％的 NaOH 溶液，然后加 1～2 滴 1％的硫酸铜溶液（勿过量），观察颜色的变化，记录。

(2) 黄蛋白反应　取 1mL 鸡蛋白溶液，加几滴浓硝酸，微热，观察颜色变化，记录。

(3) 茚三酮试剂反应　取 1mL 鸡蛋白溶液，滴入 2～3 滴水合茚三酮试剂，在沸水浴中加热 10～15min，观察颜色，记录。

4. 蛋白质水解和元素定性鉴定

在盛有 1mL 鸡蛋白（不是溶液）的试管里，注入 2mL 30％浓氢氧化钠溶液，加热煮沸。有没有氨的气味产生？用湿的红色石蕊试纸或用玻璃棒蘸取浓盐酸来检验氨。继续加热到鸡蛋白完全溶解为止。

向试管的溶液里滴入几滴 5％醋酸铅溶液。有什么现象发生？

这个试验证明蛋白质里含有什么成分？记录。

5. 用生物碱试剂沉淀蛋白质

取两支试管，分别加入 1～2mL 鸡蛋白溶液，再各加入 1％醋酸溶液，使呈酸性，分别滴加饱和的苦味酸溶液及饱和鞣酸溶液，观察有何变化？记录。

6. 用苯酚、福尔马林沉淀蛋白质

将 1～2mL 鸡蛋白溶液分别注入两支试管，各分别加入等体积的苯酚和福尔马林溶液静置，观察有何现象？二者使蛋白质凝结速度有何不同？记录。

7. 酸、碱和蛋白质的作用

取 2～3mL 鸡蛋白溶液放在试管里，一滴一滴加入冰醋酸，加时要加以振荡，观察是否有沉淀析出。当沉淀发生，继续加酸沉淀又溶解（为什么？）

将制得的蛋白质酸性溶液取出一半，加热煮沸，观察是否有沉淀生成。另一半一滴一滴小心加入 5％氢氧化钠溶液不断振荡，观察当过量的酸被中和时，有何现象，加入过量的碱又有何现象。加入过量碱溶液煮沸，是否有沉淀发生，记录。

【结果与讨论】

按要求完成实验报告。

【注意事项】

1. 蛋白质溶液受热时，蛋白质就凝固而析出。加热后凝结了的蛋白质不能再溶解于水。

这就是有机体不能耐高温的原因。因为细胞原生质是蛋白质的胶体溶液，所以蛋白质的凝结就可以使细胞死亡，这就是高温能杀死一切生物的原因。

2. 卵清蛋白溶液的制取：取鸡蛋一个，两端各戳一小孔，让卵清蛋白滴入烧杯，去掉蛋黄，加 10 倍容积的蒸馏水加以振荡，把混合物用湿润的纱布过滤而成。

3. 盐析作用一般有两个原因：①胶体蛋白质颗粒上所带的电荷，被吸附在颗粒上面的离子所中和，使蛋白质颗粒容易凝聚起来；②蛋白质颗粒外面所带的水膜，因为所加的大量的盐的离子水化作用而破坏。

4. 双缩脲在碱性溶液中与铜盐生成紫红色的络合物 $(H_2NCONHCONH_2)_2 \cdot 2NaOH \cdot Cu(OH)_2$，这是双缩脲的特性。凡含有—CO—NH—基的化合物，能起类似的双缩脲反应。蛋白质能起双缩脲反应，说明蛋白质分子中有酰氨基（—CO—NH—）的存在。

5. 水合茚三酮是苯并环三酮戊烷的含水物，组成如下

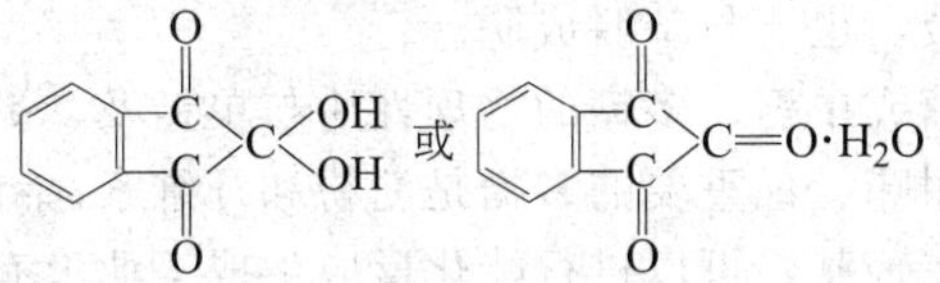

$$\text{（结构式）}$$

水合茚三酮的配制：溶 0.1g 水合（茚）三酮于 5mL 水中即得，配制后应在两天内用完，放置过久，易变质失灵。

6. 任何 α-氨基酸与任何含有游离氨基的蛋白质或水解产物均有此显色反应。

7. 含氨的杂环与生物碱试剂发生沉淀（如烟碱、生物碱等），蛋白质分子与生物碱试剂发生沉淀，证明蛋白质分子中存在含氨的杂环。

8. 蛋白质分子中的—NH_2 与苯酚、福尔马林生成微溶于水的缩合物。这也是苯酚和福尔马林的消毒原理。

【思考题】

1. 为什么急救重金属盐中毒病人时，可以给病人服大量乳品或鸡蛋白清？

2. 重金属盐使鸡蛋白清的沉淀作用与碱金属盐使鸡蛋白清的沉淀作用有什么本质上的不同？

3. 蛋白质溶液中加冰醋酸时发生沉淀，继续加酸，沉淀又溶解，为什么？

4. 蛋白质的酸性溶液中加碱发生沉淀，加入过量的碱，沉淀又溶解，为什么？

5. 什么叫做等电点？

【参考文献】

1. 唐玉海，刘芸主编. 有机化学实验. 西安：西安交通大学出版社，2002.
2. 王清廉，沈凤嘉. 有机化学实验. 北京：高等教育出版社，1994.

实验 4.25　糖的性质——旋光仪和显微镜的使用

【实验目的】

1. 熟悉糖类的化学性质。

2. 掌握糖类的化学鉴别方法。

【实验原理】

绝大多数糖类化合物的实验式都符合于 $C_n(H_2O)_m$ 的通式，其分子中氢原子和氧原

子之比恰恰相当于水分子中所含氢和氧的比，即可以看成是碳和水组成，所以又称碳水化合物。但是更确切地讲，糖是多羟基醛或酮，以及水解后可以产生多羟基醛和酮的化合物。

糖类化合物可以分成单糖、低聚糖和多糖。葡萄糖、果糖属于单糖；蔗糖、麦芽糖属于低聚糖（二糖）；淀粉、纤维素属于多糖。

单糖一般具有还原性，属于还原糖，可以与斐林试剂、银氨溶液发生反应。单糖结构中存在羰基，因此可以与苯肼生成糖脎。不同的糖生成的糖脎各有一定的晶型和熔点，在反应中成脎速度也不相同。所以，成脎反应常用来作糖的定性鉴定。

一分子的二糖能水解成两分子的单糖。蔗糖水解后，可得到葡萄糖与果糖；麦芽糖水解后，可得到两分子的葡萄糖。自然界存在的二糖可分为还原糖和非还原糖两大类。蔗糖是非还原性二糖，它不能还原斐林试剂和银氨溶液，也不能与苯肼反应。麦芽糖是还原性糖，它能还原斐林试剂和银氨溶液，也能与苯肼成脎。

多糖能水解，生成二糖或单糖。多糖的物理性质与单糖及二糖完全不同，它一般不形成晶体，不溶于水，也没有甜味。最重要的多糖是淀粉和纤维素。纤维素是由很多葡萄糖分子缩合而成，分子链中仍存在羟基，可以进行酯化反应生成工业上有重要用途的硝酸纤维素酯及醋酸纤维素酯，也可进行成醚反应，生成羧甲基纤维素。

【仪器及试剂】

旋光仪，试管，玻璃片，烧杯，蒸发皿。

葡萄糖，果糖，麦芽糖，蔗糖，淀粉，浓硫酸，浓硝酸，浓盐酸，碘，碘化钾，5％硝酸银溶液，5％ NH_4OH 溶液，20％ NaOH 溶液，40％ NaOH 溶液，银氨溶液，氯乙酸溶液，苯肼试剂，工业酒精，乙醚。

【操作步骤】

1. 与银氨溶液反应

取 4mL 5％硝酸银溶液，缓慢滴入 5％氨水溶液至生成的沉淀重新溶解为止，将此新配制的溶液分盛入五支干净的试管中，然后分别加入 1mL 5％的葡萄糖、果糖、麦芽糖、蔗糖、淀粉溶液，将试管放置于热水浴中加热，观察现象，记录。

2. 斐林试剂法

取斐林试剂甲和斐林试剂乙各 5mL 放在试管里混合，将混合后的溶液分装于四支清洁的试管中，然后分别加入 1mL 5％的葡萄糖、果糖、麦芽糖、蔗糖、淀粉水溶液，将试管放置于热水浴中加热，观察现象，记录。

3. Molish 试剂法

取 4 只试管，分别加入 0.5mL 5％的葡萄糖、果糖、麦芽糖、蔗糖、淀粉溶液。再加入两滴 10％的 α-萘酚的酒精溶液，振摇混合后，将试管倾斜成 60°，用滴管吸取少量浓硫酸，沿试管徐徐加入糖溶液中，硫酸和糖溶液明显分为两层，仔细观察两层交界是否有紫色环出现，若数分钟内仍无色，可在水浴中温热，再观察现象，记录。

4. 脎的生成

取 4 只试管，分别加入 5％的葡萄糖、果糖、麦芽糖和蔗糖溶液各 1mL，再各加新配制的苯肼试剂 1mL，混匀后，在试管口用少量棉花塞住，同置于沸水浴中加热，时加振荡。观察并记录各试管中形成脎的晶体所需的时间，若无沉淀，可取出试管放冷后再观察。

用显微镜观察并画出各种糖脎的结晶形状，记录于表 4.25-1。

表 4.25-1　糖脎的结晶形状

试　剂	葡萄糖	果　糖	麦芽糖	蔗　糖
结晶形状				
结晶速率				

5. 淀粉和碘的显色反应

取 1mL 淀粉浆溶液，加 1 滴碘溶液（2g 碘和 5g 碘化钾溶于 100mL 水中），显深蓝色，加热后颜色褪去，冷后颜色又显，记录。

6. 淀粉的水解

水解淀粉一般有两种方法：一是用酸水解；二是在淀粉酶的作用下水解。本实验用酸水解。

取淀粉溶液 2mL，再加浓硫酸 0.5mL，混合均匀后置于沸水中，15min 后取出冷却，用 20% NaOH 溶液中和之，加入 2～3mL 银氨溶液，在水浴上加热有什么现象发生？淀粉发生了什么变化？记录。

7. 纤维素的水解

在玻璃片上放 1～2cm² 的滤纸，在纸上加一滴浓硫酸。用玻璃棒把纸在酸里捣成纸浆移到试管里，然后加 1mL 水，把试管放在沸水里摇动约 5min，直到液体成为亮棕色为止。从上述试管里取出 1mL 溶液注入另一试管，滴入 20% 的碱溶液到溶液呈中性或弱碱性，然后加入 2mL 银氨溶液，在水浴上加热，有什么现象发生？纤维素发生了什么变化？记录。

8. 硝化纤维的制备和性质

取 5mL 浓硝酸（$d=1.4$）放在大试管里，在振荡下小心加入 7mL 浓硫酸（$d=1.84$）。把热的混酸稍微冷却到 35℃ 以下。取 1 小块（0.5g 左右）脱脂棉花浸入混酸中，并用玻璃棒轻轻搅和。过 15min 后，用玻璃棒挑出棉花，放在烧杯中用水充分洗涤，洗时用手把棉花摊开，洗至中性，洗毕用手把棉花挤干，再用滤纸吸干。最后放到蒸发皿里，放在沸水浴上干燥，即得硝化纤维，做下列试验。

(1) 燃烧性　取硝化纤维一小块放在铁丝网上点火，结果如何？

(2) 火棉胶的制备　取一小块硝化纤维放在干燥的试管里，加 2mL 酒精与乙醚的混合液（1∶1），并用玻璃棒搅拌硝化纤维，起何变化？把此溶液（火棉胶）倒在玻璃板上，溶液挥发后起何现象？从玻璃板上取下后，用镊子夹起放在灯焰上，结果如何？记录。

9. 羧甲基纤维（CMC）的制备

在 100mL 小烧杯里，加入 1g 滤纸（剪碎，越碎越好），逐滴加入 3mL 40% NaOH 溶液，不断搅拌均匀。另取 1.5g 氯乙酸溶解在 3mL 酒精中，把此溶液逐滴加入烧杯中，搅拌均匀，放置过夜（取出少许置于盛有清水的试管中，摇动后如溶解则反应完全）。此时形成碱性羧甲基纤维，将其倒入盛有 1.5mL 浓盐酸和 30mL 65%～70% 酒精溶液的烧杯中，搅拌均匀。中和至 pH 值为 7 左右，抽气过滤，用少量 65%～75% 酒精冲洗，取出晾干即成，记录。

10. 比旋光度的测定

利用旋光仪测定糖类的比旋光度，其过程：校正旋光仪的零点；配制糖溶液（100mL 溶液内含 10g 精制蔗糖），放入旋光管中，测定其旋光度，代入下列公式：

$$[\alpha]_D^t = \frac{100\alpha}{lc}$$

计算出蔗糖的比旋光度（文献 $[\alpha]_D^{20} = +66.5°$）。

【结果与讨论】

按要求完成实验报告。

【注意事项】

1. 斐林试剂的配制：见实验 4.21。

2. 苯肼试剂的配制：取 5g 苯肼的盐酸盐溶解在 10mL 水中，如果溶液呈深色或浑浊现象，可以加入少量活性炭共热过滤，然后加入 9g 醋酸钠晶体，搅拌使溶，贮存有色瓶中备用。

由于苯肼试剂久置易失效，可以改将 2 份盐酸苯肼与 3 份醋酸钠晶体混合研匀后，临用时取适量混合物，使溶于水，即可使用。

苯肼的蒸气很毒，用棉花堵塞住试管口，可减少苯肼蒸气进入空气的机会。苯肼接触皮肤亦可以引起中毒，故取用苯肼时要小心，如不慎触及，应用 5％醋酸冲洗后再用肥皂洗涤。

3. 蔗糖为非还原性糖，不能与苯肼作用生成脎，但在水浴中煮沸，发生水解作用，生成葡萄糖和果糖，二者能与苯肼作用生成相同的糖脎。

4. 淀粉与碘的反应是一个复杂的过程，主要是由于碘和淀粉生成了分子络合物，同时淀粉也吸着一部分碘。此种分子络合物受热后或有酒精或碱等存在时，均易褪色。

5. 淀粉浆的配制：取约 1g 干燥的淀粉，加 5～6mL 水，搅拌后静置 1～2min，把水倾去，余下的淀粉再用水照样洗涤 2～3 次，最后再加水并加以搅拌后，把淀粉的悬浮液倾入盛有 50mL 沸腾的水的烧杯中，生成淀粉浆。

6. 淀粉在酸性水溶液中受热水解，随着水解程度增大，淀粉分解为较小的分子，生成糊精的混合物，进一步水解最后成麦芽糖和葡萄糖。

7. 糊精颗粒与碘试液有显色反应，反应随水解程度的增大由蓝色经紫色、红棕色而变为黄色。淀粉水解为麦芽糖后，对碘试液就不再有显色反应，但对斐林试剂显还原性。

8. 纤维素经碱处理后与 $ClCH_2COOH$ 反应，生成含有羧基的纤维素醚，反应为：

$$[C_6H_9O_4 \cdot ONa]_n + ClCH_2COOH + NaOH \longrightarrow [C_6H_9O_4OCH_2COONa]_n + NaCl + H_2O$$

羧甲基纤维素钠

【思考题】

1. 假如析出的不是银镜，而是黑色沉淀，则可能是什么原因引起的？

2. 蔗糖为非还原性糖，不能进行斐林试剂与银氨溶液的反应，假如实验结果呈正性反应，则可能是由于什么原因引起的？

3. 糖尿病患者小便中含有葡萄糖，可以用什么方法鉴定出来？其含量多少又是根据什么鉴定的？

4. 葡萄糖和果糖的糖脎的结晶形状是否相同？为什么？

5. 火棉胶和赛璐珞有何不同？

【参考文献】

1. 唐玉海，刘芸主编. 有机化学实验. 西安：西安交通大学出版社，2002.

2. 王清廉，沈凤嘉. 有机化学实验. 北京：高等教育出版社，1994.

第 5 章 制备与纯化实验

实验 5.1 物质的分离和提纯——KNO₃ 的制备

【实验目的】

1. 学习利用温度对物质溶解度的不同影响和复分解反应制备盐类的方法。
2. 进一步熟悉溶解、蒸发浓缩、结晶、过滤等基本操作。
3. 学习热过滤操作,掌握用重结晶法提纯物质的技术。

【实验原理】

KNO_3 是无色透明斜方(或菱形)晶体或白色粉末,味咸而凉。在空气中不易潮解,密度为 $2.019g \cdot cm^{-3}$(16℃),熔点334℃,400℃时分解并转变为 $KNO_2 + O_2$,继续加热则分解为 K_2O。易溶于水和甘油,不溶于乙醇和乙醚。

复分解法是制备无机盐类的常用方法。利用复分解反应可以制得不溶性盐,但可溶性盐则需要根据温度对反应体系中几种盐类溶解度的不同影响来处理。

本实验是利用 $NaNO_3$ 与 KCl 通过复分解反应来制取 KNO_3,其反应式为:

$$NaNO_3 + KCl \Longrightarrow KNO_3 + NaCl$$

根据氯化钠的溶解度随温度变化不大,而氯化钾、硝酸钠和硝酸钾在高温时具有较大或很大的溶解度而温度降低时溶解度明显减小(如氯化钾、硝酸钾)或急剧下降(如硝酸钾)(见表5.1-1),将一定浓度的硝酸钠和氯化钾混合液加热浓缩,当温度达118~120℃时,由于硝酸钾溶解度增加很多,达不到饱和,不析出;而氯化钠的溶解度增加甚少,随浓缩、溶剂的减少,氯化钠析出。通过热过滤除氯化钠,将此溶液冷却至室温,即有大量硝酸钾析出,氯化钠仅有少量析出,从而得到硝酸钾粗产品。再经过重结晶提纯,可得到纯品。

表 5.1-1　硝酸钾等四种盐在不同温度下的溶解度　单位: $g \cdot (100gH_2O)^{-1}$

盐	t/℃							
	0	10	20	30	40	60	80	100
KNO_3	13.3	20.9	31.6	45.8	63.9	110.0	169	246
KCl	27.6	31.0	34	37.0	40.0	45.5	51.1	56.7
$NaNO_3$	73	80	88	96	104	124	148	180
NaCl	35.7	35.8	36.0	36.3	36.6	37.3	38.4	39.8

【仪器及试剂】

台秤,电炉,酒精灯,烧杯,量筒,石棉网,铁架台,铁圈,布氏漏斗,抽滤瓶,真空水泵,温度计,玻璃棒,大漏斗,铜质夹套,剪刀。

$NaNO_3$(工业纯),KCl(工业纯),$AgNO_3$(0.1mol·L⁻¹),HNO_3(6mol·L⁻¹),滤纸。

【实验步骤】

1. KNO_3 的制备

在台秤上称取 19.0g $NaNO_3$ 和 15.0g KCl 并放入 100mL 烧杯中,加入 30.0mL 水并在

烧杯壁外做一记号。在石棉网上加热使固体溶解，继续加热蒸发至原体积的 2/3，趁热进行热过滤，动作要快。待滤液冷却至室温后用减压过滤法把 KNO_3 晶体尽量抽干，再用两张滤纸挤压晶体以吸干水分。称量 KNO_3 的质量为 m_1，保留 0.2g 粗产品供杂质检验，其余全部用于重结晶。

计算理论产量和产率。

2. KNO_3 的重结晶

按粗产品 KNO_3 : H_2O（质量比）=2 : 1 的比例，量取所需水的体积，将粗产品溶于其中。加热并搅拌，全部溶解后，停止加热，溶液冷却至室温后抽滤，得较纯净的产品，用滤纸吸干水分后称量质量为 m_2。

3. 产品纯度检验

分别取 0.1g 粗产品和精产品于两支试管中，各加 2.0mL 蒸馏水溶解配成溶液，各加 1 滴 $6mol \cdot L^{-1}$ HNO_3 酸化后，再各滴入 2 滴 $0.1mol \cdot L^{-1}$ $AgNO_3$ 溶液，观察现象，进行对比并得出结论。

【结果与讨论】

1. 将实验结果填入表 5.1-2。

表 5.1-2　产品报告

项　目	理论值	粗产品	纯产品	项　目	理论值	粗产品	纯产品
产品外观	—			产率/%	—		
产量/g				产品纯度[①]/%	—		

① 产品纯度以 NaCl 定性检验结果表示，以"明显"、"微量"、"无"等表示。

2. 试设计从母液中提取较高纯度 KNO_3 晶体的实验方案。

【注意事项】

1. 严格控制加水量，加热过程中须搅拌。

2. 热过滤时需将一切准备工作做好，而且动作要迅速。

3. 进行产品质量检验时，最好将粗产品和重结晶产品装入不同的试管，分别贴上标签，同时进行检验，对比观察。

【思考题】

1. 实验的操作关键有哪些？如何提高 KNO_3 的产率？

2. 计算 KNO_3 的理论产量时以何种试剂为标准？

3. 减压过滤比常压过滤有什么优点？

4. 粗产品 KNO_3 重结晶时，每 2g KNO_3 加入 1g 蒸馏水是如何确定的？

【参考文献】

北京师范大学编. 无机化学实验. 第 2 版. 北京：高等教育出版社，1991.

实验 5.2　由粗食盐制备试剂级氯化钠

【实验目的】

1. 通过粗食盐的提纯，了解盐类溶解度知识在无机物提纯中的应用，学习"中间控制步骤"检验离子的方法。

2. 练习有关的基本操作：离心、过滤、蒸发、pH 试纸的使用、无水盐的干燥和滴定等。

3. 学习台秤的使用和用目视比浊法进行限量分析。

【实验原理】

粗食盐中含有不溶性杂质（如泥沙等）及可溶性杂质（CO_3^{2-}、SO_4^{2-}、Ca^{2+}、Mg^{2+} 和 K^+ 等）。不溶性杂质可用溶解和过滤除去。由于氯化钠的溶解度随温度的变化很小，不能用重结晶的方法进行纯化，而需用化学法处理，使可溶性杂质都转化成难溶物而过滤除去。

由粗食盐制备试剂级氯化钠的原理是：利用稍过量的 $BaCl_2$ 与粗食盐中的 SO_4^{2-} 反应转化为难溶的 $BaSO_4$，沉淀过滤；加 Na_2CO_3 与 Ca^{2+}、Mg^{2+} 及过量 Ba^{2+} 生成碳酸盐沉淀，沉淀过滤；稍过量的 Na_2CO_3 会使滤液至碱性，加盐酸除去过量的 CO_3^{2-}，有关化学反应式如下。

$$Ba^{2+} + SO_4^{2-} \longrightarrow BaSO_4 \downarrow$$

$$Ca^{2+} + CO_3^{2-} \longrightarrow CaCO_3 \downarrow$$

$$Ba^{2+} + CO_3^{2-} \longrightarrow BaCO_3 \downarrow$$

$$2Mg^{2+} + 2OH^- + CO_3^{2-} \longrightarrow Mg_2(OH)_2CO_3 \downarrow$$

$$2H^+ + CO_3^{2-} \xrightarrow{\triangle} CO_2 \uparrow + H_2O$$

粗食盐溶液中的 K^+ 和上述各沉淀均不起作用，仍留在溶液中。由于 KCl 的溶解度大于 NaCl 的溶解度，K^+ 的含量在粗食盐中较少，所以在蒸发和浓缩食盐溶液时，NaCl 先结晶出来，而 KCl 仍留在溶液中，过滤时 K^+ 到滤液中，少量多余的盐酸，在干燥 NaCl 时以氯化氢形式逸出，从而达到提纯 NaCl 的目的。

提纯后的 NaCl 要进行杂质的限量分析。限量分析是将被分析物配成一定浓度的溶液，与标准系列溶液进行目视比色或比浊，以确定杂质含量范围。如果被分析溶液颜色或浊度不深于某一标准溶液，则杂质含量就低于某一规定的限度。这种分析方法称为限量分析。

在目视比色法中标准系列法较为常用。其方法为利用一套由相同玻璃质料制造的一定体积和形状的比色管，把一系列不同量的标准溶液依次加入到各比色管中，并分别加入等量的显色剂和其他试剂，再稀释至同等体积，即配成一套颜色由浅至深的标准色阶。把一定量的被测物质加入另一同规格的比色管中，在同样条件下显色，并稀释至同等体积，摇匀后将比色管的塞子打开，并和标准色阶进行比较，比较时应从管口垂直向下观察，如被测溶液与标准系列中某一溶液的颜色深度相同，则被测溶液就等于该标准溶液的浓度，若介于相邻两种标准溶液之间，则可取这两种标准溶液的平均值。

【仪器及试剂】

台秤，电子天平，酒精灯，烧杯，电炉，玻璃棒，试管，量筒，表面皿，普通漏斗，真空水泵抽滤瓶，布氏漏斗，离心机，称量瓶，比色管，棕色酸式滴定管，锥形瓶。

HCl（$6\,mol \cdot L^{-1}$），$BaCl_2$（$0.1\,mol \cdot L^{-1}$、$1\,mol \cdot L^{-1}$），Na_2CO_3（饱和），HCl（$2\,mol \cdot L^{-1}$），HAc（$6\,mol \cdot L^{-1}$），$NaOH$（$1\,mol \cdot L^{-1}$），$(NH_4)_2C_2O_4$（饱和），镁试剂（1%），亚硝基钴酸钠（$0.1\,mol \cdot L^{-1}$），乙醇（95%），pH 试纸。

【实验步骤】

1. 粗食盐的提纯

（1）溶解　用台秤称取 10.0g 食盐于 100mL 烧杯中并加 40.0mL 蒸馏水。加热搅拌使其溶解，溶液中的少量不溶性杂质，留待下步过滤时一起滤去。

（2）除去泥沙和 SO_4^{2-}　将溶液继续加热至沸并用小火维持微沸，取 3.0mL 1.0mol·L^{-1} $BaCl_2$ 于小量筒中，边搅拌边逐滴加入 $BaCl_2$ 至溶液中全部的 SO_4^{2-} 都变成 $BaSO_4$ 沉淀，为了检验 SO_4^{2-} 是否沉淀完全，将烧杯从加热源上取下并停止搅拌，待沉淀沉降后，沿烧杯壁加 1~2 滴 1.0mol·L^{-1} $BaCl_2$ 溶液，如清液无浑浊，表明 SO_4^{2-} 已沉淀完全❶；若出现浑浊，则要继续滴加 1.0mol·L^{-1} $BaCl_2$ 溶液至沉淀完全为止。记录 $BaCl_2$ 的用量。盖上表面皿在微火上继续加热至近沸 3min 后静置，用倾析法将不溶性杂质及 $BaSO_4$ 沉淀过滤掉，注意：倾析时尽量不要将沉淀转入溶液中。

（3）除去 Ca^{2+}、Mg^{2+} 和过量的 Ba^{2+}　将滤液加热至沸并用小火维持微沸，同时量取 5.0mL 饱和 Na_2CO_3 于一小量筒中，在搅拌下先加入 0.5mL 1.0mol·L^{-1} NaOH，再滴加饱和 Na_2CO_3 溶液至不再产生沉淀为止。按（2）中的方法用饱和 Na_2CO_3 溶液检验清液中的杂质离子是否沉淀完全，若沉淀完全，记录所用 Na_2CO_3 的量。用微火煮沸并搅拌沉淀液 2min。注意要防止加热过度，否则液面上将有 NaCl "晶花"产生。此时要补加少量蒸馏水。静置片刻，用普通漏斗常压过滤于蒸发皿中。

（4）除去 OH^- 和 CO_3^{2-}　向滤液中滴加 2.0mol·L^{-1} 盐酸并搅拌，使溶液的 pH=3~4，记录所用盐酸的体积。将蒸发皿放于电炉上加热至微沸，然后再用 1mol·L^{-1} NaOH 溶液调节溶液的 pH 为中性。

（5）蒸发、浓缩和结晶与除 K^+　将溶液在电炉上蒸发至液面出现晶膜时，改用小火加热并不断搅拌。当溶液蒸发至稀糊状时（切勿蒸干！为什么？）停止加热。冷却至室温后减压抽滤，同时取 5.0mL 乙醇洗涤晶体，抽滤时尽量将晶体中的水分抽干。

（6）炒盐　将 NaCl 晶体转入蒸发皿中，在酒精灯上用小火烘炒，烘炒过程中应用长玻璃棒不断搅动，以防食盐结块和溅出。待无水蒸气逸出后，再强热烘炒数分钟，得到的 NaCl 晶体应是洁白和松散的。冷却后称重并计算回收率。

2. 产品纯度检验

（1）限量分析法（比浊法）检验 NaCl 产品的质量　称取 1.0g 产品于 25mL 比色管中❷，加 15.0mL 蒸馏水搅拌使其溶解，再加 3.0mL 2mol·L^{-1} 盐酸和 3.0mL 0.1mol·L^{-1} $BaCl_2$，加蒸馏水稀释至刻度，摇匀并放置 5min 后与标准溶液进行比浊。根据溶液产生浑浊的程度，确定产品中 NaCl 杂质含量所达到的等级（表 5.2-1）。

表 5.2-1　限量分析法检验产品的等级

规格	一级（分析纯）	二级（化学纯）	三级（一般试剂）
SO_4^{2-} 含量/mg	0.01	0.02	0.05

❶ 也可用 "中间控制检验" 法检验：吸取上面清液 1~2mL 于离心试管中离心分离，在离心清液中滴加 2 滴 1mol·L^{-1} $BaCl_2$ 溶液，振荡试管观察是否有浑浊现象。如无浑浊现象，说明 SO_4^{2-} 已经完全沉淀，将离心液倒回烧杯中；如有浑浊现象，则说明 SO_4^{2-} 尚未沉淀完全，将离心液倒回以后，继续滴加 8~10 滴 $BaCl_2$ 溶液，然后再取样，检验直至 SO_4^{2-} 沉淀完全。

❷ 严格地说应当先在小烧杯中将固体溶解后，再转移到比色管中。由于 NaCl 固体易溶于水，且在溶解中热效应较小，而且溶液无色，又考虑到初学者操作上的困难，因而直接在比色管中溶解样品。

（2）定性检验 NaCl 产品质量　分别称取 1.0g 粗食盐和提纯后的产品于两支试管中，用 4mL 蒸馏水溶解，然后分别均分于四支试管中，组成四组溶液，根据表 5.2-2 中的方法对照检验它们的纯度。

表 5.2-2　定性检验 NaCl 产品质量

检验项目	被检溶液	检验方法	实验现象	结论
SO_4^{2-}	1mL 粗 NaCl 溶液	加入 3 滴 6mol·L^{-1} HCl 和 4 滴 0.1mol·L^{-1} $BaCl_2$		
	1mL 纯 NaCl 溶液			
Ca^{2+}	1mL 粗 NaCl 溶液	1mL 6mol·L^{-1} HAc ＋ 2 滴饱和 $(NH_4)_2C_2O_4$ 溶液		
	1mL 纯 NaCl 溶液			
Mg^{2+}	1mL 粗 NaCl 溶液	2 滴 6mol·L^{-1}NaOH＋2 滴镁试剂		
	1mL 纯 NaCl 溶液			
K^+	1mL 粗 NaCl 溶液	1 滴 0.1mol·L^{-1} 亚硝基钴酸钠		
	1mL 纯 NaCl 溶液			
结论				

（3）产品中氯化钠含量的定量测定（参见实验 3.7-1 中的方法）　杂质最高含量中 SO_4^{2-} 的标准（以质量百分比计）见表 5.2-3。

表 5.2-3　定量测定氯化钠产品中的杂质含量

规格	优级纯（一级）	分析纯（二级）	化学纯（三级）
SO_4^{2-} 含量	0.001	0.002	0.005

【结果与讨论】

根据实验结果，计算产率，判断产品质量。

【注意事项】

1. 加水不能太多，将粗食盐加水至全部溶解为限，否则会给以后的一系列操作带来困难。

2. 在加入沉淀剂过程中，溶液煮沸时间不宜过长，以免水分蒸发而使 NaCl 晶体析出。若发现液面有晶体析出时，可适当补充些蒸馏水。

3. 产品须回收，由教师检查并登记质量。

【思考题】

1. 溶盐的水量过多或过少对实验结果有何影响？

2. 为什么选用 $BaCl_2$、Na_2CO_3 作沉淀剂？为什么除去 CO_3^{2-} 不用其他强酸？

3. 为什么先加 $BaCl_2$ 后加 Na_2CO_3？为什么要将 $BaSO_4$ 过滤掉才加 Na_2CO_3？

4. 为什么往粗盐溶液加 $BaCl_2$ 和 Na_2CO_3，均要加热至沸？

5. 加 HCl 除去 CO_3^{2-} 时，为什么要把溶液的 pH 值调至 3～4？调至恰为中性如何？

6. 烘炒 NaCl 前，尽量将 NaCl 抽干，有何好处？

7. 固-液分离有哪些方法？怎样根据实验情况选择固-液分离的方法？

【参考文献】

1. 袁书玉主编. 无机化学实验. 北京：清华大学出版社，1996.
2. 吴泳主编. 大学化学新体系实验. 北京：科学出版社，1998.
3. 侯振雨主编. 无机及分析化学实验. 北京：化学工业出版社，2004.
4. 罗士平等主编. 基础化学实验（上）. 北京：化学工业出版社，2005.

实验 5.3   由钛铁矿制取二氧化钛

【实验目的】

1. 掌握由钛铁矿（$FeO \cdot TiO_2$）制取二氧化钛的原理及操作方法。
2. 掌握钛及其化合物的性质。

【实验原理】

钛铁矿的主要成分为钛酸铁（$FeTiO_3$），其杂质主要为 Mg、Mn、V、Cd、Al 等。由于这些杂质的存在及一部分铁（Ⅱ）在风化过程中转化为铁（Ⅲ），所以 TiO_2 的含量变化范围较大，一般为 46%～52% 左右，含铁（总量）35%～45%。

钛铁矿与硫酸反应缓慢，因此需加热使反应加快。在 160～200℃ 温度下钛铁矿与过量的浓硫酸与钛铁矿反应，生成 Ti 和 Fe 的可溶性盐。

$$FeTiO_3 + 2H_2SO_4 \longrightarrow TiOSO_4 + FeSO_4 + 2H_2O$$
$$FeTiO_3 + 3H_2SO_4 \longrightarrow Ti(SO_4)_2 + FeSO_4 + 3H_2O$$

它们都是放热反应，反应一旦开始后就会进行得十分剧烈。反应的温度可达 200℃ 以上，因此当反应开始时即可停止加热。

用水浸取分解产物，这时钛和铁等以 $TiOSO_4$ 和 $FeSO_4$ 形式进入溶液。此外，还有一部分硫酸高铁也进入溶液，而 Fe^{3+} 是影响产品质量最有害的物质，因此需在浸出液中加入过量的铁粉，把 Fe^{3+} 完全还原为 Fe^{2+}，铁粉过量以保护 Fe^{2+} 不被氧化，同时还可进一步把小部分 TiO^{2+} 还原为 Ti^{3+}（紫色），Ti^{3+} 的存在可以保证 Fe^{3+} 被还原完全（一旦溶液中存在有 Ti^{3+}，就可以有效地保护 Fe^{2+} 不被氧化为 Fe^{3+}）。有关的电极电势如下：

$$Fe^{2+} + 2e^- \Longrightarrow Fe \qquad\qquad E^\ominus(Fe^{2+}/Fe) = -0.44V$$
$$Fe^{3+} + e^- \Longrightarrow Fe^{2+} \qquad\qquad E^\ominus(Fe^{3+}/Fe^{2+}) = +0.77V$$
$$TiO^{2+} + 2H^+ \Longrightarrow Ti^{3+} + H_2O \qquad E^\ominus(TiO^{2+}/Ti^{3+}) = +0.10V$$

利用 $FeSO_4$ 的溶解度随温度下降而下降的性质，把溶液冷却到 0℃ 附近，便有大量 $FeSO_4 \cdot 7H_2O$ 晶体析出。剩下的硫酸亚铁只要不被氧化为三价，可以在以后的硫酸氧钛水解或偏钛酸（水解产物）的水洗过程中除去。因此必须把浸出液中铁（Ⅲ）盐全部用金属铁粉还原为亚铁盐。

$$Fe + 2Fe^{3+} \longrightarrow 3Fe^{2+}$$

为了实现在高酸度下使 $TiOSO_4$ 水解，可先取一部分上述 $TiOSO_4$ 溶液，使其水解并分散为偏钛酸溶胶，以此作为晶种与剩余的 $TiOSO_4$ 溶液一起，加热至沸腾进行水解，即得"偏钛酸"沉淀。

$$TiOSO_4 + 2H_2O \longrightarrow H_2SO_4 + H_2TiO_3 \downarrow$$

偏钛酸在高温（800～1000℃）下灼烧，即得二氧化钛。

$$H_2TiO_3 \xrightarrow{\text{高温}} TiO_2 + H_2O \uparrow$$

【仪器及试剂】

台秤，烧杯，电炉，温度计（100℃，300℃），抽滤瓶，布式漏斗，玻璃砂漏斗，真空水泵，坩埚钳，坩埚，有柄瓷蒸发皿，铁质搅棒。

钛铁矿粉（325 目），工业浓硫酸，H_2SO_4（$2mol\cdot L^{-1}$），H_2O_2（3%），铁粉，冰，食盐，砂子。

【实验步骤】

1. 分解精矿

称取 25.0g 磨细（325 目，含 TiO_2 约 50%）的钛铁矿精矿粉放入有柄瓷蒸发皿中，加入 20.0mL 浓硫酸，搅拌均匀。然后放在砂浴上加热并不停地搅动。用温度计测量反应物的温度，当温度升至 110～120℃时，要不停地搅动反应物，并注意观察反应物的颜色和黏度有何变化（开始有白烟冒出，颜色变为蓝黑色，且黏度逐渐增大）。当温度升至 150℃左右时，反应猛烈进行，反应物迅速变稠变硬（凝结成多孔的海绵状固体）。这一过程在数分钟内即可结束，因此在这段时间要用力搅动，避免反应物凝固在瓷蒸发皿壁上。猛烈反应结束后，把温度计插入砂浴中，测量砂浴温度，在 200℃左右保持温度约 0.5h，不时搅动以防结成大块，最后移出砂浴，冷至室温。

2. 浸取

将产物转入烧杯中，加入 60mL 约 50℃的温水，此时溶液温度有所升高，搅拌至产物全部分散为止（约需 1h），在整个浸取过程中，温度不能超过 70℃，以免硫酸氧钛过早水解为极难过滤的白色乳浊状产物。用玻璃砂芯漏斗❶抽滤，滤渣用 10.0mL 水洗涤一次，观察滤液的颜色并弃去滤渣。按如下方法证实浸取液中有 Ti(Ⅳ) 化合物存在。

取 0.5mL 滤液，滴加 3%过氧化氢溶液，便会发生如下反应。

$$TiO^{2+} + H_2O_2 \longrightarrow [TiO(H_2O_2)]^{2+}（橙黄色）$$

这是 TiO^{2+} 的特征反应，可用于鉴定 TiO^{2+}，用此方法可检验滤液中是否有 TiO^{2+}。

3. 分离硫酸亚铁

往滤液中慢慢加入 0.6g（勿多于 1g）铁粉，并不断搅拌至溶液变为紫黑色（Ti^{3+} 为紫色）为止。立即抽滤，滤液用冰-盐混合物冷却至 0℃以下，观察 $FeSO_4\cdot 7H_2O$ 晶体析出（$FeSO_4\cdot 7H_2O$ 在水中的溶解度见表 5.3-1）。冷却一段时间后进行抽滤，回收 $FeSO_4\cdot 7H_2O$。

表 5.3-1　$FeSO_4\cdot 7H_2O$ 在水中的溶解度

$t/℃$	0	10	20	30	40	50
$S/g\cdot(100g\ H_2O)^{-1}$	15.6	20.5	26.5	32.9	40.2	48.6

4. 钛盐水解

取 1/5 体积的上述实验中得到的浸取液，在不断搅拌下逐滴加入约为浸出液总体积 8～10 倍的沸水中。继续煮沸约 10～15min 后，再慢慢加入其余全部浸取液。加完后继续煮沸约 0.5h（应适当补充水）。然后静置沉降，先用倾析法除去上层溶液，再用 $2mol\cdot L^{-1}$ 热的稀硫酸洗两次，再用热水冲洗多次，直至检验不到 Fe^{2+} 为止，抽滤即得偏钛酸。

5. 灼烧

将偏钛酸放入坩埚中，先小火烘干后大火灼烧至不再冒白烟为止（亦可放在马弗炉内，在 850℃左右的温度下灼烧）。冷却，即得白色二氧化钛粉末，称重并计算产率。

---

❶ 清洗玻璃砂芯漏斗的方法是：用玻璃棒将玻砂板上的沉淀轻轻刮下，切勿用力刮刻玻砂板，然后用自来水尽量冲洗干净。最后在酸性介质中，用 Na_2SO_3 还原遗留在缝隙里的沉淀，漏斗内洗白后，用自来水冲净，再用蒸馏水冲洗备用。

【结果与讨论】

计算实验产品产率。

【注意事项】

1. 在钛铁矿的分解反应中，注意观察反应物的变化。

2. 所用 H_2SO_4 的浓度一定要高，才能保证反应完全。

3. 钛盐溶液煮沸水解时需不断搅拌。

【思考题】

1. 怎样才能加速钛铁矿的分解？

2. 在本实验条件下，$TiOSO_4$ 水解时 Ti^{3+} 是否也水解？

3. 杂质 Fe^{2+} 是通过哪些步骤除去的？如何防止 Fe^{2+} 被氧化为 Fe^{3+}？

4. 在洗涤偏钛酸时，如何检验其中是否含有 Fe^{2+}？

5. 本实验采用加热水解法提取钛盐，影响钛水解的因素有哪些？

【参考文献】

1. 北京师范大学无机化学教研室等编. 无机化学实验. 第 3 版. 北京：高等教育出版社，2001.

2. 中山大学等校编. 无机化学实验. 第 3 版. 北京：高等教育出版社，1992.

3. 华东化工学院无机化学教研组编. 无机化学实验. 第 3 版. 北京：高等教育出版社，1990.

实验 5.4　四碘化锡的制备

【实验目的】

1. 学习在非水溶剂中制备无水四碘化锡的原理和方法。

2. 学习加热、回流等基本操作。

3. 了解如何根据所有消耗的试剂用量确定物质的最简式。

4. 了解四碘化锡的化学性质。

【实验原理】

无水四碘化锡是橙红色的针状晶体，为共价化合物，密度为 $4.48\,g\cdot cm^{-3}$（25℃），熔点 143.5℃，沸点 348℃。180℃时就有较高的蒸气压并开始升华。遇水即发生水解，在空气中也会缓慢水解，所以必须贮存于干燥容器内。易溶于 CS_2、$CHCl_3$、CCl_4、苯和热的石油醚等有机溶剂中，在冷的石油醚或冰醋酸中溶解度较小。

根据四碘化锡溶解度的特性，它不能在水溶液中制备。除采用金属锡与碘蒸气气-固直接干法合成法外，一般可在非水溶剂中进行制备。目前较多选择四氯化碳或冰醋酸为合成溶剂。本实验锡粉和碘在非水溶剂（冰醋酸和醋酸酐体系）中直接合成四碘化锡：

$$Sn + 2I_2 \xrightarrow{\text{冰醋酸＋醋酸酐}} SnI_4$$

用冰醋酸和醋酸酐溶剂比用二硫化碳、四氯化碳、三氯甲烷、苯等非水溶剂的毒性要小，产物不会水解，可以得到较纯的晶状产品。

【仪器及试剂】

台秤，试管，圆底烧瓶（100～150mL），冷凝管，酒精灯，温度计，抽滤瓶，布氏漏斗，真空水泵，干燥管，铁架台，铁圈，冷凝管夹，十字夹。

$HCl(2\,mol\cdot L^{-1})$，$NaOH(2\,mol\cdot L^{-1})$，$AgNO_3(0.1\,mol\cdot L^{-1})$，$Pb(NO_3)_2(0.1\,mol\cdot L^{-1})$，

KI(饱和)，$CaCl_2$（无水，s），I_2（s），锡粉，冰醋酸，醋酸酐，丙酮，氯仿，沸石，pH 试纸。

【实验步骤】

1. 四碘化锡的制备

称取 1.5g 碎锡粉和 4.0g I_2 于洁净干燥的 100~150mL 圆底烧瓶中，再向其中加入 30.0mL 冰醋酸和 30.0mL 醋酸酐，加入少量沸石，以防爆沸。装好冷凝管❶，用水冷却回流加热（图 5.4-1）。用酒精灯加热水浴至沸约 1.0~1.5h，直至烧瓶中无紫色蒸气，溶液颜色由紫红色变为橙红色，停止加热，冷却混合物至室温即有橙红色的四碘化锡晶体析出。结晶后用布氏漏斗快速抽滤，干燥后称重，计算产率。

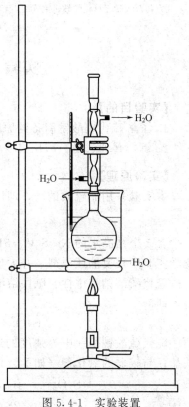

图 5.4-1　实验装置

将所得晶体放在小烧杯中，加入 20~30mL 氯仿，温水浴溶解，迅速趁热抽滤（保留滤纸上的固体，是何物质?），将滤液转入蒸发皿中，在通风橱内不断搅拌滤液直至氯仿全部挥发，可得 SnI_4 橙红色晶体，称量并计算产率。

2. 产品检验

(1) 确定碘化锡最简式　称出滤纸上剩余 Sn 粉的质量（准确至 0.01g），根据 I_2 的用量和金属锡的消耗量，计算各反应物"物质的量"的比值，得出碘化锡的最简式。

(2) 性质实验

① 取自制的少量四碘化锡固体于试管中，加入少量去离子水使其溶解，用 pH 试纸检验其酸碱性。

② 将上述溶液均分为两份，在一份溶液中加入数滴 0.1mol·L^{-1} $AgNO_3$ 溶液，另一份溶液中加入几滴 0.1mol·L^{-1} $Pb(NO_3)_2$ 溶液，观察现象并写出离子方程式。

③ 取实验①中沉淀分盛于两支试管中，分别滴加稀酸、稀碱，观察现象，写出反应式。

④ 取自制的少量 SnI_4 溶于 5mL 丙酮中，分成两份，一份加几滴水，另一份加同样量的饱和 KI 溶液，解释所观察到的实验现象。

【结果与讨论】

根据实验结果得出碘化锡的最简式。

【注意事项】

1. 反应过程中应控制水浴温度在 85~95℃之间。

2. 反应完成后停止加热，撤掉水浴，待不沸腾后取下冷凝管。

【思考题】

1. 在合成四碘化锡的操作过程中应注意哪些问题?

2. 在四碘化锡合成中以何种原料过量为好，为什么?

3. 若制备反应完毕，锡已经完全反应，但体系中还有少量碘，用什么方法除去?

---

❶　注意防止冰醋酸和醋酸酐刺激性气味逸出而刺激眼睛和皮肤。

4. 本实验中使用乙酸和乙酸酐有什么作用?

5. 三碘化铝能否用类似方法制得,为什么?

【参考文献】

1. 中山大学等校编. 无机化学实验. 第3版. 北京:高等教育出版社,1992.

2. 周其镇等编. 大学基础化学实验. 北京:化学工业出版社,2000.

3. 华东化工学院无机化学教研组编. 无机化学实验. 第3版. 北京:高等教育出版社,1990.

4. 北京师范大学无机化学教研室等编. 无机化学实验. 第3版. 北京:高等教育出版社,2001.

实验 5.5　硫代硫酸钠的制备

【实验目的】

1. 了解硫代硫酸钠制备的原理及其性质。

2. 练习普通过滤、减压过滤及冷却结晶等基本操作。

【实验原理】

本实验采用亚硫酸钠法,即以亚硫酸钠与硫粉反应制备硫代硫酸钠。

$$Na_2SO_3 + S \xrightarrow{加热} Na_2S_2O_3$$

含 5 个结晶水的 $Na_2S_2O_3 \cdot 5H_2O$ 是无色透明单斜晶体,俗名叫"海波",是无机和分析化学实验中重要的还原剂,并大量用于照相业中作定影剂。

硫代硫酸钠在中性、碱性溶液中很稳定,在酸性溶液中由于生成不稳定的硫代硫酸而分解,即

$$S_2O_3^{2-} + 2H^+ \longrightarrow S\downarrow + SO_2 + H_2O$$

硫代硫酸钠是一中等强度的还原剂,与强氧化剂(如 Cl_2、Br_2 等)作用,被氧化成硫酸盐;与较弱的氧化剂(如 I_2)作用,被氧化成连四硫酸盐。反应如下:

$$S_2O_3^{2-} + 4Cl_2 + 5H_2O \longrightarrow 2SO_4^{2-} + 8Cl^- + 10H^+$$
$$2S_2O_3^{2-} + I_2 \longrightarrow S_4O_6^{2-} + 2I^-$$

后一反应在分析化学中用于定量测定 I_2 的浓度。

硫代硫酸根离子有很强的配位能力。例如

$$AgBr + 2S_2O_3^{2-} \longrightarrow [Ag(S_2O_3)_2]^{3-} + Br^-$$

照相术中的定影即利用此反应。

硫代硫酸钠与硝酸银反应,由于生成的硫代硫酸银不稳定,生成后立即会发生水解反应,而且这种水解反应过程中有显著的颜色变化,由白→黄→棕→黑。反应为

$$2Ag^+ + S_2O_3^{2-} \longrightarrow Ag_2S_2O_3\downarrow(白)$$
$$Ag_2S_2O_3 + H_2O \longrightarrow Ag_2S\downarrow(黑) + 2H^+ + SO_4^{2-}$$

故分析化学中常用此反应鉴定 $S_2O_3^{2-}$ 的存在。

在中性或弱酸性介质中,碘(I_2)与 $S_2O_3^{2-}$ 定量反应,因此可用淀粉作指示剂,用碘标准溶液直接滴定试液中 $S_2O_3^{2-}$ 的含量,终点时溶液由无色变为蓝色。若产品中含有少量的 Na_2SO_3,也会与 I_2 反应。

$$SO_3^{2-} + I_2 + H_2O \longrightarrow SO_4^{2-} + 2I^- + 2H^+$$

从而对 $Na_2S_2O_3$ 的测定产生干扰。若预先在试液中加入过量的甲醛掩蔽 Na_2SO_3,即可消除 SO_3^{2-} 的干扰。

【仪器及试剂】

台秤，电子天平，试管，电炉，酒精灯，量筒，漏斗，抽滤瓶，布氏漏斗，真空水泵，铁架台，锥形瓶，酸式滴定管，滴定管夹，移液管，表面皿，研钵，试剂瓶（棕色）。

Na_2SO_3（0.2mol·L^{-1}，工业级固体），HCl（2mol·L^{-1}），$AgNO_3$（0.1mol·L^{-1}），$Na_2S_2O_3$（0.0500mol·L^{-1}），碘水，硫粉，碘（s），KI（s），淀粉（0.5%新配），酚酞（0.2%），40%中性甲醛：取 40%甲醛溶液，加 2 滴酚酞指示剂，用 0.1mol·L^{-1} NaOH 溶液中和至溶液恰为微红色。

pH=6.0 的 HAc-NaAc 缓冲溶液：称取 48.6g 无水 NaAc（分析纯）溶于适量蒸馏水中，加入 12mL 20% HAc 溶液，然后加蒸馏水稀释至 500mL，摇匀。

【实验步骤】

1. $Na_2S_2O_3·5H_2O$ 的制备

称取 5.0g Na_2SO_3 于 100mL 烧杯中，加入 25mL 蒸馏水使其溶解（若不溶，可加热），再加入 1.5g 硫粉并盖上表面皿，煮沸 20～30min 并不断搅拌，以加速硫的润湿与反应。趁热常压过滤，弃去残渣。

将滤液置于 50mL 小烧杯中，冷却至室温后，再放于冰水浴中冷却结晶，即有晶体析出。减压过滤后，将 $Na_2S_2O_3·5H_2O$ 晶体放入烘箱内，在 40～50℃ 条件下干燥 40～60min，称其质量。

2. $Na_2S_2O_3·5H_2O$ 的性质检验

(1) 目测观察 $Na_2S_2O_3·5H_2O$ 的晶体形状。

(2) 取少量自制的 $Na_2S_2O_3·5H_2O$ 晶体，加 3mL 蒸馏水溶解后进行以下实验。

① 在两支试管中，分别加入 0.5mL Na_2SO_3 溶液和 $Na_2S_2O_3$ 溶液，再分别滴入 2mol·L^{-1} HCl 溶液数滴，观察并比较现象，写出反应方程式。

② 在一支试管中，加入数滴碘水，再加入 0.5mL 0.2mol·L^{-1} $Na_2S_2O_3$ 溶液，观察现象，写出离子反应方程式。

③ 在点滴板上分别滴加 1 滴 Na_2SO_3 溶液和 $Na_2S_2O_3$ 溶液，再分别滴入 1 滴 0.1mol·L^{-1} $AgNO_3$ 溶液，观察沉淀颜色的变化。

3. $Na_2S_2O_3·5H_2O$ 的含量测定

(1) 配制 0.0250mol·L^{-1} 碘溶液　称取 1.7g 纯碘和 2.5g KI 于一研钵中，加少量水研磨，待全部的碘溶解后，将溶液转入一棕色瓶中，加水稀释至 250mL，摇匀并置于暗处。

(2) 标定碘溶液　用移液管吸取 25.00mL 0.0500mol·L^{-1} $Na_2S_2O_3$ 标准溶液于 250mL 锥形瓶中，加 10.0mL HAc-NaAc 缓冲溶液和 1～2mL 0.5%淀粉指示溶液，摇匀后用待标定的碘溶液滴定溶液呈蓝色，且 0.5min 不褪色即为终点，记下体积。重复两次（两次滴定体积相差 ΔV<0.05mL），计算碘标准溶液的浓度。

(3) 产品含量测定　在电子天平上准确称取 0.35～0.4g 产品于 250mL 锥形瓶中，加 30mL 新煮沸且冷却的蒸馏水溶解。加入 5.0mL 40%中性甲醛溶液，摇匀，放置 10min 后再加 10.0mL HAc-NaAc 缓冲溶液和 1～2mL 0.5%淀粉指示溶液，摇匀后用碘标准溶液滴定溶液呈蓝色，且 0.5min 不褪色即为终点，记下体积。重复两次（两次滴定体积相差 ΔV<0.05mL）。计算硫代硫酸钠的百分含量（以 $Na_2S_2O_3·5H_2O$ 计）。

【结果与讨论】

检验产品质量，计算硫代硫酸钠的百分含量（以 $Na_2S_2O_3·5H_2O$ 计）。分析产率高低的原因。

1. 产率计算

$$Y = \frac{m_b M_{Na_2SO_3}}{m_a M_{Na_2S_2O_3 \cdot 5H_2O}} \times 100\% \tag{5.5-1}$$

式中，Y 为 $Na_2S_2O_3 \cdot 5H_2O$ 的产率；m_a 为所用 Na_2SO_3 的质量，g；m_b 为制得的 $Na_2S_2O_3 \cdot 5H_2O$ 晶体的质量，g；$M_{Na_2SO_3}$ 为 Na_2SO_3 的摩尔质量，$g \cdot mol^{-1}$；$M_{Na_2S_2O_3 \cdot 5H_2O}$ 为 $Na_2S_2O_3 \cdot 5H_2O$ 晶体的摩尔质量，$g \cdot mol^{-1}$。

2. 含量计算

$$w_{Na_2S_2O_3 \cdot 5H_2O} = \frac{2 \times 0.2482 \times cV}{m} \times 100\% \tag{5.5-2}$$

式中，V 为所用 I_2 标准溶液的体积，mL；c 为 I_2 标准溶液物质的量的浓度，$mol \cdot L^{-1}$；m 为所称取 $Na_2S_2O_3 \cdot 5H_2O$ 试样的质量，g。

【注意事项】

1. 加入硫黄粉后必须煮沸并保持沸腾 $20 \sim 30min$，其间应间隙搅拌。

2. $Na_2S_2O_3$ 易受水中溶解的碳酸和微生物的作用而发生分解。

3. 在制备 $Na_2S_2O_3 \cdot 5H_2O$ 的过程中，要在溶液 pH＝7～8 时停止反应。如果 pH＜7，会引起 $Na_2S_2O_3$ 的分解；反之，会使 Na_2SO_3 反应不完全，两者都影响产量，尤其后者更影响到产品的质量。

【思考题】

1. 本实验在计算 $Na_2S_2O_3 \cdot 5H_2O$ 的理论产量时，应以哪种原料为准？为什么？

2. 如果往 $Na_2S_2O_3$ 溶液中滴入 $AgNO_3$ 将会出现什么现象？

3. $Na_2S_2O_3$ 中 S 的氧化数是多少？与 I_2 反应后生成的 $Na_2S_4O_6$ 中 S 的氧化数又为多少？

4. 蒸发浓缩硫代硫酸钠溶液时，为什么不能蒸发得太浓？干燥硫代硫酸钠晶体的温度为什么要控制在 40℃？

【参考文献】

1. 北京师范大学无机化学教研室等编. 无机化学实验. 第3版. 北京：高等教育出版社，2001.

2. 南京大学无机及分析化学实验编写组编. 无机及分析化学实验. 第3版. 北京：高等教育出版社，1998.

实验 5.6　锌钡白的制备

【实验目的】

1. 掌握锌钡白的制备方法和原理，巩固电离平衡、氧化还原等理论知识。

2. 熟练掌握过滤、蒸发、结晶等基本操作。

【实验原理】

锌钡白又名立德粉，是一种白色晶状固体，其遮盖力比 ZnO 强，但比钛白粉差，从组成看它是 ZnS 和 $BaSO_4$ 的等摩尔混合物。不溶于水，与 H_2S 或碱液不发生反应，但遇酸分解而放出 H_2S 气体，耐热性能好。大量用于涂料工业，亦可作为橡胶、油墨、造纸、搪瓷等工业的主要填料。

利用 $ZnSO_4$ 和 BaS 的复分解反应即可制得锌钡白：

$$ZnSO_4 + BaS \longrightarrow ZnS \cdot BaSO_4 \downarrow$$

要制得高质量的锌钡白，首先制备纯度较高的 $ZnSO_4$ 和 BaS。$ZnSO_4$ 通常用 ZnO 矿砂与工业硫酸来精制，而 BaS 则以工业级的 BaS 熔块通过热水浸取而得到。

$$ZnO + H_2SO_4 \longrightarrow ZnSO_4 + H_2O$$

$$BaSO_4 + 4C \xrightarrow{900\sim1000℃,焙烧} BaS + 4CO \uparrow$$

由矿砂直接得到的 ZnO 含量约 90%，其中含有镍、镉、铁和锰的氧化物杂质。当用工业硫酸处理粗氧化锌时，除生成 $ZnSO_4$ 外，杂质也将以 $NiSO_4$、$CdSO_4$、$FeSO_4$、$MnSO_4$ 等形式而进入溶液中。因此必须对溶液进行除杂质处理，否则在合成锌钡白时，由于生成有色硫化物而将直接影响产品的色泽和质量。

杂质 Ni^{2+}、Cd^{2+} 可与较活泼的金属 Zn 发生置换反应而从溶液中除去。而杂质 Fe^{2+}，Mn^{2+} 的除去是先借助 $KMnO_4$ 氧化这些离子（在弱酸性介质中），然后用 ZnO 少许来调节溶液 pH 值，促使产物水解完全，生成 $Fe(OH)_3$、MnO_2 沉淀。

$$2KMnO_4 + 3MnSO_4 + 2H_2O \longrightarrow 5MnO_2 \downarrow + 2H_2SO_4 + K_2SO_4$$

$$2KMnO_4 + 6FeSO_4 + 14H_2O \longrightarrow 2MnO_2 \downarrow + 6Fe(OH)_3 \downarrow + 5H_2SO_4 + K_2SO_4$$

去除杂质需注意尽量不引入新的杂质，这就是上面用到 Zn 和 ZnO 处理溶液的原因。熔块来自于下列工业过程：

$$BaSO_4 + 2C \longrightarrow BaS + 2CO_2 \uparrow$$

熔块中含有约 70% 的 BaS，另外还有未反应的 $BaSO_4$ 和碳粒。利用热水浸泡后即得到 BaS 溶液。需注意：BaS 溶液易吸收空气中的 CO_2 而析出沉淀。

将精制的 $ZnSO_4$ 和 BaS 溶液一起反应即得到白色的锌钡白沉淀，为提高产率，最好是用等摩尔比进行反应。

【仪器及试剂】

台秤，烧杯，电炉，温度计，漏斗，漏斗架，铁架台，布氏漏斗，吸滤瓶，真空水泵，研钵，点滴板。

BaS 矿渣，H_2SO_4（2mol·L^{-1}，浓），Na_2S（1.0mol·L^{-1}），$KMnO_4$（0.01mol·L^{-1}），ZnO（粗、纯），Zn 粉，甲醛，酚酞，滤纸，pH 试纸。

【实验步骤】

1. 粗制 $ZnSO_4$ 溶液

在 100mL 烧杯中加 50.0mL 水，在不断搅拌下慢慢加入 1mL 工业浓硫酸，再加入 4.0g 粗氧化锌，加热至 70～80℃，保持搅拌并保温 5～10min。用 pH 试纸测定，此时溶液的 pH 值约为 5，否则用少许氧化锌调节。溶液冷却后用常压过滤，滤液备用。

2. 硫酸锌溶液的精制

将粗制 $ZnSO_4$ 溶液加热至 80℃ 左右，用少量锌粉处理除去杂质，至滤液中无法检出 Ni^{2+}、Cd^{2+} 为止。然后在滤液中加少许纯 ZnO，加热搅拌，慢慢滴加 0.01mol·L^{-1} 的 $KMnO_4$ 溶液至滤液显微红色（为什么？），接着加甲醛使过量的 $KMnO_4$ 还原为 MnO_2 沉淀，直至溶液红色退去。用小火加热溶液，微沸 5min，使沉淀颗粒长大。

最后进行常压过滤，检查溶液中是否已除尽 Fe^{2+} 及 Mn^{2+}，若已除尽，即得到已精制的 $ZnSO_4$ 溶液。

3. BaS 的浸取

在 250mL 烧杯中，用 100mL 左右的热水浸泡 15.0g 已研细的 BaS（也可用 18.0g

$BaCl_2$ 加 18.0g $Na_2S \cdot 9H_2O$）约 20min，浸泡过程中需不断搅拌促使其溶出，然后经抽滤即得到 BaS 溶液。

4. 合成锌钡白

在 250mL 烧杯中先加入 20.0mL BaS 溶液，然后加入约等体积的精制 $ZnSO_4$ 溶液，检验溶液的 pH 值。再交替加入 BaS 和 $ZnSO_4$ 溶液并调节溶液的 pH 值始终维持在 8～9 之间。完全反应时溶液显微碱性（pH＝7.5～8.5），恰能使酚酞试液变红（如何检验?）。若溶液 pH 值偏低，可滴加少许 1.0mol·L^{-1} Na_2S 溶液调节。将所得锌钡白沉淀减压过滤，压干并称重。

【结果与讨论】

报告产品中杂质检验结果。

【注意事项】

1. 制备粗 $ZnSO_4$ 溶液时必须调节溶液的 pH＝6。
2. 在合成锌钡白过程中必须不断搅动且保持溶液为弱碱性。

【思考题】

1. 粗制 $ZnSO_4$ 溶液的 pH 值为何应大于 5? 若溶液 pH 值太小，对锌钡白的合成有何影响?
2. 精制 $ZnSO_4$ 溶液去除铁离子、Mn^{2+} 时，为什么要加入纯 ZnO?
3. 为什么 BaS 溶液未作其他除杂质处理即可用于合成?
4. 在合成锌钡白时为何溶液要保持微碱性? 酚酞试液能直接滴入合成溶液中来观察终点是否到达吗?

【参考文献】

1. 周其镇等编. 大学基础化学实验. 北京：化学工业出版社，2000.
2. 徐琰主编. 无机化学实验. 郑州：郑州大学出版社，2002.
3. 胡满成等编. 化学基础实验. 北京：科学出版社，2001.

实验 5.7　由孔雀石制备五水硫酸铜并测定其结晶水

【实验目的】

1. 学习制备硫酸铜过程中除铁及重结晶提纯物质的原理和方法。
2. 学习无机制备过程中水浴蒸发、减压过滤、重结晶等基本操作。
3. 练习天平、马弗炉及密度计的使用。
4. 测定胆矾的结晶水。

【实验原理】

$CuSO_4 \cdot 5H_2O$ 俗称蓝矾、胆矾，是蓝色透明三斜晶体。在空气中缓慢风化。易溶于水，难溶于无水乙醇。加热时失水，当加热至 258℃失去全部结晶水而成为白色无水 $CuSO_4$。无水 $CuSO_4$ 易吸水变蓝，利用此特性来检验某些液态有机物中微量的水。

蓝矾用途广泛，如用于棉及丝织品印染的媒染剂、农业的杀虫剂、水的杀菌剂、木材防腐剂、铜的电镀等。同时，还大量用于有色金属选矿（浮选）工业、船舶涂料工业及其他化工原料的制造。

孔雀石的主要成分是 $Cu(OH)_2 \cdot CuCO_3$，其主要杂质为 Fe、Si 等。用稀硫酸浸取孔雀石粉，其中铜、铁以硫酸盐的形式进入溶液，SiO_2 作为不溶物而与铜分离出来。常用的除铁方法是用氧化剂 H_2O_2 将溶液中 Fe^{2+} 氧化为 Fe^{3+}，使 Fe^{3+} 在 pH＝3.0～3.5 时全部水解为 $Fe(OH)_3$ 沉淀而除去。

在酸性介质中，Fe^{3+} 主要以 $[Fe(H_2O)_6]^{3+}$ 存在，随着溶液 pH 值的增大，Fe^{3+} 的水解倾向增大，当 pH＝1.6～1.8 时，溶液中的 Fe^{3+} 以 $[Fe_2(OH)_2]^{4+}$、$[Fe_2(OH)_4]^{2+}$ 的形式存在，它们能与 SO_4^{2-}、K^+（或 Na^+、NH_4^+）结合，生成一种浅黄色的复盐，俗称黄铁矾，此类复盐的溶解度小、颗粒大、沉淀速度快、容易过滤。以黄铁矾为例：

$$Fe_2(SO_4)_3 + 2H_2O \longrightarrow 2Fe(OH)SO_4 + H_2SO_4$$
$$2Fe(OH)SO_4 + 2H_2O \longrightarrow Fe_2(OH)_4SO_4 + H_2SO_4$$
$$2Fe(OH)SO_4 + 2Fe_2(OH)_4SO_4 + Na_2SO_4 + 2H_2O \longrightarrow Na_2Fe_6(SO_4)_4(OH)_{12} \downarrow + H_2SO_4$$

当 pH＝2～3 时，Fe^{3+} 形成聚合度大于 2 的多聚体，继续提高溶液的 pH 值，则析出胶状水合三氧化二铁（$xFe_2O_3 \cdot yH_2O$）。加热煮沸破坏胶体或加凝聚剂使 $xFe_2O_3 \cdot yH_2O$ 凝聚沉淀，通过过滤便可达到除铁的目的。

溶液中残留的少量 Fe^{3+} 及其他可溶性杂质可根据五水硫酸铜的溶解度随温度升高而增大的性质（表 5.7-1），用重结晶法使它们留在母液中，从而得到较纯的五水硫酸铜晶体。

表 5.7-1　$CuSO_4 \cdot 5H_2O$ 的溶解度与温度的关系

温度/℃	0	20	40	60	80	100
溶解度/g·(100g 水)$^{-1}$	23.1	32.0	44.6	61.8	83.8	114.0

五水硫酸铜在高温下可以失去部分或全部结晶水，其失水的多少与温度有关，当五水硫酸铜晶体在 260℃时，可失去全部结晶水而生成无水硫酸铜。根据失水前后硫酸铜的质量，可以计算出胆矾中的结晶水数目。

$$CuSO_4 \cdot 5H_2O \xrightarrow{375K} CuSO_4 \cdot 3H_2O \xrightarrow{386K} CuSO_4 \cdot H_2O \xrightarrow{531K} CuSO_4 \xrightarrow{923K} CuO$$

$CuSO_4 \cdot 5H_2O$ 试剂的规格见表 5.7-2。

表 5.7-2　$CuSO_4 \cdot 5H_2O$ 试剂的规格（摘自 GB 665—88）

名　　称	分析纯	化学纯	名　　称	分析纯	化学纯
$CuSO_4 \cdot 5H_2O$/%	99.5	99.0	氮化物(N)/%	0.001	0.003
水不溶物/%	0.005	0.01	铁(Fe)/%	0.003	0.02
氯化物(Cl)/%	0.001	0.002	硫化氢不沉淀物(以硫酸盐计)/%	0.10	0.20

【仪器及试剂】

台秤，电子天平，电炉，坩埚，坩埚钳，马弗炉，烧杯，量筒，滴管，蒸发皿，表面皿，普通漏斗，布氏漏斗，吸滤瓶，真空水泵，温度计，密度计，干燥器。

孔雀石粉，硫酸（3mol·L^{-1}），H_2O_2（3%），NaOH（2mol·L^{-1}），精密 pH 试纸。

【实验步骤】

1. 由孔雀石制备五水硫酸铜

(1) 硫酸铜溶液制备　用 3mol·L^{-1} 硫酸浸取孔雀石粉，得到一定浓度的粗硫酸铜溶液，用密度计测量硫酸铜溶液的相对密度。控制硫酸铜溶液的 pH 值约为 1.5～2.0，溶液的密度约为 1.2g·cm^{-3}。

（2）除铁　量取 100.0mL 已知密度的硫酸铜溶液于 250mL 烧杯中，加热至 50～60℃，滴加约 10.0mL 3% H_2O_2，待滴加完后，用 2mol·L^{-1} NaOH 溶液调节溶液的酸度，控制 pH＝3.0～3.5，将溶液加热至沸数分钟，趁热减压过滤，将滤液转移至洁净的烧杯中。

（3）蒸发结晶　在上述滤液中滴加 3mol·L^{-1} H_2SO_4 酸化，调节溶液至 pH＝1 后，转入洁净的蒸发皿中，水浴加热。当溶液加热浓缩至蒸发皿边缘有小颗晶体出现时，停止加热，取下蒸发皿，在室温下冷却至蓝色的硫酸铜晶体析出。待充分冷却后，减压过滤，尽量抽干，硫酸铜晶体用滤纸吸干水分后称量 m_1，计算产率。

（4）重结晶提纯 $CuSO_4$·$5H_2O$　在上面所制得的粗产品中，以每克产品：蒸馏水＝1.2，加相应体积的蒸馏水，升温使其完全溶解，趁热过滤，慢慢冷却，有晶体析出（若无晶体析出，可加一粒细小的硫酸铜晶体，作为晶种）。待充分冷却后，尽量抽干。将晶体均匀平铺在垫有一层滤纸的表面皿上，上面再加一层滤纸，吸干晶体表面的水分，放在通风处晾干称重 m_2。

2. 硫酸铜结晶水的测定

将预先于 300℃ 灼烧过的坩埚冷至室温后，加盖并放在电子天平上准确称重，往其中加入 1.2g 左右所得的硫酸铜晶体粉末，再次用电子天平称重。两次质量之差，即为坩埚内硫酸铜的准确质量 m_3。

将此盛有硫酸铜的坩埚（不用加盖）置于马弗炉内，升温到 300℃ 后恒温 1.0h，停止加热。此时可观察到蓝色的晶体已变成白色或灰白色粉末。用坩埚钳取出稍冷 2min，放入干燥器内冷却至室温，再从干燥器内取出坩埚，随即加盖，在电子天平上称重。称量的时间不宜太长，否则无水硫酸铜会吸收空气中的水分而使称量不准确。

【结果与讨论】

写出胆矾的化学式，据表 5.7-3 数据计算产率。

表 5.7-3　实验数据

项　目	数据	项　目	数据
粗产品 m_1/g		无水硫酸铜质量 m_4/g	
精产品 m_2/g		结晶水的质量/g	
坩埚盖＋空坩埚质量/g		无水硫酸铜物质的量/mol	
坩埚盖＋空坩埚＋水合硫酸铜质量/g		结晶水物质的量/mol	
水合硫酸铜质量 m_3/g		每摩尔硫酸铜结合水的物质的量/mol	
坩埚盖＋空坩埚＋无水硫酸铜质量/g		胆矾的化学式	

【注意事项】

1. 称量时在同一台天平上进行。

2. 重结晶时必须按照要求加水。

3. 在粗硫酸铜的提纯中，浓缩液要自然冷却至室温析出晶体。否则，其他盐类（如 Na_2SO_4）也会析出。

【思考题】

1. 在粗 $CuSO_4$ 溶液中 Fe^{2+} 杂质为什么要氧化为 Fe^{3+} 后再除去？为什么要将溶液的酸度调节为 pH＝3.0 左右？pH 值太大或太小对实验有何影响？

2. 重结晶提纯时产率过高、过低的原因是什么？

3. $CuSO_4 \cdot 5H_2O$ 的提纯方法与 NaCl 提纯方法有什么不同？在提纯 $CuSO_4 \cdot 5H_2O$ 和 NaCl 实验中，蒸发浓缩的方法和程度有什么不同？为什么？

【参考文献】

侯振雨主编. 无机及分析化学实验. 北京：化学工业出版社，2004.

实验 5.8　硫酸亚铁铵的制备

【实验目的】

1. 了解分子间化合物（复盐，如硫酸亚铁铵）的制备方法。

2. 练习水浴加热及减压过滤、蒸发、浓缩、结晶、重结晶、干燥等基本操作。

【实验原理】

硫酸亚铁铵 $\{(NH_4)_2Fe(SO_4)_2 \cdot 6H_2O$ [或 $FeSO_4 \cdot (NH_4)_2SO_4 \cdot 6H_2O]\}$，又称摩尔盐，它是透明、浅蓝绿色单斜粉末状晶体，易溶于水、难溶于乙醇。在空气中比一般的亚铁盐稳定，不易被氧化，在定量分析中常用它来配制 Fe^{2+} 的标准溶液。

本实验利用 $(NH_4)_2Fe(SO_4)_2 \cdot 6H_2O$ 复盐的溶解度比组成它们的简单盐 $(NH_4)_2SO_4$ 和 $FeSO_4 \cdot 7H_2O$ 小的特点（表 5.8-1），采用等摩尔的 $(NH_4)_2SO_4$ 与 $FeSO_4$ 在水溶液中相互作用来制备浅蓝绿色的硫酸亚铁铵复盐晶体。

表 5.8-1　硫酸盐的溶解度　　　　　单位：$g \cdot (100g\ H_2O)^{-1}$

温度/℃	0	10	20	30	40	50	60	70	80	100
$FeSO_4 \cdot 7H_2O$	15.6	20.5	26.5	32.9	40.2	48.6	56.0			
$(NH_4)_2SO_4$	70.6	73.0	75.4	78.0	81.0	84.5	88.0	91.9	95.3	103.3
$(NH_4)_2Fe(SO_4)_2 \cdot 6H_2O$	17.8	18.1	21.2	24.5		31.3		38.5		

铁屑与稀硫酸作用，制得硫酸亚铁溶液：

$$Fe + H_2SO_4(稀) \longrightarrow FeSO_4 + H_2\uparrow \tag{5.8-1}$$

硫酸亚铁溶液与硫酸铵溶液作用，生成溶解度较小的硫酸亚铁铵晶体：

$$FeSO_4 + (NH_4)_2SO_4 + 6H_2O \longrightarrow FeSO_4 \cdot (NH_4)_2SO_4 \cdot 6H_2O(浅蓝绿色) \tag{5.8-2}$$

目测比色法是确定杂质含量的一种常用方法，在确定杂质含量后便能定出产品的等级。将产品配成溶液，与各标准溶液进行比色。

在酸性介质中，Fe^{3+} 与 SCN^- 生成血红色的 $[Fe(NCS)_n]^{3-n}$ 配合物，其颜色的深浅与 Fe^{3+} 浓度成正比。

$$Fe^{3+} + nSCN^- \longrightarrow [Fe(NCS)_n]^{3-n}(血红色, n=1\sim6) \tag{5.8-3}$$

【仪器及试剂】

台秤，锥形瓶，烧杯，量筒，水浴锅，漏斗，漏斗架，布氏漏斗，抽滤瓶，真空水泵，蒸发皿，表面皿，电炉，石棉网，剪刀，比色管。

$HCl(2mol \cdot L^{-1})$，$H_2SO_4(6mol \cdot L^{-1})$，$Na_2CO_3(1mol \cdot L^{-1})$，KSCN(25%)，乙醇(95%)，$(NH_4)_2SO_4(s)$，铁屑，$Fe^{3+}$ 标准溶液 $(0.01mol \cdot L^{-1})$，pH 试纸，滤纸。

【实验步骤】

1. 硫酸亚铁铵的制备

(1) 铁屑的净化(去锈和油污)　称取 4.0g 铁屑于 150mL 锥形瓶中,加 20.0mL 10%的 Na_2CO_3 溶液,在水浴中加热煮沸 10min,用倾析法倾出碱液,再用蒸馏水洗净铁屑至中性(如用还原铁粉可省去该步骤,且药品用量减半)。

(2) $FeSO_4$ 的制备　在净化过的铁屑中加 30.0mL 6mol·L^{-1} H_2SO_4,在水浴上加热直至不再冒气泡为止(此时反应温度约为 70~80℃,但不宜超过 90℃,该操作应在通风条件下进行,反应过程中应摇动锥形瓶,以防止底部过热产生白色沉淀;为了避免 $FeSO_4$ 晶体过早析出,同时要添加少量具有酸性的蒸馏水,以补充被蒸发掉的水分),待反应速率明显减慢后(约 10min),滴加少量 3mol·L^{-1} H_2SO_4 溶液(保持溶液的 pH=1~3)并趁热减压抽滤,用 5mL 酸性的热水洗涤残渣。滤液转至蒸发皿中,同时将锥形瓶里和滤纸上的残渣用滤纸吸干后称重。计算已反应铁屑的量和生成 $FeSO_4$ 的理论产量(如残渣量极少,可不称量)。

(3) 硫酸亚铁铵的制备　将盛有 $FeSO_4$ 溶液的蒸发皿置于沸水浴上加热,根据已作用铁的质量与反应式(5.8-2)中的物量关系,计算所需 $(NH_4)_2SO_4$ 固体的质量(1:0.8),并在台秤上称取,将 $(NH_4)_2SO_4$ 固体放入盛 $FeSO_4$ 溶液的蒸发皿中,用玻璃棒搅拌至溶解(若不溶解,可添加少量的 3mol·L^{-1} H_2SO_4 溶液至固体溶解),pH 试纸检验溶液中的 pH 值是否为 1~2,若酸度不够,用 3mol·L^{-1} 硫酸调节。

水浴加热,蒸发浓缩上述溶液至表面出现晶膜为止(注意浓缩过程中不能搅拌),静置冷却至室温后,在含晶体的蒸发皿中加 5.0mL 95%乙醇并搅拌,待大量浅蓝绿色晶体析出后减压抽滤。用滤纸吸干晶体的水分,称量产品并计算产率。

2. 检验产品的质量(纯度)——Fe^{3+} 的限量分析

用小烧杯(或锥形瓶)将蒸馏水煮沸 3min,以除去溶解的氧,盖好冷却后备用。称取 1.0g 产品于比色管中,加 15.0mL 不含氧的蒸馏水溶解,加 2.0mL 2mol·L^{-1} HCl 和 1.0mL 25% KSCN,继续加不含氧的蒸馏水至 25mL,摇匀,将该试管的颜色与标准试样进行目视比色,以确定产品的级别。

附:Fe^{3+} 标准系列溶液的配制(由实验室提供)

首先配制浓度为 0.01mg·mL^{-1} 的 Fe^{3+} 标准溶液。然后用吸管分别吸取 5.00mL、10.00mL、20.00mL 于三支编好的 25mL 比色管中,并分别加 2.0mL 25% KSCN 和 3.0mL 2mol·L^{-1} HCl,用蒸馏水稀释至刻度并摇匀,即得 Fe^{3+} 的标准系列溶液(参见表 5.8-2)。

表 5.8-2　试剂标准

标准试剂(级别)	Ⅰ级(优级纯)	Ⅱ级(分析纯)	Ⅲ级(化学纯)
标准溶液中含 Fe^{3+}/mg·$(25mL)^{-1}$	0.05	0.10	0.20
标准溶液中含 Fe^{3+}/μg·mL^{-1}	2	4	8

【结果与讨论】

实验数据记录于表 5.8-3 中。

表 5.8-3　实验数据

铁屑质量/g		$(NH_4)_2SO_4$ 质量/g	$FeSO_4$·$(NH_4)_2SO_4$·$6H_2O$			
称量	残渣		理论产量/g	实际产量/g	产率	产品级别

【注意事项】

1. 烧碱除油和硫酸溶解铁屑（或铁粉）应在通风橱中进行。
2. 用倾析法将 Na_2CO_3 倾出后，用一定量的蒸馏水洗 Fe 屑 2～3 次至中性。
3. 要保持硫酸亚铁溶液和硫酸亚铁铵溶液有较强的酸性。
4. 用小火蒸发浓缩，蒸发过程中切勿搅拌。
5. 实验结束后一定要将反应容器洗涤干净，以防止时间长了氢氧化铁沉积在容器壁上。

【思考题】

1. 为什么硫酸亚铁和硫酸亚铁铵溶液都要保持较强的酸性？
2. 进行目测比色时，为什么要用无氧蒸馏水配制硫酸亚铁铵溶液？
3. 计算硫酸亚铁铵的理论产量（或产率）时，应以哪一种物质的用量为准？
4. 在蒸发、浓缩过程中，若发现溶液变为黄色，是什么原因，应如何处理？
5. 如何制备不含 O_2 的蒸馏水，为何配制样品溶液时，一定要用不含 O_2 的蒸馏水？

【参考文献】

北京师范大学编. 无机化学实验. 第 2 版. 北京：高等教育出版社，1991.

实验 5.9　碱式碳酸铜 $[Cu_2(OH)_2CO_3]$ 的制备

【实验目的】

1. 设计制备碱式碳酸铜的配方及工艺路线。
2. 通过碱式碳酸铜的制备条件的探索和生成物颜色、状态等的分析，研究反应物的合理比例并确定制备反应的浓度和温度条件，从而培养独立设计实验的能力。

【实验原理】

碱式碳酸铜 $[Cu_2(OH)_2CO_3$ 或 $CuCO_3·Cu(OH)_2]$ 又称为碳酸铜，俗名为"孔雀石"或"铜绿"，它为天然孔雀石的主要成分（是一种名贵的矿物宝石），呈暗绿色或淡蓝绿色（孔雀绿色），美观的浅绿色细小颗粒的无定形粉末，$M_{Cu_2(OH)_2CO_3} = 221.08$，是铜表面上所生成的绿锈的主要成分（铜与空气中的氧气、CO_2 和水等物质反应产生的物质，又称铜锈，颜色翠绿），有毒。它可以看成是由 $Cu(OH)_2$ 和 $CuCO_3$ 组成的，所以有 $Cu(OH)_2$ 和 $CuCO_3$ 的性质。密度为 $3.8525g·cm^{-3}$，难溶于水和乙醇。在水中煮沸或在碱金属碳酸盐溶液中煮沸时生成褐色氧化铜，在 200℃ 下分解成黑色的 CuO 粉末（CO_2+H_2O）。在水中的溶解度很小，新制备的试样在沸水中很易分解。

$CuSO_4$ 与纯碱作用可制得碱式碳酸铜。但因温度和溶液的配比不同，可以生成青色的 $2CuCO_3·Cu(OH)_2$ 或绿色的 $CuCO_3·Cu(OH)_2$。为了合成最佳的产品，必须对所合成的条件进行探索。

$$2CuSO_4 + 2Na_2CO_3 + H_2O \xrightarrow{加热} Cu(OH)_2·CuCO_3 + 2Na_2SO_4 + CO_2 \uparrow$$

【仪器及试剂】

学生根据实验内容自行列出仪器、药品和材料清单。

【实验步骤】

1. 制备实验反应条件的探索

(1) $CuSO_4$ 与 Na_2CO_3 溶液的合适比例探索　分别取 2.0mL $0.5mol·L^{-1}$ $CuSO_4$ 溶液

于 4 支试管中, 再分别取 0.5mol·L^{-1} Na$_2$CO$_3$ 溶液 1.6mL、2.0mL、2.4mL、2.8mL 于另外 4 支试管中, 将 8 支试管放入沸水浴中。数分钟后, 依次将 CuSO$_4$ 溶液分别倒入对应的 Na$_2$CO$_3$ 溶液中, 振荡试管, 观察各试管中沉淀生成的速度、沉淀的数量及颜色等实验现象, 将一系列现象填入表 5.9-1 中, 由实验结果确定反应的合适比例。

表 5.9-1   CuSO$_4$ 与 Na$_2$CO$_3$ 溶液的合适比例探索

项 目	编 号			
	1	2	3	4
0.5mol·L^{-1} CuSO$_4$ 体积/mL	2.0	2.0	2.0	2.0
0.5mol·L^{-1} Na$_2$CO$_3$ 体积/mL	1.6	2.0	2.4	2.8
n(Na$_2$CO$_3$)/n(CuSO$_4$)(摩尔比)	0.8	1.0	1.2	1.4
沉淀生成的速度				
沉淀的数量				
沉淀的颜色				
最佳比例				

(2) 反应温度的探索   在 3 支试管中分别加入 2.0mL 0.5mol·L^{-1} CuSO$_4$ 溶液, 另取 3 支试管, 各加入由上述实验得到的合适比例用量的 0.5mol·L^{-1} Na$_2$CO$_3$ 溶液。从这两组试管中各取一支, 将它们分别置于 50℃、75℃、90℃ 的水浴中。数分钟后将 CuSO$_4$ 溶液倒入 Na$_2$CO$_3$ 溶液中, 振荡并观察沉淀的生成及其转变的快慢、沉淀的颜色, 将一系列现象填入表 5.9-2 中, 由实验结果确定反应的合适温度。

表 5.9-2   反应温度的探索

项 目	编 号			项 目	编 号		
	1	2	3		1	2	3
0.5mol·L^{-1} CuSO$_4$ 体积/mL	2.0	2.0	2.0	沉淀的数量			
0.5mol·L^{-1} Na$_2$CO$_3$ 体积/mL				沉淀的颜色			
水浴温度/℃	50℃	75℃	90℃	最佳温度			
沉淀生成的速度							

2. 碱式碳酸铜的制备

取 60.0mL 0.5mol·L^{-1} CuSO$_4$ 溶液于 100mL 烧杯中, 根据上述探索得到的合适比例加入所需的 0.5mol·L^{-1} Na$_2$CO$_3$ 溶液于另一小烧杯中, 将两个烧杯置于上面探索的合适温度的水浴中加热 10min, 然后将硫酸铜溶液倒入碳酸钠溶液中, 用玻璃棒搅拌并静置, 待沉淀完全后, 用蒸馏水洗涤沉淀物数次, 直到沉淀中不含 SO$_4^{2-}$ 为止 (如何检验), 抽滤后将产品置于 100℃ 的烘箱中烘干, 待冷至室温后称量并计算产率。

【结果与讨论】
1. 根据化学反应方程式和所取 CuSO$_4$ 的量, 计算出产品的理论值, 同时要计算产率。
2. 将实验结果填入对应的表中。

【注意事项】
1. 反应温度不应超过 100℃, 且要处于恒温。
2. 沉淀要洗涤干净。

3. 若反应后不能观察到暗绿色或淡蓝色沉淀，可将反应物保持原样（不可将滤液滤去）并不断搅拌，直至所需的沉淀颜色产生为止。

4. 反应过程中不可将 Na_2CO_3 溶液倒入 $CuSO_4$ 溶液中。

【思考题】

1. 各试管中沉淀的颜色为何会有差别？估计何种颜色产物的碱式碳酸铜含量高？

2. 反应温度对本实验有何影响？

3. 反应在何种温度下进行会出现褐色产物？这种褐色物质是什么？

4. 若将 Na_2CO_3 溶液倒入 $CuSO_4$ 溶液，其结果是否会有所不同？

5. 除反应物的配比和反应的温度对本实验的结果有影响外，反应物的种类、反应进行的时间等因素是否对产物的质量也会有影响？

6. 设计一个实验来测定碱式碳酸铜中 Cu 的百分含量，从而分析所制得的碱式碳酸铜的质量。

【参考文献】

1. 北京师范大学无机化学教研室等编. 无机化学实验. 第 3 版. 北京：高等教育出版社，2001.

2. 陈彦玲，苏丽宏，唐艳茹. 碱式碳酸铜的制备. 长春师范学院学报（自然科学版），2006，2：35-36.

3. 曹小华，谢燕芸，吴童玲，谢宝华，涂惠平. 碱式碳酸铜的制备工艺研究. 化工中间体，2008，12：43-45.

实验 5.10　三草酸合铁（Ⅲ）酸钾的合成和组成测定

【实验目的】

1. 通过学习三草酸合铁（Ⅲ）酸钾的合成方法与原理，了解无机合成中的化学平衡原理（氧化、还原、配位反应等有关原理）来指导配合物的制备并掌握水溶液中无机制备的一般方法。

2. 综合训练无机合成［溶解、沉淀、过滤（常压、减压）、浓缩、蒸发结晶等］的基本操作，练习用"溶剂替换法"进行结晶的操作。

3. 了解三草酸合铁（Ⅲ）酸钾的光电性质及用途。

4. 掌握用 $KMnO_4$ 法测定 $C_2O_4^{2-}$ 与 Fe^{3+} 的原理和方法。

5. 综合训练无机合成、滴定分析的基本操作，掌握确定配合物组成的原理和方法。

【实验原理】

1. 制备和性质

三草酸合铁（Ⅲ）酸钾是制备负载型活性铁催化剂的主要原料，也是一些有机反应很好的催化剂，因而具有较高的工业生产价值。

目前合成三草酸合铁（Ⅲ）酸钾的工艺路线有多种。例如以铁为原料制得硫酸亚铁铵，加草酸钾❶制得草酸亚铁后经氧化制得三草酸合铁（Ⅲ）酸钾；或以硫酸铁与草酸钾为原料直接合成三草酸合铁（Ⅲ）酸钾；亦可以三氯化铁或硫酸铁与草酸钾直接合成三草酸合铁（Ⅲ）酸钾。

本实验采用硫酸亚铁铵加草酸钾形成草酸亚铁经氧化结晶得三草酸合铁（Ⅲ）酸钾，通

❶ 化学名为乙二酸钾，别名为草酸钾，为无色透明结晶（$M=184.24$），相对密度＝2.130，在干燥空气中风化，160℃失水，灼热后转化为碳酸盐而不炭化，溶于水、微溶于醇。

过沉淀反应、氧化还原反应、酸碱反应、配位反应、电离平衡反应、重结晶等多步转化，最后制得三草酸合铁（Ⅲ）酸钾 $K_3[Fe(C_2O_4)_3]\cdot 3H_2O$ 配合物。其反应式如下：

$$(NH_4)_2SO_4\cdot FeSO_4\cdot 6H_2O + H_2C_2O_4 \longrightarrow$$
$$FeC_2O_4\cdot 2H_2O\downarrow(黄色) + (NH_4)_2SO_4 + H_2SO_4 + 4H_2O$$

$$6FeC_2O_4\cdot 2H_2O + 3H_2O_2 + 6K_2C_2O_4 \longrightarrow$$
$$4K_3[Fe(C_2O_4)_3]\cdot 3H_2O + 2Fe(OH)_3\downarrow(棕褐色)$$

加入适量草酸可使 $Fe(OH)_3$ 转化为三草酸合铁（Ⅲ）酸钾：

$$2Fe(OH)_3 + 3H_2C_2O_4 + 3K_2C_2O_4 \longrightarrow 2K_3[Fe(C_2O_4)_3]\cdot 3H_2O$$

加入乙醇，放置即可析出产物的结晶。

总反应式：$2FeC_2O_4\cdot 2H_2O + H_2O_2 + 3K_2C_2O_4 + H_2C_2O_4 \longrightarrow$
$$2K_3[Fe(C_2O_4)_3]\cdot 3H_2O(翠绿色)$$

　　三草酸合铁（Ⅲ）酸钾是翠绿色单斜晶体，溶于水，难溶于乙醇，往该化合物的水溶液中加入乙醇后，可析出结晶，它是光敏物质，见光易分解，变为黄色。

$$2K_3[Fe(C_2O_4)_3] \xrightarrow{h\nu(光)} 3K_2C_2O_4 + 2FeC_2O_4 + 2CO_2$$

　　2. 产物的定性分析

　　K^+ 与 $Na_3[Co(NO_2)_6]$ 在中性或稀醋酸介质中，生成亮黄色的 $K_2Na[Co(NO_2)_6]$ 沉淀：

$$2K^+ + Na^+ + [Co(NO_2)_6]^{3-} \longrightarrow K_2Na[Co(NO_2)_6]\downarrow$$

Fe^{3+} 与 KSCN 反应生成血红色 $[Fe(NCS)_n]^{3-n}$，$C_2O_4^{2-}$ 与 Ca^{2+} 生成白色沉淀 CaC_2O_4，可判断 Fe^{3+}、$C_2O_4^{2-}$ 处于配合物的内界还是外界。

　　3. 产物的定量分析

　　用 $KMnO_4$ 法测定产品中的 Fe^{3+} 含量和 $C_2O_4^{2-}$ 含量，并确定 Fe^{3+} 和 $C_2O_4^{2-}$ 的配位比。在酸性介质中，用 $KMnO_4$ 标准溶液滴定试液中的 $C_2O_4^{2-}$，根据 $KMnO_4$ 标准溶液的消耗量可直接计算出 $C_2O_4^{2-}$ 的质量分数：

$$5C_2O_4^{2-} + 2MnO_4^- + 16H^+ \longrightarrow 10CO_2 + 2Mn^{2+} + 8H_2O$$

在余下的溶液中，用锌粉将 Fe^{3+} 还原为 Fe^{2+}，再用 $KMnO_4$ 标准溶液滴定 Fe^{2+}：

$$Zn + 2Fe^{3+} \longrightarrow 2Fe^{2+} + Zn^{2+}$$
$$5Fe^{2+} + MnO_4^- + 8H^+ \longrightarrow 5Fe^{3+} + Mn^{2+} + 4H_2O$$

根据 $KMnO_4$ 标准溶液的消耗量，计算出 Fe^{3+} 的质量分数。

由 $n_{Fe^{3+}} : n_{C_2O_4^{2-}} = \dfrac{w_{Fe^{3+}}}{55.8} : \dfrac{w_{C_2O_4^{2-}}}{88.0}$，可确定 Fe^{3+} 与 $C_2O_4^{2-}$ 的配位比。

【仪器及试剂】

台秤，电子天平，电炉，烧杯，量筒，温度计，长颈漏斗，布氏漏斗，吸滤瓶，真空水泵，表面皿，称量瓶，干燥器，烘箱，铁架台，滴定管夹，锥形瓶，酸式滴定管。

H_2SO_4（2mol·L⁻¹），$K_2C_2O_4$（饱和），H_2O_2（6%），$H_2C_2O_4$（1mol·L⁻¹），KSCN（0.1mol·L⁻¹），$CaCl_2$（0.5mol·L⁻¹），$FeCl_3$（0.1mol·L⁻¹），$Na_3[Co(NO_2)_6]$（1%），$KMnO_4$ 标准溶液（0.02mol·L⁻¹），$K_3[Fe(CN)_6]$（0.1mol·L⁻¹），乙醇（95%），丙酮，$(NH_4)_2SO_4\cdot FeSO_4\cdot 6H_2O(s)$，pH 试纸，毛笔。

【实验步骤】

1. 三草酸合铁（Ⅲ）酸钾的制备

（1）溶解　在台秤上称取 5.0g $(NH_4)_2Fe(SO_4)_2\cdot 6H_2O$ 晶体于 250mL 烧杯中，加

$0.3\sim1.0\text{mL } 2\text{mol·L}^{-1} \text{ H}_2\text{SO}_4$，再加入 $15.0\text{mL H}_2\text{O}$，加热使之溶解。

（2）沉淀　在上述溶液中加入 $20.0\sim25.0\text{mL } 1\text{mol·L}^{-1} \text{ H}_2\text{C}_2\text{O}_4$ 溶液，不断搅拌并加热至沸腾 4min。静置后得到 $\text{FeC}_2\text{O}_4\cdot2\text{H}_2\text{O}$ 黄色晶体，待晶体沉降后倾去上层清液。在沉淀中加 30mL 热 H_2O，搅拌后静置，倾去清液；再用 25mL 热 H_2O 洗涤一次沉淀以除去可溶性杂质。

（3）氧化　在上述洗涤过的沉淀中加入 10.0mL 饱和 $\text{K}_2\text{C}_2\text{O}_4$ 溶液，水浴加热至约 40°C，用滴管慢慢滴加 $10.0\text{mL } 6\% \text{ H}_2\text{O}_2$ 溶液，不断搅拌溶液并维持温度在 40°C 左右。滴加完后，取 1 滴悬浊液于点滴板凹穴中，加 1 滴 $0.1\text{mol·L}^{-1} \text{ K}_3[\text{Fe(CN)}_6]$ 溶液，如出现蓝色，说明还有 Fe^{2+}，需再加入 H_2O_2 至检验不到 Fe^{2+}，使 Fe^{2+} 充分氧化为 Fe^{3+}（检验 Fe^{2+}）。滴加完后，加热溶液至沸以去除过量的 H_2O_2。

（4）生成配合物　保持上述沉淀至近沸状态，先加入 $5.0\text{mL } 1\text{mol·L}^{-1} \text{ H}_2\text{C}_2\text{O}_4$，然后趁热慢慢滴加 $3.0\text{mL } 1\text{mol·L}^{-1} \text{ H}_2\text{C}_2\text{O}_4$ 使沉淀溶解，溶液的 pH 值保持在 $4\sim5$，此时溶液呈翠绿色，趁热将溶液过滤到 100mL 烧杯中，并使滤液控制在 30mL 左右，冷却后在滤液中加 $30.0\text{mL } 95\%$ 乙醇，在暗处放置，冷却结晶。减压抽滤，抽干后用少量乙醇洗涤产品，继续抽干，称量，计算产率，并将产品避光保存。

（5）重结晶　用 10mL 热水溶解粗产品，趁热过滤，冰水中冷却后抽滤，在滤纸上吸干，称重，计算产率，并将晶体置于干燥器内避光保存。

2. 产品的光敏试验

（1）在表面皿上放少许 $\text{K}_3[\text{Fe}(\text{C}_2\text{O}_4)_3]\cdot3\text{H}_2\text{O}$ 产品，置于日光下一段时间，观察晶体颜色变化，与放暗处的晶体比较。

（2）取 0.5mL 上述产品的饱和溶液与等体积的 $0.1\text{mol·L}^{-1} \text{ K}_3[\text{Fe(CN)}_6]$ 溶液混合均匀。用毛笔蘸此混合液在白纸上写字，字迹经强光照射后，由浅黄色变为蓝色。

3. 产物的定性分析

（1）K^+ 的鉴定　取 1 滴产物溶液，加入 1 滴 1% $\text{Na}_3[\text{Co(NO}_2)_6]$ 溶液，观察现象。

（2）Fe^{3+} 的鉴定　在一试管中加入 10 滴产物溶液。另取一试管加入 10 滴 FeCl_3 溶液。各加入 2 滴 0.1mol·L^{-1} KSCN，观察现象。在装有产物溶液的试管中加入 2 滴 2mol·L^{-1} H_2SO_4，再观察溶液颜色有何变化，解释实验现象。

（3）$\text{C}_2\text{O}_4^{2-}$ 的鉴定　在一试管中加入 10 滴产物溶液。另取一试管加入 10 滴 $\text{K}_2\text{C}_2\text{O}_4$ 溶液。各加入 2 滴 0.5mol·L^{-1} CaCl_2 溶液，观察实验现象有何不同。

4. 产物组成的定量分析

（1）结晶水质量分数的测定　洗净两个称量瓶，在 110°C 烘箱中干燥 1h，置于干燥器中冷却至室温时在电子天平上称量。然后再放入 110°C 烘箱中干燥 0.5h，重复上述干燥—冷却—称量操作，直至质量恒定（两次称量相差不超过 0.3mg）为止。

在电子天平上准确称取两份产品各 $0.5\sim0.6\text{g}$，分别放入上述已质量恒定的两个称量瓶中。在 110°C 烘箱中干燥 1h，然后置于干燥器中冷却至室温后，称量。重复上述干燥（改为 0.5h）—冷却—称量操作，直至质量恒定。根据称量结果计算产品中结晶水的质量分数。

（2）草酸根质量分数的测定　在电子天平上准确称取三份产物（约 $0.15\sim0.20\text{g}$），分别放入 3 个锥形瓶中，均加入 $15.0\text{mL } 2\text{mol·L}^{-1} \text{ H}_2\text{SO}_4$ 和 15.0mL 去离子水，微热溶解，加热至 $75\sim85^\circ\text{C}$（即液面冒水蒸气），趁热用 0.0200mol·L^{-1} KMnO_4 标准溶液滴定至粉红色为终点（保留溶液待下一步分析使用）。

根据消耗 $KMnO_4$ 溶液的体积，计算产物中 $C_2O_4^{2-}$ 的质量分数。

(3) 铁质量分数的测定　在上述保留的溶液中加入一小匙锌粉，加热近沸，直到黄色消失，将 Fe^{3+} 还原为 Fe^{2+} 即可。趁热过滤除去多余的锌粉，滤液收集到另一锥形瓶中，再用 5.0mL 去离子水洗涤漏斗，并将洗涤液也一并收集在上述锥形瓶中。继续用 $0.02mol \cdot L^{-1}$ $KMnO_4$ 标准溶液进行滴定，至溶液呈粉红色。根据消耗 $KMnO_4$ 溶液的体积，计算产物中 Fe^{3+} 质量分数。

根据 (1)，(2)，(3) 的实验结果，计算 K^+ 的质量分数，结合实验 3 的结果，推断出配合物的化学式。

【结果与讨论】

1. 确定 Fe^{3+} 与 $C_2O_4^{2-}$ 的配位比。
2. 根据上述的实验结果，计算 K^+ 的质量分数，结合实验 3 的结果，推断出配合物的化学式。

【注意事项】

1. Fe^{2+} 一定要氧化完全，如果 $FeC_2O_4 \cdot 2H_2O$ 未氧化完全，即使加非常多的 $H_2C_2O_4$ 溶液，也不能使溶液变透明，此时应采取趁热过滤，或往沉淀上再加 H_2O_2 等补救措施。
2. $K_3[Fe(C_2O_4)_3]$ 溶液未达饱和，冷却时不析出晶体。
3. 由于 $1mol \cdot L^{-1}$ $H_2C_2O_4$ 在室温下很容易达到饱和而析出晶体，为了保持该浓度，该试剂的配制应在实验进行前现配制。

【参考文献】

1. 古凤才，肖衍繁主编. 基础化学实验教程. 北京：科学出版社，2000.
2. 武汉大学化学与分子科学学院实验中心编. 无机化学实验. 武汉：武汉大学出版社，2002.

实验 5.11　由铬铁矿制取重铬酸钾

【实验目的】

1. 学习用固体碱熔氧化法制备重铬酸钾的原理和方法。
2. 巩固过滤、结晶和重结晶等基本操作。
3. 掌握铬的各主要价态之间的转化关系。

【实验原理】

重铬酸钾是橙红色的粒状晶体，是实验常用的基准试剂和氧化剂，在工业上大量用于鞣革、印染、颜料和电镀等方面。

经过精选后的铬铁矿的主要成分为 $[Fe(CrO_2)_2]$ 或 $FeO \cdot Cr_2O_3$ （含 $35\% \sim 45\%$ Cr_2O_3），除铁外，还含有硅、铝等杂质。由铬铁矿精粉制备重铬酸钾一般经历如下过程。

(1) 在强氧化剂（如氯酸钾）存在下，将铬铁矿精粉与碳酸钠和氢氧化钠的混合物共熔，难溶于水的铬(Ⅲ)可被氧化成易溶于水的铬酸盐(Ⅵ)。在实验室中，为降低熔点，使氧化过程能在较低温度下进行，常加入固体氢氧化钠做助熔剂。其反应为：

$$6FeO \cdot Cr_2O_3 + 12Na_2CO_3 + 7KClO_3 \xrightarrow{熔融} 12Na_2CrO_4 + 3Fe_2O_3 + 7KCl + 12CO_2 \uparrow$$

$$6FeO \cdot Cr_2O_3 + 24NaOH + 7KClO_3 \xrightarrow{熔融} 12Na_2CrO_4 + 3Fe_2O_3 + 7KCl + 12H_2O$$

同时铬铁矿中的三氧化二铁、二氧化硅和三氧化二铝杂质也转变为相应的可溶性盐：

$$Fe_2O_3 + Na_2CO_3 \xrightarrow{熔融} 2NaFeO_2 + CO_2 \uparrow$$

$$Al_2O_3 + Na_2CO_3 \xrightarrow{熔融} 2NaAlO_2 + CO_2 \uparrow$$

$$SiO_2 + Na_2CO_3 \xrightarrow{熔融} Na_2SiO_3 + CO_2 \uparrow$$

（2）用水浸取熔融物，抽滤，除去氢氧化铁以及未反应的铬铁矿等不溶物。调节滤液的 pH 值为 7～8，再抽滤，弃去氢氧化铝和硅酸等不溶物，滤液为铬酸钠溶液。

$$NaAlO_2 + 2H_2O \longrightarrow Al(OH)_3 \downarrow + NaOH$$

$$Na_2SiO_3 + 2H_2O \longrightarrow H_2SiO_3 \downarrow + 2NaOH$$

（3）将铬酸钠溶液酸化制得重铬酸钠。

$$2CrO_4^{2-} + 2H^+ \rightleftharpoons Cr_2O_7^{2-} + H_2O$$

（4）利用复分解反应制得重铬酸钾和氯化钠的混合溶液。因重铬酸钾在低温时溶解度较小 [273K 时，4.6g（100g H_2O）$^{-1}$]，在高温时溶解度较大 [373K 时，94.1g·（100g H_2O）$^{-1}$]，而温度对氯化钠的溶解度影响不大，可将它们分离。

$$Na_2Cr_2O_7 + 2KCl \rightleftharpoons K_2Cr_2O_7 + 2NaCl$$

【仪器及试剂】

台秤，电子天平，烧杯，量筒，研钵，铁坩埚，坩埚钳，铁质搅棒，水浴锅，蒸发皿，吸滤瓶，布氏漏斗，真空水泵，烧杯，酒精灯，移液管（25mL），容量瓶（250mL），碘量瓶（250mL），碱式滴定管（50mL）。

铬铁矿粉（100 目），NaOH(s)，Na_2CO_3(s)，$KClO_3$(s)，KCl(s)，KI(s)。H_2SO_4（3mol·L^{-1}、6mol·L^{-1}）；$Na_2S_2O_3$ 标准溶液（0.1mol·L^{-1}）；淀粉指示剂（0.2%）。滤纸，pH 试纸。

【实验步骤】

1. 重铬酸钾的制备

（1）氧化　向铁坩埚中加入 4.5g 无水碳酸钠和 4.5g 氢氧化钠固体，混匀后用小火加热熔融。然后边搅拌边把已混匀的 6.0g 铬铁矿精粉与 4.0g 氯酸钾的混合物分几次加入铁坩埚中，加完后，大火灼烧约 30min，然后使其自然冷却。

（2）浸取　用铁质搅棒捣碎坩埚中的熔块，向其中加少量去离子水，边搅拌边用小火加热至沸，将溶出物倒入烧杯内。重复此操作，直至坩埚中的熔块全部被取出。加热煮沸烧杯中的溶出物 15min，并不断搅拌以加速溶解。稍冷后抽滤，滤渣用约少量去离子水洗涤（滤液控制在 40mL 左右），弃去滤渣。

（3）中和除铝、硅　用 3mol·L^{-1} H_2SO_4 调节滤液 pH 值为 7～8，加热煮沸滤液 3min，趁热过滤，滤渣用少量去离子水洗涤后弃取，得到黄色的铬酸钠溶液。

（4）转化　将滤液转移至蒸发皿中，用 6mol·L^{-1} H_2SO_4 调其呈强酸性，得到橙红色的重铬酸钠溶液。

（5）复分解和结晶　向重铬酸钠溶液中加入 1.0g 氯化钾固体，搅拌溶解，然后置于水浴上，使溶液蒸发浓缩至近饱和。冷却结晶，抽滤，得橙红色的重铬酸钾晶体。用滤纸吸干晶体，称重。

（6）纯化　按重铬酸钾与水的质量比为 1∶1.5 向盛有粗重铬酸钾产品的蒸发皿中加去离子水，加热溶解，趁热过滤（如无不溶杂质，可不过滤），用 3mol·L^{-1} H_2SO_4 调其溶液呈橙红色，稍加浓缩，冷却结晶，抽滤，得纯的重铬酸钾晶体。将其在 40～50℃下烘干，称量并计算产率。

2. 产品含量测定

准确称取 1.3～1.5g 纯化后的重铬酸钾晶体，在 250mL 容量瓶中配成溶液。

在 250mL 碘量瓶中，依次加入 25.00mL 重铬酸钾溶液、10.0mL 2mol·L^{-1} H$_2$SO$_4$ 和 2g 碘化钾，摇匀并置于暗处 5min。加入 100mL 水稀释得待测溶液，立即用 0.1mol·L^{-1} Na$_2$S$_2$O$_3$ 标准溶液滴定此待测溶液至溶液的颜色为黄绿色，再加入 3.0mL 淀粉指示剂，继续滴定至溶液蓝色褪去并呈亮绿色。计算纯化后的重铬酸钾晶体中重铬酸钾的百分含量。

【结果与讨论】

1. 计算产品产率，并根据实验过程讨论产品的品质以及产率的高低。

2. 结合元素电势图以及实验结果，讨论铬的各主要价态之间的转化，并写出转化反应方程式。

【注意事项】

1. 如实验室中没有铬铁矿精粉，可用三氧化二铬代替铬铁矿精粉（2.4g 三氧化二铬相当于 6g 的铬铁矿精粉）制备重铬酸钾。

2. 实验中固体碱熔氧化在铁坩埚中进行，并使用铁质搅棒，切不可用瓷坩埚和玻璃棒。

3. 要先将碳酸钠和氢氧化钠的混合物用小火加热熔融后，再分几次将铬铁矿精粉和氯酸钾的混合物在搅拌下加入铁坩埚中。

4. 将复分解反应后的滤液加热、浓缩至近饱和即可，不能蒸发至有晶体。如所得粗产品为黄色晶体，这是由于酸化不够，主要成分为铬酸钾，在重结晶时需再加一些酸至溶液呈橙红色，稍加浓缩，使其结晶。

【思考题】

1. 中和除铝和硅为何调节溶液 pH 值为 7～8，pH 值过高或过低有什么影响？

2. 如何利用温度对重铬酸钾和氯化钠溶解度影响的差异而将它们分离？

3. 淀粉指示剂为何要在接近终点时加入？

【参考文献】

北京师范大学编. 无机化学实验. 第 3 版. 北京：高等教育出版社，2001.

实验 5.12　硫酸铝钾（明矾）的制备及单晶培养

【实验目的】

1. 巩固复盐的有关知识，掌握制备简单复盐的基本方法。

2. 学习从水溶液中培养晶体的原理和方法。

【实验原理】

1. 明矾的制备

明矾是含有结晶水的硫酸钾和硫酸铝的复盐，其化学式为 KAl(SO$_4$)$_2$·12H$_2$O。有抗菌、收敛作用。在工业上用于涂料、媒染剂和澄清剂等众多方面。

由铝屑（可由身边易得的铝质牙膏壳、铝合金易拉罐等废铝材料制得）制备明矾一般经历如下过程：

(1) 金属铝溶于氢氧化钾溶液中生成可溶性四羟基合铝（Ⅲ）酸钾，抽滤，除去不溶杂质。

$$2Al + 2KOH + 6H_2O \longrightarrow 2K[Al(OH)_4] + 3H_2\uparrow$$

(2) 向滤液中加入硫酸溶液，四羟基合铝（Ⅲ）酸钾转化为硫酸铝。

$$2K[Al(OH)_4] + H_2SO_4 \longrightarrow 2Al(OH)_3 \downarrow + K_2SO_4 + 2H_2O$$

$$2Al(OH)_3 + 3H_2SO_4 \longrightarrow Al_2(SO_4)_3 + 6H_2O$$

（3）加热浓缩溶液，析出复盐明矾。

$$Al_2(SO_4)_3 + K_2SO_4 + 24H_2O \longrightarrow 2KAl(SO_4)_2 \cdot 12H_2O$$

2. 单晶的培养

图 5.12-1 是物质的溶解度曲线和过溶解度曲线图，A 点表示盐溶液处于不饱和状态；BB' 为溶解度曲线，其下方为不饱和区域；CC' 为过溶解度曲线，表示过饱和的界限；两曲线之间为介稳定区域。由图 5.12-1 可知，要使盐晶体从其不饱和溶液中析出，一种方法是保持浓度不变，降低温度的冷却法，即采取 $A \rightarrow B$ 的过程。另一种方法是保持温度不变，增加浓度的蒸发法，即采取 $A \rightarrow B'$ 的过程。用这两种方法使溶液进入介稳定区域状态，一般就有晶核产生和成长。但有些物质在一定的条件下，在该区域形成过饱和溶液，而无晶体析出。可这过饱和溶液是有界限的，一旦达到某个界限，稍加振动溶液中就会有较多的晶体析出。

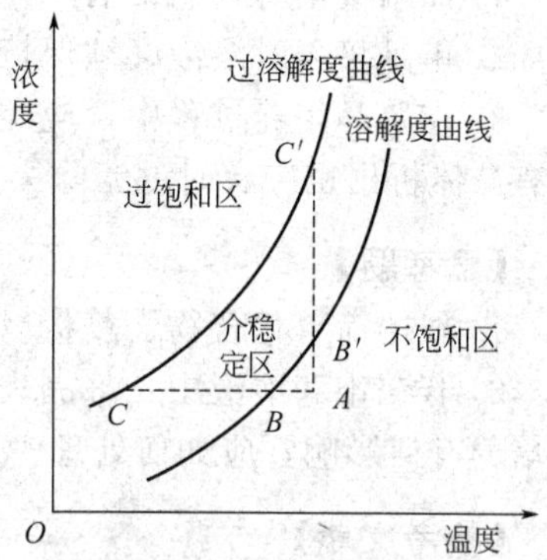

图 5.12-1　溶解度曲线

明矾为正八面体晶形，为获得棱角完整的透明单晶，可先通过上述两种方法制得晶种（籽晶），然后将晶种悬挂于饱和溶液中，使之慢慢长大成大块单晶。

【仪器与试剂】

台秤，烧杯，量筒，布氏漏斗，抽滤瓶，蒸发皿，酒精灯，电炉，水真空泵，镊子，放大镜。

铝屑（可由铝质牙膏壳、铝合金易拉罐等废铝材料制得），KOH(s)。H_2SO_4（$3mol \cdot L^{-1}$）。滤纸，头发。

【实验步骤】

1. 明矾的制备

称取 4.2g 氢氧化钾固体于 250mL 烧杯中，加入 50.0mL 去离子水溶解。边搅拌边将 2.0g 铝屑分多次加入氢氧化钾溶液中，反应完毕后（不再有气泡产生），抽滤，除去不溶杂质。将滤液稀释至 100mL，边搅拌边向其中滴加 $3mol \cdot L^{-1}$ H_2SO_4 溶液（按化学反应方程式计算需加硫酸的量），加热至沉淀完全溶解。适当浓缩溶液使其达到饱和，冷却，有大量晶体析出。抽滤，所得晶体即为明矾。

2. 单晶的培养

（1）晶种的培养与选择　称取 10.0g 自制的明矾，加入适量的水（根据明矾的溶解度计算，一般配制高于室温 20℃ 的饱和溶液），加热溶解（如有不溶物需过滤）。准备两根玻璃棒（一根长的，另一根短的）和一根洗净的头发，将头发两端分别系在两根玻璃棒中间。将一根长玻璃棒横放在盛有明矾溶液的烧杯上，另一根玻璃棒沉于烧杯底部，使头发垂直挂于明矾溶液中。在烧杯口上盖一张滤纸（以免灰尘落下），且将烧杯放在不易晃动的地方，静置 24h 后，头发上和杯底部都会有小晶体析出。提起烧杯上的玻璃棒，从头发上挑选并保留几个晶型完整的籽晶作为晶种（可用放大镜观察），其余的用镊子轻轻夹碎，小心移动挑选好的晶种使其均匀分布在头发上。过滤溶液，除去析出的晶体。

（2）单晶的培养　将系有头发的玻璃棒横放在烧杯上，保持有晶种的头发悬挂于上面过滤过的饱和溶液中，静置，观察晶体的生长。数天后，可得到棱角完整、晶莹透明的大块单晶。

【结果与讨论】

根据实验结果，讨论复盐的制备及单晶培养的条件。

【注意事项】

1. 如用废铝材料制铝屑，则材料必须清洗干净，并除去表面保护层。

2. 单晶培养时溶液必须保持饱和，否则晶种溶解。

3. 在单晶培养过程中，应经常观察。若发现籽晶表面长出小晶体，应及时去掉。若杯底有晶体析出也应及时过滤除去，以免影响晶体生长。

【思考题】

1. 叙述简单化合物、复盐以及配合物在组成和性质上的不同之处。

2. 若在饱和溶液中，籽晶表面长出一些小晶体或烧杯底部出现少量晶体时，对大晶体的培养有何影响？应如何处理？

【参考文献】

1. 北京师范大学编. 无机化学实验. 第2版. 北京：高等教育出版社，1997.

2. 蔡维平编. 基础化学实验（一）. 北京：科学出版社，2005.

3. 中山大学编. 无机化学实验. 第3版. 北京：高等教育出版社，2006.

实验5.13 由软锰矿制备高锰酸钾（固体碱熔氧化法）

【实验目的】

1. 熟习用固体碱熔氧化法制备高锰酸钾的原理和方法。

2. 巩固熔融、浸取、过滤和重结晶等操作。

3. 掌握锰的各主要价态之间的转化关系。

【实验原理】

高锰酸钾是深紫色的针状晶体，是最重要也是最常用的氧化剂之一。软锰矿的主要成分是二氧化锰，由软锰矿制备高锰酸钾一般经历如下过程。

（1）在强氧化剂（如氯酸钾）存在下，将软锰矿与氢氧化钾混合共熔，难溶于水的二氧化锰可被氧化成易溶于水的锰酸钾：

$$3MnO_2 + 6KOH + KClO_3 \xrightarrow{熔融} 3K_2MnO_4 + KCl + 3H_2O$$

该反应可认为是包含如下两步反应：

$$2KClO_3 \longrightarrow 2KCl + 3O_2\uparrow$$

$$2MnO_2 + 4KOH + O_2 \longrightarrow 2K_2MnO_4 + 2H_2O$$

（2）用水浸取熔融物，锰酸钾（pH>14.4才能稳定存在）则随溶液碱性降低而歧化生成高锰酸钾：

$$3MnO_4^{2-} + 2H_2O \rightleftharpoons 2MnO_4^- + MnO_2 + 4OH^-$$

根据平衡移动的观点，向溶液中加酸有利于锰酸钾转化成高锰酸钾。通常向溶液中加入很弱的酸（如醋酸）甚至通二氧化碳就可使歧化反应完全：

$$3MnO_4^{2-} + 4HAc \longrightarrow 2MnO_4^- + MnO_2\downarrow + 4Ac^- + 2H_2O$$

（3）反应液经抽滤，除去二氧化锰以及未反应的软锰矿等不溶物。加热浓缩滤液可析出暗紫色高锰酸钾晶体。

【仪器及试剂】

台秤，电子天平，烧杯，量筒，铁坩埚，坩埚钳，铁质搅棒，水浴锅，蒸发皿，吸滤瓶，布氏漏斗，真空水泵，酒精灯，酸式滴定管（50mL），移液管（25mL），容量瓶（250mL），锥形瓶（250mL），洗耳球，洗瓶，称量瓶。

$MnO_2(s)$，$KOH(s)$，$KClO_3(s)$，$Na_2C_2O_4(s)$。H_2SO_4（$6mol \cdot L^{-1}$）、HAc（$2mol \cdot L^{-1}$）。滤纸，滤布。

【实验步骤】

1. 高锰酸钾的制备

（1）氧化　向铁坩埚中加入 2.5g 氯酸钾和 5.2g 氢氧化钾固体，混匀后用小火加热熔融。然后边搅拌边慢慢地将 3.0g 二氧化锰粉末分多次加入铁坩埚中。随着二氧化锰的不断加入，熔融物的黏度逐渐增大，这时应用力搅拌，防止结块。待反应物干涸后，强热 5min 后使其自然冷却。

（2）浸取　用铁质搅棒捣碎坩埚中的熔块，并将坩埚侧放于盛有 70.0mL 水的 250mL 烧杯中，小火共煮，直至熔块完全分散在水中。静置，抽滤，得到墨绿色的锰酸钾溶液。

（3）转化　向上述墨绿色的锰酸钾溶液中滴加 $2mol \cdot L^{-1}$ HAc 溶液，用玻璃棒蘸取溶液于滤纸上，当滤纸上只出现紫红色而无绿色痕迹时，锰酸钾已歧化完全，停止滴加 HAc 溶液。抽滤，弃取滤渣。将滤液转入蒸发皿中，水浴加热、浓缩至表面有晶膜出现。冷却，抽滤，得暗红色高锰酸钾晶体。用滤纸吸干晶体，称重。

（4）纯化　按高锰酸钾与水的质量比为 1：3 向盛有粗高锰酸钾产品的蒸发皿中加去离子水，加热溶解，趁热过滤（如无不溶杂质，可不过滤），将滤液稍加浓缩，冷却结晶，抽滤，得纯高锰酸钾晶体。将其置于 80℃下烘干（约 30min），冷却后称重，计算产率。

2. 产品含量测定

准确称取 0.4～0.5g 纯化后的高锰酸钾晶体，在 250mL 容量瓶中配成溶液。

准确称取 0.7～0.8g 基准物质 $Na_2C_2O_4$ 固体置于 100mL 烧杯中，溶解后转移到 250mL 容量瓶中，稀释至刻度，摇匀。移取 25.00mL $Na_2C_2O_4$ 溶液，加入 4.0mL $3mol \cdot L^{-1}$ H_2SO_4，加热至 75～85℃，趁热用 $KMnO_4$ 溶液进行滴定。开始时滴定速度要慢，等前一滴 $KMnO_4$ 的红色完全褪去再滴入下一滴。随着滴定的进行，由于溶液中产物 Mn^{2+} 的自身催化作用，滴定速度可适当加快，直至滴定的溶液呈微红色，0.5min 不褪色即为终点。平行测定 3 次，计算纯化后的高锰酸钾晶体中高锰酸钾的百分含量。

【结果与讨论】

1. 计算产品产率，并根据实验过程讨论产品的品质以及产率的高低。

2. 结合元素电势图以及实验结果，讨论锰的各主要价态之间的转化，并写出转化反应方程式。

【注意事项】

1. 在制备锰酸钾的过程中，二氧化锰粉末一定要分多次加，且边加边搅拌。如果反应过于剧烈，可将铁坩埚移开火焰，以防熔融物溢出或喷溅。

2. 不能用滤纸过滤含高锰酸钾的强碱溶液，应用纯涤棉滤布代替。

3. 高锰酸钾产品在烘干过程中，切忌在产品中混有纸屑等可燃物！

【思考题】

1. 在用氢氧化钾溶解软锰矿时,应注意哪些安全问题?
2. 如何过滤强碱性溶液?
3. 能否用盐酸代替二氧化碳使锰酸钾发生歧化?
4. 比较说明包含歧化反应在内的可使锰酸钾转化为高锰酸钾的方法。
5. 烘干高锰酸钾的过程中,应注意什么问题?为什么?
6. 本实验用过的容器壁上常附有一些棕色物质,它是什么?如何洗去?

【参考文献】

1. 北京师范大学编. 无机化学实验. 第 3 版. 北京:高等教育出版社,2001.
2. 蔡维平编. 基础化学实验(一). 北京:科学出版社,2004.

实验 5.14　废干电池的综合利用

【实验目的】

1. 进一步熟练无机物的实验室提取、制备、提纯、分析等方法与技能。
2. 初步了解科研的基本步骤。
3. 了解废弃物中有效成分的回收利用方法。

【实验原理】

日常生活中用的干电池为锌锰干电池。其负极是作为电池壳体的锌电极,正极是被 MnO_2 包围着的石墨电极,电解质是 $ZnCl_2$ 及 NH_4Cl 的糊状物。其电池反应为:

$$Zn + 2NH_4Cl + 2MnO_2 \longrightarrow Zn(NH_3)_2Cl_2 + 2MnOOH$$

其结构如图 5.14-1 所示。

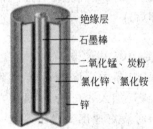

　　绝缘层
　　石墨棒
　　二氧化锰、炭粉
　　氯化锌、氯化铵
　　锌

图 5.14-1　锌-锰电池构造图

在使用过程中,锌皮消耗最多,MnO_2 只起氧化作用,NH_4Cl 作为电解质没有消耗,炭粉是填料。因而回收处理废干电池可以获得多种物质,如铜、锌、MnO_2、NH_4Cl 和炭棒等,实为变废为宝的一种可利用再生资源。

用剪刀(或钢锯片)把废电池外壳剥开,即可取出里面黑色的物质,它为 MnO_2、炭粉、氯化铵、氯化锌等的混合物。把这些黑色混合物倒入烧杯中,加入蒸馏水(按每节大电池加 50mL 水计算),搅拌,溶解,过滤,滤液用以提取 NH_4Cl,滤渣用以制备 MnO_2 及锰的化合物。电池的锌壳可用以制锌及锌盐。

(1) 已知滤液的主要成分为 NH_4Cl 和 $ZnCl_2$,两者在不同温度下的溶解度如表 5.14-1。

表 5.14-1　NH_4Cl 和 $ZnCl_2$ 在不同温度下的溶解度　　　　单位: $g \cdot (100g\ H_2O)^{-1}$

温度/K	273	283	293	303	313	333	353	363	373
NH_4Cl 溶解度	29.4	33.2	37.2	31.4	45.8	55.3	65.6	71.2	77.3
$ZnCl_2$ 溶解度	342	363	395	437	452	488	541	—	614

NH_4Cl 在 100℃时开始显著地挥发,338℃时离解,350℃时升华。NH_4Cl 与甲醛作用生成六亚甲基四胺和盐酸,后者用 NaOH 标准溶液滴定,便可求出产品中 NH_4Cl 的含量。

（2）黑色混合物的滤渣中含有 MnO_2、炭粉和其他少量有机物。将之用水冲洗滤干固体，灼烧以除去炭粉和其他有机物。

粗 MnO_2 中还含有一些低价锰和少量其他金属氧化物，也应设法除去，以获得精制 MnO_2。纯 MnO_2 在 535℃时分解为 O_2 和 M_2O_3，不溶于水、HNO_3、稀 H_2SO_4 中。

（3）将洁净的碎锌片以适量的酸溶解。溶液中有 Fe^{3+}、Cu^{2+} 杂质时，设法除去。$ZnSO_4 \cdot 7H_2O$ 极易溶于水（在 15℃时，无水盐为 33.4%），不溶于乙醇。在 39℃时含结晶水，100℃开始失水。在水中水解呈酸性。

剖开电池后（请同学利用课外活动时间预先分解废干电池），按老师指定从下列三项中选做一项。

【仪器及试剂】

氯化铵，浓 HCl，$KMnO_4$（0.0020 $mol \cdot L^{-1}$），NaOH（2 $mol \cdot L^{-1}$），锌。

根据实验设计内容，自己列出实验所用仪器。

【实验步骤】

1. 从黑色混合物的滤液中提取氯化铵

要求：

（1）设计实验方案，提取并提纯氯化铵。

（2）产品定性检验：①证实其为铵盐；②证实其为氯化物；③判断有否杂质存在。

（3）测定产品中 NH_4Cl 的百分含量。

2. 从黑色混合物的滤渣中提取 MnO_2

（1）要求

① 设计实验方案，精制 MnO_2；

② 设计实验方案，验证 MnO_2 的催化作用；

③ 试验 MnO_2 与盐酸、MnO_2 与 $KMnO_4$ 的作用。

（2）试验精制 MnO_2 的性质

① 催化作用，MnO_2 对 $KClO_3$ 热分解反应有催化作用；

② 与浓 HCl 的作用：MnO_2 与浓 HCl 发生如下反应：

$$MnO_2 + 4HCl \longrightarrow MnCl_2 + Cl_2(g) + 2H_2O$$

注意：所设计的实验方法（或采用的装置）要尽可能避免产生实验室空气污染。

③ MnO_4^{2-} 的生成及其歧化反应，在大试管中加入 5.0mL 0.002 $mol \cdot L^{-1}$ $KMnO_4$ 及 5.0mL 2 $mol \cdot L^{-1}$ NaOH 溶液，再加入少量所制备的 MnO_2 固体。验证所生成的 MnO_2 的歧化反应。

3. 由锌壳制备 $ZnSO_4 \cdot 7H_2O$ 产品。

要求：

（1）设计实验方案，以锌单质制备 $ZnSO_4 \cdot 7H_2O$。

（2）产品定性检验：①证实为硫酸盐；②证实为锌盐；③不含 Fe^{3+}，Cu^{2+}。

【注意事项】

1. 所设计的实验方法（或采用的实验装置）要尽可能避免产生实验室空气污染。

2. 实验设计过程要充分利用 MnO_2 和锌皮，并进行验证实验。

【参考文献】

1. 上海化工学院无机化学教研组编. 无机化学实验. 北京：人民教育出版社，1979.

2．江体乾主编．化工工艺手册．上海：上海科学技术出版社，1992．

3．天津化工研究院主编．无机盐工业手册．北京：化学工业出版社，1981．

4．[苏] IO.B. 卡尔雅金等著．纯化学试剂：无机试剂和制剂实验室制备指南．曹素忱等译．北京：高等教育出版社，1989．

5．日本化学会编．无机化合物合成手册．第二卷．安家驹，陈之川译．北京：化学工业出版社，1986．

6．李朝略主编．化工小商品生产法（第一集）．长沙：湖南科学技术出版社，1985．

7．中山大学等校编．无机化学实验．北京：高等教育出版社，1983．

8．陈寿椿编．重要无机化学反应．第2版．上海：上海科学技术出版社，1982．

实验 5.15　从盐泥中提取七水合硫酸镁及其含量测定

【实验目的】

1. 掌握从盐泥中提取 $MgSO_4 \cdot 7H_2O$ 的原理和方法。

2. 进一步熟练掌握无机制备产物的基本操作和操作方法。

3. 学会对产品的化学组成和纯度的检验方法。

4. 通过 $MgSO_4 \cdot 7H_2O$ 的制取，了解对工业废渣的综合利用。

【实验原理】

工业废渣的综合利用，不仅能变废为宝，具有经济效益，而且能大大减轻有害物质对环境的侵蚀和污染，因此具有十分重要的现实意义。盐泥是氯碱工业中的废渣，常分为一次盐泥和二次盐泥。一次盐泥中常含有镁、钙、铁、铝、锰的硅酸盐和碳酸盐等成分。

在医药上 $MgSO_4 \cdot 7H_2O$ 俗名为泻盐，是易风化的白色四方柱状晶体，无臭有苦咸味。在150℃时失去6个结晶水，在200℃失去全部结晶水。七水硫酸镁可用作印染的媒染剂、造纸的填充剂、防火织物的填料、医药上的口服泻药和抗惊厥的注射药，在涂料、炸药、肥皂及陶瓷等行业也有广泛的应用。从盐泥中提取七水硫酸镁有以下几个主要步骤。

向一次盐泥中加入一定浓度的 H_2SO_4 溶液，调节其 pH 值约为 1~2，保持微沸 20~30min 左右，此时盐泥中的碳酸盐转化为硫酸盐，同时放出 CO_2 气体，而硅酸盐则转化为 $SiO_2 \cdot nH_2O$ 沉淀和硫酸盐，过滤可除去 $SiO_2 \cdot nH_2O$、不溶性杂质和溶解度较小的硫酸盐等杂质，其反应方程式如下：

$$CO_3^{2-} + 2H^+ \xrightarrow{\triangle} CO_2 \uparrow + H_2O$$

$$SiO_3^{2-} + 2H^+ + (n-1)H_2O \xrightarrow{\triangle} SiO_2 \cdot nH_2O$$

为了除去 Fe^{3+}、Fe^{2+}、Mn^{2+}、Al^{3+} 等杂质离子，向滤液中滴加一定量的 NaClO 至溶液的 pH 值为 5~6 左右，加热可促使它们水解完全，在此过程中其反应式如下：

$$2Fe^{2+} + ClO^- + 6H_2O \longrightarrow 2Fe(OH)_3 \downarrow + HCl + H_2O + 3H^+$$

$$Fe^{3+} + 3H_2O \longrightarrow Fe(OH)_3 \downarrow + 3H^+$$

$$Al^{3+} + 3H_2O \longrightarrow Al(OH)_3 \downarrow + 3H^+$$

$$Mn^{2+} + ClO^- + H_2O \longrightarrow MnO_2 \downarrow + 2H^+ + Cl^-$$

沉淀过滤以后，滤液中除了 $MgSO_4$ 之外，还有少量 $CaSO_4$。温度升高时 $CaSO_4$ 溶解度减小，因此当适当浓缩溶液之后，使 $CaSO_4$ 沉淀后趁热过滤，以除去 $CaSO_4$，将滤液继续蒸发、浓缩、冷却和结晶，减压抽滤后可得到纯度较高的 $MgSO_4 \cdot 7H_2O$ 结晶。

【仪器及试剂】

台秤，电子天平，称量瓶，量筒，烧杯，蒸发皿，石棉网，真空水泵，抽滤瓶，布氏漏斗，马弗炉，微波炉，电炉，表面皿，坩埚，坩埚钳，漏斗，铁圈，容量瓶，移液管，铁架台，酸式滴定管，锥形瓶。

工业盐泥，H_2SO_4（$1mol \cdot L^{-1}$，$6mol \cdot L^{-1}$，浓），HCl（$6mol \cdot L^{-1}$），NaClO（工业用，含 $12\% \sim 15\%$ 有效氯），铬黑 T（0.5%），EDTA，三乙醇胺（25%），NH_3-NH_4Cl（pH＝10），NaClO（$0.2mol \cdot L^{-1}$），丙酮，Zn 粉（分析纯），$BaCl_2$（$0.1mol \cdot L^{-1}$），六亚甲基四胺（$200g \cdot L^{-1}$），二甲酚橙指示剂，pH 试纸。

【实验步骤】

1. $MgSO_4 \cdot 7H_2O$ 的制备

在台秤上称取 13.0g 盐泥于 400mL 烧杯中，加 80.0mL 蒸馏水，用玻璃棒搅拌成浆，在不断搅拌下滴加 $6mol \cdot L^{-1}$ H_2SO_4 至反应产生的气体较少时，开始加热并继续滴加 H_2SO_4 调节溶液 pH 值为 $1 \sim 2$，加热微沸 $20 \sim 30min$，保持溶液的体积和 pH 值。

用表面皿称取一定量的盐泥（准确至 0.1g），在搅拌和加热条件下分多批用干净的药匙加入少量的硼镁泥，调节料浆的 pH＝$5 \sim 6$，记录实际所加入的硼镁泥的质量。如果由于溶液蒸发而使料浆变稠，可加入适量水以使浆液保持一定体积，待反应完后抽滤，用少量温蒸馏水淋洗沉淀。将滤液转入 250mL 的烧杯中，滴加 NaClO 溶液至溶液 pH 值为 $5 \sim 6$，加热煮沸 $5 \sim 10min$ 左右使溶液中产生沉淀（如何检验 Fe 组分？），待溶液体积约 60mL 左右时立即趁热减压抽滤，用少量热蒸馏水淋洗沉淀（若滤液若发黄，则需再加 NaClO 重复上述操作）。将抽滤液转入烧杯中，加热蒸发到一定体积时再次抽滤以除 Ca^{2+}，之后将滤液转入蒸发皿中，再次在水浴上蒸发浓缩至稀稠状后冷却并减压抽滤。用 8.0mL 丙酮洗涤晶体。洗涤后的晶体置于表面皿中，放入通风橱内晾干 20min 左右。

在台秤上称量晾干的 $MgSO_4 \cdot 7H_2O$ 产品，记录结果并根据原料的用量和原料中 MgO 的含量，计算七水硫酸镁的产率。

2. $MgSO_4 \cdot 7H_2O$ 的含量测定及化学式的确定

（1）结晶水含量的测定　在电子天平上称取 $0.2 \sim 0.3g$ 自制的 $MgSO_4 \cdot 7H_2O$ 产品，分别放入 2 个已恒重的坩埚中。再将坩埚置于马弗炉中，在 $200^\circ C$ 时脱水 40min，再在干燥器中冷却至室温并称重。重复脱水、冷却、称量等操作直至恒重。根据实验结果，计算 $MgSO_4 \cdot 7H_2O$ 中结晶水的含量。

（2）SO_4^{2-} 含量的测定

① 准确称取 $0.40 \sim 0.50g$ 自制的 $MgSO_4 \cdot 7H_2O$ 产品于 400mL 烧杯中，用 25.0mL 蒸馏水溶解，加入 2.0mL $6mol \cdot L^{-1}$ HCl 溶液，之后用水稀释至约 200mL。将溶液加热至沸，在不断搅拌下逐滴加入 $5 \sim 6mL$ $0.1mol \cdot L^{-1}$ 热 $BaCl_2$ 溶液，静置 2min，之后在上层清液中加 $1 \sim 2$ 滴 $BaCl_2$ 溶液，检查沉淀是否完全。若沉淀完全，将溶液微沸 10min，在约 $90^\circ C$ 时保温陈化约 1h 左右。

② 过滤与洗涤　将陈化后的溶液冷却至室温，用定量滤纸过滤。用热蒸馏水洗涤沉淀至无 Cl^- 为止（如何检验？）。

③ 空坩埚恒重　将洁净的瓷坩埚放在 $800^\circ C \pm 20^\circ C$ 的马弗炉中灼烧至恒重。第一次灼烧 30min，取出稍冷片刻，立即移入干燥器中冷却至室温后称重；第二次及以后每次灼烧 15min。取出稍冷后，移入干燥器中冷却至室温后再称重，直至两次质量之差小于 0.3mg。

④ 沉淀的灼烧和恒重　将沉淀和滤纸放入已在 $800 \sim 820^\circ C$ 灼烧至恒重的瓷坩埚中，烘干、灰化后再在 $800 \sim 820^\circ C$ 灼烧至恒重（第一次灼烧 20min，第二次灼烧 15min，直至两次

质量之差小于 0.3mg)。根据所得 $BaSO_4$ 质量,计算试样中 SO_4^{2-} 的含量。

(3) 0.02mol·L^{-1} EDTA 溶液的配制和标定

① 在台秤上粗称取 2.0g 乙二胺四乙酸二钠于 250mL 烧杯中,加 100mL 蒸馏水,在电炉上温热使其溶解完全,用水稀释至 250mL,摇匀,转入试剂瓶中保存。

② 配制 0.020mol·L^{-1} Zn^{2+} 标准溶液　准确称取 0.26~0.39g 的锌粉于 100mL 的小烧杯中,加 6.0mL 6mol·L^{-1} HCl,微热,待锌粉完全溶解,定量转移至 250mL 容量瓶中,用水稀释至刻度,摇匀,计算其准确浓度。

③ 0.02mol·L^{-1} EDTA 标准溶液的标定　用移液管准确移取 25.00mL Zn^{2+} 标准溶液于 250mL 锥形瓶中,加 1.0mL 6mol·L^{-1} HCl 及 10.0mL 200g·L^{-1} 六亚甲基四胺缓冲溶液,加 2 滴二甲酚橙指示剂,用 EDTA 溶液滴定至溶液由紫红色恰变为亮黄色即为滴定终点。平行滴定 3 次,计算 EDTA 溶液的浓度,其相对平均偏差不大于 0.2%。

(4) 产品中 Mg^{2+} 含量的测定　准确称取 0.12~0.13g 自制的 $MgSO_4$·$7H_2O$ 产品于 250mL 锥形瓶中,加 25.0mL 蒸馏水,溶解后加入 5.0mL 25%三乙醇胺,摇匀后再加入 10.0mL pH=10.0 的 NH_3-NH_4Cl 缓冲溶液,加 3~4 滴铬黑 T 指示剂,用 EDTA 标准溶液滴定至溶液变为纯蓝色,即为终点。记录 EDTA 消耗的体积。平行测定 2~3 次,计算产品中 Mg^{2+} 的含量。

【注意事项】

1. 酸浸中浓硫酸必须慢慢加入,防止将 pH 值调节过低。
2. 除硫酸钙时要趁热过滤且溶剂不能太少。
3. 最后一步加热浓缩时,不能把溶液蒸干。

【思考题】

1. 从硼镁泥提取 $MgSO_4$·$7H_2O$ 主要有哪几个步骤?
2. 盐泥中加 H_2SO_4 反应时,为什么需控制溶液的 pH 值为 1~2?
3. 在制备 $MgSO_4$·$7H_2O$ 时为什么要加入 NaClO?
4. 本实验提取过程中,进行了多次加热,各自的目的是什么?
5. 为什么 $MgSO_4$·$7H_2O$ 结晶时,需蒸发浓缩到稀粥状的稠液为止?

实验 5.16　过氧化钙的制备及含量分析

【实验目的】

1. 学会制备过氧化钙的原理和方法。
2. 认识过氧化钙的性质和应用。
3. 学会过氧化钙含量测定的化学分析方法。
4. 巩固无机制备及化学分析的基本操作。

【实验原理】

过氧化钙为白色或淡黄色结晶粉末,室温下稳定,加热到 300℃ 可分解为氧化钙及氧,难溶于水,可溶于稀酸生成过氧化氢。它广泛用作杀菌剂、防腐剂、解酸剂、油类漂白剂、种子及谷物的无毒消毒剂,还用于食品、化妆品等作为添加剂。

过氧化钙可用氯化钙与过氧化氢在氨水中反应,或氢氧化钙、氯化铵与过氧化氢反应来制取。在水溶液中析出的为 $CaO_2 \cdot 8H_2O$，再于 150℃左右脱水干燥，即得产品。

过氧化钙含量分析可利用在酸性条件下，过氧化钙与酸反应生成过氧化氢，用标准 $KMnO_4$ 溶液滴定，而测得其含量（质量分数）。

$$CaCl_2 \cdot 6H_2O + H_2O_2 + 2NH_3 \cdot H_2O \overset{0℃}{\rightleftharpoons} CaO_2 \cdot 8H_2O + 2NH_4Cl$$

$$5CaO_2 + 2MnO_4^- + 16H^+ \longrightarrow 5Ca^{2+} + 2Mn^{2+} + 5O_2(g) + 8H_2O$$

$$w_{CaO_2} = \frac{\frac{5}{2}c_{KMnO_4} V_{KMnO_4} M_{CaO_2}}{m_s} \times 100\% \tag{5.16-1}$$

式中，c_{KMnO_4} 为 $KMnO_4$ 的浓度，$mol \cdot L^{-1}$；V_{KMnO_4} 为滴定时消耗 $KMnO_4$ 的溶液的体积，L；M_{CaO_2} 为 CaO_2 的摩尔质量，$72.08g \cdot mol^{-1}$；m_s 为产品 CaO_2 的质量，g。

【仪器及试剂】

台秤，电子天平，烧杯，量筒，真空水泵，抽滤瓶，布氏漏斗，锥形瓶，铁架台，滴定管夹，酸式滴定管。

$CaCl_2 \cdot 6H_2O$（s），H_2O_2（30%），$NH_3 \cdot H_2O$（浓），HCl（$2mol \cdot L^{-1}$），$MnSO_4$（$0.05mol \cdot L^{-1}$），$KMnO_4$ 标准溶液（$0.02mol \cdot L^{-1}$），冰。

【实验步骤】

1. 过氧化钙的制备

称取 11.0g $CaCl_2 \cdot 6H_2O$，用 10.0mL 水溶解，加入 25.0mL 30% 的 H_2O_2 溶液，边搅拌边滴入 5.0mL 浓 $NH_3 \cdot H_2O$，最后再加入 25.0mL 冷水，置冰水中冷却 0.5h。抽滤，用少量冷水洗涤晶体 2~3 次，晶体抽干后，取出置于烘箱内在 150℃下烘 0.5~1h。冷却后称重，计算产率。

2. 过氧化钙含量分析

准确称取 0.15g 左右产物两份，分别置于 250mL 锥形瓶中，各加入 50.0mL 蒸馏水和 15.0mL $2mol \cdot L^{-1}$ HCl 溶液使其溶解，再加入 1.0mL $0.05mol \cdot L^{-1}$ $MnSO_4$ 溶液，用 $0.02mol \cdot L^{-1}$ $KMnO_4$ 标准溶液滴定至溶液呈微红色，30s 内不褪色即为终点。计算 CaO_2 的质量分数。若测定值相对平均偏差大于 0.2%，则需要再测一份。

【结果与讨论】

1. 产品过氧化钙的产率计算应以哪种原料为准？为什么？
2. CaO_2 的质量分数计算 [据公式(5.16-1) 计算]。
3. 在 CaO_2 的制备过程中，尽量用氨水，而不用 NaOH，为什么？

【注意事项】

30% 的 H_2O_2 溶液具有较强的腐蚀性，使用时需注意安全。

【思考题】

1. 所得产物中的主要杂质是什么？如何提高产品的产率和纯度？
2. $KMnO_4$ 是氧化还原滴定中最常用的氧化剂之一，该滴定通常在酸性溶液中进行，一般常用稀 H_2SO_4。本实验为何不用稀 H_2SO_4？用稀 HCl 代替稀 H_2SO_4 对测定结果有无影响？如何证实？

【参考文献】

南京大学无机及分析化学实验编写组编. 无机及分析化学实验. 第 3 版. 北京：高等教育出版社，1998.

实验 5.17　甲酸铜的制备

【实验目的】

1. 了解制备甲酸铜的原理和方法。

2. 巩固固-液分离、沉淀洗涤、蒸发、结晶等基本操作。

3. 了解有关铜的甲酸、碳酸盐和碱式碳酸盐的性质,以及铜的碳酸盐、碱式碳酸盐的形成条件。

【实验原理】

某些金属的有机酸盐,例如,甲酸铜、甲酸镁、醋酸钴、醋酸锌等,可用相应的碳酸盐或碱式碳酸盐或氧化物与甲酸或醋酸作用来制备。这些低碳的金属有机酸盐分解温度低,而且容易得到很纯的金属氧化物。

本实验用硫酸铜和碳酸氢钠反应制备碱式碳酸铜:

$$2CuSO_4 + 4NaHCO_3 \longrightarrow Cu(OH)_2 \cdot CuCO_3 \downarrow + 3CO_2 \uparrow + 2Na_2SO_4 + H_2O$$

然后碱式碳酸铜再与甲酸反应制得蓝色四水甲酸铜:

$$Cu(OH)_2 \cdot CuCO_3 + 4HCOOH + 5H_2O \longrightarrow 2Cu(HCOO)_2 \cdot 4H_2O + CO_2 \uparrow$$

而无水的甲酸铜为白色。

【仪器及试剂】

托盘天平,研钵,温度计。

$CuSO_4 \cdot 5H_2O(s)$,$NaHCO_3(s)$,$HCOOH$。

【实验步骤】

1. 碱式碳酸铜的制备 [也可参照本书实验 5.9]

称取 12.5g $CuSO_4 \cdot 5H_2O$ 和 9.5g $NaHCO_3$ 于研钵中,磨细和混合均匀。在快速搅拌下将混合物分多次小量缓慢加入到 100mL 近沸的蒸馏水中(此时停止加热)。混合物加完后,再加热近沸数分钟。静置澄清后,用倾析法洗涤沉淀至溶液无 SO_4^{2-}。抽滤至干,称重。

2. 甲酸铜的制备

将前面制得的产品放入烧杯内,加入约 20mL 蒸馏水,加热搅拌至 323K 左右,逐滴加入适量甲酸至沉淀完全溶解(所需甲酸量自行计算),趁热过滤。滤液在通风橱下蒸发至原体积的 1/3 左右。冷至室温,减压过滤,用少量乙醇洗涤晶体 2 次,抽滤至干,得 $Cu(HCOO)_2 \cdot 4H_2O$ 产品,称重,计算产率。

【结果与讨论】

根据化学反应方程式和所用原料的量,计算出产品的理论值,同时要计算产率。

【注意事项】

在结晶(沉淀)甲酸铜的制备过程中,温度的控制是非常重要的。不同温度下得到的产品含结晶水的量是不同的,颜色也不一样。

【思考题】

1. 制备甲酸铜(Ⅱ)时,为什么不以 CuO 为原料而用碱式碳酸铜 $[Cu(OH)_2 \cdot CuCO_3]$ 为原料?

2. 在制备碱式碳酸铜过程中，如果温度太高对产物有何影响？

3. 固液分离时，什么情况下用倾析法，什么情况下用常压过滤或减压过滤？

【参考文献】

1．IO. B. 卡尔雅金，JI. JI. 安捷洛夫著. 无机化学试剂手册. 于忠等译. 北京：化学工业出版社，1964.

2．黄佩丽编. 化学规律初探. 北京：北京师范大学出版社，1983.

3．中山大学等校编. 无机化学实验. 北京：高等教育出版社，2005.

实验 5.18　碘盐的制备及检测

【实验目的】

1. 掌握溶解、过滤、蒸发、浓缩、结晶等基本操作。

2. 了解食盐的提纯及加碘的方法。

【实验原理】

粗盐中含有少量杂质，容易潮解，难以食用。必须提纯后制备碘盐。将粗盐溶解过滤，可除去不溶性杂质，然后将滤液加热蒸发浓缩，即可制得食盐晶体，而那些可溶性杂质离子，如 K^+、Ca^{2+}、Mg^{2+}、Fe^{3+}、CO_3^{2-} 和 SO_4^{2-} 等，因含量较少，未达饱和，在食盐结晶时仍留在母液中，过滤后可分离。多次重结晶可得到纯度达 99.9% 的食盐晶体。

国际上使用 KIO_3 和 KI 作为补碘剂，KI 味苦，且易挥发和潮解，而 KIO_3 性质稳定，口感舒适，通常的碘盐是把 KIO_3 加入提纯后的食盐晶体中，而不能加到精制食盐的浓缩液中。KIO_3 具有氧化性，在酸性条件下可定量发生如下反应：

$$IO_3^- + 5I^- + 6H^+ \longrightarrow 3I_2 + 3H_2O$$

反应产物 I_2 遇到淀粉会形成一种蓝色物质，此物质对波长为 595nm 的单色光具有最大吸收，测定蓝色物质在该处的吸光度就可知道碘盐中的含碘量。

【仪器及试剂】

721 型分光光度计（或 722 型分光光度计）、台秤、烧杯、玻棒、三角漏斗、布氏漏斗、吸滤瓶、电炉（或酒精灯）、蒸发皿、坩埚、吸量管、分析天平、移液管、容量瓶、量筒、滤纸。

粗食盐、KIO_3（分析纯）、无水乙醇（分析纯）、H_2SO_4（$0.10mol \cdot L^{-1}$）、NaOH（$0.2mol \cdot L^{-1}$）、铬黑 T 指示剂、淀粉、KI（分析纯）。

【实验步骤】

1. 溶液的配制

(1) KIO_3 溶液（含碘 $200mg \cdot L^{-1}$）　用分析天平称取 0.0338g KIO_3，配成 100.0mL 溶液。

(2) KIO_3 标准溶液（$10mg \cdot L^{-1}$）　精确称取 100℃ 干燥恒重的 KIO_3 0.5000g，配成 1.000L 溶液，用移液管移取上述标准溶液 1.00mL，配成 50.00mL 溶液。

(3) 淀粉-KI 混合液　用台秤称取 2.5g 淀粉，加入蒸馏水搅拌均匀后，倒入 500mL 的沸水中，煮至澄清，再加入 2.5g KI，溶解后用稀 NaOH 调节至溶液的 pH 值在 8~9 之间（此溶液在 25℃ 时可保存两周）。

2. 粗食盐的提纯

用台秤称取 15.0g 粗食盐于 150mL 烧杯中，加入 50.0mL 蒸馏水，加热、搅拌，使粗食盐全部溶解，趁热过滤，将滤液倒入蒸发皿中，继续加热、蒸发，同时搅拌，至溶液体积浓缩为原来的一半左右（20～25mL），冷却后，用布氏漏斗抽滤，取出精盐（NaCl 晶体），转移至干净的蒸发皿中，在电炉上烘干，冷却后称重。

3. 碘盐的制备

将坩埚在电炉上烘干，称取 5.0g 精盐放入其中，逐滴加入 1.0mL 含碘 $200mg \cdot L^{-1}$ 的 KIO_3 溶液，搅拌均匀，然后加入 3mL 无水乙醇，再次搅拌。将坩埚置于石棉网上，点燃其中的酒精，燃尽后即得加碘盐。

4. 碘含量的检测

KIO_3 溶液标准曲线的绘制：用吸量管吸取 KIO_3 标准溶液（$10mg \cdot L^{-1}$）1.00mL、2.00mL、3.00mL、4.00mL、5.00mL，分别放入 50.00mL 的容量瓶中，各加入 30.0mL $0.10mol \cdot L^{-1} H_2SO_4$ 溶液，摇匀，再分别加入 2.0mL 淀粉-KI 混合液，显色后静置 2min，加水稀释至刻度，充分摇匀。放置 5min 后，用 1cm 比色皿（因透明度差），以蒸馏水为参比溶液，选 595nm 为测定波长，测其吸光度 A 值，以 KIO_3 含量为横坐标，所测 A 值为纵坐标，绘制标准曲线。

准确称取 1g 加碘盐，溶解后转移至 50.00mL 容量瓶中，然后按上述步骤加入 H_2SO_4 溶液、淀粉-KI 混合液，定容，摇匀。平行测定 A 值三次，求其平均值，在标准曲线上查出对应的 KIO_3 的浓度。

【结果与讨论】

1. 计算粗食盐提纯的产率。
2. 计算自制碘盐中 KIO_3 的含量。

【注意事项】

1. 抽滤时，加入的溶液不能超过漏斗容积的 2/3。
2. 测吸光度时应该由稀到浓测定。

【思考题】

1. 粗盐精制的原理是什么？
2. KIO_3 为什么不加入到浓缩液中而是直接加入精盐中？

【参考文献】

1. 朱湛，傅引霞主编. 无机化学实验. 北京：北京理工大学出版社，2007.
2. 傅献彩主编. 大学化学. 北京：高等教育出版社，1999.

实验 5.19　偶氮苯光化异构化反应和薄板层析

【实验目的】

1. 了解偶氮苯光化异构化反应的原理。
2. 掌握薄板层析鉴别和分离有机化合物的实验方法。

【实验原理】

偶氮苯中由于氮上有一对处于 sp^2 杂化轨道上的孤对电子和一个苯基，所以存在着顺和反两种异构体。在通常情况下反式偶氮苯比顺式偶氮苯稳定。然而反式偶氮苯在光的照射下能够吸收紫外光形成活化分子，活化分子失去过量的能量生成顺式和反式偶氮苯的混合物。生成的混合物的组成与所使用的光的波长有关。当用波长为 365nm 的光照射偶氮苯的苯溶液时，生成 90％以上的热力学不稳定的顺式异构体；若在阳光照射下生成顺式异构体稍多于反式异构体的混合物。反式偶氮苯有对称中心，所以其偶极矩为 0，顺式偶氮苯的偶极矩为 3.0D。两者极性不同，通过薄板层析可以分开，分别测定它们的 R_f 值。

【仪器及试剂】

紫外分析仪，紫外灯，层析缸，载玻片（7.5cm×2.5cm），点样毛细管（直径小于1mm）。

反式偶氮苯 0.1g；石油醚 5mL，硅胶 GF_{254} 5g，丙酮 10mL，二氯甲烷 5mL，1％CM-CNa 溶液 10mL，α-萘胺，α-萘酚，三氯甲烷，乙醇。

【实验步骤】

1. 偶氮苯光化异构化反应

（1）薄层板的制备 取用铬酸洗液浸泡过的载玻片（7.5cm×2.5cm）两块，依次用自来水、蒸馏水洗涤，最后用丙酮擦洗，并用电吹风吹干。用 4g 硅胶 GF_{254} 和 10mL 1％羧甲基纤维素钠（CMCNa）水溶液[1]于烧杯中调成糊状物后倒在两块载玻片上，用手指夹住载玻片的两端，在另一手掌上轻轻敲击，使糊状物表面光滑均匀地涂在载玻片上，水平放置。5h 后，将自制的薄层板置于烘箱中，渐渐升温至 105～110℃，并在此温度下恒温 0.5h，再将薄层板自烘箱里取出，放在干燥器中冷却备用。

（2）光化异构化 取 0.1g 反式偶氮苯溶于 5mL 石油醚中，将此溶液分放在两个小试管中，置一个试管于太阳光下照射 1h，或用波长为 365nm 的紫外光照射 0.5h。另一试管用黑纸包好，放置于实验柜中，避免阳光直射。

（3）异构体的分离——薄层层析 取管口平整的点样毛细管（直径小于 1mm）吸取光照后的偶氮苯溶液，在离薄层板下边缘约 0.7cm，右边缘约 0.5cm 处的起点线上点样[2]，样点直径约 0.2cm。再用另一毛细管吸取未经光照的反偶氮苯溶液在离薄层板下边缘约 0.7cm，左边缘约 0.5cm 处的起点线上点样，样点直径约 0.2cm 点样。待石油醚挥发。

在层析缸预先放置由 3 体积石油醚和 1 体积二氯甲烷的混合物为展开剂[3]，展开剂液面高度为 0.5cm。用镊子将点好样品并溶剂挥发干的薄层板放入层析缸中。薄层板应和水平成 45°～60°角，盖好层析缸盖进行展开，待展开剂前沿上升到离板上端 1cm 处时，取出层析板，立即用铅笔在展开剂上端前沿处画记号，置空气中晾干。观察到层析板上经光照后的偶氮苯溶液点样处上端有两个黄色斑点，判断哪个点是顺式[4]。计算异构体 R_f 值。

2. α-萘胺和 α-萘酚混合物的分离鉴别

取管口平整的点样毛细管（直径小于 1mm）吸取 2％的 α-萘胺的乙醇溶液，在离薄层板下边缘约 0.7cm，右边缘约 0.5cm 处的起点线上点样，样点直径约 0.2cm。用另一毛细管吸取 2％的 α-萘酚的乙醇溶液在离薄层板下边缘约 0.7cm，左边缘约 0.5cm 处的起点线上点样，样点直径约 0.2cm 点样。再用另一毛细管吸取 2％的 α-萘酚和 2％的 α-萘胺的乙醇溶液在离薄层板下边缘约 0.7cm，左右居中处的起点线上点样，样点直径约 0.2cm 点样。待乙醇醚挥发。

在层析缸中加入 10∶1 的三氯甲烷与石油醚（60～90℃）作展开剂。待样点干燥后，小心地将薄层板放入层析缸中展开，待展开剂前沿上升到离板上端 1cm 处时，取出层析板，立即用铅笔在展开剂上端前沿处画记号，置空气中晾干。

将干燥后的薄层板放入 254nm 紫外分析仪中照射显色，可清晰地看到展开得到的粉红色亮点。用铅笔绕亮点作出记号，求出每个点的 R_f 值。

α-萘胺（$R_f=0.414$），α-萘酚（$R_f=0.304$）。

【结果与讨论】
用薄板层析来检验顺反异构体的存在以及两者性质的差别。分别计算各样品的 R_f 值。

【注意事项】
1. 也可用 1g 硅胶 G 和 2.5mL 蒸馏水调成糊状物涂板。
2. 点样时，使毛细管刚好接触薄层即可。过重的点样会使薄层破损。如样品含量不够，待石油醚挥发，可以在同一位置重复点样。点样直径不超过 1~1.5mm。
3. 展开剂也可用 3 体积甲苯和 1 体积环己烷代替。
4. 试剂偶氮苯中可能有杂质存在，导致有其他斑点生成。

【思考题】
1. R_f 值可以用来解释哪些问题？
2. 为何在阳光照射下生成顺式异构体稍多于反式异构体的混合物？

【参考文献】
1. 王清廉，沈凤嘉. 有机化学实验. 北京：高等教育出版社，1994.
2. 蔡良珍，虞大红，肖繁花，苏克曼. 大学化学基础实验. 北京：化学工业出版社，2003.

实验 5.20　正丁醚和 β-萘乙醚的制备

【实验目的】
1. 了解醚类合成的原理及其方法。
2. 掌握油水分离器的使用方法。
3. 掌握回流、蒸馏、重结晶等基本操作技术。

【实验原理】
醚的制法主要有两种，一种是醇分子间的脱水：

$$R-OH + H-OR \underset{}{\overset{催化剂,\triangle}{\rightleftharpoons}} ROR + H_2O$$

另一种是醇（酚）钠与卤代烃作用：

$$R-ONa + X-R' \longrightarrow R-O-R' + NaX$$

前一种方法是由醇制取单醚的通用方法。所用的催化剂可以是浓硫酸或氧化铝。醇和硫酸的作用，既可以生成醚也可以生成烯。关键是反应温度和物料摩尔比的控制，温度低主要是生成醚，而温度高时则主要生成烯。因此，由醇脱水制醚时反应温度须严格控制。同时在此可逆反应中，通常采用蒸出反应产物（水或醚）的方法，使反应向有利于生成醚的方向进行。硫酸的摩尔比高时易产生烯烃。

在制取正丁醚时，由于原料正丁醇（沸点 117.7℃）和产物正丁醚（沸点 142℃）的沸点都较高，故可使反应在装有油水分离器的回流装置中进行，控制加热温度，将生成的水或水的共沸物不断蒸出。由于正丁醇等在水中溶解度较小，密度又较水轻，浮于水层之上，因此借助油水分离器可使绝大部分的正丁醇等自动连续地返回反应瓶中，而水则沉于油水分离器的下部。

$$2CH_3CH_2CH_2CH_2OH \xrightleftharpoons{H_2SO_4, 135℃} (CH_3CH_2CH_2CH_2)_2O + H_2O$$

副反应： $$CH_3CH_2CH_2CH_2OH \xrightarrow{H_2SO_4} CH_3CH_2CH=CH_2 + H_2O$$

Williamson 反应是合成混合醚的主要方法：用卤代烃和醇（酚）钠通过亲核取代来制取醚。由于醇钠碱性较大，所使用的卤代烃最好是伯卤代烃，叔卤代烃则会发生消除反应，得不到预期的产物。由于芳香族卤代烃不易发生亲核取代反应，而酚钠是一个容易由酚和氢氧化钠制备的试剂，所以烷芳混合醚一般由脂肪卤代烃和酚钠在乙醇中反应制取。

【仪器及试剂】

正丁醇 25mL（20g，0.27mol），浓硫酸 3.6mL，50％硫酸 12mL，无水氯化钙适量，β-萘酚 3.6g（0.025mol），氢氧化钠 1.1g，溴乙烷 2mL（2.9g，0.027mol），无水乙醇 20mL。

【实验步骤】

1. 正丁醚的合成

在 100mL 三口烧瓶中加入 25mL 正丁醇，在冷水浴中，振摇下加入 3.6mL 浓硫酸，摇匀[1]。加入两粒沸石。一口上装温度计，温度计水银球插入液面以下，中间一口上装上事先放入 $(V-3)$mL 水[2] 的油水分离器，水分离器的上端接一回流冷凝管。实验装置见图 5.20-1。

实验开始时，在电热套上小火加热至沸，开始回流。控制回流速度，每秒 2 滴为宜。回流液自动收集于分水器内，水沉于下层，有机液体浮于上层，积贮到支管处自行返回烧瓶中。当瓶中反应温度升高至 134～135℃[3]，分水器中已被水充满时停止反应。若继续加热，则反应液变黑，亦有较多副产物烯生成。

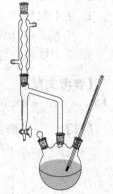

图 5.20-1 实验装置

将反应液冷却到室温后，倒入盛有 40mL 水的烧杯中，搅拌后转移到 100mL 的分液漏斗中，充分振摇，静置后弃去下层液体。上层粗产物中加入 50％硫酸溶液[4]6mL，振摇 2min，分液，弃去下层酸液。上层有机层再用 6mL 50％硫酸溶液洗涤，弃去酸层，最后用 10mL 水洗涤两次，将产品转移至 25mL 锥形瓶中，用块状无水氯化钙干燥。将产品用倾滤法转移至 25mL 蒸馏烧瓶中，加入沸石、蒸馏，收集 139～142℃馏分。产量约 5.5g。

2. β-萘乙醚[5]的合成

在 50mL 圆底烧瓶中，加入 3.6g β-萘酚、20mL 无水乙醇、1.1g 研碎的固体氢氧化钠[6]。振摇使固体溶解。冷却至室温后加入 2mL 溴乙烷[7]和 1 粒沸石。装上回流冷凝管，于水浴上微沸加热回流 5～6h[8]。然后将回流装置改成蒸馏装置，蒸馏，回收大部分乙醇。最后将反应混合物倒入盛有 10g 冰和 30mL 水的 100mL 烧杯中，烧杯外部用冰水冷却，过滤得粗产物，并用水洗涤两次，用 6mL 甲醇重结晶[9]，并用活性炭脱色，抽滤，在布氏漏斗中抽干。得白色片状结晶约 2.4g，熔点 35～36℃。

纯 β-萘乙醚的熔点为 37.5℃。

【结果与讨论】

纯正丁醚的沸点 142.4℃，d_{20}^{20} 0.769。可以测定沸点和折射率来检验产品的纯度。讨论如何提高正丁醚和 β-萘乙醚的收率。

【注意事项】

1. 浓硫酸与正丁醇必须在冷却下充分混合，否则易引起局部碳化现象。

2. 本实验根据理论计算失水的体积为 2.4mL，故分水器放满水后先放掉约 3mL 水。

3. 制备正丁醚的较适宜温度是 130～140℃，但开始回流时，这个温度很难达到，因为正丁醚与水形成共沸物（沸点 94.1℃，含水 33.4%），正丁醚与水及正丁醇形成三元共沸物（沸点 90.6℃，含水 29.9%，正丁醇 34.6%），正丁醇也可与水形成共沸物（沸点 93℃，含水 44.5%），故在 100～115℃之间反应 0.5h 后才可达到 130℃以上。

4. 正丁醇可溶解于 50%硫酸中，而正丁醚微溶，故可以用来分离正丁醚和正丁醇。

5. β-萘乙醚又称橙花醚，呈白色片状结晶，是一种合成香料，它的稀溶液有类似橙花和洋槐花的气味。它较广泛地用于许多肥皂中作为香料和用作其他香料（如玫瑰香、熏衣草香、柠檬香等）的定香剂。

6. 也可用价格稍贵的氢氧化钾，但所得粗产物熔点常常很低，且难以处理。

7. 溴乙烷极易挥发。最好是称反应器。

8. 水浴温度不宜过高，否则溴乙烷易逸出。反应 5～6h 后已几乎无游离酚存在。

9. 为了节省时间，若粗产物几乎无色，可以免去重结晶。

【思考题】

1. 正丁醚粗产品中有哪些杂质，为什么用 50%硫酸溶液洗涤就可以去除？

2. β-萘乙醚合成反应结束后，为什么要将乙醇蒸出？

3. 采用哪些措施可以提高正丁醚的产量？

【参考文献】

王清廉，沈凤嘉. 有机化学实验. 北京：高等教育出版社，1994.

【附】　正丁醚的 ^{1}H NMR 谱图（见图 5.20-2）。

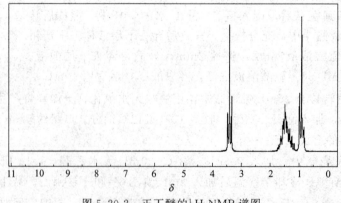

图 5.20-2　正丁醚的 ^{1}H NMR 谱图

$$CH_3—CH_2—CH_2—CH_2—O—CH_2—CH_2—CH_2—CH_3$$

　　　　(A)　　(B)　　(C)　　(D)

　　　　3.40　1.54　1.38　0.92

实验 5.21　正溴丁烷的制备和折射率的测定

【实验目的】

1. 掌握连有气体吸收的回流反应装置的安装。
2. 掌握液体有机化合物的分离、提纯常用方法。
3. 掌握折射仪的使用和测定折射率的方法。

【实验原理】

在实验室中，饱和烃的一卤代烷，一般是以醇类为原料，使其羟基被卤原子置换而制得的。最常用的方法是以醇与卤化氢作用：

$$ROH + HX \Longleftrightarrow RX + H_2O$$

若用此法制备溴烷，可以用 47.5% 的浓氢溴酸替代卤代氢。这个反应首先是醇的质子化，而后由质子化的醇和卤素负离子作用即可得到产物，所以用溴化钠和硫酸的混合物可起到同样作用。

醇和氢卤酸的反应是一个可逆反应。为了使反应平衡向右方移动，可以增加醇或氢卤酸的浓度，也可以设法不断地除去生成的卤代烷和水，或是两者并用。现以溴化钠-硫酸法制备伯溴烷为例：在制备溴乙烷时，可在增加乙醇用量的同时，把反应中生成的低沸点的溴乙烷及时地从反应混合物中蒸馏出来；在制备 1-溴丁烷时，可以增加溴化钠的用量，同时加入过量的硫酸，以吸收反应中生成的水。因为硫酸具有氧化性，所以这种方法一般不适用于碘代烷的制备。碘代烷通常用赤磷和碘（在反应时相当于三碘化磷）同醇作用制备。制备氯代烷时叔醇可以直接与浓盐酸在室温下作用，但伯醇或仲醇则需在无水氯化锌存在下与盐酸作用。如果没有氯化锌的存在，则需要在加压的条件进行。氯代烃也可以用三氯化磷或氯化亚砜同伯醇作用来制取氯代烷。

邻二卤烷（卤素为氯和溴）最常用的制法就是由烯烃与氯或溴直接加成。

卤素直接连在芳环上的芳香族卤化合物，其主要制法是从芳烃直接卤化。例如，在少量铁屑的存在下，苯和溴作用，生成溴苯。苯的溴化反应是一个放热反应。在实际操作中，为了避免反应温度过高和反应过于激烈，为了抑制副产物二溴苯的生成，一般使用过量的苯和采用控制滴加溴的速度的方法。水的存在严重影响催化剂的活性，会使反应难于甚至不能进行，故所用的原料必须是无水的，所用的仪器必须是干燥的。

本实验中采用正丁醇为原料，以溴化钠-硫酸方法制备 1-溴丁烷发生的主副反应如下。

主反应：

$$NaBr + H_2SO_4 \longrightarrow HBr + NaHSO_4$$

$$CH_3CH_2CH_2CH_2OH + HBr \xrightarrow{H_2SO_4} CH_3CH_2CH_2CH_2Br + H_2O$$

副反应：

$$2CH_3CH_2CH_2CH_2OH \underset{}{\overset{H_2SO_4,135℃}{\Longleftrightarrow}} (CH_3CH_2CH_2CH_2)_2O + H_2O$$

$$CH_3CH_2CH_2CH_2OH \xrightarrow{H_2SO_4} CH_3CH_2CH=CH_2 + H_2O$$

【仪器及试剂】

7.4g（9.2mL，0.10mol）正丁醇，13g（约 0.13mol）无水溴化钠，浓硫酸，饱和碳酸氢钠溶液，无水氯化钙。

【实验步骤】

在 100mL 圆底烧瓶上安装回流冷凝管，冷凝管的上口接一气体吸收装置，用水做吸收剂（见图 5.21-1）。

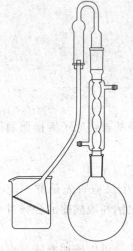

图 5.21-1 正溴丁烷的制备装置

在圆底烧瓶中加入 10mL 水，并小心加入 14mL 浓硫酸，混合均匀后冷至室温。再依次加入 9.2mL 正丁醇和 13g 溴化钠[1]，充分摇振后加入几粒沸石，连上气体吸收装置。将烧瓶置于电热套中用低压加热至沸，调节电压使反应物保持沸腾，而又平稳地回流，时常摇动烧瓶促使反应完成。由于无机盐水溶液有较大的相对密度，不久会分出上层液体即为正溴丁烷。回流时间约 30～40min（反应周期延长 1h 仅增加 1%～2% 的产量）。待反应液冷却后，移去冷凝管，加上蒸馏头等，改为蒸馏装置，蒸出粗产物正溴丁烷[2]。

将馏出液移至分液漏斗中，加入等体积的水洗涤[3]（产物在上层还是在下层？）。产物转移至另一干燥的锥形瓶中，加入等体积的浓硫酸，振摇[4]。静置分层，用吸管尽量吸去硫酸层（哪一层？）。在分流漏斗中将有机相依次用等体积的水、饱和碳酸氢钠溶液和水洗涤后转入干燥的锥形瓶中。用 1～2g 无水氯化钙干燥，间歇摇动锥形瓶，直至液体清亮为止。

将干燥好的产物过滤到蒸馏瓶中，加入沸石，在电热套中加热蒸馏，收集 99～103℃ 的馏分[5]，产量约 7～8g。测定折射率。

实验时间约需 8h。

【结果与讨论】

纯正溴丁烷的沸点为 101.6℃，$n_D^{20} 1.4399$。可以通过比较实验得到的正溴丁烷和文献的沸点和折射率来检验产品的纯度。还可以采用气相色谱法检验产品纯度。讨论如何提高正溴丁烷收率的方法和途径。

【注意事项】

1. 如用结晶水的溴化钠（$NaBr \cdot 2H_2O$），可以按照物质的量换算，并酌减水量。

2. 正溴丁烷是否蒸完，可以从以下几个方面判断：

(1) 馏出液体是否由浑浊变为澄清；

(2) 反应瓶上层油层是否消失；

(3) 取一试管收集几滴馏出液，加水摇动，观察有无油珠出现。若无，表示馏出液中已经没有有机物，蒸馏完成。蒸馏不溶于水的有机物时，常可用此法检验。

3. 如水洗后产物为红色，是由于浓硫酸的氧化作用生成游离溴的缘故，可以加入几毫升饱和亚硫酸氢钠溶液洗涤除去。

4. 浓硫酸能溶解在粗产物中的少量未反应的正丁醇及副产物正丁醚等杂质中。因为在以后的蒸馏中，由于正丁醇和正溴丁烷可形成共沸物（沸点 98.6℃，含正丁醇 13%）而难以除去。

5. 本试验制备的正溴丁烷经气相色谱分析，均含有 1%～2% 的 2-溴丁烷。制备时如回流时间较长，2-溴丁烷的含量较高，但回流到一定时间后，2-溴丁烷的量就不再增加。2-溴丁烷的生成可能是由于在酸性介质中，反应也会部分以 S_N1 机制进行的结果。

【思考题】

1. 本试验中硫酸的作用是什么？硫酸的用量和浓度过大或过小有什么不好？

2. 反应的粗产物中含有哪些物质？各步洗涤的目的何在？

3. 用分液漏斗洗涤产物时，正溴丁烷时而在上层，时而在下层，如不知道产物的密度时，可用什么简便的方法加以判别？

4. 为什么用饱和碳酸氢钠溶液洗涤前要用水洗涤一次？

5. 用分液漏斗洗涤产物时，为什么摇动后要及时放气？应如何操作？

【参考文献】

1. 王清廉，沈凤嘉. 有机化学实验. 北京：高等教育出版社，1994.

2. 蔡良珍，虞大红，肖繁花，苏克曼. 大学化学基础实验. 北京：化学工业出版社，2003.

实验 5.22 肉桂酸的合成

【实验目的】

1. 了解 Perkin 反应的原理和实验方法。

2. 掌握水蒸气蒸馏的操作技术，进一步熟悉重结晶的操作技巧。

【实验原理】

肉桂酸又名 β-苯丙烯酸，有顺式和反式两种异构体，通常以反式形式存在，为无色晶体，熔点 133℃。肉桂酸是香料用于化妆品，同时也是医药、塑料和感光树脂等的重要原料，还是合成苯丙氨酸的原料。肉桂酸的合成方法有多种，实验室里常用 Perkin 反应来合成肉桂酸。以苯甲醛和醋酐为原料，在无水醋酸钾（钠）的存在下，发生缩合反应，即得肉桂酸。

反应时，醋酐受醋酸钾（钠）的作用，生成酸酐负离子和醛发生亲核加成，生成 β-羟基酸酐；然后再发生失水和水解作用得到不饱和酸。

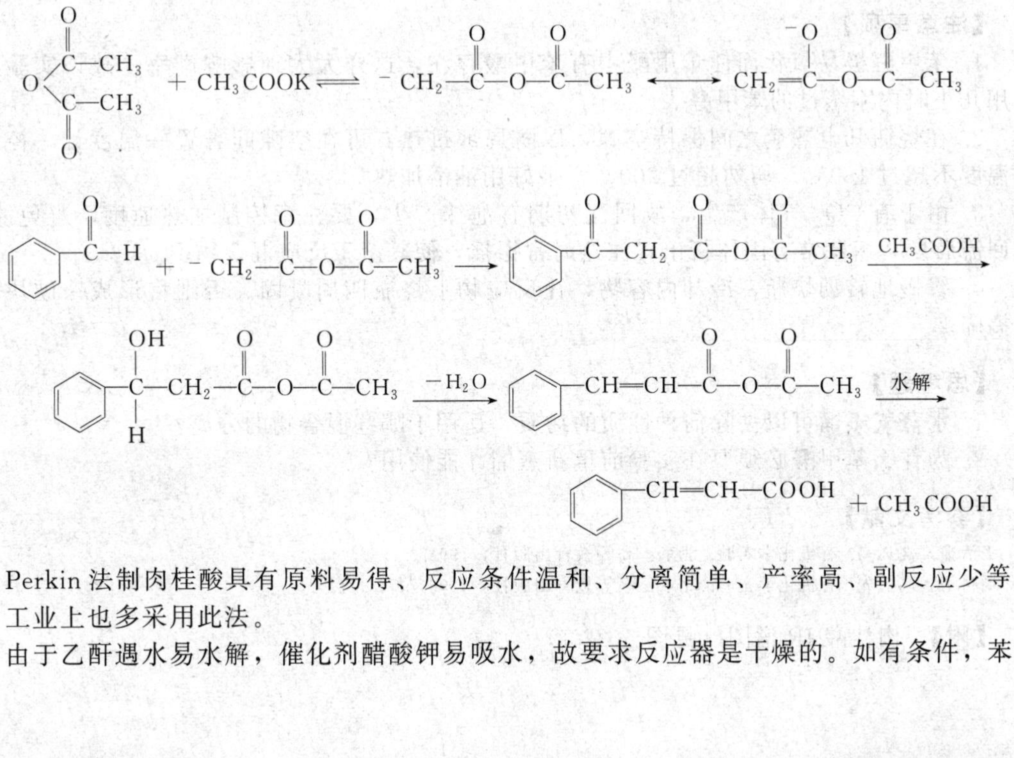

Perkin 法制肉桂酸具有原料易得、反应条件温和、分离简单、产率高、副反应少等优点，工业上也多采用此法。

由于乙酐遇水易水解，催化剂醋酸钾易吸水，故要求反应器是干燥的。如有条件，苯甲醛必须是新蒸馏的,催化剂应加热至熔融后在干燥器中冷却备用。

本实验中,反应物苯甲醛和乙酐的反应活性都较小,所用的催化剂的碱性较弱,反应速率慢,必须提高反应温度来加快反应速率。但反应温度又不宜太高,一方面由于乙酐和苯甲醛的沸点分别为 140℃ 和 178℃,温度太高,易引起产品的脱羧、聚合等副反应,故反应温度一般控制在 150~170℃ 左右。

合成得到的粗产品通过水蒸气蒸馏(除去未反应的苯甲醛)、重结晶等方法提纯精制。

【仪器及试剂】

苯甲醛(新蒸馏)3mL(3.1g,0.029mol),乙酐 8mL(8.7g,0.085mol),无水碳酸钾 4.2g,10%氢氧化钠 20mL,盐酸 10mL,活性炭。

【实验步骤】

在 100mL 三口烧瓶中加入 3mL 新蒸馏过的苯甲醛[1]、8mL 乙酐和 4.2g 无水碳酸钾。装上回流管(可用空气冷凝管)和 250℃ 的温度计。在电热套上用低压缓慢加热至(160±5)℃[2] 中加热回流 40min[3]。拆除反应装置,将烧瓶缓慢旋转让反应混合物冷却[4],加入 10mL 水,用不锈钢刮刀将固体捣碎。安装好缓冲蒸馏头和水汽蒸馏装置,进行水蒸气蒸馏,蒸除未反应的苯甲醛,直至无油状物蒸出为止。

将残留液稍冷后,加入 20mL 10%氢氧化钠使肉桂酸转变成钠盐,再加入约 20mL 水以保证钠盐完全溶解。视颜色的深浅加入少量活性炭,小火加热煮沸数分钟后趁热过滤。

在搅拌下,在已冷却的滤液中小心滴加已配制好的浓盐酸和水为 1:1 的溶液,酸化滤液,使呈酸性(使刚果红试纸变色)。冷却后抽滤,并用少量水洗涤滤饼。干燥,粗产物重 2~2.4g。在 30%的乙醇水溶液中进行重结晶(亦可用热水重结晶)。熔点 132~133℃。

【结果与讨论】

你认为用该法合成的肉桂酸是顺式为主,还是反式为主,并说明理由和验证的方法。

【注意事项】

1. 苯甲醛极易氧化而使苯甲醛中有苯甲酸存在,这样大大地影响产率。故该实验必须使用几小时内刚蒸过的苯甲醛。

2. 在烧瓶和电热套之间保持空隙,以防局部过热。可在空隙间悬置一温度计,控制加热温度不超过 180℃。切勿超过 200℃。最好用油浴加热!

3. 由于有 CO_2 气体产生,故回流初期有泡沫产生,要注意控制加热速度,避免冲料。在回流后期,瓶壁常有固体析出,注意时常振摇,使其溶于反应混合物中。

4. 缓慢地转动烧瓶,冷却内容物,让反应物上烧瓶四周凝固。否则将形成一硬块,难以捣碎。

【思考题】

1. 水蒸气蒸馏可以去除何种性质的物质,适用于哪些混合物的分离?

2. 为什么苯甲醛必须要在实验前重新蒸馏才能使用?

【参考文献】

1. 王清廉,沈凤嘉. 有机化学实验. 北京:高等教育出版社,1994.

2. 周科衍,高占先. 有机化学实验. 北京:高等教育出版社,1996

【附】 肉桂酸 IR 谱图 (见图 5.22-1)

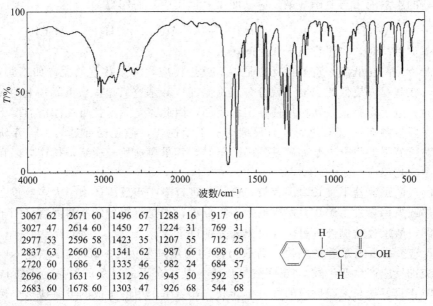

3067 62	2671 60	1496 67	1288 16	917 60
3027 47	2614 60	1450 27	1224 31	769 31
2977 53	2596 58	1423 35	1207 55	712 25
2837 63	2660 60	1341 62	987 66	698 60
2720 60	1686 4	1335 46	982 24	684 57
2696 60	1631 9	1312 26	945 50	592 65
2683 60	1678 60	1303 47	926 68	544 68

图 5.22-1　肉桂酸 IR 谱图

实验 5.23　邻氯苯甲酸的制备

【实验目的】

1. 熟悉重氮盐在有机合成中的应用。
2. 掌握低温下进行重氮化反应和固体有机化合物重结晶的实验操作技术。

【实验原理】

邻氯苯甲酸是重要的有机合成中间体，广泛用于医药、农药、染料等工业，可用于合成抗精神病药物氯丙嗪、抗真菌药克霉唑等。邻氯苯甲酸的合成方法有多种，主要采用以下三条合成路线：

① [图示：邻氯甲苯 $\xrightarrow{[O]}$ 邻氯苯甲酸]　　[O] 可为硝酸、高锰酸钾、空气催化氧化等

② [图示：邻氯甲苯 $\xrightarrow[h\nu]{Cl_2}$ 邻氯三氯甲基苯 $\xrightarrow[OH^-]{H_2O}$ 邻氯苯甲酸]

③ [图示：邻氨基苯甲酸 $\xrightarrow[HCl]{NaNO_2}$ 重氮盐 $N_2^+Cl^-$ $\xrightarrow[HCl]{CuCl}$ 邻氯苯甲酸]

前两条合成路线是以邻氯甲苯为原料，成本较低，但副产物较多，对设备、工艺条件的要求较高，适合规模化的工业大生成。第三条合成路线是以邻氨基苯甲酸为原料，成本较高，但收率高，易于操作，适合小规模的生产。本实验采用第三条合成路线，学习重氮盐的制备以及通过 Sandmeyer 反应合成邻氯苯甲酸的原理和方法。

重氮盐（diazonium salt）的制备通常是在低温下由芳香族伯胺在过量无机酸（常用盐

酸或硫酸)的水溶液中与亚硝酸钠反应(即重氮化反应)而制得。

$$ArNH_2 + NaNO_2 + 2HCl \xrightarrow{\text{低温}} ArN_2^+Cl^- + 2H_2O + NaCl$$

在制备重氮盐时,应注意以下几个问题。

(1) 严格控制在低温。重氮化反应是一个放热反应,大多数重氮盐(如脂肪族重氮盐)极不稳定,在室温或更低的温度下就分解放出氮气。芳基重氮盐中,重氮基上的 π 电子可以同苯环上的 π 电子重叠,共轭作用使稳定性增加,因此芳基重氮盐可在冰浴温度下制备和进行反应,一般控制在 0~5℃进行,且反应时应不断搅拌,避免局部过热。若芳环上重氮基的邻位或对位有强的吸电子基如硝基或磺酸基时,其重氮盐比较稳定,往往可以在较高的温度下进行重氮化反应。

(2) 制成的重氮盐不宜长时间存放,应尽快进行下一步反应。由于大多数重氮盐在干燥的固态受热或振荡易发生爆炸,所以通常不需分离,而是将得到的水溶液直接用于下一步合成。只有硼氟酸重氮盐例外,可以分离出来并加以干燥。

(3) 反应介质要有足够的酸度。芳胺与酸的用量一般为 1:2.5(摩尔比),其中 1mol 酸与亚硝酸钠反应产生亚硝酸,1mol 酸生成重氮盐,余下的过量的酸是为了维持溶液一定的酸度,防止重氮盐与未起反应的胺发生偶联。邻氨基苯甲酸生成的重氮盐是个例外,由于重氮化后生成的内盐比较稳定,故不需要过量太多的酸。

(4) 避免过量的亚硝酸。重氮化反应中常用理论量的亚硝酸钠,过量的亚硝酸会促进重氮盐的分解。反应的终点可用淀粉-碘化钾试纸来检验,若试纸变蓝,表明已有过量的亚硝酸存在,反应已达到终点。然后加入少量的尿素或氨基磺酸来除去过量的亚硝酸。

重氮盐的用途很广,其反应可分为两类。一类是用适当的试剂处理,重氮基被—H、—OH、—F、—Cl、—Br、—I、—CN 及—SH 等基团取代,制备相应的芳香族化合物;另一类是保留氮的反应,即重氮盐与相应的芳香胺或酚类起偶联反应,生成偶氮染料,在染料工业中占有重要的地位。

在氯化亚铜、溴化亚铜、氰化亚铜的存在下,重氮基分别被氯、溴、氰基所取代的反应称为 Sandmeyer 反应。Sandmeyer 反应已被公认为自由基型反应。

$$CuX + X^- \rightleftharpoons CuX_2^-$$

$$\overset{+}{Ar-N}\!\equiv\!N: + CuX_2^- \longrightarrow Ar-\overset{\cdot\cdot}{N}\!=\!\overset{\cdot}{N}: + CuX_2 \xrightarrow{-N_2}$$

$$Ar\cdot + CuX_2 \longrightarrow Ar-X + CuX$$

在实际操作中,往往将新制备的、冷的重氮盐溶液慢慢地加到冷的卤化亚铜的浓氢卤酸溶液中去,先生成深红色悬浮的复盐。然后缓缓加热,使复盐分解,放出氮气,生成卤代芳烃。

亚铜盐的用量可为重氮盐的 25%~100%。由于亚铜盐在空气中易被氧化,故以新鲜制备为宜,可通过以下反应制得:

$$2CuSO_4 + 2NaCl + NaHSO_3 + 2NaOH \xrightarrow{60\sim70℃} 2CuCl\downarrow + 2Na_2SO_4 + NaHSO_4 + H_2O$$

或在浓盐酸存在及加热的条件下,使氯化铜与单质铜反应,得到的亚铜配离子直接用于后续的反应。

$$Cu + CuCl_2 + 2HCl \xrightarrow[H_2O]{\text{约}100℃} 2H^+ + 2CuCl_2^-$$

【仪器及试剂】

100mL 圆底烧瓶,25mL 锥形瓶,50mL 烧杯,冰浴锅,回流冷凝管,电热套,抽滤装置。

邻氨基苯甲酸，亚硝酸钠，结晶硫酸铜（$CuSO_4 \cdot 5H_2O$），氯化钠，氢氧化钠，亚硫酸氢钠，浓盐酸，淀粉-碘化钾试纸。

【实验步骤】

1. 氯化亚铜的制备

方法一：在 100mL 圆底烧瓶中放入 4g(16mmol) 结晶硫酸铜、1g(17mmol) 氯化钠（精盐）及 15mL 水，加热使之溶解。趁热（60～70℃）在摇荡下加入由 0.9g(8.6mmol) 亚硫酸氢钠、0.65g(16mmol) 氢氧化钠及 8mL 水配制的溶液。反应液由蓝绿色渐变为浅绿色（或无色），并析出白色氯化亚铜沉淀。反应混合物用冰水浴充分冷却后，用倾泻法滗去上层浅绿色溶液，再用水洗涤两次，减压过滤，得到白色氯化亚铜沉淀。把氯化亚铜溶于 10mL 冷的浓盐酸中，塞紧瓶塞备用。

方法二：在 100mL 圆底烧瓶中，放入 2g(8mmol) 结晶硫酸铜、1g(17mmol) 氯化钠和 8mL 水，装上空气冷凝管，加热至沸，得到氯化铜溶液。稍冷后加入 12mL 浓盐酸和 0.5g(8mmol) 铜丝（剪成小段或用铜粉代替）。加热振荡 15min。冷后备用。

2. 重氮盐溶液的制备

在 25mL 锥形瓶中，将 1g(14.5mmol) 亚硝酸钠溶解于 10mL 水，冷却备用。另在 50mL 烧杯中加入 2g(14.5mmol) 邻氨基苯甲酸、3mL(36mmol) 盐酸和 15mL 水，加热溶解后在冰浴中快速冷却，搅拌，得糊状物。随即滴加亚硝酸钠水溶液至糊状物中，并不断搅拌，控制温度不超过 5℃。随着亚硝酸钠的加入，糊状物逐渐转变为澄清的重氮盐溶液。用淀粉-碘化钾试纸检验反应的终点。

3. 邻氯苯甲酸的制备

把上述冷的重氮盐溶液慢慢地加到亚铜盐溶液中去，加毕后装上回流冷凝管，间歇振荡，放置 0.5h。过滤得邻氯苯甲酸，用冷水洗涤固体到洗涤液不带颜色为止。粗产物用热水重结晶可得针状结晶，晾干，产量 1.5～2g。

【结果与讨论】

纯邻氯苯甲酸为无色针状晶体，熔点 142℃。计算产率。

【注意事项】

1. 新制的亚铜盐溶液的温度可控制在室温到 50℃ 之间，而新制的重氮盐溶液温度需控制在 0～5℃ 之间备用。

2. 在接近重氮化反应终点时，与亚硝酸的反应稍慢，因此有必要在滴加亚硝酸钠溶液后搅拌 2min 再进行终点试验。

3. 邻氨基苯甲酸不溶于水中，故将其先加热溶解，尔后在搅拌下快速冷却得浆状物，便于反应的进行。

4. 重氮盐溶液加到亚铜盐溶液中去时，滴加速度可先慢后快，在滴加过程中，有大量气体和沉淀产生，很可能产生泡沫，切勿让泡沫冲出反应器，应通过控制加料速度，防止大量泡沫产生。

【思考题】

1. 在制备重氮盐时，为什么要等固体全部消失了再检验重氮化反应的终点？

2. Sandmeyer 反应可将新制备的、冷的重氮盐溶液慢慢地加到温热的卤化亚铜溶液中去，而不宜采用相反的操作，为什么？

3. 如果重氮化反应过程中加了过多的亚硝酸钠，应该如何处理？

4. 如何用邻氨基苯甲酸制备邻溴苯甲酸?

【参考文献】

1. 刁国旺总主编. 大学化学实验(基础化学实验一). 南京:南京大学出版社,2006.

2. 高占先. 有机化学实验. 第4版. 北京:高等教育出版社,2004.

3. 孙昌俊,曹晓冉,王秀菊. 药物合成反应(理论与实践). 北京:化学工业出版社,2007.

实验 5.24 乙酰乙酸乙酯的制备

【实验目的】

1. 学习 Claisen 酯缩合反应制备乙酰乙酸乙酯的原理和方法。

2. 掌握无水操作和减压蒸馏的实验技术。

【实验原理】

含有 α-H 的酯在碱性催化剂作用下能与另一分子的酯发生 Claisen 酯缩合反应,生成 β-酮酸酯。例如,在乙醇钠存在下,乙酸乙酯发生 Claisen 酯缩合反应,生成乙酰乙酸乙酯,这是合成乙酰乙酸乙酯的方法之一,反应的机理如下:

$$CH_3COOC_2H_5 + C_2H_5O^- \rightleftharpoons {}^-CH_2COOC_2H_5 + C_2H_5OH$$

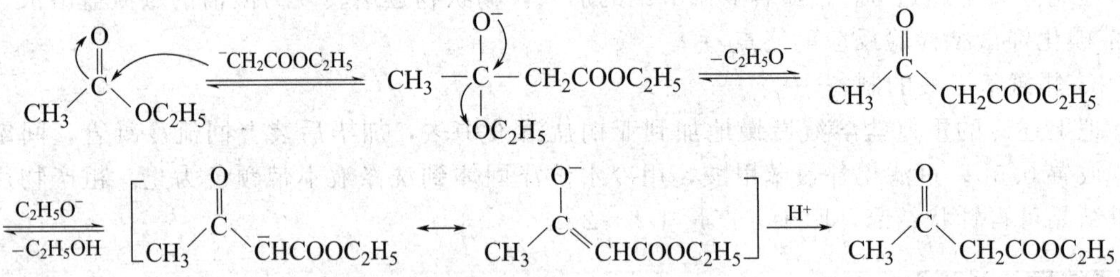

可见,Claisen 酯缩合反应是碳负离子进行的亲核加成-消除反应,普通的酯是很弱的酸(如乙酸乙酯,$pK_a = 24$),醇钠的碱性也不够强,从而形成碳负离子较困难,反应明显偏向左方,反应过程中生成的 β-酮酸酯浓度很低。但这种反应之所以能进行得比较完全,是由于生成的 β-酮酸酯亚甲基上的氢原子更活泼,是一种比较强的酸,很容易和醇钠反应,得到浓度较高的烯醇盐(几乎完全转化)。要得到 β-酮酸酯,即乙酰乙酸乙酯,需经酸中和生成。

由于原料乙酸乙酯中总是存在微量的乙醇,故操作时只需加入一定量的金属钠即可得到乙醇钠。且一旦反应被引发,就可以不断生成乙醇,乙醇再与金属钠作用生成所需的乙醇钠。总反应式为:

$$2CH_3COOC_2H_5 + Na \xrightarrow{\text{少量 } C_2H_5OH} [CH_3COCHCOOC_2H_5]^- Na^+ + C_2H_5OH + 1/2H_2$$

$$\downarrow H^+$$

$$CH_3COCH_2COOC_2H_5$$

Claisen 酯缩合反应需在无水条件下进行,通常是在非质子溶剂中进行,如 THF、乙二醇二甲醚、苯及其同系物、二甲亚砜、DMF 等。本实验使用过量的乙酸乙酯,同时部分作为溶剂。生成 1mol 的 β-酮酸酯通常需用 1mol 以上的醇钠。为使反应顺利地进行常常使用更强的碱,如氨基钠、氢化钠、三苯甲基钠等。

乙酰乙酸乙酯实际上是酮式和烯醇式(为互变异构体)的平衡混合物,新制备的纯品在室温下约含酮式 92.3%、烯醇式 7.7%。

乙酰乙酸乙酯在工业上的合成是由乙烯酮的二聚体通过醇解得到。

【仪器及试剂】

50mL 圆底烧瓶，回流冷凝管，干燥管，分液漏斗，简单蒸馏装置，减压蒸馏装置，电热套，水浴锅。

钠，二甲苯，乙酸乙酯，50%的醋酸，饱和食盐水，无水氯化钙，无水硫酸钠。

【实验步骤】

在干燥的 50mL 圆底烧瓶中放入 1g 光亮的金属钠（约 0.04mol）和 10mL 干燥的二甲苯，装上回流冷凝管。加热，使钠熔融成一亮白色的小球，停止加热。稍冷后取下烧瓶，用合适的橡皮塞塞紧瓶口，包在干毛巾中用力振荡 3～5 次，有小钠珠生成。随着温度的下降，钠珠固化，沉于瓶底，倾去二甲苯，即得新鲜钠珠。

在新制备的钠珠中迅速加入 12mL（约 0.12mol）精制的乙酸乙酯，装上带有无水氯化钙干燥管的回流冷凝管，反应立即开始，并有气体逸出。如反应较慢，可稍加温热。待反应缓和后，用小火加热，使保持微沸，直至金属钠作用完毕（约需 1.5h）。结束时体系为一红棕色透明溶液（可能夹带少量沉淀）。

反应液稍冷却，边振荡边加入 8～12mL 50%的醋酸至体系呈弱酸性（pH＝6～7）。将反应液转入分液漏斗中，加入等体积饱和食盐水，用力振荡后静置分层，分出有机层，用无水硫酸钠干燥。将干燥后的有机层滤入蒸馏烧瓶中，并以少量乙酸乙酯洗涤干燥剂。水浴加热蒸去乙酸乙酯，再将烧瓶内剩余液进行减压蒸馏，收集乙酰乙酸乙酯馏分。称重。

【结果与讨论】

纯乙酰乙酸乙酯为具果香味的无色透明液体，沸点为 180.4℃，折射率 n_D^{20} 1.4194。记录收集产物的沸程与压力（见表 5.24-1），计算产率（按金属钠计算）。

表 5.24-1　乙酰乙酸乙酯的沸点与压力之间的关系

压力/mmHg	760	80	60	40	30	20	18	14	12
沸点/℃	181	100	97	92	88	82	78	74	71

注：1mmHg≈133Pa。

【注意事项】

1. 使用金属钠时要注意：①不得使金属钠与水接触。②不得用手直接拿取。取用时用镊子取出储存的金属钠块，包入双层滤纸中吸去表面的煤油，用镊子夹住并放在毛玻璃板上，用小刀迅速切去表皮后再切成能放入烧瓶口的条或块，立即在经过金属钠干燥过的二甲苯的保护下称量。③制备钠珠时请佩戴护目镜！振摇最好离开桌面，将圆底烧瓶置于胸部以下，用力快速振荡使钠珠尽可能细小。钠珠越细，缩合反应的速率越快，生成副产物的概率越小。每次振荡后要不时开启瓶塞，以防温度下降后，瓶内气压的降低而使塞子难以打开。
④用剩下的钠不可乱扔，应立即回收到煤油瓶中保存，或用乙醇集中处理。本实验若有少量
未反应消耗掉的钠，可在加入乙酸酸化之前，慢慢滴加乙醇使其反应完。

2. 乙酸乙酯中常含有少量水、乙醇和醋酸。其中的水和醋酸足以使本实验完全失败
（为什么？）。而过多乙醇的存在，对生成乙酰乙酸乙酯的平衡不利。精制乙酸乙酯的方法是：
将普通的（试剂、工业品或学生实验产品均可）乙酸乙酯先用等体积 5％碳酸钠溶液洗涤 1
次，再每次用约 1/3 体积的饱和氯化钙溶液洗涤 2～3 次，然后用熔焙过的无水碳酸钾干燥，
最后经蒸馏收集 76～78℃的馏分，即能符合要求（含醇量 1％～3％）。

3. 反应酸化后当液体已呈弱酸性，而仍有少量固体未完全溶解时，可加入少量水使其
溶解。要注意避免加入过量的醋酸，否则会增加酯在水层中的溶解度而降低产率。另外，当
酸度过高时，会促进副产物"去水乙酸"的生成，也会造成产率的降低。

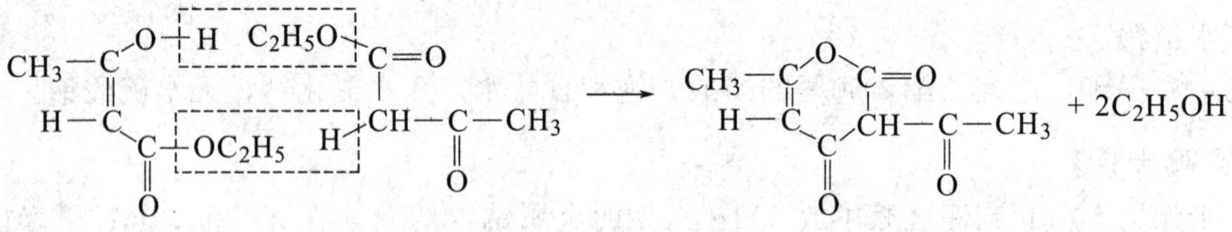

4. 乙酰乙酸乙酯在常压下蒸馏至沸点时即分解出"去水乙酸"，影响产率，故采用减压
蒸馏。"去水乙酸"通常溶解于酯内，随着过量的乙酸乙酯的蒸出，特别是最后减压蒸馏时
随着部分乙酰乙酸乙酯的蒸出，"去水乙酸"就呈棕黄色固体析出。

【思考题】

1. 本实验所用仪器未经干燥处理，对实验有何影响？

2. 加入 50％的醋酸及氯化钠饱和溶液的目的何在？

3. 取 2～3 滴产品溶于 2mL 水中，加 1 滴 1％的三氯化铁溶液，会发生什么现象？如何
解释？

4. 如何用乙酰乙酸乙酯合成下列化合物？

（1）2-庚酮；（2）3-甲基-2-戊酮；（3）2,6-庚二酮

【参考文献】

1. 刁国旺主编. 大学化学实验（基础化学实验一）. 南京：南京大学出版社，2006.
2. 曹健. 有机化学实验. 南京：南京大学出版社，2009.
3. 刘宝殿. 化学合成实验. 北京：高等教育出版社，2005.

实验 5.25　苯乙酮的制备——傅-克反应实验

【实验目的】

1. 学习用 Friedel-Crafts 酰基化反应制备芳酮的原理和方法。

2. 掌握无水条件下的搅拌、滴加及带有尾气吸收装置的回流实验操作。

【实验原理】

羧酸及其衍生物（酰氯或酸酐）在 Lewis 酸（无水 AlX_3、FeX_3、BF_3、$SnCl_4$、$ZnCl_2$
等）或多聚磷酸（PPA）的催化下，与芳烃进行亲电取代，芳环上的氢原子被酰基取代生成
芳酮的反应称为 Friedel-Crafts(简称 F-C) 酰基化反应。如苯在无水三氯化铝催化下与乙酸

酐的 F-C 酰基化反应,是制备苯乙酮的方法之一。

$$\text{C}_6\text{H}_6 + (\text{CH}_3\text{CO})_2\text{O} \xrightarrow{\text{无水 AlCl}_3} \text{C}_6\text{H}_5\text{COCH}_3 + \text{CH}_3\text{COOH}$$

反应机理如下:

$$(\text{RCO})_2\text{O} + \text{AlCl}_3 \longrightarrow \text{R}-\overset{\text{O}}{\overset{\|}{\text{C}}}-\text{Cl} + \text{RCOOAlCl}_2$$

$$\text{R}-\overset{\text{O}}{\overset{\|}{\text{C}}}-\text{Cl} + \text{AlCl}_3 \rightleftharpoons \text{R}-\overset{+}{\text{C}}{=}\text{O}\cdot\text{AlCl}_4^-$$

$$\text{R}-\overset{+}{\text{C}}{=}\text{O}\cdot\text{AlCl}_4^- + \text{C}_6\text{H}_6 \longrightarrow [\text{中间体}] \xrightarrow{-\text{HCl}} \text{C}_6\text{H}_5-\overset{\text{R}}{\underset{}{\text{C}}}{=}\text{O}\cdots\text{AlCl}_3$$

$$\text{C}_6\text{H}_5-\overset{}{\underset{\text{R}}{\text{C}}}{=}\text{O}\cdots\text{AlCl}_3 \xrightarrow{\text{H}_2\text{O}} \text{C}_6\text{H}_5\text{COR} + \text{HCl} + \text{Al(OH)Cl}_2$$

$$\text{RCOOAlCl}_2 \xrightarrow{\text{H}_2\text{O}} \text{CH}_3\text{COOH} + \text{Al(OH)Cl}_2$$

由上可知,由于 Lewis 酸与反应产物醛酮可生成复合物,因此用酰氯时需要约等摩尔的 Lewis 酸催化,用酸酐时则需用 2mol 以上的催化剂,最后生成的铝盐用盐酸溶解。而在卤代烃与芳烃的 F-C 烷基化反应中,仅需要催化量(约 10%)的 AlCl₃。

芳环上有给电子基团时反应容易进行。由于酰基的立体位阻较大,所以酰基主要或完全地进入芳环上已有取代基的对位,对位被占据时则进入邻位。有吸电子基团时反应较难进行。但氨基虽然是给电子基团,却难以进行反应,因为氨基氮原子上的未共用电子对能与三氯化铝以配位键结合,从而使反应活性下降,同时容易发生 N-酰基化反应,芳胺类进行芳环上的酰化反应时,氨基应加以保护。

芳环上引入酰基后,酰基为吸电子基团,使芳环钝化,因此不容易发生多酰基化,这是和 F-C 烷基化反应的又一明显差别。

F-C 酰基化反应常用的溶剂有 CS₂、硝基苯、石油醚、二氯乙烷等。本实验采用过量的苯作为自身反应的溶剂。

苯乙酮具有沸点高、稳定、气味愉快等特点。作溶剂使用时,溶解能力与环己酮相似,能溶解硝化纤维素、乙酸纤维素、聚氯乙烯树脂、香豆酮树脂、醇酸树脂、甘油醇酸树脂等,常与乙醇、酮、酯以及其他溶剂混合使用。作香料使用时,是山楂、含羞草、紫丁香等香精的调合原料,并广泛用于皂用香精和烟草香精中。此外,苯乙酮是有机合成中常见的医药中间体。

【仪器及试剂】

100mL 三口烧瓶,电热套,水浴锅,恒压滴液漏斗,分液漏斗,锥形瓶,带干燥管以及 HCl 尾气吸收的回流装置,简单蒸馏装置,减压蒸馏装置,电动搅拌器。

无水苯,醋酸酐,无水三氯化铝,浓盐酸,氢氧化钠(5%),无水硫酸镁。

【实验步骤】

在 100mL 三口烧瓶上安装电动搅拌器、滴液漏斗和上口装有无水氯化钙干燥管的球形冷凝管。干燥管与 HCl 尾气吸收装置相连(见图 5.25-1),烧杯中使用 5% NaOH 溶液作为吸收液。

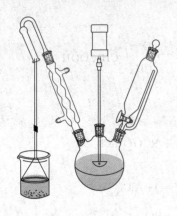

图 5.25-1　带尾气吸收、搅拌、滴加
的无水回流装置

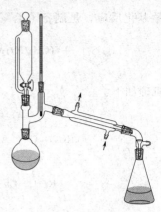

图 5.25-2　带滴加的连续
蒸馏装置

快速称取 13.0g(0.1mol) 无水三氯化铝，研碎后放入三口烧瓶中，立即加入 15mL (约 13g，0.17mol) 无水苯，在搅拌下慢慢滴加 4mL(4.3g，0.04mol) 新蒸馏过的醋酸酐与 5mL 无水苯的混合液，约需 15min 滴完。然后在 90～95℃下水浴加热至无氯化氢气体逸出，约需 1h。

待反应液冷却后，将三口烧瓶置于冰水浴中，在搅拌下慢慢滴入 30mL 浓盐酸与 30mL 冰水的混合液。当产生的固体全部溶解后，用分液漏斗分出有机层。水层每次用 8mL 苯萃取两次，合并有机层。依次用水、5%NaOH、水各 15mL 洗涤，最后用无水硫酸镁干燥。

将干燥后的苯溶液滤入蒸馏瓶（见图 5.25-2），先水浴加热蒸去苯。后改用电热套或油浴加热，当馏分温度升至 140℃以上时停止加热。稍冷后换用空气冷凝管，收集 195～202℃ 的馏分。可得苯乙酮 3.5～4g。

【结果与讨论】

纯苯乙酮为无色液体，熔点 20.5℃，沸点 202.6℃，折射率 n_D^{20} 1.5372。计算产率（按乙酸酐计算）。

【注意事项】

1. 仪器应充分干燥，并要防止潮气进入反应体系中，以免无水三氯化铝水解，降低其催化能力。无水三氯化铝的质量是实验成功的关键，称量、研细、投料都要迅速，避免长时间暴露在空气中而吸水，影响催化效率。

2. 醋酸酐混合液滴加速度不可太快，否则会有大量的氯化氢气体逸出，造成环境污染，并且还会增加副反应。

3. 反应结束，冷却前，应先撤去尾气吸收装置，以防气体吸收装置中的水发生倒吸。

4. 由于最终产物不多，宜选用较小的烧瓶进行蒸馏提纯苯乙酮。可采用图 5.25-2 的蒸馏装置先去除溶剂苯，苯溶液可用滴液漏斗分批加入。

5. 蒸馏去除苯后，也可当蒸气的温度升至约 140℃时，停止加热。稍冷后把装置改为减压蒸馏装置，先用水泵减压蒸馏进一步除去苯，然后用油泵减压，收集苯乙酮的馏分。苯乙酮的沸点与压力之间的关系见表 5.25-1。

表 5.25-1　苯乙酮的沸点与压力之间的关系

压力/mmHg	760	100	60	40	30	25	10	8	5
沸点/℃	202	134	120	109	102	98	78	73	64

注：1mmHg≈133Pa。

【思考题】

1. 反应体系为什么要处于干燥的环境？为此你在实验中采取了哪些措施？

2. 反应完成后加入浓盐酸与冰水的混合液，作用何在？

3. 总结 Friedel-Crafts 烷基化和酰基化反应各有何特点。

4. 下列试剂在无水三氯化铝存在下相互作用，应得到什么产物？

（1）苯和 1-氯丙烷；（2）甲苯和邻苯二甲酸酐；（3）过量苯和 1,2-二氯乙烷

【参考文献】

1. 刁国旺主编. 大学化学实验（基础化学实验一）. 南京：南京大学出版社，2006.

2. 曹健. 有机化学实验. 南京：南京大学出版社，2009.

3. 刘宝殿. 化学合成实验. 北京：高等教育出版社，2005.

实验 5.26　邻苯二甲酸二丁酯的制备

【实验目的】

1. 学习邻苯二甲酸二丁酯的制备原理和方法。

2. 学习油水分离器的使用方法。

3. 巩固萃取、减压蒸馏等实验操作技术。

【实验原理】

邻苯二甲酸二丁酯通常由邻苯二甲酸酐（苯酐）和正丁醇在强酸（如浓硫酸）催化下反应而得。反应经过两个阶段。第一阶段是苯酐的醇解得到邻苯二甲酸单丁酯：

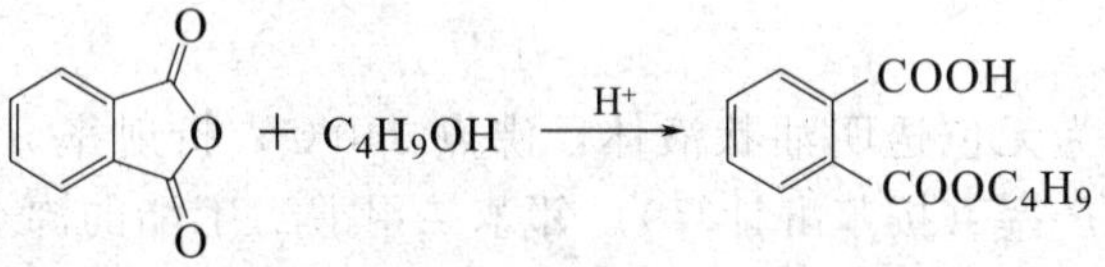

这一步很容易进行，稍稍加热，待苯酐固体全熔后，反应基本结束。反应的第二阶段是邻苯二甲酸单丁酯与正丁醇的酯化得到邻苯二甲酸二丁酯：

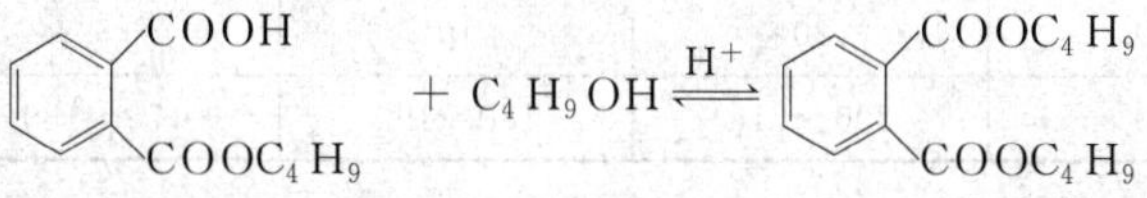

这一步为可逆反应，反应较难进行，需用强酸催化和在较高的温度下进行，且反应时间较长。为使反应向正反应方向进行，常使用过量的醇以及利用油水分离器将反应过程中生成的水不断地从反应体系中除去。加热回流时，正丁醇与水形成二元共沸混合物（沸点 92.7℃，含醇 57.5%），共沸物冷凝后的液体进入分水器中分为两层，上层为含 20.1% 水的醇层，下层为含 7.7% 醇的水层，上层的正丁醇可通过溢流返回到烧瓶中继续反应。

考虑到副反应的发生，反应温度又不宜太高，控制在 180℃ 以下，否则，在强酸存在下，会引起邻苯二甲酸二丁酯的分解：

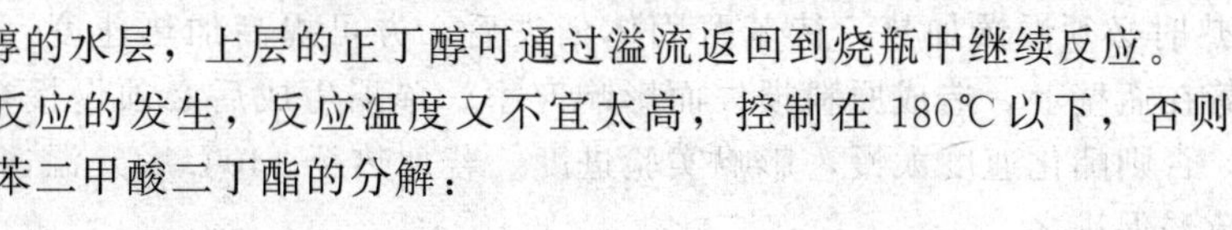

实际操作时，反应混合物的最高温度一般不超过 160℃。

邻苯二甲酸二丁酯大量作为增塑剂使用,称为增塑剂 DBP,还可用作涂料、黏结剂、染料、印刷油墨、织物润滑剂的助剂。

【仪器及试剂】

100mL 三口烧瓶,加热套或油浴锅,油水分离器,回流冷凝管,分液漏斗,减压蒸馏装置。

邻苯二甲酸酐,正丁醇,浓硫酸,5％碳酸钠溶液,饱和食盐水。

【实验步骤】

在 100mL 三口烧瓶的一个侧口上安装温度计(水银球应接近烧瓶的底部,保证处于反应液面以下),正口上装配油水分水器,分水器上方安装回流冷凝管,另一个侧口加空心塞,见图 5.20-1。

向烧瓶中加入 13mL(10.5g,0.14mol)正丁醇,在摇动下滴入 3 滴浓硫酸,混合均匀后加入 6g(0.04mol)邻苯二甲酸酐,轻摇几下,加入几粒沸石。在分水器中加入正丁醇至支管口。将烧瓶缓慢加热,待邻苯二甲酸酐固体消失后,提高温度使反应混合液沸腾,至有正丁醇-水共沸物蒸出。不久可看到滴入到分水器的冷凝液中有许多小水珠穿过正丁醇下沉到分水器底部,而正丁醇则溢流回到烧瓶中。反应中应不时摇动烧瓶,促进反应。随着反应的进行,产物浓度增大,烧瓶内混合物的温度会逐渐上升,当升至 160℃时,即可停止反应(反应约需 3h)。

冷却反应液至 70℃以下,用 5％碳酸钠溶液中和后,转入分液漏斗,分去水层,再用温热的饱和食盐水洗涤有机层至呈中性。将分出的有机层转入 50mL 烧瓶中,装配好减压蒸馏装置,先在水泵减压下蒸去正丁醇及少量水,再在油泵减压下蒸馏,收集 180～190℃/1.33kPa(10mmHg)或 200～210℃/2.67kPa(20mmHg)的馏分,产量约 10g。

【结果与讨论】

邻苯二甲酸二丁酯为无色透明油状液体,沸点 340℃,折射率 n_D^{20} 1.4911。记录收集产物的沸程与压力,计算产率(按苯酐计算)。邻苯二甲酸二丁酯的沸点与压力之间的关系见表 5.26-1。

表 5.26-1　邻苯二甲酸二丁酯的沸点与压力之间的关系

压力/mmHg	760	20	10	5	2
沸点/℃	340	200～210	180～190	175～180	165～170

注:1mmHg≈133Pa。

【注意事项】

1. 为了保持浓硫酸的浓度,反应仪器尽量干燥。浓硫酸的量不宜太多,避免增加正丁醇的副反应以及产物在高温时的分解。

2. 开始加热时必须慢慢加热,待苯酐固体消失后,方可提高加热速度,否则,苯酐遇高温会升华附着在瓶壁上,造成原料损失而影响产率。单酯生成后必须慢慢提高反应温度,在回流下反应,否则酯化速度太慢,影响实验进度。若加热至 140℃后升温速度很慢,此时可补加 1 滴浓硫酸促进之。

3. 反应终点控制:以分水器中没有水珠下沉为标志,但反应最高温度不得超过 180℃,以在 160℃以下为宜。

4. 产物用碱中和时,温度不得超过 70℃,碱浓度也不宜过高,否则引起酯的皂化反应。当然中和温度也不宜太低,否则摇动时易形成稳定的乳浊液,给操作造成麻烦。

5. 必须彻底洗涤粗酯，确保中性，否则在最后减压蒸馏时，因温度很高（＞180℃），若有少量酸存在会使产物分解，在冷凝管入口处可观察到针状的邻苯二甲酸酐固体结晶。

【思考题】

1. 邻苯二甲酸二丁酯的合成反应中有哪些副反应？
2. 反应中硫酸用量的多少对反应有何影响？
3. 粗产品为什么要用 5% 碳酸钠溶液、饱和食盐水洗涤？

【参考文献】

1. 刁国旺主编. 大学化学实验（基础化学实验一）. 南京：南京大学出版社，2006.
2. 刘宝殿. 化学合成实验. 北京：高等教育出版社，2005.
3. 周科衍，高占先. 有机化学实验教学指导. 北京：高等教育出版社，1997.

实验 5.27　邻硝基苯酚和对硝基苯酚的制备

【实验目的】

1. 学习芳香烃硝化反应的原理和实验方法。
2. 掌握用水蒸气蒸馏法分离反应产物的原理和方法。
3. 巩固重结晶等实验操作技术。

【实验原理】

对于酚、酚醚、芳香胺以及稠环芳烃，因为芳环的活性高，可采用硝酸甚至稀硝酸来进行硝化反应，即亲电取代反应。如苯酚与冷的稀硝酸作用即生成邻位和对位硝基苯酚的混合物。

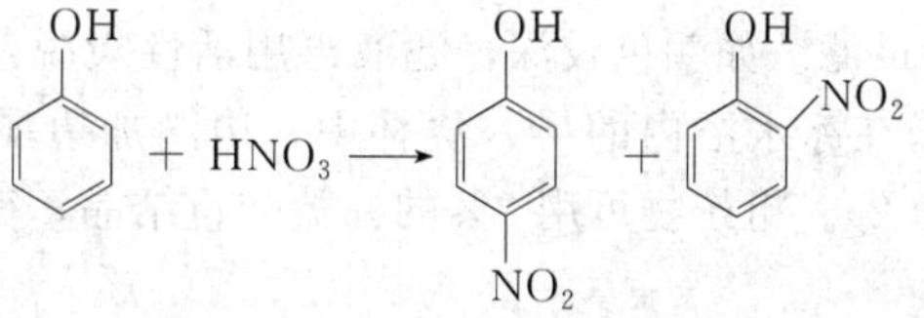

但硝酸在发生硝化的同时，在较高温度下常常发生分解而具有更强的氧化性。此外，随着硝酸中水分的增加，硝化和氧化反应速率均降低，但前者降低得更快，而氧化副反应相对增加。所以，用硝酸硝化苯酚需在较低的温度下进行，但仍不可避免地有部分苯酚被氧化，甚至发生断键、聚合等副反应，生成一些焦油状物质，一般产品收率也不高。实验室多用硝酸钠（或钾）与稀硫酸的混合物代替稀硝酸，以减少苯酚被硝酸氧化的可能性，并有利于增加对硝基苯酚的产量。

由于邻硝基苯酚能形成分子内氢键，而对硝基苯酚只能形成分子间氢键，因此，邻硝基苯酚的沸点和熔点都较对位的低，在水中溶解度也较对位的低得多，可采用水蒸气蒸馏的方法使邻、对位异构体得到分离。因此，采用稀硝酸硝化苯酚的反应对于实验室制备少量邻硝基苯酚和对硝基苯酚是可行的。

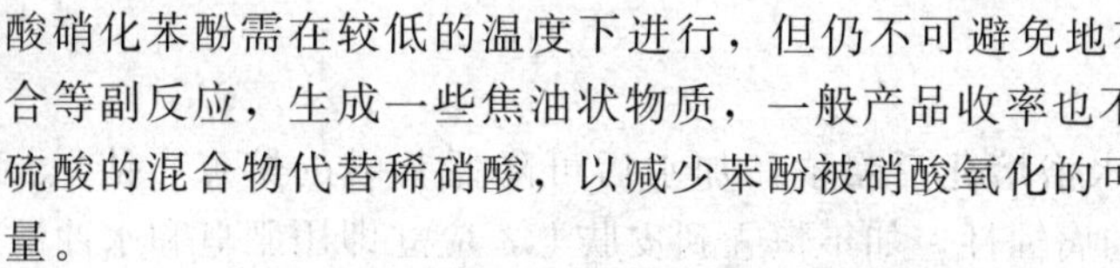

分子内氢键　　　　　分子间氢键

邻硝基苯酚和对硝基苯酚常用作农药、医药及染料的中间体。由于上述稀硝酸硝化苯酚时的副反应多及产率较低的缘故,工业上常采用将硝基氯苯类分子中的氯置换为羟基的合成路线,即用碱处理,发生芳环上的亲核取代反应。

【仪器及试剂】

250mL三口烧瓶,烧杯,锥形瓶,温度计套管,温度计,滴液漏斗,水浴锅,水蒸气蒸馏装置,吸滤瓶,布氏漏斗。

苯酚,硝酸钠,浓硫酸,浓盐酸,95%乙醇,活性炭,2%稀盐酸。

【实验步骤】

在250mL三口烧瓶中放置30mL水,振荡下慢慢加入10mL (18g,0.18mol)浓硫酸。摇匀,温度稍降后加入11.5g (0.135mol)硝酸钠。振摇,待硝酸钠全溶后,将三口烧瓶置于冰浴中冷却。在小烧杯中称取7g (0.074mol)苯酚,并加入2mL水,温热搅拌使苯酚溶解,冷却后转入滴液漏斗中。在摇荡下自滴液漏斗向三口烧瓶中逐滴加入苯酚水溶液,并用冰水浴控制反应温度在10~15℃之间。滴加完毕后,保持同样温度放置0.5h,并时加振摇,使反应充分。此时反应液为黑色焦油状物质。加冰,用冰水浴进一步降温,使焦油状物质进一步固化。如长时间不固化,可向反应瓶中加入少量活性炭吸附油状物,振摇,继续降温,直至固化。小心倾泻出酸液,固状物每次用20mL冰水洗涤3次,以除去剩余的酸液。

向装有黑色固状物的三口烧瓶中加入适量的水(浸没固状物),按图1.7-1搭配水蒸气蒸馏装置。加热水蒸气发生器(图1.7-1中三口烧瓶A),进行水蒸气蒸馏。如蒸馏烧瓶中的液体逐渐增多,也可对其进行辅助加热,直至冷凝管中无黄色油滴馏出为止。馏出液冷却后得粗邻硝基苯酚黄色固体,抽滤,干燥,粗产物约3g。粗产物可用乙醇-水混合溶剂重结晶,得到亮黄色针状晶体约2g。

在水蒸气蒸馏后的残留液中,加水至总体积约为80mL,再加入5mL浓盐酸和0.5g活性炭,加热煮沸10min,趁热过滤。如颜色较深,滤液再用活性炭脱色一次。将脱色后的溶液加热,用滴管将它分批滴入浸在冰水浴内的另一烧杯中,边滴加边搅拌,此时有对硝基苯酚析出。抽滤,干燥,粗产物约2g。粗产物可用2%的稀盐酸重结晶,得无色针状晶体约1.5g。

【结果与讨论】

纯邻硝基苯酚的熔点为45.3~45.7℃,对硝基苯酚的熔点为114.9~115.6℃。称重,计算各自的产率。

【注意事项】

1. 苯酚可用温水浴熔化后量取。加水后可降低苯酚的熔点,使呈液态,有利于反应。苯酚对皮肤有较大的腐蚀性,如不慎弄到皮肤上,应立即用肥皂和水冲洗,最后用少许乙醇擦洗至不再有苯酚味。

2. 反应需不断振荡,并注意控温,防止局部过热。若反应温度超过20℃,硝基苯酚可继续硝化或被氧化,使产量降低。且较低温度下,产物中对硝基苯酚的比例会有所增加。

3. 反应结束后的残余酸液必须洗除,否则在后面进行的水蒸气蒸馏中,由于温度的升高,会使硝基苯酚进一步硝化或氧化而影响收率。

4. 水蒸气蒸馏时,冷凝管水温太低可能会使邻硝基苯酚在冷凝管中提前析出,此时可调慢冷凝水流速,让热的蒸气通过使其熔化并带走,然后再慢慢开大水流,使流速适中。

5. 邻硝基苯酚重结晶时,先将粗邻硝基苯酚溶于热的乙醇(约40~45℃)中,过滤后,滴入温水至出现浑浊。然后在温水浴(40~45℃)温热或滴入少量乙醇至清,冷却后即析出亮黄色针状的邻硝基苯酚。

6. 水蒸气蒸馏后的烧瓶内会粘有黑色焦油状固体，不易洗去，可用少量 10%氢氧化钠溶液洗涤。该洗液可让多个同学多次使用。

【思考题】

1. 试比较苯、硝基苯、苯酚硝化的难易性，并解释其原因。

2. 为什么邻硝基苯酚和对硝基苯酚可采用水蒸气蒸馏来加以分离？

3. 在重结晶邻硝基苯酚时，为什么在加入乙醇温热后常易出现油状物？如何使它消失？后来在滴加水时，也常会析出油状物，应如何避免？

4. 写出工业上利用硝基氯苯合成邻硝基苯酚和对硝基苯酚的反应式。

【参考文献】

1．刁国旺总主编. 大学化学实验（基础化学实验一）. 南京：南京大学出版社，2006.

2．徐家宁，张锁秦，张寒琦. 基础化学实验（中册）. 北京：高等教育出版社，2006.

3．罗一鸣，唐瑞仁. 有机化学实验与指导. 长沙：中南大学出版社，2005.

实验 5.28 叔戊醇的合成——格氏反应

【实验目的】

1. 了解格氏反应的一般特点。

2. 初步掌握半微量合成的操作技术。

【实验原理】

卤代烷烃与金属镁在无水乙醚中作用，则生成有机镁化合物——烷基卤化镁（格氏试剂）：

$$RX + Mg \xrightarrow{\text{无水乙醚}} R-Mg-X$$

有时反应难于开始，可以微热或加入少量碘，促使反应开始。烃基卤化镁能溶于醚中，在使用时不必分离出来，可直接利用它的醚溶液进行下一步的反应。

格氏试剂非常活泼，遇含活泼氢的化合物（如水、醇、酸、胺等）非常容易起反应，生成烃。所以，在实验中所用仪器和药品必须是干燥的。此外，格氏试剂还能与醛、酮、酯和二氧化碳等化合物起反应，因此，它常被广泛应用于有机合成上。

本实验的反应如下：

$$C_2H_5Br + Mg \xrightarrow{\text{无水乙醚}} C_2H_5MgBr$$

$$CH_3\overset{\overset{\displaystyle O}{\|}}{C}CH_3 + C_2H_5MgBr \longrightarrow \underset{C_2H_5}{\overset{CH_3}{>}}C\underset{OMgBr}{\overset{CH_3}{<}}$$

$$\underset{C_2H_5}{\overset{CH_3}{>}}C\underset{OMgBr}{\overset{CH_3}{<}} + H_2O \xrightarrow[\text{或 HCl}]{H_2SO_4} \underset{C_2H_5}{\overset{CH_3}{>}}C\underset{OH}{\overset{CH_3}{<}} + Mg\underset{Br}{\overset{OH}{<}}$$

格氏试剂的生成及加成和水解反应，都是放热反应。因此，在制备格氏试剂时，必须控制加料速度，以保证反应体系处于微沸状态。

【仪器及试剂】

格氏试剂制备装置。

溴乙烷[1]5.8g、4mL(0.05mol)，金属镁[2]1.0g、（0.04mol），丙酮[3]2.4g、（0.04mol），无水乙醚[4]，碘，浓盐酸，无水碳酸钾。

【实验步骤】

1. 按 5.28-1 图示装配仪器

2. 格氏试剂的制备

100mL 三口烧瓶分别安装滴液漏斗和球形冷凝管，并在冷凝管上口安装氯化钙干燥管，加入 1.0g 剪碎的（约 2mm×3mm）用砂纸擦去氧化膜的洁净镁条，20mL 无水乙醚。在恒压加料漏斗中加入 4mL（用刻度移液管量取）乙烷和 4mL 无水乙醚所组成的混合液。先期加入

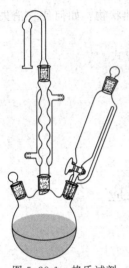

图 5.28-1 格氏试剂
制备装置

1mL，镁屑表面应有气泡产生，溶液清微浑浊，如果没有反应则用手温热烧瓶；如仍然没有反应则加入绿豆大小的碘一粒，碘的颜色开始消失，反应开始。缓慢滴加剩余的溴乙烷。如果反应过于猛烈，可用冷水浴冷却[5]，加完溴乙烷后，在温水浴上回流，直至金属镁接近消失。

3. 与丙酮的加成反应

把 100mL 三口烧瓶分放入冰水中充分冷却。在剧烈振摇下，从恒压加料漏斗中滴加 3mL 丙酮和 5mL 无水乙醚所组成的混合液，随着混合液的加入，即有激烈的反应和白色沉淀生成，加完后，移去冰水浴，在室温反应 30min。

4. 加成产物的水解和产物的萃取

将反应器置于冰水浴冷却，在振摇下由滴液漏斗慢慢滴加由 5g 氯化铵和 15mL 水组成的溶液[6]，分解加成产物。在分液漏斗内分离叔戊醇的醚溶液，水层用 10mL 乙醚分两次萃取，合并乙醚萃取液，用无水 K_2CO_3 干燥。

将干燥的乙醚溶液倒入蒸馏烧瓶中，在水浴上蒸去乙醚（无水乙醚），乙醚蒸完后，电热套加热，收集 100～104℃的馏液作为产品（因馏液少，不再进行精馏）。

纯叔戊醇为无水液体，沸点 102℃。

【结果与讨论】

实验报告要求：（1）写出反应式；（2）记录实验现象；（3）实验结果：
叔戊醇产量＿＿＿ g   收集温度范围/℃＿＿＿。

【注意事项】

1. 溴乙烷   自制，用氯化钙干燥。

2. 金属镁   用砂纸把镁带擦光，除去表面的氧化膜，然后剪成不得长于 0.5cm 的小块。

3. 丙酮   用无水 K_2CO_3 干燥。

4. 无水乙醚的制备：检验乙醚中是否存在过氧化物。如有过氧化物存在，首先在 1L 分液漏斗中放入 250mL 普通乙醚，用 10mL 硫酸亚铁溶液（由 60g 结晶的硫酸亚铁、6mL 浓硫酸和 110mL 水配制而成）洗涤（目的除去过氧化物），再用 10mL 水分两次加以充分洗涤，分出的乙醚放入烧瓶中，加入无水氯化钙干燥，放置两天，时加振荡，以除去乙醚中大部分水和乙醇。如果无过氧化物存在则可省去此步。

将乙醚滤入另一干燥的烧瓶中，加入 2～3g 的钠片，瓶口装氯化钙干燥管，以便氢气的逸出。干燥管管口配一软木塞，塞中插一支具尖嘴玻管，以减少乙醚的蒸发，放置 24h，将乙醚倾入一蒸馏瓶中，加入 1g 的钠丝进行蒸馏。蒸馏乙醚时，不能用直接火加热，只能用热水浴，瓶中的乙醚不可蒸干，防止少量过量过氧化钠存引起爆炸。把精制的乙醚保存在

棕色瓶中，并加入少量钠片，存放暗处备用。

5. 镁与卤代烷反应时所放出的热量足以使乙醚沸腾，所以根据乙醚沸腾的情形，就可以推断反应是否进行得激烈，如若过分剧烈，减缓加料速度。反应要保持乙醚不断沸腾，但不要沸腾得太激烈。

6. 也可以用 4mL 浓盐酸和 4mL 的水溶液。

7. 本实验过程中实验室绝对禁止明火。

【思考题】

1. 本实验成功的关键在哪里？

2. 溴乙烷和丙酮为什么要逐渐加入？

3. 乙醚在反应中的作用是什么？为什么要用无水乙醚？

4. 空气中有哪两种物质能破坏格氏试剂？如破坏将产生何物？在实验过程中如何防止？

【参考文献】

蔡良珍，虞大红，肖繁花，苏克曼. 大学化学基础实验. 北京：化学工业出版社，2003.

实验 5.29　双酚 A 的制备

【实验目的】

1. 了解苯酚与丙酮在催化剂作用下进行的缩合反应。

2. 进一步掌握使用有机溶剂重结晶的方法。

【实验原理】

苯酚由于酚羟基的存在，使得处于羟基的邻位和对位上的氢原子都很活泼，很容易发生亲电取代反应。在酸和碱的作用下，易与羰基化合物（醛和酮）发生缩合。例如苯酚与甲醛可以缩合成羟基苯甲醇，甲醛用量很多时，邻位与对位均可缩合生成 2,4-二(羟甲基)苯酚。2,4-二(羟甲基)苯酚受热作用后失水缩合可形成高分子化合物，叫做酚醛树脂。

苯酚和丙酮在盐酸、硫酸、三氟化硼或强酸性大孔阳离子交换树脂等催化剂作用下生成 2,2-双(4,4′-二羟基二苯基)丙烷，俗名双酚 A。双酚 A 是环氧树脂、聚砜、聚碳酸酯等高分子产品的原料。双酚 A 可以发生溴代反应得到另一高分子原料四溴双酚 A。本实验双酚 A 的制备是采用苯酚与丙酮在催化剂硫酸及助催化剂 "591"[1] 存在下进行缩合，生成双酚 A。反应过程中以甲苯为分散剂，防止反应生成物结块。

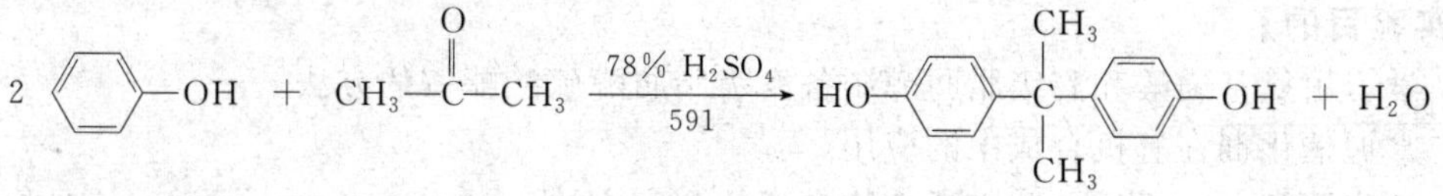

【仪器及试剂】

丙酮 4.7g、6mL（约 0.08mol），苯酚 15g（约 0.16mol），硫酸[2]（78%）10mL，甲苯 20mL，591 0.3～1g。

【实验步骤】

在 500mL 三口烧瓶中，加入苯酚及甲苯，并将 78% 硫酸缓缓加入瓶中，然后在搅拌下加入预制备好的 "591" 助催化剂[3]，最后在水浴中迅速滴加丙酮，控制反应温度不超过

35℃。滴加完毕后，在 35～40℃下保温搅拌 2h，将产物倒入 100mL 冷水中，静置。完全冷却后，过滤，并用冷水将固体产物洗涤至滤液不显酸性，即得粗产品。

在 50mL 圆底烧瓶中放入 3g 未经干燥的粗产品，加入约 20mL 甲苯，装配回流冷凝管，加热溶解后（若不完全溶解可补加少许甲苯），用吸管吸去下层的水，冷却、过滤得到双酚 A 结晶。滤液中甲苯倒入回收瓶中。

产量：粗产品 10～12g。

【结果与讨论】

纯双酚 A 是白色针状结晶。熔点 155～156℃。

【注意事项】

1. 本实验用"591"助催化剂，也可用其他助催化剂，如巯基乙酸等。

2. 78%硫酸可用 98%硫酸配制（如何配制？）

3. "591"助催化剂制备方法如下：仪器装备与制备双酚 A 装置相同。

在三口烧瓶中加入 78mL 酒精，开动搅拌器后加入 23.6g 一氯醋酸，在室温下溶解，溶解后再滴加 30%氢氧化钠溶液 35.5mL，直至烧瓶中溶液 pH＝7.0 为止（若 pH＜7.0，可继续加碱，若 pH＞7.0，则可加一氯醋酸）。中和时液温控制在 60℃以下。中和后，加入事先配制好的硫代硫酸钠溶液（62g 硫代硫酸钠 $Na_2S_2O_3 \cdot 5H_2O$，加入 8.5mL 水，加热至 60℃溶解）。加完后搅拌，升温至 75～80℃，即有白色固体生成，冷却，过滤，干燥后，则得到白色固体产物，即"591"。此物易溶于水，勿加水洗涤。

如果不先制备"591"，也可用硫代硫酸钠和一氯醋酸代替。可先在三口烧瓶中加入 1.5g $Na_2S_2O_3 \cdot 5H_2O$ 加热溶化，再加入 0.5g 一氯醋酸，混合均匀，然后依次加入苯酚、甲苯、硫酸，最后滴加丙酮，反应时间可相对缩短些，产率可达 70%左右。

【思考题】

1. 该制备中除了生成双酚 A 外，还可能生成哪几种异构体？试写出它们的结构式。

2. 查阅相关资料，写出用试剂浓硫酸配制 20mL 78%硫酸的方案。

【参考文献】

殷学锋. 新编大学化学实验. 北京：高等教育出版社，2002.

实验 5.30　十二烷基硫酸铵的制备

【实验目的】

1. 学习由氨基磺酸和高级脂肪醇制备高级脂肪醇硫酸酯铵的方法。

2. 掌握催化剂在有机合成中的应用。

3. 学习阴离子表面活性剂中活性物含量的测定方法。

4. 学习表面活性剂表面活性的评价方法。

【实验原理】

脂肪醇硫酸铵盐是一种新型弱酸性阴离子表面活性剂，比脂肪醇硫酸钠的表面活性更为优良，且有刺激性低、柔软性好、发泡性好、易生物降低等特点，在日用化学工业及纺织工业有着广泛的应用，可用作香波基料、纺织助剂、聚合乳化剂等。十二烷基硫酸铵亦称月桂醇硫酸铵，简称 LSA，是一种弱酸性温和型阴离子表面活性剂，其性能优于十二烷基硫酸钠（K-12），主要用于高档香波、沐浴液、硬表面清洗剂等要求高发泡性的弱酸性产品中。

在催化剂存在下，通过十二醇（月桂醇）与氨基磺酸发生酯化反应，得到十二烷基硫酸铵。反应式如下：

$$CH_3(CH_2)_{10}CH_2OH + H_2NSO_3H \underset{\triangle}{\overset{催化剂}{\rightleftharpoons}} CH_3(CH_2)_{10}CH_2O\,SO_3^-NH_4^+$$

【仪器及试剂】

表面张力测定仪，红外光谱仪，搅拌器。

十二醇，氨基磺酸，尿素，对甲基苯磺酸，硫酸，磷酸，十六烷溴化吡啶，亚甲基蓝，氯仿。

【实验步骤】

1. 对羟基苯甲腈的合成

在 100mL 三口烧瓶中加入 40mL 正十二醇和预先混合好的 9.7g 氨基磺酸与 2.4g 尿素混合物，再滴加少量浓硫酸（2mL 左右），再在搅拌下加热至 105～110℃，并在此温度下反应 90min。其中过量的十二醇作为反应的稀释剂。

反应后的物料中加入 120mL 蒸馏水，并加热使其流态化后倒出；用少量乙醚洗涤反应物料后，再对其浓缩结晶，即得到十二烷基硫酸铵湿物料，干燥后即得十二烷基硫酸铵产品。

2. 产品中活性物的测定

精确称取一定量的样品于烧杯中，加热水搅拌使之溶解，再将其全部转移至 250mL 容量瓶中，加蒸馏水稀释至刻度，摇匀备用。吸取上述溶液 25～250mL 具塞量筒中，加氯仿 15mL，亚甲蓝溶液 25mL，水 10mL，用标准阳离子溶液滴定，边滴边摇，直至氯仿层和水层呈同一蓝色即为终点。

按下式计算月桂醇硫酸铵活性物含量：

$$w = \frac{c_{阳}\,V_{阳}\,M_{阴}}{1000 m_s} \times 100\% \tag{5.30-1}$$

式中　$c_{阳}$——十六烷基溴化吡啶标准液浓度，$mmol \cdot L^{-1}$；

$V_{阳}$——所消耗的阳离子溶液体积，mL；

$M_{阴}$——月桂醇硫酸铵的摩尔质量，$g \cdot mol^{-1}$；

m_s——样品的质量，g。

3. 产品的性能检测

配制样品和 K-12 的 0.5％水溶液，用拉环法测定溶液的表面张力。

取 0.5％样品溶液 50mL 加入 250mL 的具塞量筒中，再加水至 75mL，上下振摇 20 次，迅速记录泡沫高度。同时与 K-12 作对比实验。实验在室温下进行，测 3 次取平均值。

【结果与讨论】

1. 记录实验现象。
2. 产品中十二烷基硫酸铵含量的测定结果及其收率的计算。
3. 表面张力的测定结果及评价。
4. 泡沫性能的测定结果及评价。

【注意事项】

1. 标准阳离子溶液的配制

用移液管吸取十六烷基溴化吡啶溶液 25mL（浓度约为 $5mmol \cdot L^{-1}$），准确移入浓度为

10mol·L^{-1}的重铬酸钾溶液 25mL，此时有不溶性重铬酸钾络合物沉淀析出。加热至 90℃后，再冷却至室温；用定量滤纸过滤，并用蒸馏水多次洗涤所得固体；收集滤液（约 100mL），用碘量法测定滤液中的重铬酸钾，计算出阳离子表面活性剂标准溶液浓度。

2. 反应温度需严格控制不超过 120℃。

3. 乙醚洗涤时需充分并防止明火。

4. 表面张力测定时需保持恒温。

【思考题】

1. 以十二醇和氨基磺酸为原料制备十二烷基硫酸铵时，为什么要加入尿素和硫酸？

2. 反应后的物料用乙醚洗涤，目的是什么？

3. 标准阳离子溶液滴定法测定十二烷基硫酸铵含量的原理是什么？

【参考文献】

1. 陈敏，崔庆飞. 氨基磺酸法合成十二烷基硫酸钠综合实验. 实验技术与管理，2007，24（4）：35-37.

2. 朱爱，平林伟. 氨基磺酸催化制备 AESA 的研究. 日用化学工业，1997，（1）：13-15.

3. 钟雷等. 表面活性剂及其助剂分析. 杭州：浙江科技出版社，1986：95-96.

实验 5.31　二苯脲的制备

【实验目的】

1. 学习由苯胺和尿素通过缩合反应制备二苯脲的方法。

2. 掌握碱性气体的处理方法。

3. 掌握固体有机化合物熔点的测定方法。

【实验原理】

二苯脲亦称为 1,3-二苯脲，作为重要的中间体在 2,6-二氯苯胺的制备中有重要应用。二苯脲还可用于农药及染料的合成。

在二甲苯作为反应介质的条件下，通过苯胺与尿素间的胺解-缩合反应制备二苯脲的反应式如下：

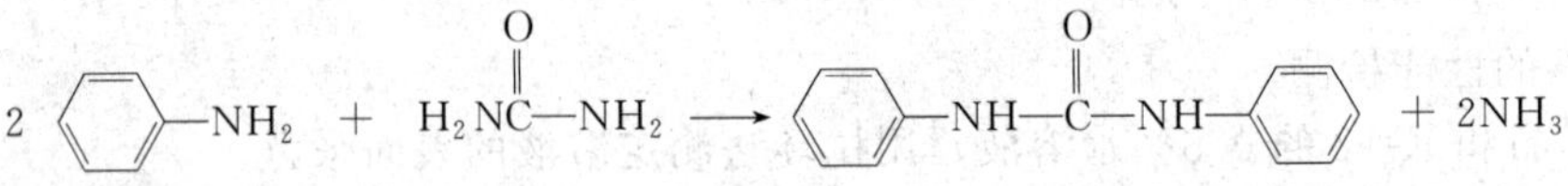

$$2 \bigcirc\!\!-NH_2 + H_2C\!-\!C(O)\!-\!NH_2 \longrightarrow \bigcirc\!\!-NH\!-\!C(O)\!-\!NH\!-\!\bigcirc + 2NH_3$$

【仪器及试剂】

搅拌器，数显显微熔点测定仪，干燥箱，红外光谱分析仪，高效液相色谱仪。

苯胺，尿素，二甲苯，pH 试纸。

【实验步骤】

1. 二苯脲的合成

将 9.55g 苯胺（约 0.102mol）和 3.0g 尿素（0.05mol）加入到 100mL 三口瓶中，同时加入 30g 二甲苯，搅拌下加热以使物料温度升至 130℃反应，反应中产生的氨气用稀盐酸吸收。回流反应 6h，直至几无气体逸出为止。反应结束后，再在搅拌下使反应物料冷至常温；过滤，并用 10mL 二甲苯洗涤滤饼后，再用蒸馏水洗涤一次并尽可能过滤；滤干后的物料于 100℃下干燥至恒重，即得二苯脲产品。

2. 熔点测定和结构表征及含量分析

用数字熔点仪测定产品的熔点，红外光谱仪表征产物的结构，高效液相色谱分析产品中二苯脲的含量。

【结果与讨论】

1. 记录实验现象。

2. 二苯脲收率的计算。

【注意事项】

1. 二甲苯对肝、肾有一定毒性，使用时需防止吸入其蒸气。

2. 用稀盐酸吸收反应中生成的氨气时，需防止倒吸。

【思考题】

1. 如何除去产物中存在的少量单苯脲？

2. 如何确定反应过程中是否有氨气逸出？

3. 如何根据产品的熔程粗略估计产品的纯度？

【参考文献】

1. 吕宏初. 2,6-二氯苯胺的合成新工艺. 辽宁化工，2002，31（1）：58-60.

2. 王训道，王斌. 2,6-二氯苯胺的合成研究. 郑州大学学报（工学版）2002，23（4）：95-97.

3. Helmut H, Horst M, Matthias O. Substituted Ureas. GE：2742158，1979.

实验 5.32　水杨醛氨基酸 Shiff 碱的制备

【实验目的】

1. 学习 Shiff 碱类化合物的制备方法。

2. 掌握从反应液中分离产物并对其进行重结晶的方法。

3. 学习固体有机物熔点、含量等的测定方法。

4. 了解 Shiff 碱类化合物的性能特点。

【实验原理】

Schiff 碱及其衍生物是一类重要的有机配体、化学分析试剂和有机合成中间体，作为有机可逆热色性化合物中的重要组成部分，在相关化合物的制备中也有重要应用。水杨醛类 Schiff 碱作为重要的 Schiff 碱类化合物，具有优良的抑菌、杀菌、抗肿瘤等生物活性。

在醇类介质中，通过邻羟基苯甲醛（水杨醛）与氨基羧酸间的亲核加成及缩合反应得到水杨醛氨基酸 Shiff 碱。反应式如下：

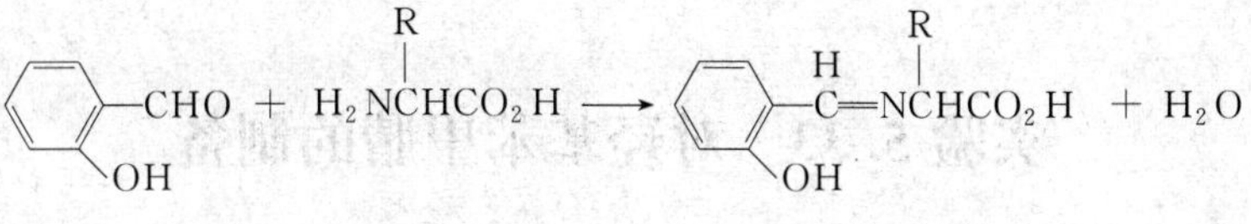

$$
\text{(—CHO)(—OH)} + H_2NCHCO_2H \xrightarrow{\quad} \text{C=NCHCO_2H} + H_2O
$$

【仪器及试剂】

数字熔点仪，红外光谱仪，磁力搅拌器。

邻羟基苯甲醛，氨基乙酸，β-氨基丙酸，甲醇，活性炭，无水乙醇，氢氧化钾，乙醚。

【实验步骤】

1. 水杨醛缩氨基乙酸 Schiff 碱的合成

将等摩尔的氨基乙酸和氢氧化钾分别溶于甲醇中，混合后磁力搅拌至溶液变澄清，然后缓慢滴加到含相同物质的量的水杨醛的甲醇溶液中，磁力搅拌加热回流；2h 后，冷却物料并静置，得浅黄色片状沉淀的混合物料；抽滤，并用无水乙醚洗涤所得固体物料数次；洗涤后的沉淀以甲醇作为溶剂进行重结晶，真空条件下干燥，得到浅黄色片状水杨醛缩氨基乙酸 Schiff 碱固体。

2. 水杨醛缩 β-氨基丙酸 Schiff 碱的合成

将等摩尔的 β-氨基丙酸和氢氧化钾分别溶于甲醇中，混合后磁力搅拌至溶液变澄清，然后缓慢滴加到含相同物质的量的水杨醛的甲醇溶液中，磁力搅拌加热回流；2h 后，冷却物料并静置，得黄色且有银光的粉末状沉淀的混合物料；抽滤，并用无水乙醚洗涤所得固体物料数次；洗涤后的沉淀以甲醇作为溶剂进行重结晶，真空条件下干燥，得到黄色且有银光的粉末状水杨醛缩 β-氨基丙酸 Schiff 碱固体。

3. 熔点测定和结构表征及含量分析

用数字熔点仪测定产品的熔点，红外光谱仪表征产物的结构。

【结果与讨论】

1. 记录实验现象。
2. 水杨醛缩氨基乙酸 Schiff 碱收率的计算。
3. 水杨醛缩 β-氨基丙酸 Schiff 碱收率的计算。

【注意事项】

1. 由于水杨醛缩氨基乙酸 Schiff 碱和水杨醛缩 β-氨基丙酸 Schiff 碱在水、甲醇中有较好的溶解度，因此反应后的物料有时需要适当用冰水冷却或冷冻，以提高产物得率。
2. 重结晶时需根据产品的色泽，使用适量的活性炭。
3. 氨基羧酸和氢氧化钾需在甲醇中溶解充分，且它们的混合液需尽可能搅拌至澄清。

【思考题】

1. 以邻羟基苯甲醛和氨基羧酸为原料制备水杨醛氨基酸 Schiff 碱时，为什么需要先将氨基羧酸与氢氧化钾反应？
2. 如何确定反应进行的程度？
3. 当反应后的物料中固体物量较少时，如何提高产品的收率？

【参考文献】

1. 李茂莲. 几种水杨醛氨基酸 Schiff 碱的合成及性质研究. 化学世界，2008，(5)：317-318.
2. 何玉凤，王荣民，苏碧桃等. 氨基酸-水杨醛希夫碱金属配合物的制备及性能. 西北师范大学学报（自然科学版），1998，34（3）：97-102.
3. 席晓岚，黎植昌，季宇飞. 水杨醛氨基酸 Schiff 碱与硫酸钕配合物的研究. 稀土，2002，23（2）：6-8.

实验 5.33　对羟基苯甲腈的制备

【实验目的】

1. 学习由醛和盐酸羟胺制备腈类化合物的方法。
2. 掌握从反应液中分离产物并对其进行重结晶的方法。

3. 学习固体有机物熔点、含量等的测定方法。

4. 学习薄层色谱（TLC）在有机合成中的应用。

【实验原理】

对羟基苯甲腈，亦称为对氰基苯酚，是合成杀虫剂杀螟腈、除草剂溴苯腈和碘苯腈、牛羊抗肝片吸虫药硝碘酚腈的重要中间体，在香料、缓蚀剂及液晶材料的生产中也有广泛应用。

在 N,N-二甲基甲酰胺（DMF）存在下，通过对羟基苯甲醛与盐酸羟胺间的亲核加成及缩合反应得到对羟基苯甲醛肟；再通过对羟基苯甲醛肟分子内的脱水反应，生成对羟基苯甲腈。反应式如下：

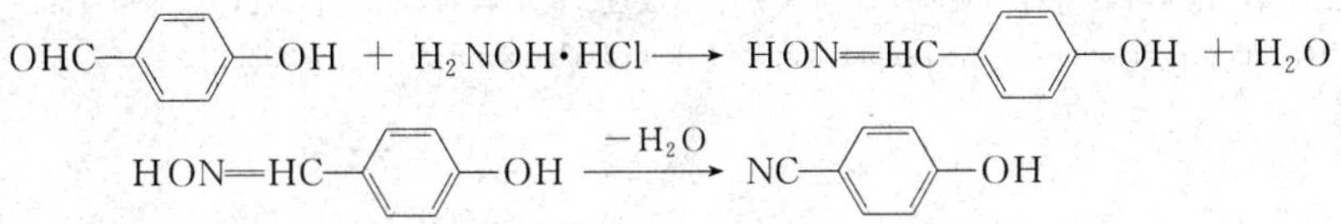

$$OHC\!-\!\!\!\!\bigcirc\!\!\!\!-\!OH + H_2NOH\cdot HCl \longrightarrow HON\!=\!HC\!-\!\!\!\!\bigcirc\!\!\!\!-\!OH + H_2O$$

$$HON\!=\!HC\!-\!\!\!\!\bigcirc\!\!\!\!-\!OH \xrightarrow{-H_2O} NC\!-\!\!\!\!\bigcirc\!\!\!\!-\!OH$$

【仪器及试剂】

数字熔点仪，三用紫外分析仪，红外光谱仪，气相色谱仪，搅拌器。

对羟基苯甲醛，盐酸羟胺，N,N-二甲基甲酰胺（DMF），活性炭，无水乙醇，GF254 硅胶涂板，2,4-二硝基苯肼，乙酸乙酯，石油醚，氯化钠。

【实验步骤】

1. 对羟基苯甲腈的合成

在装有电动搅拌器、温度计和回流冷凝管的 100mL 三口瓶中，依次加入对羟基苯甲醛 6.11g（约 0.05mol）、盐酸羟胺 4.17g（约 0.06mol）和 50mL N,N-二甲基甲酰胺（DMF）。开动搅拌，并用电热套加热以使物料温度在 110～120℃。TLC 跟踪反应至对羟基苯甲醛转化完全（约需 5h），结束反应。

将反应液转移到 100mL 蒸馏瓶中，减压蒸馏并回收大部分溶剂（40mL 左右）；搅拌下将蒸馏后的反应料液倒入冰水中，至冰完全融化，再调节溶液 pH 值为 5～6；抽滤，得对羟基苯甲腈粗品。

2. 对羟基苯甲腈的精制

将对羟基苯甲腈溶于无水乙醇中，再加入少量活性炭并加热回流 15min，然后趁热抽滤；在旋转蒸发仪上对滤液进行旋蒸至有少量固体析出为止；旋蒸后的物料冷却至室温（必要时可适当冷冻），再抽滤，并将得到的固体置于真空干燥器中干燥。

3. 熔点测定和结构表征及含量分析

用数字熔点仪测定产品的熔点，红外光谱仪表征产物的结构，气相色谱仪分析产品中对羟基苯甲腈的含量。

【结果与讨论】

1. 记录实验现象。

2. 对羟基苯甲腈收率的计算。

【注意事项】

1. TLC 分析时所用的展开剂由乙酸乙酯和石油醚按体积比 1.0：1.0 构成，并用 2,4-二硝基苯肼显色。

2. 反应温度需严格控制在不超过 130℃。

3. 减压蒸馏脱溶剂时需防止爆沸。

【思考题】

1. 以对羟基苯甲醛和盐酸羟胺为原料制备对羟基苯甲腈时，为什么选择盐酸羟胺适当过量？
2. TLC 法如何确定反应进行的程度？
3. 为什么在反应完成后需将大部分 DMF 蒸出后才可以将反应物料倒入冰水中？减压蒸馏回收 DMF 还有什么作用？

【参考文献】

1．赵海双，田鹏，马亚团等. 对羟基苯甲腈合成方法的研究. 西北农林科技大学学报（自然科学版），2003，31（3）：187-189.
2．张志德，袁西福，陈玉琴等. 对羟基苯甲腈合成方法的改进. 化学试剂，2005，27（3），181-182.
3．Abrom B，Hayman S. Process for the preparation of p-hydroxybenzonitrile. GB：2239015，1991.

实验 5.34　2-甲基苯并咪唑

【实验目的】

1. 了解微波辐射合成 2-甲基苯并咪唑的原理和方法。
2. 熟练掌握微波加热技术的原理和实验操作方法。

【实验原理】

咪唑类杂环化合物是一类重要的有机中间体，通过咪唑类的还原水解及其甲基碘盐与 Grignard 试剂的加成反应得到醛、酮、大环酮以及乙二胺衍生物等，为这类化合物的合成提供了新的合成方法。通常苯并咪唑类化合物是由邻苯二胺和羧酸为原料，加热回流得到。将微波技术用于邻苯二胺和乙酸的缩合反应，提供了 2-甲基苯并咪唑的快速合成法，反应时间比传统反应速率提高 4～10 倍，产率也有较大的提高。

反应如下：

$$\text{邻苯二胺} + CH_3COOH \xrightarrow{\text{微波辐射}} \text{2-甲基苯并咪唑} + H_2O$$

【仪器及试剂】

微波炉，圆底烧瓶（25mL），空气冷凝管，球型冷凝管，抽滤装置，熔点测定仪，电子天平。
邻苯二胺，乙酸，氢氧化钠。

【实验步骤】

在 25mL 圆底烧瓶中放入 1 g（0.009mol）邻苯二胺和 1.0mL（0.017mol）乙酸，摇动混合均匀后，置于微波炉中心，烧瓶上口接一个空气冷凝管通到炉外，其上口再接一支球形冷凝管。使用低火挡（150～200W）[1]微波辐射约 8min。反应完毕得淡黄色黏稠液，冷至室温，用 10％氢氧化钠溶液调节至碱性[2]。有大量沉淀析出，冰水冷却使析出完全。抽滤，冷水洗涤，用水重结晶，干燥得无色晶体约 1.0g。

2-甲基苯并咪唑的熔点为 176～177℃，其红外和 ^{1}H NMR 图谱见图 5.34-1、图 5.34-2。本实验约需 40min。

【注释】

[1] 辐射功率不宜过高，一般以 160W 为宜，反应时间 6～8min 较佳。
[2] 反应液的碱性一般调至 pH＝8～9，碱性不宜过强。

【思考题】

1. 为什么合成 2-甲基苯并咪唑的温度不能过高？

2. 微波辐射合成有机化合物的优点是什么？

【附】

2-甲基苯并咪唑的红外谱图（图 5.34-1）和 ^{1}H NMR 谱图（图 5.34-2）

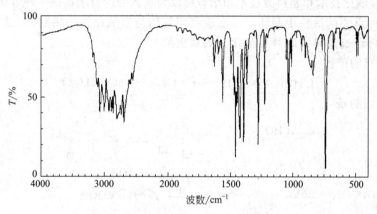

图 5.34-1 2-甲基苯并咪唑的红外谱图

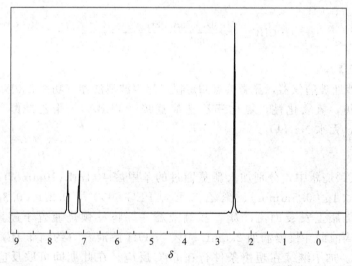

图 5.34-2 2-甲基苯并咪唑的 ^{1}H NMR 谱图

【参考文献】

李霁良. 微型半微型有机化学实验. 北京：高等教育出版社，2003.

实验 5.35 扁桃酸合成

【实验目的】

1. 通过扁桃酸的合成了解相转移催化反应。

2. 了解卡宾的形成及其反应。

3. 了解超声波技术在有机合成上的应用。

【实验原理】

扁桃酸（苦杏仁酸）可作为治疗尿路感染的消炎药物和某些合成的中间体，也是用于测定某些金属的试剂。

超声技术在有机合成中的应用研究近二十年发展非常迅速，与传统的有机合成方法相比，具有操作方便、反应条件温和、反应时间短、反应产率高等优点，尤其对非均相反应更为有效。利用相转移催化技术和超声波技术相结合可以为扁桃酸的合成提供一种方便的方法。

卡宾是一种重要的活性中间体，本实验利用氯仿与氢氧化钠作用制得二氯卡宾后与苯甲醛发生加成，再经过重排、水解、酸化得到扁桃酸。

1. 二氯卡宾的产生

$$CHCl_3 + NaOH \longrightarrow :CCl_2 + NaCl + H_2O$$

2. 扁桃酸的制备

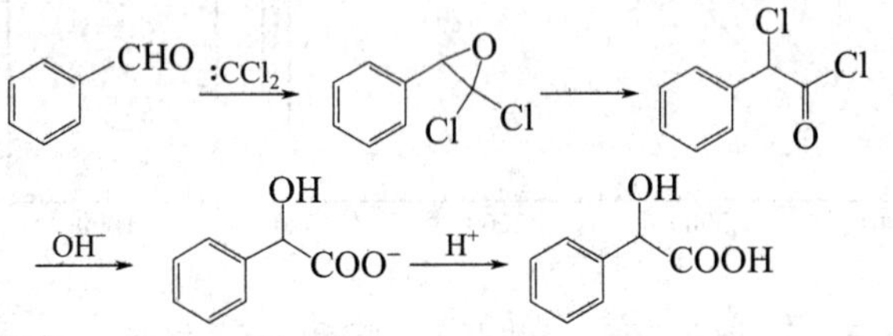

3. 总化学反应方程式

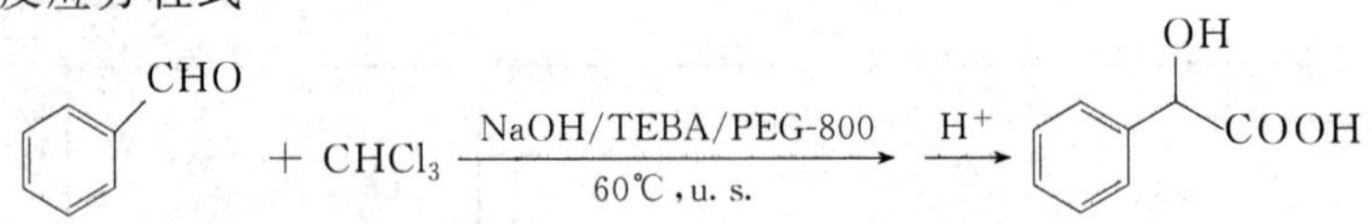

【仪器及试剂】

电子天平，普通玻璃仪器，显微熔点测定仪，超声波清洗器（功率250W，频率40kHz）。

苯甲醛，氯仿，氢氧化钠，氯化三乙基苄基铵（TEBA），聚乙二醇（PEG-800），乙醚，硫酸，甲苯，无水 Na_2SO_4。

【实验步骤】

在100mL三颈烧瓶中，分别加入新蒸馏过的苯甲醛[1] 1mL(10mmol)、氯化三乙基苄基铵（TEBA）0.1g(0.5mmol)、聚乙二醇（PEG-800）[2] 0.25g(0.3mmol)和氯仿3.5mL。在三颈烧瓶上安装回流冷凝管和滴液漏斗。将三颈烧瓶置于超声波清洗器中于60℃下超声通过滴液漏斗慢慢滴加2.5mL 50% NaOH溶液[3]（约滴加1h），在滴加过程中保持温度为60℃。加毕继续在超声条件行在60℃反应。在此期间可取反应液测其pH值，当反应液的pH值近中性时方可停止反应，大约需反应2h。

将反应液[4]用20.0mL水稀释，每次用10.0mL乙醚提取未反应的苯甲醛等有机物两次（共20mL）。水相用50%的 H_2SO_4 溶液酸化至pH达2~3。酸化后的水相用20.0mL乙醚分两次提取产物（每次10mL）。将该乙醚提取液用水洗一次后，有机相用无水 $NaSO_4$ 干燥，过滤除去干燥剂后，进行减压蒸去乙醚得油状粗产物[5]。

以1g粗产物用1.5mL甲苯的比例进行热溶解，如有固体趁热过滤，冷却滤液，结晶慢慢析出，抽滤得白色晶体。熔点118~119℃。在条件许可的情况下，可对扁桃酸进行IR、^{1}H NMR光谱表征。其红外和核磁共振图谱见图5.35-1、图5.35-2。

本实验约需6h。

【注释】

[1] 苯甲醛放久了，由于自动氧化而生成较多的苯甲酸。这不仅影响反应的正常进行，

而且苯甲酸混在产品中不易除干净，将影响产品的质量。故本实验所需的苯甲醛要事先蒸馏。

〔2〕PEG 的平均分子量对反应的影响比较明显，用 PEG-800 作催化剂产率为 80%，如果用 PEG-600 或者 PEG-1000 代替 PEG-800，则产率分别降为 67% 和 52%。

〔3〕此碱液浓度大，配制好稍冷马上滴加，否则会结块。

〔4〕反应液此时 pH 值若为中性可补加几滴 NaOH 溶液，这样可使扁桃酸以盐的形式存在于水相中。

〔5〕产物在乙醚中溶解度大，在减压下尽可能抽净乙醚，冷却后可得到固体粗产物。

【思考题】

1. 反应后水溶液如果是中性或者酸性是否可以直接用乙醚提取，为什么？萃取时水相和有机相中主要是什么物质？

2. 反应温度为什么不能太高？

【附】

扁桃酸的红外谱图（图 5.35-1）和 ^{1}H NMR 谱图（图 5.35-2）

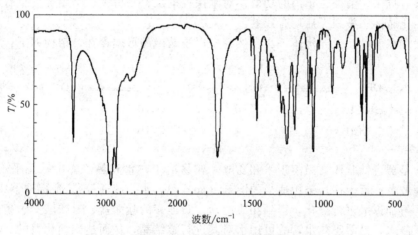

图 5.35-1　扁桃酸的红外谱图

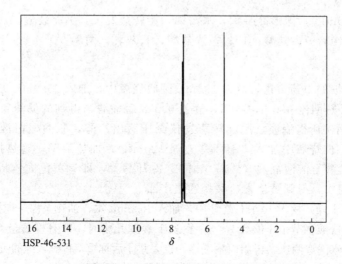

HSP-46-531

图 5.35-2　扁桃酸的 ^{1}HNMR 谱图

【参考文献】
1. 周宁怀,王德琳. 微型有机化学实验. 北京:科学出版社,1999.
2. Xu,H.,Chen,Y. An efficient and practical synthesis of mandelic acid by combination of complex phase transfer catalyst and ultrasonic irradiation,Ultrason. Sonoch.,2008,15:930-932.

实验 5.36　黄连素的提取

【实验目的】
1. 学习从中草药提取生物碱的原理和方法。
2. 熟悉固-液提取的装置和操作。

【实验原理】
　　黄连为我国特产药材之一,黄连中含有多种生物碱,以黄连素(俗称小檗碱)为主要有效成分,其含量可达 4%～10%。除黄连中含有黄连素以外,黄柏、白屈菜、伏牛花、三颗针等中草药中也含有黄连素,但以黄连和黄柏中含量最高。

　　黄连素有抗菌、消炎、止泻的功效,对细菌性痢疾、肠胃炎、结膜炎、百日咳、猩红热等各种急性化脓性感染和炎症均有疗效。

　　黄连素存在三种互变异构体,在自然界多以季铵碱的形式存在,结构如下:

醇式　　　　　　　　　　　　醛式　　　　　　　　　　　　季铵碱式

　　黄连素是黄色针状体,微溶于水和乙醇,较易溶于热水和热乙醇中,几乎不溶于乙醚。从黄连中提取黄连素,往往采用适当的溶剂(如乙醇、水、硫酸等)。在提取器中连续抽提,然后浓缩,再加以酸进行酸化,得到相应的盐。黄连素的盐酸盐、氢碘酸盐、硫酸盐、硝酸盐均难溶于冷水,易溶于热水,故可用水对其进行重结晶,从而达到纯化目的。

【仪器及试剂】
　　圆底烧瓶(10mL),球形冷凝管,水浴锅,旋转蒸发仪,抽滤装置。
　　黄连,乙醇(95%),醋酸(1%),浓盐酸,石灰乳,丙酮。

【实验步骤】
　　称取 5.0g 磨细的中药黄连,放入 100mL 圆底烧瓶中,加入 25.0mL 95%乙醇,装上回流冷凝管,水浴加热回流 0.5 h,冷却,静置 0.5 h 后抽滤,得到的滤渣重复前述操作再抽提一次[1]。合并两次所得滤液,用旋转蒸发仪减压蒸出乙醇,瓶内残留液体呈棕红色糖浆状后停止蒸馏[2]。向烧瓶中加入 1%醋酸(15～20mL),加热溶解,趁热抽滤除去不溶物。向滤液中滴加浓盐酸至溶液混浊(约需 5mL),冷却静置,即有黄色固体析出。抽滤,滤渣用少量冰水洗涤两次,得到黄连素盐酸盐的粗产品。

　　将粗产品(未干燥)放入 100mL 烧杯中,加入 15.0mL 水,加热至沸,搅拌沸腾几分钟,趁热抽滤,滤液用浓盐酸调节 pH 值为 2～3,室温下静置几小时,即有橙黄色针状晶体析出,抽滤,滤渣用少量冰水洗涤两次,再用丙酮洗涤一次,烘干后称重,得到较纯的黄连素盐酸盐成品。

　　黄连素盐酸盐的熔点为 188℃[3],其红外和核磁共振图谱见图 5.36-1、图 5.36-2。

若要得到纯净的黄连素晶体（非盐黄连素）比较困难。将黄连素盐酸盐加热水至刚好溶解，煮沸，用石灰乳调节 pH 至 8.5～9.8，冷却后滤去杂质，滤液继续冷却至室温以下，即有针状体的黄连素析出，抽滤，将结晶在 50～60℃下干燥，熔点 145℃。

本实验约需 6h。

【注释】

[1] 后一次提取可适当减少乙醇的用量和缩短浸泡时间，也可用 Soxhlet 提取器连续提取。

[2] 注意不可蒸干，黄连素在强碱中部分转化为醛式黄连素，易被氧化转变为樱红色的氧化黄连素。

[3] 一般会得到含两个结晶水的黄连素盐酸盐，熔点会有差异。

【思考题】

1. 请写出黄连素三种互变异构体的转化历程。
2. 黄连素为何种生物碱类化合物？
3. 为何要用石灰乳来调节 pH 值，用强碱氢氧化钾（钠）行不行？

【附】

黄连素的红外谱图（图 5.36-1）和 ^{1}H NMR 谱图（图 5.36-2）

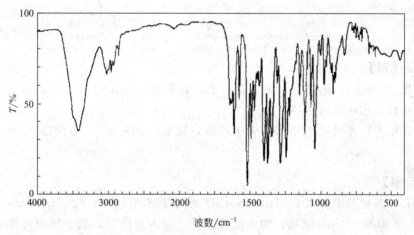

图 5.36-1　黄连素的红外光谱图

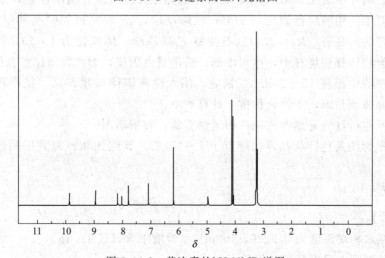

图 5.36-2　黄连素的 ^{1}H NMR 谱图

实验 5.37　药物心痛定硝苯地平的合成与光谱鉴定

【实验目的】

1. 学习用 Hantzsch 反应合成二氢吡啶类心血管药物的原理和方法。
2. 学习用薄层色谱法跟踪反应的操作方法。

【实验原理】

硝苯地平（Nifedipine），又名心痛定，化学名为 1,4-二氢-2,6-二甲基-4-(2-硝基苯基)-3,5-吡啶二甲酸二甲酯，是 20 世纪 80 年代末出现的第一个二氢吡啶类抗心绞痛药物，还兼有很好的高血压治疗功能，是目前仍在广泛使用的抗心绞痛和降血压药物。硝苯地平是由邻硝基苯甲醛、乙酰乙酸甲酯和氨水通过 Hantzsch 反应缩合得到的。

【仪器及试剂】

三口烧瓶（50mL），电热套，磁力搅拌器，锥形瓶，球形冷凝管，薄层色谱板，层析缸，紫外分析仪、超声波清洗器。

邻硝基苯甲醛，乙酰乙酸甲酯，无水乙醇，氨水（20％）[1]，石油醚（60～90℃），乙酸乙酯。

【实验步骤】

在 50mL 三口烧瓶中加入 2.45g(16mmol) 邻硝基苯甲醛、3.8g(32.8mmol) 乙酰乙酸甲酯、10mL 乙醇和 1.5mL 氨水，加入搅拌磁子，插入温度计，装上回流冷凝管[2]，以及恒压滴液漏斗，漏斗中装 1.0mL 氨水。搅拌下加热至回流（保持温度稳定，微沸）。1h 后，再加入余下的氨水。用薄层色谱法（TLC）跟踪反应，4h 后原料邻硝基苯甲醛基本消失，新点（反应主产物）显著，$R_f = 0.44$（石油醚-乙酸乙酯，体积比为 1∶1）。停止反应，将反应瓶内的混合物转移到烧杯中，冰水冷却，析出黄色固体，如产物呈棕色黏稠状，将烧杯置于超声波清洗器中振荡 15～20min。抽滤，用水洗涤固体得粗产品。粗产物用乙醇重结晶，得淡黄色晶体或粉末，干燥，称重，计算产率。

对硝苯地平进行红外光谱和核磁共振氢谱实验，解析谱图。

纯硝苯地平为淡黄色针状晶体，熔点 172～174℃，其红外和核磁共振图谱见图 5.37-1 和图 5.37-2。

本实验约需 9h。

【注意事项】

[1] 20％氨水相对密度为 0.9229，100mL 水溶液中含氨气 18.4g。

[2] 回流冷凝管上口可套装一气球。

【附】　硝苯地平的红外谱图（图 5.37-1）和 ^{1}H NMR 谱图（图 5.37-2）

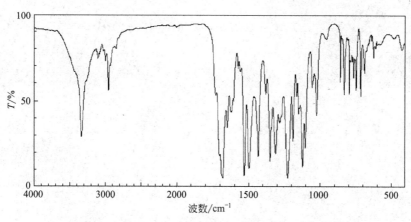

图 5.37-1　硝苯地平的红外谱图

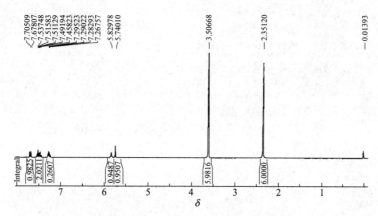

图 5.37-2　硝苯地平的 ^{1}H NMR 谱图

【思考题】

1. 试写出本实验中环合反应的机理。

2. 为何反应温度不能太高？

3. 为何氨水分两次加入比较合适？

元素周期表

IUPAC 2013

氧化态单质的氧化态为0，常见的为红色）
未列入；＋的为红色
以 $^{12}C=12$ 为基准的原子量（注＋的是半衰期最长同位素的原子量）

图例	
s区元素	p区元素
d区元素	ds区元素
f区元素	稀有气体

原子序数
元素符号（红色的为放射性元素）
元素名称（注＋的为人造元素）
价层电子构型

95 **Am** 镅 $5f^77s^2$ ＋ 243.0613(2)＋ 氧化态 +2 +3 +4 +5 +6

电子层		
K		
L K		
M L K		
N M L K		
O N M L K		
P O N M L K		
Q P O N M L K		

族 周期	1 IA	2 IIA	3 IIIB	4 IVB	5 VB	6 VIB	7 VIIB	8	9 VIIIB(VIII)	10	11 IB	12 IIB	13 IIIA	14 IVA	15 VA	16 VIA	17 VIIA	18 VIIIA(0)
1	1 **H** 氢 $1s^1$ 1.008																	2 **He** 氦 $1s^2$ 4.002602(2)
2	3 **Li** 锂 $2s^1$ 6.94	4 **Be** 铍 $2s^2$ 9.0121831(5)											5 **B** 硼 $2s^22p^1$ 10.81	6 **C** 碳 $2s^22p^2$ 12.011	7 **N** 氮 $2s^22p^3$ 14.007	8 **O** 氧 $2s^22p^4$ 15.999	9 **F** 氟 $2s^22p^5$ 18.998403163(6)	10 **Ne** 氖 $2s^22p^6$ 20.1797(6)
3	11 **Na** 钠 $3s^1$ 22.98976928(2)	12 **Mg** 镁 $3s^2$ 24.305											13 **Al** 铝 $3s^23p^1$ 26.9815385(7)	14 **Si** 硅 $3s^23p^2$ 28.085	15 **P** 磷 $3s^23p^3$ 30.973761998(5)	16 **S** 硫 $3s^23p^4$ 32.06	17 **Cl** 氯 $3s^23p^5$ 35.45	18 **Ar** 氩 $3s^23p^6$ 39.948(1)
4	19 **K** 钾 $4s^1$ 39.0983(1)	20 **Ca** 钙 $4s^2$ 40.078(4)	21 **Sc** 钪 $3d^14s^2$ 44.955908(5)	22 **Ti** 钛 $3d^24s^2$ 47.867(1)	23 **V** 钒 $3d^34s^2$ 50.9415(1)	24 **Cr** 铬 $3d^54s^1$ 51.9961(6)	25 **Mn** 锰 $3d^54s^2$ 54.938044(3)	26 **Fe** 铁 $3d^64s^2$ 55.845(2)	27 **Co** 钴 $3d^74s^2$ 58.933194(4)	28 **Ni** 镍 $3d^84s^2$ 58.6934(4)	29 **Cu** 铜 $3d^{10}4s^1$ 63.546(3)	30 **Zn** 锌 $3d^{10}4s^2$ 65.38(2)	31 **Ga** 镓 $4s^24p^1$ 69.723(1)	32 **Ge** 锗 $4s^24p^2$ 72.630(8)	33 **As** 砷 $4s^24p^3$ 74.921595(6)	34 **Se** 硒 $4s^24p^4$ 78.971(8)	35 **Br** 溴 $4s^24p^5$ 79.904	36 **Kr** 氪 $4s^24p^6$ 83.798(2)
5	37 **Rb** 铷 $5s^1$ 85.4678(3)	38 **Sr** 锶 $5s^2$ 87.62(1)	39 **Y** 钇 $4d^15s^2$ 88.90584(2)	40 **Zr** 锆 $4d^25s^2$ 91.224(2)	41 **Nb** 铌 $4d^45s^1$ 92.90637(2)	42 **Mo** 钼 $4d^55s^1$ 95.95(1)	43 **Tc** 锝 $4d^55s^2$ 97.90721(3)＋	44 **Ru** 钌 $4d^75s^1$ 101.07(2)	45 **Rh** 铑 $4d^85s^1$ 102.90550(2)	46 **Pd** 钯 $4d^{10}$ 106.42(1)	47 **Ag** 银 $4d^{10}5s^1$ 107.8682(2)	48 **Cd** 镉 $4d^{10}5s^2$ 112.414(4)	49 **In** 铟 $5s^25p^1$ 114.818(1)	50 **Sn** 锡 $5s^25p^2$ 118.710(7)	51 **Sb** 锑 $5s^25p^3$ 121.760(1)	52 **Te** 碲 $5s^25p^4$ 127.60(3)	53 **I** 碘 $5s^25p^5$ 126.90447(3)	54 **Xe** 氙 $5s^25p^6$ 131.293(6)
6	55 **Cs** 铯 $6s^1$ 132.90545196(6)	56 **Ba** 钡 $6s^2$ 137.327(7)	57~71 La~Lu 镧系	72 **Hf** 铪 $5d^26s^2$ 178.49(2)	73 **Ta** 钽 $5d^36s^2$ 180.94788(2)	74 **W** 钨 $5d^46s^2$ 183.84(1)	75 **Re** 铼 $5d^56s^2$ 186.207(1)	76 **Os** 锇 $5d^66s^2$ 190.23(3)	77 **Ir** 铱 $5d^76s^2$ 192.217(3)	78 **Pt** 铂 $5d^96s^1$ 195.084(9)	79 **Au** 金 $5d^{10}6s^1$ 196.966569(5)	80 **Hg** 汞 $5d^{10}6s^2$ 200.592(3)	81 **Tl** 铊 $6s^26p^1$ 204.38	82 **Pb** 铅 $6s^26p^2$ 207.2(1)	83 **Bi** 铋 $6s^26p^3$ 208.98040(1)	84 **Po** 钋 $6s^26p^4$ 208.98243(2)＋	85 **At** 砹 $6s^26p^5$ 209.98715(5)＋	86 **Rn** 氡 $6s^26p^6$ 222.01758(2)＋
7	87 **Fr** 钫 $7s^1$ 223.01974(2)＋	88 **Ra** 镭 $7s^2$ 226.02541(2)＋	89~103 Ac~Lr 锕系	104 **Rf** 𬬻 $6d^27s^2$ 267.122(4)＋	105 **Db** 𬭊 $6d^37s^2$ 270.131(4)＋	106 **Sg** 𬭳 $6d^47s^2$ 269.129(3)＋	107 **Bh** 𬭛 $6d^57s^2$ 270.133(2)＋	108 **Hs** 𬭶 $6d^67s^2$ 270.134(2)＋	109 **Mt** 鿏 $6d^77s^2$ 278.156(5)＋	110 **Ds** 𫟼 $5d^{10}6s^1$ 281.165(4)＋	111 **Rg** 𬬭 281.166(6)＋	112 **Cn** 鿔 285.177(4)＋	113 **Nh** 鿭 286.182(5)＋	114 **Fl** 𫓧 289.190(4)＋	115 **Mc** 镆 289.194(6)＋	116 **Lv** 𫟷 293.204(4)＋	117 **Ts** 鿬 293.208(6)＋	118 **Og** 鿫 294.214(5)＋

镧系 ★

57 **La** 镧 $5d^16s^2$ 138.90547(7)	58 **Ce** 铈 $4f^15d^16s^2$ 140.116(1)	59 **Pr** 镨 $4f^36s^2$ 140.90766(2)	60 **Nd** 钕 $4f^46s^2$ 144.242(3)	61 **Pm** 钷 $4f^56s^2$ 144.91276(2)＋	62 **Sm** 钐 $4f^66s^2$ 150.36(2)	63 **Eu** 铕 $4f^76s^2$ 151.964(1)	64 **Gd** 钆 $4f^75d^16s^2$ 157.25(3)	65 **Tb** 铽 $4f^96s^2$ 158.92535(2)	66 **Dy** 镝 $4f^{10}6s^2$ 162.500(1)	67 **Ho** 钬 $4f^{11}6s^2$ 164.93033(2)	68 **Er** 铒 $4f^{12}6s^2$ 167.259(3)	69 **Tm** 铥 $4f^{13}6s^2$ 168.93422(2)	70 **Yb** 镱 $4f^{14}6s^2$ 173.045(10)	71 **Lu** 镥 $4f^{14}5d^16s^2$ 174.9668(1)

锕系 ★

89 **Ac** 锕 $6d^17s^2$ 227.02775(2)＋	90 **Th** 钍 $6d^27s^2$ 232.0377(4)	91 **Pa** 镤 $5f^26d^17s^2$ 231.03588(2)	92 **U** 铀 $5f^36d^17s^2$ 238.02891(3)	93 **Np** 镎 $5f^46d^17s^2$ 237.04817(2)＋	94 **Pu** 钚 $5f^67s^2$ 244.06421(4)＋	95 **Am** 镅 $5f^77s^2$ 243.0613(2)＋	96 **Cm** 锔 $5f^76d^17s^2$ 247.07035(3)＋	97 **Bk** 锫 $5f^97s^2$ 247.07031(4)＋	98 **Cf** 锎 $5f^{10}7s^2$ 251.07959(3)＋	99 **Es** 锿 $5f^{11}7s^2$ 252.0830(3)＋	100 **Fm** 镄 $5f^{12}7s^2$ 257.09511(5)＋	101 **Md** 钔 $5f^{13}7s^2$ 258.09843(3)＋	102 **No** 锘 $5f^{14}7s^2$ 259.10103(7)＋	103 **Lr** 铹 $5f^{14}7s^27p^1$ 262.110(2)＋